高等职业教育“十四五”规划教材

高职高专畜牧兽医专业群“工学结合”系列教材

# 畜禽环境卫生与控制技术

张玲清　田宗祥　主编

中国农业大学出版社

·北京·

## 内容简介

本教材以技术技能人才培养为目标，以畜牧专业及其相关专业畜禽环境控制技术方面的岗位能力需求为导向，坚持适度、够用、实用及学生认知规律和同质化原则，以过程性知识为主、陈述性知识为辅，以实际应用知识和实践操作为主，依据教学内容的同质性和技术技能的相似性，将环境与畜禽生产、畜禽场规划设计、畜禽场设施设备配置、畜禽舍环境调控、畜禽场环境管理与污染控制以及畜禽场污染指标检测等知识和技能列出，进行归类和教学设计。其内容体系分为项目和任务二级结构，每一项目又设"价值目标""学习目标""教学案例""任务评价"教学组织单元，并以任务的形式展开叙述，明确学生通过学习评价达到识记、理解和应用等方面的基本要求；为实现课程的教学目标和提高学生的学习效果奠定良好的基础。

本教材文字精练，图文并茂，通俗易懂，现代职教特色鲜明，既可作为教师和学生开展"校企合作、工学结合"人才培养模式的特色教材，又可作为企业技术人员的培训教材，还可作为广大畜牧兽医工作者短期培训、技术服务和继续学习的参考用书。

**图书在版编目(CIP)数据**

畜禽环境卫生与控制技术 / 张玲清，田宗祥主编. --北京：中国农业大学出版社，2023.5（2024.5 重印）

ISBN 978-7-5655-2974-0

Ⅰ.①畜… Ⅱ.①张…②田… Ⅲ.①畜禽卫生-环境卫生-高等职业教育-教材 Ⅳ.①S851.2

中国国家版本馆 CIP 数据核字(2023)第 063584 号

**书　　名** 畜禽环境卫生与控制技术
**作　　者** 张玲清 田宗祥 主编

**策划编辑** 康昊婷　　**责任编辑** 田树君
**封面设计** 李尘工作室
**出版发行** 中国农业大学出版社
**社　　址** 北京市海淀区圆明园西路 2 号　　**邮政编码** 100193
**电　　话** 发行部 010-62733489，1190　　读者服务部 010-62732336
编辑部 010-62732617，2618　　出　版　部 010-62733440
**网　　址** http://www.caupress.cn　　**E-mail** cbsszs@cau.edu.cn
**经　　销** 新华书店
**印　　刷** 北京溢漾印刷有限公司
**版　　次** 2023 年 6 月第 1 版　2024 年 5 月第 2 次印刷
**规　　格** 185 mm×260 mm　16 开本　18.25 印张　455 千字
**定　　价** 54.00 元

# 编审人员


**主　编**　张玲清（甘肃畜牧工程职业技术学院）

田宗祥（甘肃畜牧工程职业技术学院）

**副主编**　王　敏（广东茂名农林科技职业学院）

**参　编**　苗　旭（甘肃畜牧工程职业技术学院）

刘　辉（甘肃畜牧工程职业技术学院）

李巨银（江苏农牧科技职业学院）

郝福星（江苏农牧科技职业学院）

窦永芳（青海农牧科技职业学院）

杨　敏（成都农业科技职业学院）

张玉刚（兰州正大有限公司）

**审　稿**　杨孝列（甘肃畜牧工程职业技术学院）

# 前　言

党的二十大报告指出，实施科教兴国战略，强化现代化建设人才支撑。为了认真贯彻落实党的二十大精神和《国家职业教育改革实施方案》精神，优化职业教育类型定位，切实做到专业设置与产业需求对接、课程内容与职业标准对接、教学过程与生产过程对接，现代职业教育大力推进产教融合校企"双元"育人，通过校企"双主体"育人和工学"双融通"教学，充分发挥其效力，提升人才培养质量，是职业院校进行人才培养模式改革创新的根本。学校和企业应当协同配合、紧密合作，基于校企"双主体"育人的专业教学标准、人才培养方案、课程教学标准，精准构建完善的课岗融通体系，编写工学结合教材，依据工作过程和职业岗位精准教学，并将教学、实习、就业融为一体，力争做到学生培养与毕业就业之间的无缝对接。

本教材以技术技能人才培养为目标，以畜牧兽医专业群畜牧专业的岗位能力需求为导向，坚持适度、够用、实用及学生认知规律和同质化原则，以"职业岗位所遵循的行业标准和技术规范"为原则，以生产过程和岗位任务为主线，设"价值目标""学习目标""教学案例""任务评价"教学组织单元，并以任务的形式展开叙述，明确学生通过学习应达到的识记、理解和应用等方面的基本要求，尽可能开展"教、学、做"一体化教学，以体现"教学内容职业化、能力训练岗位化、教学环境企业化"特色。

本教材内容渗透了畜牧、兽医、饲料等方面的行业标准和技术规范，文字精练，图文并茂，通俗易懂，提供了丰富的教学信息资源，编写形式新颖、职教特色明显。围绕现代职业教育"德技并修、工学结合"的育人模式，如何基于工作过程和职业岗位，深度对接行业、企业的技术标准和规范，以项目、任务、模块等为编写体例，开发适应现代职业教育校企"双元"育人和学生学习需求的新形态教材，助推课堂教学方式革新，满足多样化教学活动，提升学生学习的积极性。本教材既可作为教师和学生开展"校企合作、工学结合"人才培养模式的特色教材，又可作为企业技术人员的培训教材，还可作为广大畜牧兽医工作者短期培训、技术服务和继续学习的参考用书。

本教材由甘肃畜牧工程职业技术学院张玲清、田宗祥任主编。其中项目一中的任务 1 至任务 3 由田宗祥编写，项目一中的任务 4 至任务 7、项目四和附录由张玲清编写，项目二中的任务 3 至任务 10、项目三由苗旭编写，项目二中的任务 1、2 由杨敏、窦永芳编写，项目五中的任务 1～4 由李巨银编写，项目五中的任务 5～7 由郝福星、王敏编写，项目六由刘辉编写，全书由张玲清统稿。企业专家张玉刚提供了场址选择标准、建筑标准及不同畜禽舍空气质量控制标准等资料，甘肃畜牧工程职业技术学院杨孝列教授审稿，对书稿提出了许多宝贵意见和建议，提高了本教材的质量，在此一并深表谢意。

由于编者初次尝试专业群"双元育人"系列教材开发，时间仓促，水平有限，书中错误和不妥之处在所难免，敬请同行专家批评指正。

**编　者**

2023 年 3 月 26 日

# 目 录

# 项目一
## 环境与畜禽生产

【价值目标】

通过把握养殖规律、控制畜产公害，减少、减轻或消除环境应激因子如环境骤变、温度过高过低、噪声或光照过强、运输、打斗、惊吓、外伤、预防注射、断奶、突然更换饲料等，尽量保证畜禽的福利要求，使其回归自然，实现养殖业可持续发展。将环境保护知识纳入养殖生产教学内容，培养学生尊重自然、顺应自然、保护自然的生态环境保护意识，加深对新时代我国社会主要矛盾的理解，树立和践行绿水青山就是金山银山的理念，培养学生的家国情怀，培养学生生物安全观，坚持人与自然和谐共生，保护自然生态系统，维护人与自然之间形成的生命共同体。

【学习目标】

了解环境的概念、畜禽对环境的适应与应激及其畜禽对环境的要求；掌握光照、温度、湿度、气流、有害气体等环境因素与畜禽相互作用的影响规律。

【教学案例】

**“裸鸡”**

张某到某蛋鸡场去实习，到了蛋鸡场后，张某按照规定消毒进入蛋鸡舍。在明亮的蛋鸡舍里，张某发现一个非常奇怪的现象，鸡场有很多鸡都没有完整的羽毛，偶尔还有鸡被其他鸡啄死。张某请教鸡场的饲养员，饲养员说很正常，“裸鸡”也要产蛋，偶尔死只鸡也不会对鸡场效益产生重大影响。

提问：1. 试分析鸡场产生“裸鸡”的原因及其危害。

2. 如何减少或消除鸡场“裸鸡”的产生?

## 任务1 环境与畜禽生产

畜禽生产的过程就是通过畜禽机体将饲料变成产品的过程。生产效果的好坏既取决于畜禽本身的健康状况、遗传潜力和生产性能，又取决于所饲喂饲料的数量和质量、饲养管理技术和畜禽所处的环境条件。畜禽生产成败的关键是投入/产出比，环境、品种、饲料以及防疫共同决定了畜禽的生产力水平，其中遗传因素决定10%～20%，营养因素决定40%～50%，环境因素决定30%～40%。大量事实证明，环境条件的改善可使饲养效果和畜禽生产力水平显著提高。

## 一、畜禽环境的概念

在畜牧生产中人们常提到环境，究竟什么是环境呢？广义的畜禽环境是指遗传因素以外的一切影响畜禽生存、繁殖、生产和健康的因素，包括外界环境和内部环境，通常所说的环境是指畜禽所处的外界环境。内部环境是指畜禽机体内部一切与生存有关的物理的、化学的和生物的因素，即机体的器官、组织乃至单个细胞生存的条件。通常所说的畜禽环境，一般是畜禽的外环境，即与畜禽生产与生活有关的一切自然环境和人为环境的总和。自然环境包括非生物环境，如空气、水、土壤、岩石等和生物环境（动物、植物、微生物等）；人为环境包括畜牧场、建筑物与设备、饲养管理条件、选育方法、风俗习惯、经济力量、消费水平、相关法令政策等。外环境因素是异常复杂的，它们以各种各样的方式，由不同的途径，单独或综合地对畜禽机体发生影响，并通过机体的内在规律，引起各种各样的反应。外环境也是不断变化的，畜禽通过自身的调节机制，使机体与环境之间的物质和能量交换处于动态平衡，并保持内部环境的相对恒定。但畜禽这种适应性调节能力是有限的，当环境变化超出其适应范围时，机体与环境之间的平衡与统一被破坏，其生产力和健康将会受到影响，严重时可导致死亡。

畜禽与环境的关系实质就是其内部环境和外界环境的关系，二者之间处于动态平衡状态，即畜禽机体（内部环境）与外界环境之间不断进行物质和能量的交换，使机体保持体内平衡状态。当外界环境条件在一定范围内变化时，畜禽通过其调节机能进行调节，保证机体内环境相对稳定，例如猪的体温表示体内热量的多少，正常情况下猪通过体热调节机构使机体处于体热平衡状态（产热和散热相等），体温保持相对恒定（38.7～39.8 ℃）。畜禽机体的组成、体液的化学成分和含量、pH等与温度一样，都保持着体内平衡状态。但是当外部环境条件变化超过畜禽机体的调节能力时，机体的体内平衡被破坏，内部环境发生紊乱，从而发生机能障碍，甚至死亡。畜禽的疾病主要是外界环境不适宜引起的或外因通过内因起作用的结果。

- 环境
  - 外环境
    - 自然环境
      - 非生物环境：空气、水、土壤、岩石等
      - 生物环境：动物、植物、微生物、寄生虫等
    - 人为环境：畜禽舍与设备、饲养管理、选育方法、科技水平、经济力量、环境污染、人口分布、消费水平、国家政策法令等
  - 内环境
    - 非生物环境：温度、化学成分、离子浓度、pH、渗透压等
    - 生物环境：寄生虫、微生物等

环境因素对畜禽的作用和影响愈来愈被人们所重视，研究畜禽与外界环境因素相互作用和影响的基本规律，并依据这些规律制订利用、保护、改善和控制畜禽场与畜禽舍环境的技术措施，目的在于为畜禽创造良好的生存和生产环境，保持畜禽的健康，提高生产力，增加经济效益。环境的概念极为广泛，凡与畜禽的生存和生产有关的外界条件，都属于畜禽的环境因素范畴。除自然界中的温热因素、水、土壤以外，还包括人们所给予畜禽的饲养管理、调教、利用，以及畜禽场、畜禽舍和畜禽群体内的相互关系等。

随着现代科学技术的发展，根据畜禽的生物学特性，采取工程技术措施，为畜禽创造适宜的环境，已成为畜禽生产现代化的重要标志和手段。研究环境因素对畜禽的作用和影响，为畜禽创造良好的生存和生产条件，达到保持健康、提高生产力和降低生产成本的目的。同时对畜禽生产中产生的粪、尿、污水、恶臭、药物残留及噪声等畜产公害进行控制和处理，以保护人类的生存环境。因此，投入最少的原料，获取数量多、质量好的产品，是衡量畜禽生产水平的重要指标和依据。

## 二、环境因素的二重性

无论外界环境怎样复杂，对畜禽的作用可以概括为"有利"与"有害"两个方面。有利方面表现在：一是外界环境是畜禽生存必不可少的条件，畜禽与外界环境经常进行着物质和能量交换；二是畜禽依赖外界环境生长、繁殖和生产各种产品；三是畜禽接受外界环境的适宜刺激，可增强体质和提高生产力。有害方面表现在：外界环境中存在的某些有害因素，可能对畜禽产生不良影响，成为致病和降低生产力的因素。例如，在一般天气条件下，适度的太阳辐射，具有促进新陈代谢，加速血液循环，增进健康和调节钙、磷代谢等作用，因而在畜牧生产中常利用日光来预防和治疗某些疾病；但在炎热的气候条件下，强烈的太阳辐射长时间作用于家畜机体，就有可能引起皮肤烧伤、热平衡破坏，甚至发生热射病而死亡。其他如空气、水、土壤、饲料、畜舍等，都是畜禽不可缺少的外界环境及物质条件，但是，它们一旦为某些有害物质如病原体、毒物、有害气体、放射性物质所污染，如果污染物超过一定的浓度后，就有可能使畜禽直接或间接地引起毒害或疾病。研究畜禽环境卫生，就是要充分利用有利因素，消除和防止有害因素，以保证畜禽健康，提高生产水平。

## 三、畜禽对环境的适应与应激

1. 适应

畜禽在适宜的环境条件下，最有利于生存和生产，实践中很难提供这种环境。当环境因素在一定范围内变化，畜禽通过神经和体液进行调节，以保持机体的相对稳定，称此为适应。因环境变化的刺激强度和时间不同，其适应过程也随之变化。就环境温度而言，当环境温度降低，畜禽在行为学方面发生变化（畜体呈现蜷缩、挤堆等）；如低温继续刺激或有所加强，畜禽在生理学方面发生变化（呈现颤抖、呼吸变慢且深等）；长时间的低温环境，畜禽在形态学方面发生变化（皮肤变厚、皮下脂肪增加等）；低温环境超过畜禽的适应限度时，会导致机能障碍、体温下降、冻昏、冻死。

2. 应激

畜禽受到环境因素刺激后，可产生相应的特异反应，有些刺激不仅使畜禽产生特异反应，而且产生非特异反应，将机体对各种非常刺激所产生的全身非特异性应答反应之总和称为应激。如肾上腺皮质变粗，内分泌活动加强，胸腺、脾脏和淋巴组织萎缩，血液中嗜酸性粒细胞和淋巴细胞减少，嗜中性白细胞增加，胃、十二指肠溃疡等。典型的应激大致可分为以下三个阶段：

第一为惊恐阶段。最初为休克相表现，体温和血压下降，抵抗力降低，神经系统抑制，肌肉松弛，后转为反休克相表现，血压升高，血糖含量提高，抵抗力增强。

第二为适应阶段。对不良刺激产生适应，各种机能活动趋于正常，当刺激停止或减弱，应激反应结束。

第三为衰竭阶段。当刺激持续，适应能力被破坏，机能紊乱，异化作用加强，体重下降，严重时因衰竭而死。

3. 应激因素

凡能引起畜禽应激反应的因素称为应激源，不良的环境因素如高温、低湿、强辐射、强噪声、高气流、低气压和浓度高的有害、有毒气体，细菌、病毒、寄生虫等引起的疾病，预防接种等。饲养管理因素如饲料组成营养水平突然变更、饮水不足、过饥过饱、断奶、转群、去势、断尾、打耳号、预防接种、快速追赶、运输等。

4. 应激对畜禽的影响

非强烈应激当畜禽适应后，有利于生存和生产，可提高生产力、饲料利用率和抵抗力。强烈和长时间的应激对畜禽的健康、增重、繁殖、肉质等都有不良影响。畜禽应激后，由于肾上腺皮质激素分泌加强，使体内的糖原和脂肪分解加速，蛋白质解体，导致生长发育减缓或停滞；由于性激素分泌异常，造成性机能紊乱，使幼龄畜禽性腺发育不全，成年畜禽性腺萎缩，性欲降低，精液品质下降，排卵数减少，受胎率下降，产生溶胎、木乃伊、死胎、胎儿畸形等；由于机体代谢加强，耗氧量增加，乳酸量增加，肌肉组织的 pH 下降，三磷酸腺苷减少，肌肉持水力下降，造成肉质变劣，致 PSE 肉的发生。健康猪在应激情况下，自身健康会受到一定影响。如果适应失败，则会导致各种适应性疾病，如恶性高温综合征、无乳综合征、突毙综合征、胃肠溃疡、大肠杆菌病以及由于对各种应激源易感而引起的疾病。

虽然应激对畜禽生产有诸多不利影响，但是并不是所有的应激对畜禽都是有害的，发生应激反应的畜禽进入适应阶段时，可以提高其生产力、饲料利用率和抵抗力，只是需要注意控制应激源的强度和作用时间，使之停止在适应阶段。在养殖生产中，应当尽量避免应激发生。

5. 应激畜禽的症状

应激诊断常用临床症状和行为表现的观察、氟烷检验、血液中有关激素、酶、白细胞及其有关成分的含量变化进行确定。因畜禽的年龄、品种、生产阶段营养水平、性别等的不同，应激敏感程度亦不同。

低强度、长时间造成的应激，畜禽的行动缓慢，精神委顿，体重减轻，免疫力下降，繁殖障碍等；高强度、短时间造成的应激，畜禽的食欲下降，眼睛睁大，惊慌不安，心率快，呼吸急促，肌肉颤抖，体温升高，皮肤出现红斑或发绀，可致休克或死亡。

6. 应激的预防和治疗

严格操作规程，创造适宜的小气候环境，稳定的饲养管理是预防应激的有效措施，亦可采用药物预防。当畜禽的环境变化前（如断奶、预防注射、转群等）使用药物，既可预防，又能缓解和治疗应激。主要用镇静剂（如氯丙嗪、安定等），激素（如肾上腺皮质激素），维生素（如维生素 C、维生素 E 和 B 族维生素等），微量元素（如硒），有机酸（如琥珀酸、柠檬酸、乳酸、苹果酸等）。让畜禽经受适当的锻炼，逐步提高抗应激能力，选育抗应激品系，对畜禽进行氟烷检验，淘汰应激敏感畜禽。

## 四、畜禽对环境条件的要求

环境因素非常复杂，以各种方式和不同途径，单独或综合地对畜禽发生作用和影响，从而引起畜禽的各种反应。环境是畜禽的生存条件，畜禽与外界环境条件经常进行着物质交换和能量交换；畜禽依赖外界环境而生长、繁殖和生产产品；畜禽接受外界环境的刺激，可增强体质，提高生产力。环境对畜禽也有有害的刺激，畜禽在有害的情况下，能发生保护性反应或适应力，假如有害的刺激超过畜禽所忍受的限度，则使畜禽的机能失调引起疾病，甚至死亡。

【任务评价】

**一、名词解释**

内环境　外环境　应激　适应

**二、简述题**

1. 什么是畜禽的环境？
2. 影响畜禽生产和健康的环境因子有哪些？
3. 应激包括哪几个阶段？
4. 对畜禽造成应激的因素主要有哪些？
5. 畜禽生产中如何降低对畜禽的应激？

# 任务 2　畜禽的体温调节

体温调节机能就是使体温保持相对稳定的能力，各种动物的表现各不相同。在生物进化中，动物的进化位置越高，其体温调节机能也越完善。体温调节机能包括产热和散热两个方面。

## 一、体温、皮温

动物体由于与环境之间不断产生热交换，不仅各部温度不一，而且从内向外逐渐降低。但恒温动物的深部温度则始终保持恒定。因此，体温一般是指动物机体深部的温度，是衡量恒温动物唯一可靠的指标。要测量深部的温度比较困难，而且深部的温度也不完全相同。由于直肠温度能代表体温，又易测量，故兽医临床以直肠温度表示体温。测量时应视畜禽的种类不同，将温度表的感应部分伸入直肠不同的深度。例如成年牛、马等大家畜为 15 cm，羊、猪为 10 cm，小家畜和家禽为 5 cm。伸入过浅，温度较低，不能代表机体深部的温度。

皮温是指皮肤表面的温度。外界温度一般较体温低，且体温主要由皮肤发散，所以愈向身体外部，温度愈低。因为皮肤和被毛介于身体和外界之间，它受身体和外界温热条件的双重影响，因此常随外界条件的变化而变化，外界温度高时，皮温也较高，外界温度低时，皮温也较低。同时，身体各部位的皮温也不相同。凡距离身体中心较远，被毛保温性能较差，散热面积较大，血管分布较少和皮下脂肪较厚的部位，皮温较低，受外界的影响也较大，所以四肢下部、耳部和尾部在低温时皮温显著下降。

## 二、产热

动物的产热来自体内营养物质的氧化。动物不断地进行能量代谢，则不断地产生热量。通常用产热量来衡量动物体内能量代谢强度——代谢率。体温来自产热，动物在适宜环境中的产热量基本取决于基础代谢、势增耗、肌肉活动和生产过程等因素。

### （一）基础代谢产热

基础代谢产热是动物在饥饿、休息、气温适宜和消化道中无养分可吸收状态下维持生命活动的产热量。动物体在基础代谢状态时，体内所有器官、组织和细胞的代谢均处于最低水平，这是维持生命活动所需的最低产热量。大量研究表明，动物基础代谢产热量虽然随体型增大，绝对值增加，但若按每千克体重计算，体型愈小的动物反而愈高。例如：体重 441 kg 的马、2 kg 的鸡、0.018 kg 的小白鼠，其总产热量分别为 20 849 kJ、594 kJ、16 kJ，每千克体重产热量分别为 47.28 kJ、297.0 kJ、888.89 kJ。由此可见，动物基础代谢产热量是与单位体表面积成比例的，即每千克体重对应的体表面积越大产热量越多。

此外，动物种类、品种、年龄、个体、营养水平、神经和内分泌状态等的差异，对基础代谢也有一定影响。

### （二）热增耗

也称增生热，饥饿的动物采食饲料后，还没有消化、吸收，但体内已经产生一定的热量，称为热增耗或特种动力作用。热增耗的大小不仅与采食量成正比，也与饲料类型有关，粗饲料大于精饲料。另外，反刍动物瘤胃微生物的发酵产热，也是热增耗的来源。

热增耗在冬季可以用于维持体温，在夏季却增加动物的散热负担。因此，在炎热高温的环境中，为缓和动物的高温应激，可以适当减少粗饲料在日粮中比例。

### （三）肌肉活动产热

动物因起卧、站立、步行、运动、觅食、争斗和劳役等肌肉活动，都可增加热量。除马属动物外，各种动物站立时的能量消耗较躺卧时增加 15%。体重 450 kg 的牛每步行 1.6 km，产热量增加 1 381 kJ。

### （四）生产过程产热

动物生殖、生长、产乳、产毛和产蛋，都在维持产热的基础上增加一定的产热量，这主要是营养成分转化为上述畜产品过程中产生的。所以生产性能愈高的动物其产热量也愈大，对其热应激的预防愈重要。其次，由于生产增加了养分需要和采食量，因此热增耗也相应上升。例如，妊娠后期的母畜产热量较空怀母畜增加 20%～30%，泌乳量为 20 kg 的乳牛，产热量较干乳妊娠母牛增加 50%。

## 三、散热

体内无论产热多少，必须及时排出体外，才能维持体温恒定。它主要是通过皮肤进行的，其次，还通过呼吸道、消化道、排泄器官等。

### （一）辐射散热

在外界环境温度低于畜体皮肤温度时，皮肤可以放射出不可见的长波红外线，随着红外线的射出，散失了大量的热量，称为辐射散热。皮肤辐射出的热量，主要被周围的低温物体接受，物体的温度越低，吸收辐射热的能力就越强。干燥空气吸收辐射热的能力很低，潮湿空气却能大量吸收辐射热。动物的密集安置，畜体的蜷曲，太阳光照射或动物具有较厚的皮下脂肪层时，热辐射发散量都会受影响而减少。

畜体皮肤以长波辐射方式向周围环境散失热量，同时也可以吸收周围环境发射的辐射，发射的辐射热与吸收的辐射热之差为净辐射散热。

### （二）对流散热

气温低于畜体体表温度时，通过空气运动而带走体表热量的过程，称为对流散热。对流是受热物体本身的实际运动，将热量自一处移至另一处。这里主要是指空气，它不仅发生于动物的体表，也可发生于动物的呼吸道表面。空气温度越低，气流速度越大，畜体的对流散热越多。

### （三）传导散热

传导散热是指畜体体表将热量传递给与其直接接触的低温物体的过程。两物体通过分子间的碰撞，将温度较高的分子能量传给温度较低的分子，即热量从高温处向低温处的转移。传导散热量与两接触物体的温差成正比，也与接触面积、热传导系数成正比。

### （四）蒸发散热

通过皮肤和呼吸道表面水分蒸发的散热过程为蒸发散热。蒸发散热是皮肤和呼吸道表面的水分由液态变为气态过程中，吸收汽化热而使畜体发生散热。水分蒸发能吸收 2.43 kJ/g 的汽化热，因此，蒸发散热是畜体非常有效的散热方式，特别是在高温条件下。

1. 皮肤蒸发

皮肤的水分蒸发形式有两种，一种是皮肤组织内水分通过上皮向外渗透，在皮肤表面蒸发，称为渗透蒸发，因不见有汗滴所以又叫隐汗蒸发；另一种是通过汗腺分泌汗液，汗液在皮肤表面进行蒸发，因出汗多时皮肤表面有水滴出现，故称显汗蒸发。除马属动物外，动物的汗腺机能都不发达或无汗腺，而且大多数动物全身覆有被毛。当高温汗液分泌多时，汗液需沿毛纤维渗透到被毛表面再蒸发，此时所吸收的汽化热大多来自周围的空气，故对机体的散热作用不大。高温时，畜体主要以呼吸道蒸发散热为主。

2. 呼吸道蒸发

在呼吸过程中，动物吸入的是低温干燥的气体，呼出的是高温潮湿的气体，呼出水分同时，带走体内的热量，蒸发散热发生在上呼吸道，而不是肺部。

上述四条散热途径中的辐射、传导和对流合称为“非蒸发散热”或“可感散热”。这部分热能使畜舍温度升高，在寒冷时，动物之间也有互相温暖的作用。蒸发散热也称“潜热发散”，只能使畜舍的湿度升高。

## 四、热平衡及其控制

### （一）物理调节

在炎热或寒冷的环境中，产热和散热不平衡时，动物首先增加或减少散热来维持体温，这称为“散热调节”或“物理调节”，通过以下两种方式进行。

1. 外周血液循环的改变

当气温升高时，将引起皮肤血管扩张，大量的血液流向皮肤，把较多的热从机体深部带到体表，导致皮肤温度升高，增加了皮温与环境温度之差，从而增加了非蒸发散热量。同时，由于皮肤血管扩张，血液循环总量增加，血液含水量升高，血液水分很容易渗透到组织和汗腺中，以供皮肤和呼吸道蒸发所需的水分。在低温下，皮肤血管收缩，外周血流量减少，使皮温下降，缩小了皮温与气温之差，汗腺也停止活动，非蒸发与蒸发散热量都显著减少。

2. 畜体姿态的改变

可使体表与空气相接触的面积发生一定程度的改变。高温时，畜体舒展、分散，体表面积较大，散热量也较多；低温时，畜体蜷缩、群集，体表面积缩小，散热量也减小。畜禽的身体在热或冷的环境中伸展或蜷缩，是调节体热的本能表现。

### (二)化学调节

在较严重的热或冷的应激下，散热调节已不足以维持体温恒定时，则必须减少或增加体内营养物质的氧化，以减少或增加热的产生，这种调节称为“产热调节”或“化学调节”。

1. 采食量的改变

畜禽在高温的刺激下，一方面增加热的散发，另一方面还要减少热的产生。首先表现为采食量减少或拒食，其次表现为生产力下降；当气温过低时，采食量增加，以增加产热量。

2. 行为的改变

高温时，肌肉松弛，嗜睡懒动，活动量减少。低温时，肌肉紧张度提高，颤抖，活动量增加。

3. 内分泌的改变

在高温的应激下，甲状腺分泌减少，代谢率下降，产热量降低；动物在受到寒冷刺激时，甲状腺分泌增加，代谢率上升，产热量增加。

## 【任务评价】

### 一、名词解释

体温　皮温　热增耗　基础代谢　对流散热　辐射散热　传导散热　蒸发散热　物理调节　化学调节

### 二、判断题

1. 高温时，畜体主要以呼吸道蒸发散热为主。(　　)
2. “非蒸发散热”或“可感散热”能使畜舍温度升高。(　　)
3. 蒸发散热亦称“潜热发散”，只能使畜舍的湿度降低。(　　)
4. 传导散热量与两接触物体的温差、接触面积、热传导系数成正比。(　　)
5. 空气温度越低，气流速度越大，畜体的对流散热越少。(　　)
6. 生产性能愈高的畜禽其产热量也愈大，对其热应激的预防愈重要。(　　)
7. 热增耗的大小不仅与采食量成正比，也与饲料类型有关，粗饲料大于精饲料。(　　)
8. 测定畜禽体温时将温度表的感应部分伸入直肠的深度相同。(　　)

# 任务3　太阳辐射与畜禽生产

光照是畜禽舍环境中的一个非常重要的因素，是畜禽生存和生产不可或缺的外界条件，光照对畜禽的影响因畜禽种类不同而不同，畜禽舍光照调控的目的是确保畜禽的光照要求，保证舍内光照符合畜禽生理需求。

## 一、太阳辐射及其强度

太阳辐射是地球表面热能的主要来源，是产生各种复杂天气现象的根本原因，太阳辐射对畜禽的健康和生产性能有着非常重要的影响。太阳是一个巨大的热核反应器，在氢核聚变的过程中，以 $3.5\times10^{25}$ kJ/s 的速度向宇宙释放大量的辐射能量，称为太阳辐射能。到达地球大气外层的仅是其中的22亿分之一，太阳辐射通过大气层时，其中约有19%被大气和云层吸收，9%左右被大气中的各种气体分子和悬浮的微粒散射，25%左右被云层反射，只有大约47%的太阳辐射能量以直射光(24%)和散射光(23%)的形式到达地面(图1-1)。

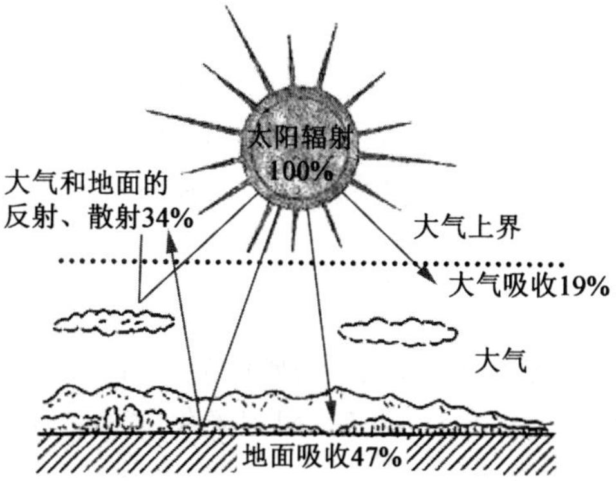


图1-1　太阳辐射热

太阳辐射能的强弱程度常用太阳辐射强度来表示，太阳辐射强度是指单位时间内太阳垂直投射到单位面积上的辐射能，单位为 $J/(cm^2\cdot min)$。到达地面的太阳辐射强度，除受大气状况的影响外，还与太阳高度角和海拔有关。太阳高度角是指太阳光线与地表水平面之间的夹角。太阳高度角愈小，太阳辐射在大气中的射程就愈长，被大气减弱得愈厉害；太阳高度角的大小取决于地理纬度、季节和一天的不同时间。高纬度地区太阳辐射强度较弱，低纬度地区较强；夏季太阳辐射强度较冬季强；太阳辐射强度的最高值均出现在当地时间的正午。海拔愈高，大气的透明度愈好，灰尘、二氧化碳等的含量愈少，太阳辐射强度愈大。

到达地面的辐射能，一部分被地面吸收，转变为热能，另一部分反射回大气。地面的反射率取决于地表的物理状态：雪的反射率最大，可达80%～90%，其他如黄沙为34.6%，绿草地为25.7%，枯草地为19%，黑湿土壤为7%。

## 二、太阳辐射光谱

太阳辐射是一种电磁波，其光谱组成按人类的视觉反应，分为紫外线、可见光和红外线等三个光谱区(表 1-1)。

表 1-1 太阳辐射的光谱

nm

| 种类 | 紫外线 | 紫光 | 蓝光 | 青光 | 绿光 | 黄光 | 橙光 | 红光 | 红外线 |
|---|---|---|---|---|---|---|---|---|---|
| 波长 | 4～400 | 400～430 | 430～470 | 470～500 | 500～560 | 560～590 | 590～620 | 620～760 | 760～$3\times10^5$ |

## 三、太阳辐射的一般作用

太阳光线照射到畜禽有机体后，只有被机体吸收的部分，才能对机体起作用。光线被畜禽机体吸收的程度，与光线对机体的穿透能力成反比。光线被畜禽体吸收强烈时，进入的深度不大就被吸收殆尽，所以不能进入深层。各种光线对机体的穿透能力的大小顺序是：短波红外线＞红、橙、黄光线＞绿、青、蓝、紫光线＞长波紫外线＞长波红外线＞短波紫外线。由此可见，畜禽体组织对紫外线的吸收最为强烈，对可见光的吸收很差，对短波红外线更差。因此紫外线引起的光生物学效应是明显的。

1. 光热效应

太阳光波的长波部分，如红光或红外线，由于单个光子的能量较低，被组织吸收后，光能主要是转变为热能，即产生光热效应，可使组织温度升高，加速组织内的各种物理化学过程，提高组织和全身的代谢。

2. 光化学效应

太阳光波的短波部分，尤其是紫外线，被组织吸收后，除部分转化为热能外，还可使分子或原子中的电子吸收能量后处于激发态而不稳定，引起光化学效应，产生具有刺激神经感应器而引起局部及全身反应的生物活性物质(如乙酰胆碱、组织胺等)。

3. 光电效应

太阳光波中的短波可见光和紫外线，由于单个光子的能量较大，可导致物质分子或原子中的电子被激活逸出轨道，形成光电子或阳离子，产生光电效应。

## 四、紫外线的生物学作用与应用

太阳辐射光谱中紫外线的波长范围为 4～400 nm，但能到达地球表面的紫外线的波长在 290～400 nm，短于 290 nm 的紫外线被臭氧层吸收，人工紫外线灯才能产生短于 290 nm 的紫外线。波长 275～320 nm 紫外线，太阳高度角小于 35°或地理纬度大于 32°的地区，该波段的紫外线一般不能到达地面。紫外线对畜禽的作用，与波长有关，根据其对机体的影响，将紫外线分为三段：

A 段：波长 320～400 nm，生物学作用较弱，有色素沉着作用。

B 段：波长 275～320 nm，生物学作用很强，有红斑作用和抗佝偻作用。

C 段：波长 200～275 nm，不能到达地面，生物学作用非常强烈，对细胞有巨大的杀伤力。

紫外线的生物学作用，包括有益和有害两个方面(表 1-2)。

表 1-2　紫外线的生物学作用

| 有益作用 | 有害作用 |
|---|---|
| 1. 杀菌作用　波长在 275 nm 以下的紫外线，其化学效应使细菌核蛋白发生变性、凝固而死亡，达到杀菌的目的。在生产中，紫外线灯常用于空气、物体表面的消毒以及表面创伤感染的治疗。<br>2. 抗佝偻病作用　波长 275～320 nm 紫外线照射皮肤，能使皮肤中的 7-脱氢胆固醇形成维生素 $D_3$，使植物和酵母中的麦角固醇转化为维生素 $D_2$，维生素 D 具有促进小肠对钙、磷的吸收，保证骨骼的正常发育作用。<br>3. 色素沉着作用　在波长 320～400 nm 的紫外线照射下，动物皮肤的基底有一种黑色素细胞，细胞内存在着含有酪氨酶的黑色素小体，能够产生和贮存黑色素，能使皮肤颜色变深。皮肤的黑色素含量增多，能增强皮肤对光线的吸收能力，防止大量的光辐射透入组织深部造成损害，同时还使汗腺加速排汗散热，避免机体过热。<br>4. 增强机体的免疫力和抗病力　长波紫外线的适量照射，能提高血液中凝集素的凝集，增加白细胞数量，从而增强血液的杀菌和吞噬作用，提高机体的抗病力。 | 1. 红斑　过度的紫外线照射，被照射部位的皮肤会出现红斑现象。<br>2. 光照性皮炎　当畜禽采食荞麦苗、三叶草和苜蓿等含光敏性物质的饲料后，饲料中的光敏性物质吸收了大量光子而处于激发态，使皮肤发生反应出现红斑、痛痒、水肿和水泡等症状，引起皮肤光照性皮炎。<br>3. 皮肤癌　高强度、长期的紫外线照射可使皮肤发生癌变。其中 291～320 nm 的紫外线致癌作用最强，白色皮肤发病率高。<br>4. 光照性眼炎　畜禽眼睛接受过度的紫外线照射时，可引起结膜炎和角膜炎，称为光照性眼炎。其临床表现为角膜损伤、眼红、灼痛感、流泪和畏光等症状，经数天后消失。最易引起光照性眼炎的波长为 295～360 nm。长期接触少量的紫外线，可发生慢性结膜炎。 |

## 五、红外线的生物学作用与应用

红外线的作用主要为光热效应，又称热射线。红外线照射畜禽体表，一部分反射，另一部分被皮肤吸收，机体吸收红外线的部位主要是皮肤和皮下组织。红外线穿透组织的深度可达 8 cm，能直接作用于皮肤的血管、淋巴管、神经末梢和其他皮下组织。红外线对畜禽机体的作用包括有益和有害两个方面（表 1-3）。

表 1-3　红外线的生物学作用

| 有益作用 | 有害作用 |
|---|---|
| 1. 消肿镇痛　适度的红外线照射，可使畜禽有机体局部温度升高，微血管扩张，血流量增加，促进血液循环，加速组织内各种理化过程，改善组织营养和代谢，使炎症迅速消退，局部渗出液被吸收，而使组织紧张程度下降，肿胀减轻，减缓局部肿痛。因此，在临床上可利用红外线来治疗冻伤、风湿性肌肉炎、关节炎及神经痛等疾病。<br>2. 御寒　在生产中，常用红外线灯作为热源对雏禽、仔猪、羔羊和弱畜、病畜进行照射，不仅可以增强畜禽御寒能力，而且对生长发育具有一定的促进作用。例如，采用红外线灯保温伞育雏，每盏（125W）可育雏鸡 800～1 000 只，若用于照射仔猪，一般每盏一窝。 | 1. 日射病　波长 600～1 000 nm 红外线能穿透颅骨，使颅内温度升高，引起日射病。为了防止日射病，在运动场应设遮阳棚或植树，放牧畜禽避开日光照射较强的中午。<br>2. 白内障　波长 1 000～1 900 nm 的红外线长时间照射眼睛时，可使水晶体及眼内液温度升高，水晶体浑浊，导致白内障。常见于马属动物。因此，在夏季户外长时间放牧或使役时，应注意保护其头部和眼睛。<br>3. 其他　过度的红外线照射，使表层血液循环增加，内脏血液循环会减少，使胃肠道对特异性传染的抵抗力及消化力下降。另外，影响机体的散热，使体温升高，易发生中暑等。 |

## 六、可见光的生物学作用与应用

太阳辐射中动物产生光感和色感的部分为可见光，它通过视网膜，作用于中枢神经系统。可见光的生物学效应，与光的波长、光照强度及光周期等有关。

### （一）波长（光色）

可见光的波长对畜禽的影响不大。家禽对光色比较敏感，尤其是鸡，鸡在红光下比较安静，啄癖极少，成熟期略迟，产蛋量稍有增加，蛋的受精率较低；在蓝光、绿光或黄光下，鸡增重较快，成熟较早，产蛋较少，蛋重略大，公鸡交配能力增强。

### （二）光照强度

不同的光照强度对畜禽所产生的生物学效应存在一定的差异，同一强度的光对于不同动物的生物学效应也不相同。处于肥育期的畜禽，过强的光照会引起精神兴奋，休息时间减少，甲状腺的分泌增加，代谢率提高，从而降低了增重速度和饲料利用率。因此，任何畜禽在肥育期，应减少光照强度，控制光照时间，便于开展饲养管理工作，满足畜禽的基本活动，如正常采食和饮水等。

鸡对可见光十分敏感，对雏鸡来说，0.1～1.0 lx 的光照强度，增重效果较好，进一步增大光照强度并无好处。产蛋鸡在 0.1～2.0 lx 下即可正常产蛋，1 lx 使产蛋量达到很高水平，超过 5 lx，提高产蛋量效果并不明显。当光照强度较低时，鸡群保持安静，生产性能与饲料利用率比较高；光照强度过大时，容易引起啄羽、啄趾、啄肛和神经质；若突然增强光照，易引起母鸡泄殖腔外翻，会引起重大损失，因此，无论对肉鸡或蛋鸡、成鸡或小鸡光照强度均不可过高，肉鸡或雏鸡均应以 5 lx 为宜，蛋鸡或种鸡一般以 10 lx 为宜。

其他畜禽对光照强度的反应阈较高。在 5～10 lx 的光照环境中，公猪和母猪生殖器官的发育较正常光照下差，仔猪生长缓慢，成活率降低，犊牛的代谢机能减弱。因此，处于生长期的幼畜和繁殖用的种畜，光照强度应较高，公、母猪舍、仔猪舍的照度应控制在 50～100 lx。肥育畜禽应给予较低的照度，肥育猪舍、肉牛舍以 30～50 lx 较好。

### （三）光周期对畜禽的影响

光照时数和强度随春夏秋冬的交替而呈周期性变化，称为光周期。在诸多环境因素中，光照是影响畜禽生理节律的最主要的因素。光照的周期性变化，在其他环境因素的协同作用下，对畜禽的生理节律产生强烈的影响。

1. 对繁殖性能的影响

在自然界，许多畜禽的繁殖都具有明显的季节性。马、驴、野猪、野猫、野兔、仓鼠和一般食肉、食虫兽及所有的鸟类，在春夏季日照逐渐延长的情况下发情、配种，称为长日照动物；绵羊、山羊、鹿和一般的野生反刍动物等在秋冬季日照时间缩短的情况下发情、交配，称为短日照动物。有些动物由于人类的长期驯化，其繁殖的季节性消失，如牛、猪、兔常年发情配种繁殖，对光周期不敏感。

一般而言，延长光照有利于长日照动物繁殖活动。可提高公畜的性欲，增加射精量和精子密度，增强精子活力。将公鸡光照时间从 12 h/d 延长到 16 h/d，射精量、精子浓度、成活率分别增加 14.3%、51.81%和 4.3%，畸形率和死精率分别下降 41.9%和 11.1%。缩短光照可提高短日照公畜的繁殖力，如将绵羊光照时间从 13 h/d 缩短到 8 h/d，公羊精子活力和正常顶体增加 16.6%和 27%，用此精液配种，母羊妊娠率和产羔率分别比自然光照组增加 35%和 150%。在夏季开始时，将母羊光照时间缩短为 8 h/d，可使繁殖季节提前 27～45 d。据测定，小公猪从 20 周龄开始延长光照，26 周龄时有 73%的公猪能采出精液，而自然光照的小公猪只有 26%。延长光照时间到 15 h/d，种公猪的性欲活动显著增加；在 8～10 h/d 的光照条件下，光照强度从 8～10 lx 提高到 100～150 lx，公猪射精量、精子浓度都显著增加。建议公猪的光照时间为 8～10 h/d，光照强度为 100～150 lx。光照强度从 6～8 lx 增加到 70～100 lx，母猪产仔数增加 4.5%～8.5%，初生窝重及断乳窝重分别提高 4.5%～16.7%和 5.1%～12.2%。因此，母猪的适宜光照时间为 12～17 h/d，光照强度为 60～100 lx。

2. 对产蛋性能影响

处于产蛋期的母鸡，需要较长的日照，在昼短夜长的冬季，日照时间满足不了母鸡产蛋的生理需要，引起母鸡过早停产。实验证明，光照低于 10 h/d，鸡不能正常产蛋；光照低于 8 h/d，鸡产蛋停止；光照高于 17 h/d，对生产无益。延长光照时间，会促进育成母鸡性早熟，开产日龄较早，一个产蛋期中的平均蛋重下降；反之，性成熟较晚，开产较迟，有利于鸡的生长发育，会提高成年后的产蛋率，增加蛋重。如 12 月份至翌年 1 月份孵化出的鸡比 6～7 月份孵出的鸡开产日龄早 24 d。产蛋鸡最佳光照时间为 14～16 h/d，突然增加或减少光照时间，会扰乱内分泌系统机能，导致产蛋率下降。

3. 对生长肥育和饲料利用率的影响

采用短周期间歇光照，可刺激肉用仔鸡消化系统发育，增加采食量，降低活动时间，提高增重和饲料转化率。采用间歇光照，可提高肉鸭日增重，降低腹脂率和皮脂率；每日光照时间从 8 h 延长到 15 h，3～6 月龄牛的胸围增加 31.8%，平均日增重增加 10.2%。种用畜禽光照时数应适当长一些，以利活动，增强体质；育肥畜禽应适当短一些，以减小活动，加速肥育。据测定，育肥猪的光照强度从 5 lx 提高到 40～50 lx，日增重提高 5%左右。建议生长肥育猪的光照强度一般在 40～50 lx。光照时间对生长肥育猪影响不大，一般不超过 10 h/d。

4. 对产奶量的影响

哺乳动物的产奶量，一般都是春季逐渐增多，5～6 月份达到高峰，7 月份大幅跌落，10 月份又慢慢回升。这与牧草生长规律、光照时数和温度变化有着直接关系。据试验，延长光照时间有利于提高产乳量，16～18 h/d 光照的奶牛比 8～9 h/d 和 24 h/d 光照的奶牛，产乳量高 7%。

5. 对产毛的影响

羊毛一般都是夏季生长快，冬季慢，大多数动物皮毛的成熟，都是在短日照的秋冬季发生。牛、羊、马、猪、兔和禽类，都有季节性换毛的现象，也是由光照周期性变化引起的。在自然界，鸡在日照时间逐渐缩短的秋季开始换毛，牛在日照时间延长的春季脱去绒毛，换上粗毛。养鸡场对成年母鸡实行 16～17 h/d 的恒定光照制度，鸡的羽毛因光周期不变一直不能换羽。因此，生产上可用缩短光照等措施，使鸡强制换羽，控制产蛋周期。

6. 对健康的影响

连续光照使肉用仔鸡关节变形（外翻和内翻）、脊椎强直和膝关节增大，发病率增加。将光照时间从 23 h/d 减少到 16 h/d，肉用仔鸡死亡率从 6.2%降低到 1.6%。猪对光刺激的反应域值较高，当光照强度由 10 lx 增加到 60 lx 再增加到 100 lx 时，仔猪的发病率下降 24.8%～28.6%，成活率提高 19.7%～31.0%。

畜禽对光照具有规律的反应，是它们长期生活在一定的条件下形成的遗传性，这种特性表现在发情、繁殖及其他方面，如脱毛、换羽等。近年来，随着人类对畜禽的培育程度越来越高，畜禽对光的反应逐渐减弱。马、驴、牛、羊、犬、猫等动物的被毛在每年的一定季节脱换，最主要的原因是光周期的变化，也与气温有关。

## 七、畜禽舍适宜的光照标准

畜禽舍适宜的光照标准见项目四有 4-2 至表 4-3。

【任务评价】

**一、名词解释**

太阳辐射　日射病　太阳高度角　长日照动物　短日照动物

**二、选择题**

1. 称为热射线的是(　　)。

A. 紫外线　B. 红外线　C. 可见光　D. 青光

2. 属于长日照动物的是(　　)。

A. 猪　B. 鸡　C. 绵羊　D. 奶牛

3. 各种光线对畜禽机体的穿透能力最强的是(　　)。

A. 红外线　B. 可见光　C. 紫外线

4. 畜禽机体对各种光线的吸收能力最强的是(　　)。

A. 红外线　B. 可见光　C. 紫外线

5. 产蛋鸡最佳光照时间为(　　)

A. 18 h　B. 20 h　C. 14～16 h　D. 10 ～20 h

6. 公猪的光照时间建议为(　　)，光照强度为(　　)。

A. 5 h　B. 8～10 h　C. 14 h　D. 100～150 lx

E. 150～200 lx

7. 生长肥育猪的光照强度一般在(　　)。光照时间对生长肥育猪影响不大，一般不超过(　　)。

A. 10 h　B. 28 h　C. 14～16 lx　D. 40 ～50 lx

E. 50～100 lx

8. 母猪的适宜光照时间为(　　)，光照强度为(　　)。

A. 12～17 h　B. 28 h　C. 40～60 lx　D. 60～100 lx

**三、连线题**

| | |
|---|---|
| 红外线过度照射 | 日射病 |
| 光照过强 | 啄肛 |
| 紫外线过度照射 | 杀菌 |
| 仔猪箱内悬挂红外线灯 | 光照性皮炎 |
| 紫外线消毒室停留 10 min | 保温 |

**四、简答题**

1. 简述紫外线和红外线的作用及生产应用。

2. 光照的时间与强度对畜禽健康和生产性能有何影响？

3. 简述太阳辐射的一般生物学作用。

# 任务 4　空气温度与畜禽生产

## 一、气温的来源与变化规律

### （一）气温的来源

外界自然环境的气温来源于太阳辐射。它经过大气层的减弱后到达地面，一部分被地面反射掉，其余的被地面吸收，使地面增热，地面再通过辐射、传导和对流将热量传递给空气，这部分热量是引起气温变化的主要原因。但太阳辐射被大气吸收对空气增热作用很小，正常情况下，只能使气温升高 0.015～0.02 ℃/h。

### （二）气温的变化规律

因太阳辐射强度随当地纬度、季节和每天不同时间而变化，因此某一地区的气温也随时间和季节发生周期性的变化。

1. 气温的日变化

一天当中，通常凌晨日出之前气温最低，日出后气温逐渐回升，下午 2 点左右达到最高，以后气温逐渐下降到次日日出前为止。在气象学中，将一天中的气温最高值与最低值之差称为气温日较差。气温日较差的大小与纬度、季节、地势、下垫面、天气和植被等因素有关。气温日较差各地不同，但总的趋势是从东南向西北递增。东南沿海一带在 8 ℃以下，秦岭与淮河一线以北达 10 ℃以上，西北内陆地区达 15～25 ℃。

2. 气温的年变化

一年当中，一般是 1 月份气温最低，7 月份最高。在气象学中，最热月份与最冷月份的平均温度之差，称为气温年较差。气温年较差的大小受纬度、距海的远近、海拔的高低、降水和云量等因素的影响。我国南北气温在 1 月份相差很大，平均纬度每向北递增 1°，气温下降 1.5 ℃；而 7 月份则南北普遍炎热，南起广州，北至北京北部，平均气温均达 28 ℃左右，说明夏季温度与纬度的关系很小，而与地势高低和距海远近的关系较大。

除了上述的气温周期性变化外，还有非周期性变化，是由大规模的空气水平运动引起的。例如，当春季气温回升后，常因北方冷空气的入侵，又使得气温突然下降。在秋末冬初气温下降后，一旦从南方流来暖空气，又会出现气温陡增的现象。

## 二、畜禽舍内温度的来源与分布

### （一）畜禽舍内温度的来源

封闭舍内的实际温度状况，主要取决于畜禽舍的外围护结构的保温隔热能力、畜禽舍的大小和高度、饲养密度等。畜禽舍内空气的温度，主要产自畜禽机体散发的热量。据测定，在适宜温度下，一栋容纳 2 万只产蛋鸡的舍内，散发可感热(非蒸发散热)621.6 MJ/h；100 头体重 500 kg，平均日产奶量 20 kg 的成年乳牛，1h 散发可感热 116.68 MJ。另外，供暖幼畜禽舍的热量来自供暖设备。若畜禽舍保温性能良好，可依靠畜禽散发的热量维持环境温度；相反，舍内温度显著受舍外气温的影响。炎热季节，畜禽舍内温度大部分来自舍外空气和太阳辐射热，隔热性能良好的畜禽舍，舍内炎热程度得到显著改善，隔热性能差的畜禽舍，舍温可能高于舍外。

### (二)畜禽舍内温度的分布规律

畜禽舍内由于潮湿温暖空气上升，畜体散热、外围护结构的保温隔热性能、通风条件等差异，温度分布并不是均匀的。从垂直方向看，一般是天棚和屋顶附近较高，地面附近较低。如果天棚和屋顶保温能力强，舍内空气的垂直温度分布很有规律，且差别不大。如果天棚和屋顶保温能力差，舍内的热量很快向上散失，就有可能出现相反的情况，即天棚和屋顶附近温度较低，而地面附近较高。所以，在寒冷的冬季，为加强保温，要求天棚与地面附近的温差不超过 2.5～3.0 ℃，或每升高 1 m，温差不超过 0.5～1.0 ℃。从水平方向看，舍中央高，而靠近门、窗和墙壁的区域温度则较低。畜禽舍的跨度愈大，这种差异愈显著。实际差异的程度，取决于门、窗和墙壁的保温能力。保温能力强，则差异小；保温能力差，则差异大。因此，在寒冷的冬季，要求舍内平均气温与墙壁内表面的温差不超过 3 ℃；当舍内空气潮湿时，此温差不宜超过 1.5～2.0 ℃。了解舍内空气温度的分布状况，对于安置畜禽、设置通风管等具有重要的意义。例如在笼养的育雏室中，应设法将发育较差、体质较弱的雏鸡安置在上层；初生仔猪怕冷，可安置在畜禽舍中央。

## 三、畜禽的等热区和临界温度

### (一)等热区和临界温度的概念

1. 等热区

恒温动物主要依靠物理调节维持体温正常时的环境温度范围称为等热区。在这个温度范围内，畜禽不需动用化学调节，因而产热量处于最低水平。将等热区的下限温度称为临界温度，当低于这个温度，畜体散热量会增多，通过物理调节无法使动物保持体温正常，必须提高自身代谢水平以增加产热量。等热区上限又称“过高温度”，高于这个温度时机体散热受阻，物理调节不能维持体温恒定，体温升高，代谢率可提高。由此可见临界温度和过高温度之间的环境温度范围，也就是等热区(图 1-2)。

2. 舒适区

等热区中间有一温度区间，在此区间内畜禽有机体代谢产热刚好等于散热，不需要物理调节就能维持体温正常，畜禽最舒适，故称为舒适区。温度高于舒适区时开始受热应激，畜禽出现皮肤血管扩张、体温升高、呼吸加快和出汗等热调节过程；相反，温度低于舒适区以下开始受冷应激，畜禽出现皮肤血管收缩、被毛竖立和肢体蜷缩等。

### (二)影响等热区和临界温度的主要因素

1. 畜禽种类

畜禽种类不同，体型大小不同，每单位体重的体表面积不同，散热也不同。凡体型较大、单

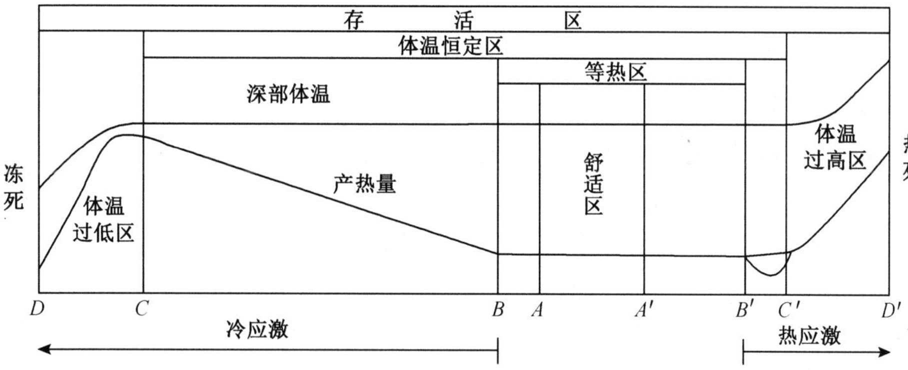


*A*.舒适区下线温度　*A*′.舒适区上线温度　*B*.临界温度　*B*′.过高温度
*C*.体温开始下降温度　*C*′.体温开始上升温度　*D*.冻死温度　*D*′.热死温度

**图 1-2　等热区与临界温度**

位体重表面积较小的畜禽，均较耐低温而不耐热，其等热区较宽，临界温度较低。在完全饥饿状态下测定的临界温度：兔子 27～28 ℃，鸡 28 ℃，猪 21 ℃，阉牛 18 ℃；在完全饥饿状态下测定的等热区：鸡 28～32 ℃，山羊 20～28 ℃，绵羊 21～25 ℃。

2. 年龄和体重

临界温度随年龄和体重的增大而下降，等热区随年龄和体重的增大而变宽。幼龄畜禽因临界温度较高而等热区较窄。例如，体重 1～2 kg 的哺乳仔猪为 29 ℃，体重 6～8 kg 下降为 25 ℃，体重 20 kg 为 21 ℃，60 kg 和 100 kg 分别为 20 ℃和 18 ℃。

3. 皮毛状态

被毛浓密或皮下脂肪发达的畜禽，保温性能好，等热区较宽，临界温度较低。例如，饲喂维持日粮的绵羊，被毛长 1～2 mm(刚剪毛时)的临界温度为 32 ℃，被毛长 18 mm 的为 20 ℃，120 mm 的为－4 ℃。

4. 营养水平

营养水平愈高，则体增热愈多，畜禽耐寒而临界温度低，等热区宽。例如，被毛正常的阉牛，维持饲养时临界温度为 7 ℃，饥饿时升高到 18 ℃；刚剪毛摄食高营养水平日粮的绵羊为 25.5 ℃，使用维持日粮的为 32 ℃。

5. 生产力

畜禽在泌乳、劳役、妊娠、生长、肥育等生产过程中会产生一定的热量。凡生产力高的畜禽其代谢强度大，体内分泌合成的营养物质多，产热多，故临界温度较低。例如，日产乳 9.5 kg 的乳牛，临界温度为－6 ℃，而日产乳 19 kg 时则下降到－18 ℃。

6. 管理方式

适当增加饲养密度，可减少体热的散失，临界温度较低；相反单个饲养的畜禽，体热散失就较多，临界温度较高。例如：将 4～6 头体重 1～2 kg 的仔猪饲养在同一圈栏内，其临界温度为 25～30 ℃；如果进行个别测定，则上升到 34～35 ℃。此外，较厚的垫草或加强畜禽舍保温隔热设计，能使临界温度下降。

7. 动物的适应性

生活在寒冷地区的畜禽，由于长期处于低温环境，其代谢率高，等热区较宽，临界温度较低。而炎热地区的畜禽恰好相反。

### (三)等热区和临界温度对生产实践的指导意义

(1)由于影响等热区和临界温度的因素很复杂，对于不同种类、年龄、体重、生产力、被毛状态的畜禽应分别采用不同饲养管理措施。因此，等热区和临界温度是制定饲养管理方案和设计畜禽舍的重要依据。

(2)各种畜禽在等热区内，代谢率最低，产热量最少，饲料利用率、生产性能、抗病力均较高，饲养成本最低，经营畜牧业最为有利。因此，等热区和临界温度为畜禽舍内环境温度调控提供参考。

在某些地区，如果单纯追求畜禽舍温度应达到等热区，可能会引起较高的投资或运营成本。有时略微放宽这一范围，可能对生产性能影响并不太大，而投资和生产成本下降较多。因此，生产中常常可能选用略宽于等热区的生产适宜温度范围更切合实际。

## 四、畜禽的适宜温度

在一般的畜禽场，由于自然条件和人为因素所限，很难将环境温度准确控制在等热区范围内。应根据不同地区条件、畜禽种类、品种和年龄等对空气温度的要求而定，各种畜禽生产环境界限和适宜温度范围各异(表 1-4 至表 1-7)。

**表 1-4 猪舍内空气温度和相对湿度**

| 猪舍类别 | 空气温度/℃ | | | 相对湿度/% | | |
|---|---|---|---|---|---|---|
| | 舒适范围 | 高临界 | 低临界 | 舒适范围 | 高临界 | 低临界 |
| 种公猪舍 | 15～20 | 25 | 13 | 60～70 | 85 | 50 |
| 空怀妊娠母猪舍 | 15～20 | 27 | 13 | 60～70 | 85 | 50 |
| 哺乳母猪舍 | 18～22 | 27 | 16 | 60～70 | 80 | 50 |
| 哺乳仔猪保温箱 | 28～32 | 35 | 27 | 60～70 | 80 | 50 |
| 保育猪舍 | 20～25 | 28 | 16 | 60～70 | 80 | 50 |
| 生长育肥猪舍 | 15～23 | 27 | 13 | 65～75 | 85 | 50 |

**表 1-5 奶牛舍内最适温度、最低温度和最高温度**

(黄昌澍，家畜气候学. 江苏科学技术出版社，1989)　　℃

| 牛舍类别 | 最适温度 | 最低温度 | 最高温度 |
|---|---|---|---|
| 成母牛舍 | 9～17 | 2～6 | 25～27 |
| 犊牛舍 | 10～18 | 4 | 25～27 |
| 产房 | 15 | 10～12 | 25～27 |
| 哺乳犊牛舍 | 12～15 | 3～6 | 25～27 |

表 1-6　肉牛的适宜温度范围及生产环境温度　℃

| 种类 | 适宜温度范围 | 生产环境温度 | |
|---|---|---|---|
| | | 低温 | 高温 |
| 犊牛 | 13～25 | ≥5 | ≤30～32 |
| 肥育牛 | 4～20 | ≥−10 | ≤32 |
| 肥育阉牛 | 10～20 | ≥−10 | ≤30 |

表 1-7　羊、鸡生产中较为可行的温度范围　℃

| 畜禽名称 | 畜禽类别 | 生产中较为可行的温度范围 | 最适温度 |
|---|---|---|---|
| 羊 | 母绵羊 | 5～30 | 13 |
| | 初生羔羊 | 24～27 | |
| | 哺乳羔羊 | 10～25 | 10～15 |
| 鸡 | 蛋用母鸡 | 10～24 | 13～20 |
| | 肉用仔鸡 | 21～27 | 24 |

## 五、气温对畜禽的影响

当气温高于或低于临界温度时，对畜禽的健康状况和生产性能都会产生不良影响，其影响程度取决于温度的高低和持续时间的长短。温度越高或越低，持续时间越长，则影响越大。

### （一）气温与畜体的热调节

1. 高温时的热调节

（1）增加散热。当气温升高，但与体温仍有一定差距时，畜禽提高非蒸发散热量，维持体温恒定；当气温等于或接近皮肤温度时，非蒸发散热完全失效，全部代谢产热需依靠蒸发散热；如果气温高于皮肤温度，机体还以辐射、传导和对流的方式从环境得热，体温升高，机能障碍，出现“热射病”，最后衰竭死亡。

（2）减少产热。首先表现为采食量减少或拒食，生产力下降，肌肉松弛，嗜睡懒动，继而内分泌机能开始活动，最明显的是甲状腺分泌减少。

2. 低温时的热调节

与高温相反，随着气温的下降，皮肤血管收缩，减少皮肤的血液流量，皮温下降，使皮温与气温之差减少；汗腺停止活动，呼吸变深，频率下降，非蒸发和蒸发散热量都显著减少。同时，肢体蜷缩，群集，以减少散热面积，竖毛肌收缩，被毛逆立，以增加被毛内空气缓冲层的厚度。当气温下降到临界温度以下，表现为肌肉紧张度提高，颤抖，活动量和采食量增大。

### （二）气温对畜禽生产性能的影响

1. 气温对繁殖的影响

畜禽的繁殖活动，除了受光照影响外，气温也是影响繁殖的一个重要因素。气温过高对许多畜禽的繁殖都有不良的影响。

（1）对种公畜的影响。正常条件下，公畜的阴囊有很强的热调节能力，使得阴囊的温度低于体温 3～5 ℃。在持续高温环境中，引起精液品质下降，对牛影响明显。一般高温影响 7～9 周后才能使精液品质恢复正常水平。高温还会抑制畜禽的性欲，正因如此，盛夏之后，秋天配种效果较差。低温由于可促进新陈代谢，一般有益无害。

(2)对种母畜的影响。高温能使母畜的发情受到抑制，表现为不发情或发情不明显。高温还会影响受精卵和胚胎的存活率。高温对母畜生殖的不良作用主要在配种前后一段时间内，特别是在配种后胚胎附植于子宫前的若干天内，是引起胚胎死亡的关键时期。受精卵在输卵管内对高温很敏感，且在附植前容易受高温刺激而死亡。高温对母畜受胎率和胚胎死亡率影响的关键时期为：绵羊在配种后 3 d 内，牛在配种后 4～6 d 内，猪在配种后 8 d 内，受胎后 11～20 d 及妊娠 100 d 以后。

妊娠期处于高温期内的母畜，一般仔畜初生重较轻、体型略小，生活力较低，死亡率高。引起这一现象的原因是：在高温条件下，母体外周血液循环增加，以利于散热，而使子宫供血不足，胎儿发育受阻；高温母畜采食量减少，本身营养不良，也会使胎儿初生重和生活力下降。

2. 气温对生长肥育的影响

畜禽都有最佳的生长、肥育环境温度，一般此时饲料利用率也较高，生产成本也较低。

鸡的适宜生长温度随日龄增加而下降，0～3 d 为 34～35 ℃，以后每周下降 2～3 ℃，到 18 d 为 26.7 ℃，32 日龄降到 18.9 ℃。生长鸡小范围的适当低温和变化，对生产不仅无害，反而可使生长加快，死亡率下降，但饲料利用率略有下降。肉仔鸡从 4 周龄起，18 ℃生长最快，24 ℃饲料利用率最好，考虑到两者兼顾，以 21 ℃最为适合。

猪生长、肥育的适宜温度范围在 12～20 ℃之间，当气温超过 30 ℃，或低于 10 ℃时，增重率明显下降。牛的生长肥育温度以 10 ℃左右最佳。

3. 气温对产蛋的影响

在一般的饲养管理条件下，各种家禽产蛋的适宜温度为 13～25 ℃，下限温度为 7～8 ℃，上限温度为 29 ℃。气温持续在 29 ℃以上，鸡的产蛋量下降，蛋重降低，蛋壳变薄；温度低于 7 ℃，产蛋量下降，饲料消耗增加，饲料利用率下降。

4. 气温对产奶量和奶品质的影响

(1)产奶量。牛的体型较大，其临界温度较低，特别是高产奶牛，可低达－13 ℃，所以在一定范围内的低温对牛的生产性能影响较小，而高温则有较大的影响。最适宜产奶的温度为 10～15 ℃，生产环境温度界限可控制在－13～30 ℃。

(2)奶品质。气温升高，乳脂率下降，气温从 10 ℃上升到 29.4 ℃，乳脂率下降 0.3%。如果温度继续上升，产奶量将急剧下降，乳脂率却又异常地上升。一年中的不同季节，乳脂率的变化也较大，夏季最低，冬季最高。

### (三)气温对畜禽健康的影响

1. 免疫

高温对鸡体液免疫和细胞免疫都有不良影响，结果因鸡受到热应激的持续时间而有差异，时间越长，恢复期也越长。由此可见，夏季出现免疫失败有时并不是疫苗质量出现问题，而是热应激的结果。此外，初生仔畜从初乳中获得免疫球蛋白而产生的被动免疫，在冷热应激时其水平有所下降，会降低幼畜的抵抗力。

2. 直接致病作用

气温引起的直接致病作用为非传染性，主要是冻伤、热痉挛、热辐射和日射病。放牧家畜，低温可以导致羔羊肠痉挛。环境控制不良的畜舍，低温也会成为感冒、支气管炎、肺炎、肾炎等疾病的诱因。

3. 间接致病作用

适宜的温度和湿度适宜各种病原微生物和寄生虫的生存和繁殖，因而这时成为许多流行病与寄生虫病的高发季节。炎热的夏季可以使口蹄疫病毒失活，但低温恰好有利于流感、牛痘和新城疫病毒的生存。这些疾病的流行趋势，虽然不是由气温直接导致，但是都与气温变化有关，所以应该在饲养管理中高度重视。

**【任务评价】**

**一、名词解释**

等热区　舒适区　临界温度　气温日较差　气温年较差

**二、选择题**

1. 一般一天中气温最高值出现在(　　)。

A. 11:00　　B. 12:00　　C. 13:00　　D. 14:00

2. 一年中最热月是(　　)。

A. 6 月　　B. 7 月　　C. 8 月　　D. 9 月

3. 为了保持热平衡，猪的采食量在低温时会(　　)，高温时会(　　)。

A. 增加，减少　　B. 减少，增加　　C. 减少，减少　　D. 增加，增加

4. 对高温环境耐受能力相对较强的是(　　)。

A. 鸡　　B. 猪　　C. 牛　　D. 绵羊

**三、填空并连线**

| 环境条件 | 主要体温调节方式 |
|---|---|
| 环境温度________皮温 | 非蒸发散热 |
| 环境温度________皮温 | 蒸发散热 |
| 环境温度________皮温 | 热射病 |

**四、填空题**

1. 正常情况下，畜舍内温度的分布是天棚附近________，而地面附近________。

2. 冬季，要求舍内平均气温与墙壁内表面平均温度之差不超过________℃；当舍内空气湿度过大时，该温差不超过________℃。

3. 据测定，冬季通过墙壁散失的热量是总散热量的________。

**五、简答题**

1. 影响等热区和临界温度的因素有哪些？在畜禽生产中如何应用？

2. 气温对畜禽生产力有哪些影响？

3. 畜禽舍内温度的分布规律是什么？

# 任务5 空气湿度与畜禽

## 一、湿度的表示方法

空气在任何状态下都含有水汽。表示空气中含有水汽多少的物理量称为空气湿度，简称气湿。空气中的水汽主要来源于水面以及植物、潮湿地面的蒸发。空气湿度通常用下列几个指标表示。

### (一)水汽压

空气是由含水汽在内的多种气体组成的。每一种气体都有一定的分压。

大气压是由各种气体分压的综合作用形成的。由水汽所产生的那部分压强称为水汽压，它不容易测得，一般都是通过间接计算得出来的。水汽压的单位用"Pa"表示。

在一定温度条件下，一定体积空气中能容纳水汽分子的数量有一个最大值，超过这个最大值，多余的水汽就会凝结为液体或固体。该值随空气温度的升高而增大。当大气中水汽达到最大值时，称为饱和空气，这时的水汽压称为饱和水汽压(表1-8)。

表1-8 在不同温度下的饱和水汽压

| 温度/℃ | −10 | −5 | 0 | 5 | 10 | 15 | 20 | 25 | 30 | 35 | 40 |
|---|---|---|---|---|---|---|---|---|---|---|---|
| 饱和水汽压/Pa | 287 | 421 | 609 | 868 | 1 219 | 1 689 | 2 315 | 3 136 | 4 201 | 5 570 | 7 316 |
| 饱和水汽重/(g/m³) | 2.16 | 3.26 | 4.85 | 6.80 | 9.40 | 12.83 | 17.30 | 23.05 | 30.57 | 39.60 | 51.2 |

### (二)绝对湿度

绝对湿度指单位体积的空气中所含的水汽质量，用 $g/m^3$ 表示。它直接表示空气中水汽的绝对含量。

### (三)相对湿度

相对湿度即空气中实际水汽压与同温度下饱和水汽压之比，以百分率来表示。相对湿度说明水汽在空气中的饱和程度，是一个常用的指标。

$$相对湿度=空气中实际水汽压/同温度下的饱和水汽压\times100\%$$

### (四)饱和差

饱和差指一定的温度下饱和水汽压与同温度下的实际水汽压之差。饱和差愈大，表示空气愈干燥，饱和差愈小，则表示空气愈潮湿。

### (五)露点

空气中水汽含量不变，且气压一定时，因气温下降，使空气达到饱和，这时的温度称"露点"。空气中水汽含量愈多，则露点愈高，否则反之。

空气中的水汽来自海洋、江湖等水面和植物、潮湿土壤等的蒸发。由于影响湿度变化的因素(气温、蒸发等)有周期性的日变化和年变化,所以,空气湿度也有日变化和年变化现象。绝对湿度基本上受气温的支配,在一日和一年中,温度最高值的时候,绝对湿度最高。相对湿度的日变化与气温相反,在一天中温度最低时,相对湿度最高,在早晨日出之前往往达到饱和而凝结为露水、霜和雾。

## 二、畜禽舍内湿度的来源和变化

1. 湿度的来源

畜禽舍内空气的湿度通常高于外界空气的湿度,密闭式畜禽舍中的水汽含量常比大气中高出很多。在夏季,舍内外空气交换较充分,湿度相差不大。畜禽舍内水汽的来源通常为畜禽机体蒸发的水汽约占75%;潮湿的地板、垫料和潮湿物体蒸发的水汽占20%~25%;进入舍内的大气本身含有10%~15%的水汽。

2. 湿度的变化

在标准状态下,干燥空气与水汽的密度比为1∶0.623,水汽的密度较空气小。在封闭式畜禽舍的上部和下部的湿度均较高。因为下部由畜体和地面水分的不断蒸发,较轻暖的水汽又很快上升,而聚集在畜禽舍上部。舍内温度低于露点时,空气中的水汽会在墙壁、窗户、顶棚、地面等物体上凝结,并渗入进去,使建筑物和用具变潮;温度升高后,这些水分又从物体中蒸发出来,使空气湿度升高。畜禽舍温度低时,易使舍内潮湿,舍内潮湿也会影响畜禽舍保温。

## 三、气湿对畜禽的影响

### (一)气湿对热调节的影响

空气湿度对畜禽的影响与环境温度有着密切的关系。在舒适区内,空气湿度对畜体的热调节没有影响。但也应控制空气湿度。例如,湿度过低会在舍内形成过多的灰尘,易引起呼吸道疾病;湿度过高会使病原体易于繁殖,使畜禽易患疥癣、湿疹等皮肤病,也会降低畜舍和舍内机械设备的寿命。所以一般要求畜舍内的相对湿度以50%~80%为宜。但在高温或低温时,气湿对畜禽的热调节有密切关系,主要影响畜体的散热过程。

1. 气湿对蒸发散热的影响

在高温时,畜体主要依靠蒸发散热,而蒸发散热量和畜体蒸发面(皮肤和呼吸道)的水汽压与空气水汽压之差成正比。畜体蒸发面的水汽压决定于蒸发面的温度和潮湿程度,皮温越高,越潮湿(如出汗),则水汽压越大,越有利于蒸发散热。如果空气的水汽压升高,畜体蒸发面水汽压与空气水汽压之差减小,则蒸发散热量亦减少,因而在高温、高湿的环境中,畜体的散热更为困难,从而加剧了畜禽的热应激。

2. 气湿对非蒸发散热的影响

畜禽在低温环境中,主要通过辐射、传导和对流等方式散热,并力图减少热量散失,以保持热平衡。由于潮湿空气的导热性和热容量比干燥空气大,潮湿空气又善于吸收畜体的长波辐射热。此外,在高湿环境中,畜禽的被毛和皮肤都能吸收空气中水分,提高了被毛和皮肤的导热系数，降低了体表的阻热作用。所以在低温高湿的环境中较在低温低湿环境中，非蒸发散热量显著增加，使机体感到更冷。对于这一点，幼龄畜禽更为敏感。例如，冬季饲养在湿度较高舍内的仔猪，活重比对照组低，且易引起下痢、肠炎等疾病。

由此可知，高湿是影响动物体散热的主要因素之一，寒冷时使其增强，炎热时使其受抑制，这就破坏了动物的体热代谢。而相对湿度较低则可缓和畜禽的应激。

3. 气湿与热平衡

在低温环境中，动物机体可提高代谢率以维持热平衡，一般湿度高低对体温没有影响，但在高温时，同于高湿抑制蒸发散热，可引起体温更进一步上升，易使畜禽患热射病。

据试验，在－1.1～4.4 ℃的低温中，相对湿度在 47%～91%的范围内，牛的体温都正常；但在 23.9～37.8 ℃的高温中，温度升高，泌乳黑白花牛在高湿环境中，气温 26.7 ℃以上，体温迅速上升，采食量和体重明显下降(表 1-9)。

在 35 ℃的高温中，相对湿度自 57%升高到 78%，公羊的体温升高 0.6 ℃，睾丸温度升高 1.2 ℃。可见湿度升高，显著抑制了阴囊皮肤的蒸发散热。

气温在 29.4 ℃以下，相对湿度对母鸡的体温没有影响。在 32.2 ℃，相对湿度超过 55%时，体温开始上升。在 38 ℃中经 7h，如果相对湿度超过 75%，体温升到 47.8 ℃，与气温 43.1 ℃，相对湿度 55%时相同，已濒临死亡。

**表 1-9 湿度对泌乳黑白花牛热平衡和饲料消耗的影响**

| 温度/℃ | 相对湿度/% | 体温变化/℃ | 总消化养分消耗量变化/(kg/d) |
|---|---|---|---|
| 26.7 | 30 | +0.1 | －0.24 |
| 26.7 | 80 | +0.6 | －0.67 |
| 32.2 | 20 | +0.5 | －0.56 |
| 32.2 | 40 | +1.3 | －1.86 |

## (二)气湿对畜禽生产力的影响

1. 生殖

据试验，在 7～8 月份平均最高气温超过 35 ℃时，牛的繁殖率与相对湿度为明显的负相关，到 9 月份和 10 月份，气温下降至 35 ℃以下时，高湿对繁殖率的影响很小。

2. 生长和肥育

适宜温度下 30～100 kg 体重的猪，相对湿度从 45%上升到 95%，对其增重和饲料消耗均无影响。但在高温时，气湿的这一变化，可能导致平均日增重下降 6%～8%。犊牛在 7 ℃低温中，相对湿度从 75%升高到 95%，增重和饲料利用率均显著下降，分别为 14.4%和 11.1%。过低的气湿，对雏鸡羽毛生长不利。

3. 产奶量和奶的组成

气温在 23.9 ℃以下，湿度的高低对牛的产奶量、奶的组成、饲料和水的消耗以及体重等均无影响。但若在此温度以上，相对湿度升高时，荷兰牛、娟姗牛等的产奶量和采食量都下降，当温度下降到 18.3 ℃时，采食量又迅速恢复。

产奶量下降的同时，乳脂率也降低，在气温 26.7 ℃、相对湿度 80%，或气温 32.2 ℃、相对湿度 50%时，均会使非脂固形物的含量显著下降。但温度对乳糖含量的影响很小。

4. 产蛋量

冬季相对湿度在 85%以上，对产蛋有不良的影响。产蛋鸡所需的适宜温度与湿度呈负相关。在温度适宜时，相对湿度在 60%～70%为宜。

### (三)气湿对畜禽健康的影响

1. 高湿

在高湿的环境下，机体的抵抗力减弱，发病率增加，易引起传染病的蔓延。气湿高适合病原性真菌、细菌和寄生虫的生长繁殖，从而使畜禽易患螨病、湿疹等皮肤病，高湿还适合秃毛癣菌丝的生长繁殖，在畜群中发生和蔓延。

高温、高湿还易造成饲料、垫料的霉败，可使雏鸡群暴发曲霉菌病。高湿还有利于球虫病传播。在低温高湿的条件下，畜禽易患各种呼吸道疾病、感冒性疾患，神经炎、风湿症、关节炎等也多在低温高湿的条件下发生。

2. 低湿

干热的空气能加快畜禽皮肤和裸露黏膜(眼、口、唇、鼻黏膜等)的水分蒸发，造成局部干裂，从而减弱皮肤和黏膜对微生物的防卫能力。相对湿度在 40%以下时，也易发生呼吸道疾病。湿度过低，是家禽羽毛生长不良的原因之一，而且容易发生啄癖。

对动物的生理机能来说，50%～70%的相对湿度是比较适宜的。牛舍用水量大，可放宽到 85%。

## 四、畜禽舍的适宜湿度标准

畜禽舍内湿度过低，空气变得干燥，会产生过多的灰尘，易引起呼吸道疾病；湿度过高会使病原体易于繁殖，使畜禽易患疥癣、湿疹等皮肤病，同时会降低畜禽舍和舍内机械设备的寿命。根据畜禽的生理机能，一般情况下，50%～70%的相对湿度是比较适宜的，最高不超过 75%，牛舍用水量大，可放宽到 85%；相对湿度低于 40%时，为低湿环境，高于 85%时为高湿环境。不管是高湿环境还是低湿环境，对畜禽健康均有不良影响。

**【任务评价】**

**一、名词解释**

空气湿度　水汽压　相对湿度　绝对湿度　饱和差　露点

**二、判断题**

1. 相对湿度越大，空气中水汽含量越高。(　　)

2. 增大湿度阻碍了蒸发散热，但对非蒸发散热影响不大。(　　)

3. 露点与空气中水汽含量有关，水汽量越多，露点越低。(　　)

4. 湿度过低是家禽羽毛生长不良、蓬乱的原因之一。(　　)

5. 高湿是造成鸡啄癖、啄肛、猪皮肤开裂和脱屑的原因之一。(　　)。

6. 畜舍内水汽 70%～75%来自畜禽本身。(　　)

7. 无论气温高低，高湿均有利于畜体热调节。（　　）

8. 鸡、兔球虫病的发生与空气湿度大小有关，湿度越大越不利于球虫病的发生。（　　）

**三、填空题**

1. 畜禽舍内适宜的湿度标准是________，最大不超过________%，牛舍用水量大可以放宽到________%。

2. 正常情况下，畜舍内湿度的分布是天棚附近和地面附近________。

3. 畜舍内水汽的来源中，潮湿的地面、垫草垫料、饲草饲料和饮水蒸发约占________。

**四、简答题**

为什么说“不论气温高低，高湿对畜禽体温调节均不利”？

# 任务6　气流、气压与畜禽生产

## 一、气流的产生和变动

### （一）气流的产生及描述

1. 气流的产生

气流俗称为风，空气经常处于流动状态。空气流动的主要原因，是由于两个相邻地区的温度差异而产生的。温度的差异造成了气压差。气温高的地区，气压较低；气温低的地区，气压较高。高压地区的空气向低压地区流动，这种空气的水平移动称为风。

2. 气流的描述

气流的状态通常用“风速”和“风向”来表示。

风速是指单位时间内，空气水平移动的距离，单位是 m/s。风速的大小与两地气压差成正比，而与两地的距离成反比。

风向是指风吹来的方向，常以 8 个或 16 个方位来表示。我国大陆大部分处于亚洲东南季风区。夏季，大陆气温高、气压低，而海洋气温低、气压高，故在夏季盛行东南风，同时带来潮湿空气，较为多雨；冬季，大陆气温低、气压高，海洋气温高、气压低，故多西北风。西北风较干燥，东北风多雨雪。此外，西南地区还受季风的影响，夏季吹西北风，冬季吹东北风。

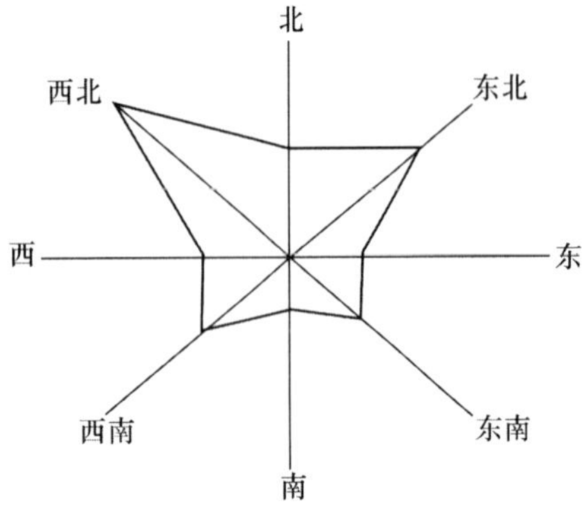


图 1-3　某地冬季风向频率图

3. 风向频率及风向频率图

风向是经常发生变化的，如果长期观察风向，就可以找出某种风向的频率。风向频率是指某风向在一定时间内出现的次数占各风向在该时间内出现总次数的百分比。在实际应用中，常用一种特殊的图形表示各种风向的频率情况，这种图形称为“风向频率图”（图 1-3）。风向频率图即将某一地区、某一时期内（全月、全季、全年或几十年）全部风向次数的百分比，按罗盘方位绘出的几何图形。它的做法是在 8 条或 16 条中心交叉的直线上，按罗盘方位，把一定时期内各种风向的次数用比例尺以绝对数或百分率画在直线上，然后把各点用直线连接起来。这样得出的几何图形，就是风向频率图。

风向频率图可以表明某一地区一定时间内的主导风向，为选择畜禽场场址、畜禽场功能分区规划、畜禽舍朝向及畜禽舍门窗设计等提供参考依据。

### (二)畜禽舍内气流的产生与变动

畜禽舍内外，由于温度高低和风力大小的不同，使畜禽舍内外的空气通过门、窗、通气口和一切缝隙进行自然交换，发生空气的内外流动。在畜禽舍内因畜禽的散热和蒸发，使温暖而潮湿的空气上升，周围较冷的空气来补充而形成舍内的对流。舍内空气流动的速度和方向，主要决定于畜禽舍结构的严密程度和畜禽舍的通风方式，尤其是机械通风。此外，舍内围栏的材料和结构、笼具的配置等对气流的速度和方向有一定影响。机械通风时，叠层笼养鸡舍中，笼具遮挡可导致风速下降 5%～10%。

### (三)气压

包围在地球表面的大气层，以其本身的质量对地球表面产生一定的压力，这种压力称为气压。通常将纬度 45°的海平面上，温度为 0 ℃时的大气压力作为标准气压，1 个标准气压具有 $1.01\times10^5$ Pa 的压力，相当于 $1cm^2$ 表面上承受 1 033.32 g 的质量。

气压的大小决定于空气密度和地势的高低。由于空气的密度和大气层的厚度随地势升高而降低，一般每上升 10.5 m，气压下降 133.32 Pa。

气压的变化亦受地面温度改变的影响。当地面温度增高时，引起附近的空气膨胀，密度减少，导致气压下降。在一昼夜中气压变动范围 66.66～266.64 Pa，这种变化是在气温的变化下产生的。同一地区气压的年变化不显著。

## 二、气流对畜禽的影响

### (一)对热调节的影响

1.高温

高温时气流有利于畜禽对流散热和蒸发散热，缓和高温对畜禽的影响。如气温为 32.7 ℃时，风速由 1.1 m/s 增加到 1.6 m/s，鸡的产蛋率提高 18.5%；气温为 21.1～35.0 ℃时，气流由 0.1 m/s 增至 2.5 m/s，可使小鸡增重提高 38%。因此，高温时加大气流速度对畜禽体的热调节有利。

2.低温

低温时气流促进畜禽的对流散热，能耗增多，降低畜禽对饲料的利用率，甚至使生产性能下降。研究表明，仔猪在低于临界温度(如 18 ℃)时，风速由 0 m/s 增加到 0.5 m/s，生长率和饲料利用率下降 15%和 25%。气温为 2.4 ℃的鸡舍，气流由 0.25 m/s 增加到 0.5 m/s，产蛋率由 77%下降到 65%，平均蛋重由 65 g 降为 62 g。因此，低温时加大气流不利于畜体的热调节。

### (二)对生产性能的影响

1.生长和肥育

气流对畜禽肥育性能的影响，取决于气温，即在低温环境中增大风速，畜禽要增加物质能量代谢,增加产热量即增加维持代谢而降低生产性能。例如,仔猪在低于下限临界温度 18 ℃的气温中,风速由 0 m/s 增加到 0.5 m/s,生长率和饲料利用率分别下降 15%和 25%;在高温环境中增大气流会提高采食量和生产性能,例如,在 31 ℃高温中,加大风速提高牛的采食量和生长率,也能显著提高牛增重和饲料利用率(表 1-10)。在高温环境中,增加气流速度,可提高畜禽生长和肥育速度。

**表 1-10 高温时风速对牛增重的影响**

| 项目 | 季节及气象条件 | | | |
|---|---|---|---|---|
| | 夏季（平均气温 32.4 ℃,相对湿度 40%） | | 夏季（平均气温 31.3 ℃,相对湿度 36%） | |
| 平均风速/(m/s) | 0.28 | 1.58 | 0.28 | 1.56 |
| 平均日增重/kg | 0.64 | 1.06 | 0.85 | 1.09 |
| 平均日耗料/kg | 7.81 | 9.73 | 8.35 | 8.72 |

2. 产蛋性能

在低温环境中,增加气流速度,可使蛋鸡产蛋率下降(表 1-11);在高温环境中,增加气流,可提高产蛋率。

**表 1-11 低温时风速对蛋鸡生产性能的影响**

| 平均气温/℃ | 风速/(m/s) | 采食量/(g/d) | 产蛋率/% | 平均蛋重/(g/个) | 日平均产蛋重/(g/d) | 料蛋比 |
|---|---|---|---|---|---|---|
| 0.24 | 0.25 | 121 | 76.7 | 64.5 | 49.4 | 2.46 : 1 |
| | 0.50 | 115 | 64.8 | 61.7 | 40.1 | 2.87 : 1 |
| 12.4 | 0.25 | 111 | 79.7 | 64.6 | 51.5 | 2.16 : 1 |
| | 0.50 | 120 | 76.5 | 65.5 | 50.1 | 2.40 : 1 |

3. 产奶量

在适宜温度条件下,风速对奶牛产奶量无显著影响。例如,气温在 26.7 ℃以下、相对湿度为 65%时,风速为 2～4.5 m/s,对欧洲牛及印度牛的产乳量、饲料消耗和体重都没有影响;但在高温环境中,增大风速,可减小高温对奶牛产奶量的影响。例如,与适宜温度相比较,在 29.4 ℃高温环境中,当风速为 0.2 m/s 时,产奶量下降 10%;但当风速增大到 2.2～4.5 m/s,奶牛产乳量可恢复到原来水平。

### (三)对畜禽健康的影响

气流对畜禽健康的影响主要出现在寒冷环境中。应注意两方面的问题,即对舍饲畜禽应注意严防贼风;对放牧畜禽应注意严寒中的避风,特别是夜间。

贼风是在畜禽舍保温条件较好,舍内外温差较大时,通过墙体、门、窗的缝隙,侵入的一股低温、高湿、高风速的气流。这股气流比周围舍温低,湿度可接近或达到饱和,风速比周围舍内气流大得多,易引起畜禽关节炎、神经炎、肌肉炎等疾病,甚至引起冻伤。故民谚中有“不怕狂风一片,只怕贼风一线”的说法。防止“贼风”通常采用堵塞屋顶、天棚、门窗上的一切缝隙,避免在畜床部位设置漏缝地板，注意进气口的设置，防止冷风直接吹袭畜禽体。低温潮湿的气流促使畜禽体大量散热，使热增耗增多，导致畜禽机体免疫力下降，对疾病的抵抗力降低，容易诱发各种疾病，如鸡新城疫、仔猪下痢、感冒甚至发生肺炎，增加幼畜禽的死亡率。

## 三、舍内气流标准

一般来讲，冬季畜禽体周围的气流速度以 0.1～0.2 m/s 为宜，最高不超过 0.25 m/s。在密闭性较好的畜禽舍，气流速度不难控制在 0.2 m/s 以下，但封闭不良的畜禽舍，有时可达 0.5 m/s 以上。值得注意的是，严寒地区为了追求保暖，冬季常将门窗密闭，甚至将通气管也封闭起来，因而舍内空气停滞，污浊，反而给人和畜禽带来不良影响。畜禽舍内的气流速度，能反应畜禽舍的换气程度。例如气流速度为 0.01～0.05 m/s，说明畜禽舍的通风换气不良；相反，大于 0.4 m/s，则说明舍内有风，对保温不利。在炎热的夏季，应当尽量加大气流或用风扇加强通风，风速一般要求不低于 1 m/s，机械通风的畜禽舍风速不应超过 4 m/s。

## 四、气压对畜禽的影响

引起天气变化的气压改变，对畜禽没有直接影响。只有在高海拔或低海拔地区，气压垂直分布发生显著差异时，才对畜禽的健康和生产力有明显的影响。

随着海拔的升高，空气的压力及组成空气的每一种气体成分都逐渐降低，其中主要是氧的分压降低，氧的绝对量减少。对于未经适应的畜禽，就会因组织缺氧和气压的机械作用，而产生一系列的症状，即所谓高山病。一般从海拔 3 000 m 开始表现出来，在 5 000 m 左右更为明显。

高山病的表现：缺氧时，大脑皮层工作能力降低，引起保护性抑制，畜禽出现全身软弱无力，运动机能障碍，嗜睡等；引起代偿性反应，呼吸次数和呼吸量增多，发生喘息；心脏机能亢进，脉搏增加，血管扩张，毛细血管渗透性增加，鼻腔和呼吸道黏膜破裂出血；食欲减退，消化不良，肠道内气体膨胀、腹痛。此外，二氧化碳的分压降低，紫外线过度，温度较低等也有一定的影响。

在海拔 3 000 m 以上的山区或高原地区，进行季节放牧或引种时，通过逐渐过渡，促使对缺氧环境的逐渐适应。

【任务评价】

**一、名词解释**

气压　气流　风向频率图　季风　风速

**二、判断并改错**

1. 气压的大小决定于空气密度的大小和海拔高低，密度越大，气压越小，海拔越高，气压越低。（　　）

2. 气压的变化与温度有一定的关系，温度越高，气压越高。（　　）

3. 我国大部分地区，夏季的主风向为东南风，冬季为西北风。（　　）

4. 气流总是由高气压向低气压地区流动。（　　）

5. 气流总是由温度较高的地区向温度低的地区流动。（　　）

6. 风速的大小与两地间温差有关，温差越大，风速越大。（　　）

**三、填空题**

在任何季节畜舍内都须保持一定的气流，达到通风换气的目的。冬季畜体周围的气流速度以________m/s为宜，最大不超过________m/s。夏季气流速度以不超过________m/s为宜。

**四、连线题**

| 条件 | 结果 |
| --- | --- |
| 温度高 | 气压高 |
| 海拔高 | 风 |
| 温度低 | 气压低 |
| 气体水平流动 | 气压低 |
| 两地间气压不平衡 | 气流 |

**五、简答与论述题**

1. 夏季增大风速有何作用？
2. 如何理解“不怕狂风一片，就怕贼风一线”？

# 任务7　气象因素综合作用

## 一、气温、气湿和气流之间的关系

在自然条件下，气象诸因素对畜禽健康和生产力的作用是综合的。各因素之间既相辅相成又相互制约。在气象诸因素中，气温、气湿和气流是三个主要因素，其中任何一个因素的作用，都要受到其他两个因素的影响。例如，高温、高湿而无风，是最炎热的天气；低温、高湿、风速大，是最寒冷的天气。这就是其相辅相成的一面。如果是高温、低湿而有风或者是低温、低湿而无风，则后面的两个因素对前面的一个因素产生制约作用，使高温或低温的作用显著减弱。所以在评定气象因素对畜禽的影响时，就应该把气象诸因素综合起来考虑。当某一因素发生变化时，为了保持畜禽的健康和生产力，就必须调整其他因素。例如，当气温升高时，就必须加强通风或降低湿度，必要时两者同时进行。

至于太阳辐射，低温时，无论湿度和风速如何，都对畜禽减少辐射散热有利。高温时，无论湿度和风速如何，又都对畜禽辐射散热不利。

在气象诸因素中，气温是核心因素，因为它对当时空气物理环境条件起决定性作用。所以，在阐述某种气象因素的作用时，都要以当时的气温为前提，没有这一前提，就不易说明该因素的作用。

## 二、主要气象因素综合评价指标

为了对气象诸因素进行综合评定，判断它可能对机体发生哪些影响，现已提出了不少评价指标，如有效温度、温湿度指标和风冷却指标等。

## (一)有效温度

亦称实感温度,它是在人类卫生学中根据气温、气湿、气流三个主要温热因素对人综合作用时,以人的主观感觉为基础而制定的一个指标。当风速为零,相对湿度为100%时,有效温度为17.8 ℃;如果相对湿度为80%,风速为0.5 m/s,则有效温度为21.9 ℃。在这两环境条件下,人有同样的舒适感,见表1-12。

**表 1-12　在不同湿度和风速下穿着正常的人的有效温度** ℃

| 相对湿度/% | 气流速度/(m/s) | | | | |
|---|---|---|---|---|---|
| | 0 | 0.25 | 0.5 | 1.00 | 2.00 |
| 100 | 17.8 | 19.6 | 21.0 | 22.6 | 25.3 |
| 90 | 18.3 | 20.1 | 21.4 | 23.1 | 25.7 |
| 80 | 18.9 | 20.6 | 21.9 | 23.5 | 26.6 |
| 70 | 19.5 | 21.1 | 22.4 | 23.9 | 26.6 |
| 60 | 20.1 | 21.7 | 22.9 | 24.4 | 27.0 |
| 50 | 20.7 | 22.4 | 23.5 | 25.0 | 27.4 |
| 40 | 21.4 | 23.0 | 24.1 | 25.3 | 27.8 |
| 30 | 22.3 | 23.6 | 24.7 | 26.0 | 28.2 |

同样,当风速为0,相对湿度为100%,温度为17.8 ℃,这时的温热感觉与相对湿度70%,风速0.5 m/s,温度为22.4 ℃时的温热感觉也相同,可见,它们的有效温度都是17.8 ℃。

有效温度在一定程度上能反应气温、气湿、气流三个气象因素的综合作用,并且用一个数字表示出来,故使用方便,也便于对不同综合气象条件进行互相比较,当需要对畜舍内气象条件进行改善时,可灵活地运用其中任何一个因素加以调整。

## (二)温湿度指标

又称不适指标,是气温和气湿两者相结合来评价炎热程度的一个指标。原为美国气象局推荐用于测定人类在夏季某种天气条件下感到不舒适的一种简易方法。后来才普遍用于畜禽,特别是牛。计算公式为:

$$\mathrm{THI}=0.4(T_d+T_w)+15$$

或

$$\mathrm{THI}=T_d-(0.55-0.55\mathrm{RH})(T_d-58)$$

或

$$\mathrm{THI}=0.55T_d+0.2T_{dp}+17.5$$

式中,THI——温湿度指标;$T_d$——干球温度(℉);$T_w$——湿球温度(℉);RH——相对湿度(%),式中相对湿度以小数计算;$T_{dp}$——露点(℉)。

THI数字越大表示热应激越严重。据美国实验,当THI为70时,有10%的人感到不舒适;到75时,有50%的人感到不舒服;到79时,则所有的人都感到不舒服;到86时,华盛顿国家机关停止办公。

一般欧洲牛,THI超过69,乳牛即受到热压,表现为体温升高、采食量、生产力和代谢率下降。一般THI在69～76时,奶牛经过一段时间的适应,产奶量会逐渐恢复正常。根据THI

可用下面的公式估计荷兰牛产奶量的下降数量。

$$MDec=-2.370-1.736\ NL+0.02474(NL)(THI)$$

式中，MDec——产奶量下降数量(kg)；NL——正常的产奶量(kg)。

**(三)风冷却指标**

这是估计寒冷季节气温与风速结合时影响程度的一种指标。主要估计裸露皮肤的对流散热量。即当温度不变，改变风速，空气使皮肤的散热量发生改变，这种散热能力称为风冷却力[$W/(m^2\cdot k)$]。风冷却力的计算公式如下：

$$H=(\sqrt{100V}+10.45-V)(33-T_d)\times 1.163$$

式中，$H$——风冷却力[$W/(m^2\cdot K)$]；$V$——风速(m/s)；$T_d$——气温(℃)；33——无风时的皮温(℃)。

例如：气温为－15 ℃，风速为 6.71 m/s，则：

$$H=(\sqrt{100\times 6.71}+10.45-6.71)[33-(-15)\times 1.163]=1\ 654.95[W/(m^2\cdot K)]$$

风冷却力($H$)对于评定畜牧业生产中温热环境状况不够直观，但可按下式折算为无风时的冷却温度，即：

$$℃=33-H/25.66\ 或\ ℉=9/5(33-H/25.66)+32$$

例如，在－15 ℃，风速为 6.71 m/s 时的散热量为 1 654.95[$W/(m^2\cdot K)$]，相当于无风时的冷却温度为

$$℃=33-1654.95/25.66=-31.5$$

欧洲牛在冷却温度为－6.8 ℃以下时出现冷应激。

**【任务评价】**

**一、名词解释**

有效温度　温湿度指标　风冷却指标

**二、计算题**

1. 奶牛场有奶牛 100 头，7 月份牛舍内的气温为 32 ℃，相对湿度为 70%，已知道 6 月份奶牛平均产奶量为 26 kg，如在 7 月份不采取降温措施时，将会使产奶量下降多少？经济损失多少？(奶价为 4.8 元/kg)

2. 在早春的一天，某奶牛场将长期在舍饲下的 40 头奶牛驱赶至运动场活动，午后回舍时，发现多数奶牛的乳头冻伤，经测定，当时运动场气温为 1 ℃，风速为 6.25 m/s，奶牛为什么会冻伤乳头？

3. 计算干球温度为 85℉，湿球温度为 65℉的温湿度指标。

# 项目二
## 畜禽场规划设计

【价值目标】

通过了解畜禽场选址的原则与条件、畜禽场功能区划分与布局，掌握畜禽舍的建筑类型与畜禽舍结构设计的基本方法与各类畜禽舍设计特点，做到畜禽场生物安全与畜禽健康生产，培养学生做到在保证人畜安全生产的基础上节约用地，减少环境污染。培养学生科学解决养殖与环境矛盾，树立生态文明思想。

【学习目标】

了解畜禽场选址的原则与条件、畜禽场功能区划分与布局，畜禽场工艺设计；掌握畜禽舍的建筑类型与畜禽舍结构设计的基本方法与内容，各类畜禽设计的特点。

【教学案例】

大学生小李返乡创业，将自己闲置的房屋进行了适当改造，创办了一个种猪场。但随饲养数量的增加，其烦恼也越来越多，时不时就有相关部门的人员找上门来，反映猪场产生的恶臭影响左邻右舍无法安心生活，使小李初见红利的猪场步入尴尬的境地。试问造成小李犯难的原因是什么？给你的启发是什么？

## 任务 1　畜禽场场址的选择

畜禽场是集中组织畜禽生产和经营活动的场所，是畜禽进行生产的重要外界环境条件。场址选择不仅影响到畜禽场场区小气候、兽医卫生防疫要求，也关系到畜禽场的生产经营以及畜禽场和周围环境的关系。畜禽场场址选择要根据生产经营方式、生产特点、饲养管理方式及生产集约化程度等对地形地势、水源、土壤、气候条件以及城乡建设规划、卫生防疫、交通运输、供电供料、环保等条件进行综合考虑。但是，在实际工作中，场址选择受各种自然条件、社会条件、经济条件的限制，不可能面面俱到。

## 一、场址选择原则

(1)符合国家或地方农牧环保等部门对区域规划发展的相关规定。

(2)确保畜禽场场区具有良好的小气候条件,有利于畜禽舍内环境卫生调控。

(3)便于各项卫生防疫制度的实施和废弃物的处理与利用。

(4)便于合理组织生产、提高设备利用率和劳动生产效率。

(5)保证场区面积宽敞够用,且为今后规模扩建留有余地,减少土地使用浪费。

## 二、场址选择的条件

### (一)自然条件

1. 地形

指场地形状、大小和地物(场地上的房屋、树林、河流、沟坎等)状况。

(1)地形开阔并有足够的面积。地形开阔,是指场地上原有房屋、树木、河流、沟坎等地物要少,可减少施工前清理场地的工作量或填挖土方量。

(2)地形整齐。要避免选择过于狭长或边角太多的场地,因为地形狭长,会拉长生产作业线和各种管线,不利于场区规划、布局和生产联系;而边角太多,则会使建筑物布局零乱,降低对场地的利用率,同时也会增加场界防护设施的投资。

(3)面积足够。场地面积应根据畜禽种类、规模、饲养管理方式、集约化程度和饲料供应情况等因素来确定。确定场地面积应本着节约用地的原则,不占或少占农田。但周围最好有相配套的农田、果园和鱼塘,能够消纳大部或全部粪水是最理想的。畜禽场区面积见表 2-1。

**表 2-1 畜禽场区占地面积估算值** $m^2$/头或只

| 场别 | 饲养规模 | 占地面积 | 备 注 |
|---|---|---|---|
| 奶牛场 | 100～400 头成母牛 | 160～180 | 按成奶牛计 |
| 肉牛场 | 年出栏育肥牛 1 万头 | 16～20 | 按年出栏量计 |
| 种猪场 | 200～600 头基础母猪 | 75～100 | 按基础母猪计 |
| 商品猪场 | 600～3000 头基础母猪 | 5～6 | 按基础母猪计 |
| 绵羊场 | 200～500 只母羊 | 10～15 | 按成年母羊计 |
| 山羊场 | 200 只母羊 | 15～20 | 按成年母羊计 |
| 种鸡场 | 1 万 ～5 万只种鸡 | 0.6～1.0 | 按种鸡计 |
| 蛋鸡场 | 10 万～20 万只 | 0.5～0.8 | 按种鸡计 |
| 肉鸡场 | 年出栏肉鸡 100 万只 | 0.2～0.3 | 按年出栏量计 |

2. 地势

指场地的高低起伏状况。畜禽场场地应地势高燥、平坦、稍有坡度及排水良好,要避开低洼潮湿的场地,远离沼泽地。地势要向阳背风,确保场区小气候温热状况相对稳定。

要求地势高燥,有利于保持地面干燥,防止雨季洪水的冲击。至少应高出当地历史洪水线 1～2 m,地下水位在 2 m 以下。场地平坦,最好有 1%～3%坡度,便于场地排水,但场地坡度不宜过大，一般要求不超过 25%，否则会加大建场施工工程量，而且也不利于场内运输。

3. 土壤质地

畜禽场场地的土壤状况对畜禽影响很大，不仅影响场区空气、水质和植被的化学成分及生长状态，而且影响土壤的净化作用。适宜建场的土壤类型，应是透气、透水性强、容水量小、毛细管作用弱、导热性小、质地均匀、抗压性强、无污染、无地质化学环境性地方病的土壤。在壤土、沙土、黏土三种类型中，以壤土最为理想。

透气性和透水性不良、吸湿性大的土壤，当受粪尿等有机物污染以后，往往在厌氧条件下进行分解，产生 $NH_3$ 和 $H_2S$ 等有害气体，使场区空气受到污染。潮湿的土壤也是病原微生物、寄生虫卵以及蝇蛆等存活和滋生的良好场所。吸湿性强、含水量大的土壤，因抗压性低，易使建筑物的基础变形，缩短建筑物的使用寿命，同时也会降低畜禽舍的保温隔热性能。

壤土由于沙粒和粉粒的比例比较适宜，兼具沙土和黏土的优点。既克服了沙土导热性强、热容量小的缺点，又弥补了黏土透气透水性差、吸湿性强的不足。壤土抗压性较好，膨胀性小，适合做畜禽场的土壤。因地域差异土壤选择达不到要求时，需要在畜禽舍的设计、施工、使用和其他日常管理上，设法弥补当地土壤缺陷。

4. 水源水质

畜禽生产过程中需要大量的水，如畜禽饮用、饲料调制及畜禽舍、用具和畜体的洗刷等都需使用大量的水，而水质好坏直接影响人、畜健康和畜禽产品质量。因此，畜禽场的水源应符合水量充足，能满足场内人、畜禽的饮用和其他生产、生活用水，人的生活用水一般每人每天按 20～40 L 来计算，各类畜禽每日需水量见表 2-2；便于防护，不易受污染；取用方便，处理技术简单易行等要求。

**表 2-2　畜禽场各种畜禽的每日需水量**　　L/头或只

| 畜禽类别 | | 需水量 | 畜禽类别 | | 需水量 |
|---|---|---|---|---|---|
| 牛 | 泌乳牛 | 80～100 | 羊 | 成年羊 | 10 |
| | 公牛及后备牛 | 40～60 | | 羔羊 | 3 |
| | 犊牛 | 20～30 | 鸡 | 成年鸡 | 1 |
| | 肉牛 | 45 | | 雏鸡 | 0.5 |
| 猪 | 哺乳母猪 | 30～60 | 火鸡 | | 1 |
| | 公猪、空怀及妊娠母猪 | 20～30 | 鸭 | | 1.25 |
| | 断奶仔猪 | 5 | 鹅 | | 1.25 |
| | 育成育肥猪 | 10～15 | 兔 | | 3 |

水质要清洁，不含细菌、寄生虫卵及矿物毒物。在选择地下水作水源时，要调查是否因水质不良而出现过某些地方性疾病。国家在《畜禽饮用水质量标准》《畜禽产品加工用水水质》《生活饮用水水质标准》(GB 5749—2022)中明确规定了无公害畜禽生产中的水质要求。水源不符合饮用水卫生标准时，必须经净化消毒处理，达到标准后方能饮用。生活饮用水水质标准和畜禽饮用水水质要求见表 2-3 和表 2-4。

**表 2-3 生活饮用水水质标准**

| 指标 | 项 目 | 标 准 |
|---|---|---|
| 感官性状指标 | 色 | ≤15°，并不得呈现其他颜色 |
| | 浑浊度(散射浑浊度单位/NTU) | 1 |
| | 臭和味 | 不得有异臭、异味 |
| | 肉眼可见物 | 不得含有 |
| 一般化学指标 | pH | 6.5～8.5 |
| | 铝/(mg/L) | 0.2 |
| | 铁/(mg/L) | 0.3 |
| | 锰/(mg/L) | 0.1 |
| | 铜/(mg/L) | 1.0 |
| | 锌/(mg/L) | 1.0 |
| | 氯化物/(mg/L) | 250 |
| | 硫酸盐/(mg/L) | 250 |
| | 溶解性总固体/(mg/L) | 1 000 |
| | 总硬度(以碳酸钙计)/(mg/L) | 450 |
| | 高锰酸钾指数(以 $O_2$ 计)/(mg/L) | 3.00 |
| | 挥发酚类(以苯酚计)/(mg/L) | 0.002 |
| | 阴离子合成洗涤剂/(mg/L) | 0.3 |
| 毒理学指标 | 砷/(mg/L) | 0.01 |
| | 镉/(mg/L) | 0.005 |
| | 铬(六价)/(mg/L) | 0.05 |
| | 硒/(mg/L) | 0.01 |
| | 汞/(mg/L) | 0.001 |
| | 铅/(mg/L) | 0.01 |
| | 银/(mg/L) | 0.05 |
| | 氟化物/(mg/L) | 1.0 |
| | 氰化物/(mg/L) | 0.05 |
| | 硝酸盐(以 N 计)/(mg/L) | 10 |
| | 氯仿/(mg/L) | 0.06 |
| | 四氯化碳/(mg/L) | 0.002 |
| | 溴酸盐(使用臭氧时)/(mg/L) | 0.01 |
| | 甲醛(使用臭氧时)/(mg/L) | 0.9 |
| | 亚氯酸盐(使用二氧化氯消毒时)/(mg/L) | 0.7 |
| | 氯酸盐(使用复合二氧化氯消毒时)/(mg/L) | 0.7 |
| 微生物指标① | 总大肠菌群(MPN/100 mL 或 CFU/100 mL) | 不得检出 |
| | 大肠埃希氏菌/(MPN/100 mL 或 CFU/100 mL) | 不得检出 |
| | 菌落总数/(CFU/100 mL) | 100 个/mL |
| 放射性指标② | 总 α 放射性/(Bq/L) | 0.5 |

①MPN 表示最可能数;CFU 表示菌落形成单位。当水样检出总大肠菌群时,应进一步检验大肠埃希氏菌或耐热大肠菌群;水样未检出总大肠菌群,不必检验大肠埃希氏菌或耐热大肠菌群。②放射性指标超过指导值,应进行核素分析和评价,判定能否饮用。

表 2-4　畜禽饮用水水质标准

| 指　标 | 项　目 | 标　准 | |
|---|---|---|---|
| | | 畜 | 禽 |
| 感官性状指标 | 色 | ≤30° | |
| | 浑浊度 | ≤20° | |
| | 臭和味 | 不得有异臭、异味 | |
| 一般化学指标 | pH | 5.5～9.0 | 6.5～8.5 |
| | 总硬度(以碳酸钙计)/(mg/L) | ≤150 | |
| | 硫酸盐/(mg/L) | ≤500 | ≤250 |
| | 溶解性总固体/(mg/L) | ≤4 000 | ≤2 000 |
| 毒理学指标 | 氟化物/(mg/L) | ≤2.0 | |
| | 氰化物/(mg/L) | ≤0.2 | ≤0.05 |
| | 砷/(mg/L) | ≤0.2 | ≤0.2 |
| | 汞/(mg/L) | ≤0.01 | ≤0.001 |
| | 铅/(mg/L) | ≤0.05 | ≤0.01 |
| | 铬(六价)/(mg/L) | ≤0.10 | ≤0.05 |
| | 镉/(mg/L) | ≤0.10 | ≤0.1 |
| | 硝酸盐(以氨计)/(mg/L) | ≤10.0 | ≤3.0 |
| 细菌学指标 | 总大肠菌群/(MPN/100 mL) | 成年畜 100,幼畜和禽 10 | |

5. 气候因素

气候状况不仅影响建筑物规划、布局和设计,而且会影响畜禽舍朝向、防寒与遮阳设施的设置,与畜禽场防暑、防寒等日程安排也十分密切。因此,场址选择时,需要收集拟建地区气候气象资料以及常年气象变化、灾害性天气情况等,如平均气温、绝对最高气温、最低气温,土壤冻结深度,降雨量与积雪深度,最大风力,常年主导风向、风向频率及日照情况等,这些资料为选址和建造畜禽舍提供依据。

### (二)社会条件

1. 城乡建设规划

场址选择应符合本地区农牧业生产发展总体规划、土地利用发展规划、城乡建设发展规划和环境保护规划的要求。不要在城镇建设发展规划上选址,以免影响城乡人民的生活环境,造成频繁的搬迁和重建。在城郊建场,距离大城市至少 20 km,小城镇 10 km。畜禽场应选在远离自然保护区、水源保护区、工业、商业和居民聚居的地方,畜禽场不能位于化工厂、屠宰场、制革厂等易造成环境污染的企业的下风处或附近。

2. 卫生防疫

场址选择应遵循公共卫生准则,使畜禽场不影响周围环境,同时畜禽场也不受周围环境的污染。因此,畜禽场与居民点及其他畜禽场应保持一定的卫生间距,一般距其他畜禽场、兽医机构、畜禽屠宰厂不小于 2 km,距居民区不小于 3 km,并且应位于居民区及公共建筑群常年主导风向的下风向。切忌在旧畜禽场、屠宰场或生化制革厂等场地上重建畜禽场,以免疫病的发生。

3. 交通条件

在选择场址时,既要考虑到交通方便,又要使畜禽场与交通干线保持适当的间距。一般来说,场区距铁路、高速公路、交通干线不小于 1 km,距一般道路不小于 0.5 km,畜禽场最好修建专用道路与主要公路相通。

4. 供电条件

畜禽场必须具备可靠的电力资源。为了保证生产的正常进行,减少供电投资,应尽量靠近原有输电线路,缩短新线架设距离。通常,畜禽场要求有二级供电电源。在三级以下供电电源时,则需自备发电机,以保证畜禽场内供电的稳定可靠。

5. 土地使用

必须遵守土地使用原则,不得占用基本农田,尽量利用荒地和劣地建场,确定场地面积应本着节约用地的原则。

我国畜禽场建筑物一般采取密集型布置方式,建筑系数一般为 20%~35%。建筑系数是指畜禽场总建筑面积占场地面积的百分数。远期工程可预留用地,也可随建随征。征用土地可按场区总平面设计图计算实际占地面积。

此外,新建场址周围应具备就地无害化处理粪尿、污水的足够场地和排污条件,还应考虑就近市场、饲料方便供应等因素,草食畜禽的青饲料尽量在当地供应或自行种植以降低成本。

## 三、畜禽场选址调查与评价

调研某畜禽场,将相关信息填入表 2-5。

**表 2-5 畜禽场选址与评价**

<table>
<tr><td colspan="3">调研单位名称</td><td colspan="2"></td><td>地 址</td><td colspan="2"></td></tr>
<tr><td colspan="3">畜禽种类</td><td colspan="2"></td><td>饲养头数</td><td colspan="2"></td></tr>
<tr><td colspan="3">畜禽场建设审批批号</td><td colspan="5"></td></tr>
<tr><td colspan="3">法人资格/注册资金</td><td colspan="5">/</td></tr>
<tr><td colspan="3">当地平均气温/℃</td><td></td><td>气温年较差</td><td></td><td>气温日较差</td><td></td></tr>
<tr><td colspan="3">土壤冻结深度/m</td><td></td><td colspan="2">年降雨量/积雪深度</td><td colspan="2">/</td></tr>
<tr><td colspan="3">常年主导风向</td><td></td><td>风向频率</td><td></td><td>最大风力</td><td></td></tr>
<tr><td colspan="3">日照时间,强度/h,lx</td><td colspan="2">夏季: /</td><td colspan="3">冬季: /</td></tr>
<tr><td rowspan="8">自然条件</td><td rowspan="3">地势</td><td>地面坡度/总坡度/%</td><td colspan="2">/</td><td>地下水位</td><td colspan="2"></td></tr>
<tr><td>当地水文资料</td><td colspan="2"></td><td>地势高度</td><td colspan="2"></td></tr>
<tr><td>总体设计</td><td colspan="5">(查看设计资料)</td></tr>
<tr><td rowspan="2">地形</td><td>场地形状</td><td colspan="5">(绘图,说明设计面积和地物状况,可另附页)</td></tr>
<tr><td>设计面积/$m^2$</td><td colspan="2"></td><td>发展规划面积/$m^2$</td><td colspan="2"></td></tr>
<tr><td rowspan="2">水源</td><td>水源类型</td><td colspan="2"></td><td>水量情况</td><td colspan="2"></td></tr>
<tr><td>水质标准</td><td colspan="2"></td><td>水价/元</td><td colspan="2"></td></tr>
<tr><td>土壤</td><td>土壤类型</td><td colspan="2"></td><td>施工设计类型</td><td colspan="2"></td></tr>
</table>

续表 2-5

<table>
<tr><td rowspan="10">社会条件</td><td rowspan="3">卫生防疫</td><td>是否新农村规划</td><td colspan="2"></td><td>距离居民区/m</td><td></td></tr>
<tr><td>是否养殖小区</td><td colspan="2"></td><td>场区距离/m</td><td></td></tr>
<tr><td>有无污染源</td><td colspan="4">(若有,请说明)</td></tr>
<tr><td rowspan="2">交通运输</td><td>主要交通干线</td><td colspan="4">(包括公路、铁路等)</td></tr>
<tr><td>距交通干线/m</td><td colspan="4"></td></tr>
<tr><td rowspan="2">供电条件</td><td>供电距离/m</td><td colspan="2"></td><td>是否专线/级别</td><td>/</td></tr>
<tr><td>负荷/kW</td><td colspan="2"></td><td>是否备用发电设备</td><td></td></tr>
<tr><td rowspan="2">饲草饲料</td><td>当地主要饲草料</td><td colspan="4">(列举)</td></tr>
<tr><td>有无饲料企业</td><td colspan="4"></td></tr>
<tr><td colspan="2">土地使用批文</td><td colspan="2"></td><td>建筑系数/%</td><td></td></tr>
<tr><td rowspan="3">环境评价</td><td>绿化面积/m²</td><td></td><td>林带面积/m²</td><td></td><td>贮粪池大小/m²</td><td></td></tr>
<tr><td colspan="6">有无粪污处理设备(若有,请说明)</td></tr>
<tr><td colspan="6">农业用地/有机肥使用情况:</td></tr>
<tr><td>综合评价</td><td colspan="6">评价依据:<br><br>评价结论:<br><br>评价人:　　　　　　　　日期:　　　年　　　月　　　日</td></tr>
</table>

【任务评价】

**一、名词解释**

建筑系数　地势　地形

**二、判断并改错**

1. 牧场场址选择要避免选择过于狭长或边角太多的场地。(　　)

2. 牧场场址选择要求地势高燥至少应高出当地历史洪水线 1～2m,地下水位在 2 m 以下。(　　)

3. 牧场场地坡度不宜过大,以 1%～3%为宜,一般要求不超过 25%。(　　)

4. 牧场场址选择无须考虑当地的水资源是否充沛。(　　)

5. 在城郊建牧场,距离大城市至少 20 km,小城镇 10 km。(　　)

6. 畜禽场一般距居民区不小于 3 km,并且应位于居民区及公共建筑群常年主导风向的上风向。(　　)

7. 畜禽场场区距铁路、高速公路、交通干线＞1 km,距一般道路＞0.5 km。(　　)

# 任务2　畜禽场建筑物规划布局

完成畜禽场场址选择后，根据场地的地形、地势和当地主风向，有计划地安排畜禽场不同建筑功能区、道路、排水、绿化等设施的位置。根据场地规划方案和工艺设计对各种建筑物的规定，合理安排每栋建筑物和各种设施的位置、朝向和相互之间的距离，进行畜禽场总体平面设计。

## 一、畜禽场规划布局原则

畜禽场规划布局是否合理，直接关系到能否正常组织生产，提高劳动生产率，降低生产成本，提高畜禽场生产的经济效益。其原则主要有以下几点：

(1)根据不同畜禽场的生产工艺要求，结合当地条件、地形、地势及周边环境特点，因地制宜，做好功能区的划分。合理布局各类建筑物，满足其使用功能，创造合理的生产环境。

(2)充分利用场区原有的自然地形、地势，建筑物长轴尽可能顺场区的等高线布置，尽量减少土石方工程量和基础设施工程费用，最大限度减少基础建设费用。

(3)合理组织场内外的人流和物流，创造最有利的环境条件和低劳动强度的生产联系，实现高效生产。

(4)保证建筑物具有良好的朝向，满足采光和自然通风条件，并有足够的防火间距。

(5)利于粪尿、污水及其他废弃物的处理和利用，确保其符合清洁生产的要求。

(6)在满足生产要求的条件下，建筑物布局紧凑，节约用地，少占或不占耕地。在占地满足当前使用功能的同时，应充分考虑今后的发展，留有余地。

## 二、畜禽场功能分区与建筑设施组成

### (一)畜禽场建筑设施组成

畜禽场建筑与设施因畜禽不同而异，各种畜禽场建筑物组成见表2-6至表2-10。

**表2-6　鸡场建筑设施**

| 种类 | 生产建筑设施 | 辅助生产建筑设施 | 生活管理建筑设施 |
|---|---|---|---|
| 种鸡场 | 育雏舍、育成舍、种鸡舍、孵化厅 | 消毒门廊、消毒沐浴室、兽医化验室、急宰间和焚烧间、饲料加工间、饲料库、蛋库、汽车库、修理间、变配电间、发电机房、水塔、蓄水池和压力罐、水泵房、物料库、污水及粪便处理设施 | 办公用房、食堂、宿舍、文化娱乐用房、围墙、大门、门卫、厕所、场区其他工程 |
| 蛋鸡场 | 育雏舍、育成舍、蛋鸡舍 | | |
| 肉鸡场 | 育雏舍、肉鸡舍 | | |

表 2-7　猪场建筑设施

| 生产建筑设施 | 辅助生产建筑设施 | 生活管理建筑设施 |
| --- | --- | --- |
| 配种舍、妊娠舍、分娩哺乳舍、仔猪培育舍、育肥猪舍、病猪隔离舍、病死猪无害化处理设施、装卸猪台 | 消毒沐浴室、兽医化验室、急宰间和焚烧间、饲料加工间、饲料库、汽车库、修理间、变配电间、发电机房、水塔、蓄水池和压力罐、水泵房、物料库、污水及粪便处理设施 | 办公用房、食堂、宿舍、文化娱乐用房、围墙、大门、门卫、厕所、场区其他工程 |

表 2-8　奶牛场建筑设施

| 生产建筑设施 | 辅助生产建筑设施 | 生活管理建筑设施 |
| --- | --- | --- |
| 成乳牛舍、青年牛舍、育成牛舍、犊牛舍或犊牛岛、产房、挤奶厅 | 消毒沐浴室、兽医化验室、急宰间和焚烧间、饲料加工间、饲料库、青贮窖、干草房、汽车库、修理间、变配电间、发电机房、水塔、蓄水池和压力罐、水泵房、物料库、污水及粪便处理设施 | 办公用房、食堂、宿舍、文化娱乐用房、围墙、大门、门卫、厕所、场区其他工程 |

表 2-9　羊场建筑设施

| 生产建筑设施 | 辅助生产建筑设施 | 生活管理建筑设施 |
| --- | --- | --- |
| 人工授精室、妊娠母羊舍、分娩舍、羔羊舍、育肥羊舍、病羊隔离舍 | 消毒沐浴室、兽医化验室、急宰间和焚烧间、饲料加工间、饲料库、汽车库、修理间、变配电间、发电机房、水塔、蓄水池和压力罐、水泵房、物料库、污水及粪便处理设施 | 办公用房、食堂、宿舍、文化娱乐用房、围墙、大门、门卫、厕所、场区其他工程 |

表 2-10　孵化场建筑设施

| 生产建筑设施 | 辅助生产建筑设施 | 生活管理建筑设施 |
| --- | --- | --- |
| 种蛋接收室、种蛋处理室、消毒室、蛋库、孵化室、出雏室、雏鸡室(包括鉴别室、免疫室、存放室)、洗涤室 | 储藏工具室、中央控制室、电工间(包括发电机房)以及工作人员消毒沐浴室、洗涤室、更衣室、休息室 | 办公用房、食堂、宿舍、文化娱乐用房、围墙、大门、门卫、厕所、场区其他工程 |

### (二)畜禽场功能分区

为便于管理和防疫，通常将畜禽场分为：管理区、辅助生产区、生产区、隔离区(粪便、尸体处理区)四个功能区，规划应保证人畜健康，并有利于组织生产、环境保护，考虑地势和当地全年主风向，合埋安排各区位置(图 2-1)。畜禽场功能区布局合理，可减少或防止畜禽场产生的不良气味、噪声及粪尿污水因风向和地面径流对居民生活环境和管理区工作环境造成的污染，并减少疫病蔓延的机会。

1. 管理区

管理区是畜禽场从事经营管理活动的功能区，与社会环境具有极为密切的联系。包括行政和技术办公室、会议室、接待室、传达室、警卫值班室、水塔、宿舍、食堂、围墙和大门等。此区位置的确定，除考虑风向、地势外，还应考虑与外界联系方便的位置。畜禽场大门设于该区，门

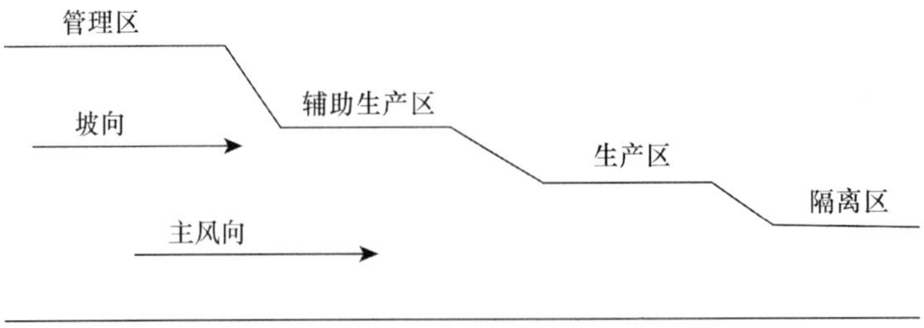


图 2-1 畜禽场各区依地势、风向配置示意图

前设车辆消毒池，两侧设门卫和消毒通道。有家属宿舍时，应单设生活区，生活区应在管理区上风向、地势较高处。

2. 辅助生产区

辅助生产区主要布置供水、供电、供热、设备维修、物资仓库、饲料贮存等设施，这些设施应靠近生产区的负荷中心布置。

3. 生产区

生产区包括各种畜禽舍、孵化室、蛋库、挤奶厅、乳品处理间、羊剪毛间、家畜采精室、人工授精室、家畜装车台等建筑物，是畜禽场的核心区域，应设于全场的中心地带，建筑面积占全场总建筑面积的 70%～80%，是畜禽场的主要建筑区。在生产区的入口处，应设专门的人员消毒间和车辆消毒池，以便进入生产区的人员和车辆进行严格的消毒。大型的畜禽场，进一步将生产区划分为种畜禽、幼畜(雏禽)、育成畜禽、商品畜禽等小区，以方便管理和防疫。

(1)商品畜禽群。如奶牛群、肉牛群、肥育猪群、蛋鸡群、肉鸡群、肉羊群等。这类畜禽饲养密度高和机械化水平较高。因为这些畜禽群的产品要及时出场销售，且这些畜禽群的饲料、产品、粪便的运送量相当大，与场外的联系比较频繁。应将这类畜禽群安排在靠近大门交通比较方便的地段，可减少外界疫情向场区传播的机会。

(2)育成畜禽群。包括青年牛、羊、后备猪、育成鸡等。适宜安排在空气新鲜、阳光充足、疫病较少的区域。

(3)种畜禽群。是畜禽场中的基础群，应设在防疫少发的场区，必要时，应与外界隔离。

以自繁自养的猪场为例，猪舍的布局根据主风向和地势由高到低的顺序，依次为种猪舍、分娩猪舍、保育猪舍、生长猪舍、育肥猪舍、采精室等。

生产区内与饲料有关的建筑物，如饲料调制、贮存间和青贮塔(壕)，应设在生产区上风向和地势较高处，按照就近原则与各畜禽舍及加工车间保持最方便的联系。青贮塔(壕)的位置要便于青贮原料从场外运入，但要避免外面车辆进入生产区。

由于防火的需要，青贮、干草、块根块茎类饲料或垫草等大宗物料的贮存场地，应按照贮用合一的原则，布置在靠近畜禽舍的边缘地带生产区的下风向，要求排水良好，便于机械化作业，并与其他建筑物保持 60 m 的防火间距。由于卫生防疫的需要，干草和垫草的堆放场所不但要与贮粪池、病畜隔离舍保持一定的卫生间距，而且要考虑避免场外运送干草、垫草的车辆进入生产区。

4. 隔离区

隔离区主要布置兽医室、病畜禽剖检室、隔离舍和畜禽场废弃物的处理设施，该区应处于场区全年主风向的下风向和场区地势最低处，与生产区的间距应满足兽医卫生防疫要求，与畜禽舍保持 300 m 以上的卫生间距。绿化隔离带、隔离区内部的粪便污水处理设施与其他设施也需有适当的卫生防疫间距。隔离区与生产区有专用道路相通，与场外有专用大门相通。

## 三、畜禽场建筑物布局

畜禽场建筑物布局就是合理设计各种建筑物及设施的排列方式和次序，确定每栋建筑物和各种设施的位置、朝向和相互间距。布局是否合理，不仅关系到畜禽场的生产联系和劳动效率，同时也直接影响场区和畜禽舍内的小气候状况及畜禽场的卫生防疫。在畜禽场布局时，要综合考虑各建筑物之间的功能联系、场区的小气候状况以及畜禽舍的通风、采光、防疫、防火要求，同时兼顾节约用地、布局美观整齐等要求。

### (一)建筑物的排列

畜禽场建筑物通常应设计为东西成排、南北成列，尽量做到整齐、紧凑、美观。生产区内畜禽舍的布置，应根据场地形状、畜禽舍的数量和长度布置为单列、双列或多列，如图 2-2 所示。

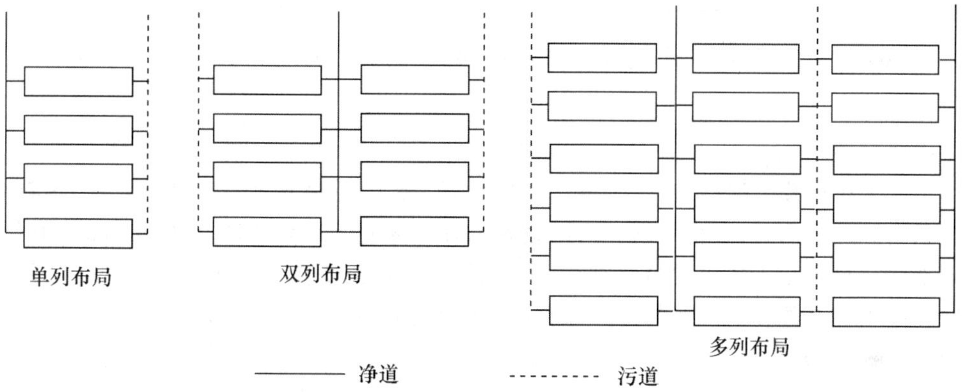


**图 2-2 畜禽场建筑物排列布置模式图**

1. 单列式

畜禽舍在四栋以内，宜单列布置。单列式布置使场区的净、污道路分工明确，但道路和工程管线线路较长。适用于小规模和场地狭长的畜禽场。

2. 双列式

畜禽舍超过四栋时呈双列式或多列布局。双列式布置是各种畜禽场最经济实用的布置方式，其优点是既能保证场区净污道路分工明确，又能缩短道路和工程管线的长度。

3. 多列式

多列式布置适合大型畜禽场使用，但应避免因线路交叉而引起互相污染。如果场地允许，应尽量避免将生产区建筑物布置成横向狭长或竖向狭长，因为狭长形布置势必造成饲料、粪污运输距离加大，管理和生产联系不便，道路、管线加长，建筑物投资增加，如将生产区按方形或近似方形布置，则可避免上述缺点。

### (二)建筑物的位置

确定每栋建筑物和每种设施的位置时，主要根据它们之间的功能联系、工艺流程和卫生防疫要求加以考虑。

1. 功能关系

功能关系是指建筑物及各种设施之间,在畜牧生产中的相互关系。在安排其位置时,应将相互有关、联系密切的建筑物和设施相互靠近安置,以便于生产联系,如图 2-3 所示。

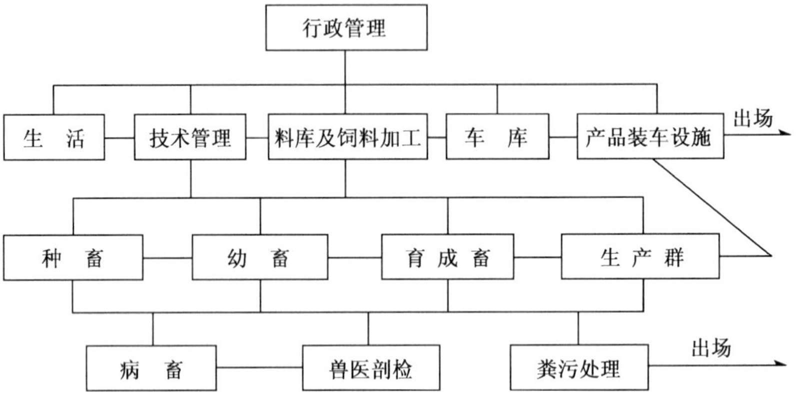


**图 2-3 畜禽场各类建筑物和设施之间的功能关系模式图**

2. 卫生防疫

为便于卫生防疫,场地地势与当地主风向恰好一致时较易安排,管理区和生产区内的建筑物在上风向和地势高处,病畜管理区内的建筑物在下风向和地势低处。这种情况并不多见,往往出现地势高处正是下风向的情况,此时,可利用与主风向垂直的对角线上的两个"安全角"来布置防疫要求较高的建筑。例如,主风向为西北而地势南高北低时,场地的西南角和东北角均为安全角。养禽场的孵化室和育雏舍,对卫生防疫要求较高,因为孵化机的温湿度较高,是微生物的最佳培养环境;且孵化室排出的绒毛蛋壳、死雏常污染周围环境。因此,对于孵化室的位置应主要考虑防疫,不能强调其与种鸡、育雏的功能关系。大型养禽场最好单设孵化场,小型养禽场也应将孵化室布置在防疫较好又不污染全场的地方,并设围墙或隔离绿化带。

3. 工艺流程

为便于畜禽群的转群和生产顺畅,根据生产工艺流程布置畜禽舍和其他设施。例如,某商品猪场的生产工艺流程是:种猪配种—妊娠—分娩哺乳—保育—育成—育肥—上市。因此,考虑各建筑物和设施的功能联系,应按种公猪舍、配种间、空怀母猪舍、妊娠母猪舍、产房、保育舍、育成猪舍、育肥猪舍、装猪台的顺序相互靠近设置。饲料调制、贮存间和贮粪池等与每栋猪舍都发生密切联系,其位置的确定应尽量使其至各栋猪舍的线路距离最短,同时要考虑净道和污道的分开布置及其他卫生防疫要求。

### (三)建筑物的朝向

1. 根据日照确定建筑物朝向

我国大陆地处北纬 20°~50°之间,太阳高度角冬季小、夏季大,夏季盛行东南风,冬季盛行西北风。因此,生产区畜禽舍朝向一般应以其长轴南向,或南偏东或偏西 15°以内为宜。这样的朝向,冬季可增加射入舍内的直射阳光,有利于提高舍温;而夏季可减少舍内的直射阳光,利于防暑。

2. 根据通风确定建筑物朝向

排污确定建筑物朝向场区所处的主风向直接影响畜禽舍的小气候。因此，可向当地气象部门了解本地风向频率图，结合防寒防暑要求，确定适宜朝向。如果畜禽舍纵墙与冬季主风向垂直，则通过门窗缝隙和孔洞进入舍内的冷风渗透量很大，对保温不利；如果纵墙与冬季主风向平行或形成 0°～45°角，则冷风渗透量大大减少，从而有利于保温（图 2-4）。如果畜禽舍纵墙与夏季主风向垂直，则畜禽舍通风不均匀，窗墙之间形成的旋涡风区较大；如果纵墙与夏季主风向形成 30°～45°角，则旋涡风区减少，通风均匀，有利于夏季防暑，排除污浊空气效果也好（图 2-5）。

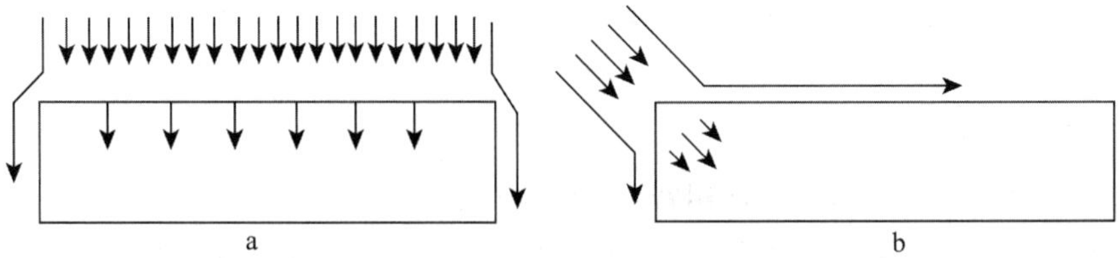


a. 主风向与纵墙垂直，冷风渗透量大 b. 主风向与纵墙成 0°～45°角，冷风渗透量小

**图 2-4　畜禽舍朝向与冬季冷风渗透量的关系**

（李振种，家畜环境卫生学附牧场设计，中国农业出版社，1994）

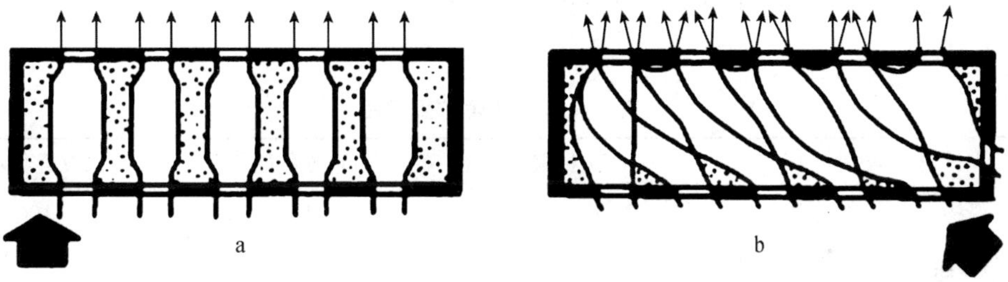


a. 主风向与纵墙垂直，舍内旋涡风区大 b. 主风向与纵墙成 30°～45°角，舍内旋涡风区小

**图 2-5　畜禽舍朝向与夏季舍内通风效果的关系**

（李振种，家畜环境卫生学附牧场设计，中国农业出版社，1994）

## （四）建筑物的间距

相邻两栋建筑物纵墙之间的距离称为间距。确定畜禽舍间距主要从日照、通风、防疫、防火和节约用地等多方面综合考虑。间距大，前排畜禽舍不影响后排光照，并有利于通风排污、防疫和防火，但增加畜禽场的占地面积。因此，必须根据当地气候、纬度、地形、地势等情况，酌情确定畜禽舍适宜的间距。

1. 根据日照确定畜禽舍间距

为了使南排畜禽舍在冬季不遮挡北排畜禽舍日照，尤其保证冬至日 9:00～15:00 时这 6 h 内使畜禽舍南墙满光照。这就要求间距不小于南排畜禽舍的阴影长度，而阴影长度与畜禽舍高度和太阳高度角有关。通常情况下，畜禽舍间距等于屋檐高度的 3～4 倍。在黑龙江和内蒙古地区，畜禽舍间距可酌情加大。

2. 根据通风、防疫要求确定畜禽舍间距

按通风要求确定畜禽舍间距时，应使下风向的畜禽舍不处于相邻上风向畜禽舍的旋涡风区内，这样，既不影响下风向畜禽舍的通风，又可使其免遭上风向畜禽舍排出的污浊空气的污染，有利于卫生防疫。畜禽舍的间距为 3～5$H$ 时(图 2-6)，可满足畜禽舍通风排污和卫生防疫要求。

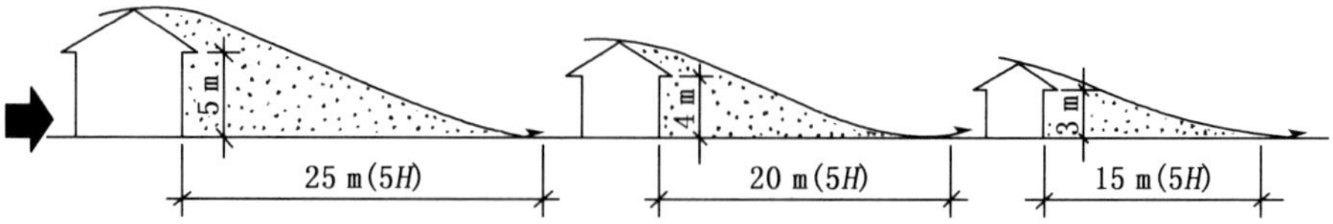


图 2-6　风向垂直于纵墙时畜禽舍高度与旋涡风区的关系

3. 防火间距确定建筑物朝向

取决于建筑物的材料、结构和使用特点，可参照我国建筑防火规范。畜禽舍建筑一般为砖墙、混凝土屋顶或木质屋顶并做吊顶，耐火等级为二级或三级，防火间距为 6～8 m。

综上所述，畜禽舍间距为畜禽舍檐高的 3～5 倍，可基本满足日照、通风、排污、防疫、防火等要求。每相邻两栋长轴平行的畜禽舍间距，无舍外运动场时，两平行侧墙的间距控制在 8～15 m 为宜；有舍外运动场时，相邻运动场栏杆的间距控制在 5～8 m 为宜。每相邻两栋畜禽舍端墙之间的距离不小于 15m 为宜。但畜禽舍的间距主要由防疫间距来决定，畜禽舍间距的设计见表 2-11。

表 2-11　畜禽舍防疫间距　m

| 类别 | | 同类畜禽舍 | 不同类畜禽舍 | 距孵化场 |
|---|---|---|---|---|
| 祖代鸡场 | 种鸡舍 | 30～40 | 40～50 | 100 |
| | 育雏、育成舍 | 20～30 | 40～50 | 50 以上 |
| 父母代鸡场 | 种鸡舍 | 15～20 | 30～40 | 100 |
| | 育雏、育成舍 | 15～20 | 30～40 | 50 以上 |
| 商品鸡场 | 蛋鸡舍 | 10～15 | 15～20 | 300 以上 |
| | 肉鸡舍 | 10～15 | 15～20 | 300 以上 |
| 猪场 | | 10～15 | 15～20 | |
| 牛场 | | 10～15 | 15～20 | |

引自：赵希彦，郑翠芝. 畜禽环境卫生. 第 2 版，化学工业出版社，2020.

## 四、畜禽场公共卫生设施

### (一)畜禽运动场

畜禽每日定时到舍外运动，能使其全身受到外界气候因素的刺激和锻炼，促进机体各种生理过程的进行，增强体质，提高抗病能力。舍外运动能改善种公畜的精液品质，提高母畜受胎率，促进胎儿正常发育，减少难产。因此，有必要给畜禽设置舍外运动场，特别是种用畜禽。

1. 运动场的位置

舍外运动场应选在背风向阳、地形开阔的地方。畜禽舍间距或畜禽舍两侧分别设置。如受地形限制，可在场内比较开阔的地方单独设运动场。

2. 运动场的面积

每头(只)畜禽所占舍内平均面积的3～5倍；种鸡则按鸡舍面积的2～3倍。应能保证畜禽自由活动，又要节约用地。畜禽的舍外运动场面积见表2-12。在封闭舍内饲养肥猪、肉鸡和笼养蛋鸡，一般不设运动场。

**表2-12　运动场大小和围栏高度**

| 种　类 | 乳牛 | 青年牛 | 带仔母猪 | 种公猪 | 生长猪与后备猪 | 羊 | 育成鸡 |
|---|---|---|---|---|---|---|---|
| 运动场面积/($m^2$/头或只) | 20 | 15 | 12～15 | 30 | 4～7 | 4 | 0.5～1 |
| 围栏或围墙高度/m | 1.5 | 1.2 | 1.1 | 2～2.2 | 1.1 | 1.1 | 1.8 |

3. 建筑要求

运动场要平坦，稍有坡度，便于排水和保持干燥；四周应设围栏或围墙，围墙高度为：马1.6 m、牛1.2 m、羊1.1 m、猪1.1 m、鸡1.8 m，为防鸡飞出，上面可加设尼龙丝网。各种公畜运动场的围栏高度，可再增加20～30 cm，也可应用电围栏。在运动场的两侧及南侧，应设遮阳棚或种植树木，以遮挡夏季烈日。运动场围栏外应设排水沟。

### (二)场内道路

场内道路要求直而短，保证场内各生产过程顺利进行。应分别设有人员行走和运送饲料的清洁道、供运输粪污和病死畜禽的污物道及供畜禽产品装车外运的专用通道。清洁道作为场内的主干道，要求路面不透水，向一侧或两侧有1%～3%的坡度；路面可修为柏油路、混凝土、砖、石或焦渣路面；道路宽度根据用途和车宽决定，通行载重汽车并与场外相连的道路需3.5～7 m；场内的小型车、手推车道路需1.5～5 m。但须考虑回车道，回车半径及转弯半径；道路两侧应植树，设排水沟。场内道路一般与建筑物长轴平行或垂直布置，清洁道与污物道不宜交叉。

### (三)防护设施

为保证畜禽场防疫安全，畜禽场四周应建较高的围墙或坚固的防疫沟，以防场外人员及其他动物进入场区，必要时沟内放水。常用防疫沟断面见图2-7。在畜禽场大门和各区域及畜禽舍的入口处，应设消毒设施，如车辆消毒池、人的脚踏消毒槽或喷雾消毒室、更衣换鞋间等，并安装紫外线灭菌灯，强调安全时间(3～5 min)，时间太短，达不到安全的目的，因此，畜禽场在消毒室内最好安装定时通过指示铃。

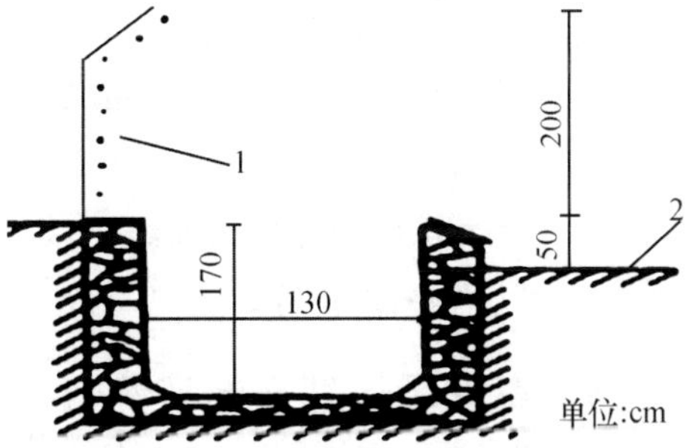


1. 铁丝网　2. 场地平地

**图2-7　场外防疫沟断面图**

### (四)场内的排水设施

场区排水设施是为了排除雨水、雪水，保持场地干燥卫生。为减少投资，一般可在道路一侧或两侧设排水沟，沟壁、沟底可砌砖、石，也可将土夯实做成梯形或三角形断面。排水沟最深处不应超过30 cm，沟底应有1%～2%的坡度，上口宽30～60 cm。小型畜禽场有条件时，也可设暗沟排水(地下水沟用砖、石砌筑或用水泥管),但不宜与舍内排水系统的管沟通用,以防泥沙淤塞,影响舍内排污,并防止雨季污水池满溢,污染周围环境。

### (五)贮粪池

贮粪池应设在生产区的下风向,与畜禽舍至少保持 100 m 的卫生间距(有围墙及防护设备时,可缩小为 50 m),并便于运出。贮粪池一般深 1 m,宽 9～10 m,长 30～50 m,底部做成水泥池底。各种畜禽所需贮粪池的面积:牛 2.5 $m^2$/头,马 2 $m^2$/匹,羊 0.4 $m^2$/只,猪 0.4 $m^2$/头。

### (六)畜禽场的绿化

畜禽场植树、种草绿化,对改善场区小气候、防疫、防火具有重要意义。在进行场地规划时必须规划出绿化地,其中包括防风林、隔离林、行道绿化、遮阳绿化、绿地等。畜禽场区绿化覆盖率应在 30%以上,并在场外缓冲区建 5～10 m 的环境净化带。

1. 防风林

应设在冬季上风向,沿围墙内外设置。最好是落叶树和常绿树搭配,高矮树种搭配,植树密度可稍大些,乔木行株距为 2～3m,灌木绿篱行距为 1～2 m,乔木应棋盘式种植,一般种植 3～5 行。

2. 隔离林

主要设在各场区之间及围墙内外,夏季上风向的隔离林,应选择树干高、树冠大的乔木,如北京杨、柳或榆树等,行株距应稍大些,一般植 1～3 行。

3. 行道绿化

指道路两旁和排水沟边的绿化,有路面遮阳和排水沟护坡作用。靠路面可植侧柏、冬青等作绿篱,其外再种植乔木也可在路两侧埋杆搭架,种植藤蔓植物,使上空 3～4 m 处形成水平绿化。

4. 遮阳绿化

一般设于畜禽舍南侧和西侧,或设于运动场周围和中央,起到为畜禽舍墙、屋顶、门窗或运动场遮阳的作用。遮阳绿化一般应选择树干高、树冠大的落叶乔木,如北京杨、加拿大杨、辽杨、槐、枫等树种,以防夏季阻碍通风和冬季遮挡阳光。遮阳绿化也可以搭架种植藤蔓植物。

5. 场地绿化

是指畜禽场内裸露地面的绿化,可植树、种花、种草,也可种植有饲用价值或经济价值的植物,如苜蓿、草坪、果树等。

## 五、畜禽场规划布局实例

1. 北京某原种鸡场建筑物规划布局

北京某原种鸡场地处郊区平原地区,根据场地地势平整、边缘整齐、南北长、东西短的地形特点,结合该地区气候条件,场区的总体规划布局是北侧为生产区,布置原种鸡舍、测定鸡舍、育成鸡舍、育雏舍,采用单列式排列,西侧为净道,东侧为污道,最北端设临时粪污场。育雏舍单独置于生产区西侧,有道路和绿化隔离,南侧为办公和辅助生产区,设置孵化厅、消毒更衣室、办公室、库房、锅炉房等,对生产区和辅助区影响最小(图 2-8)。

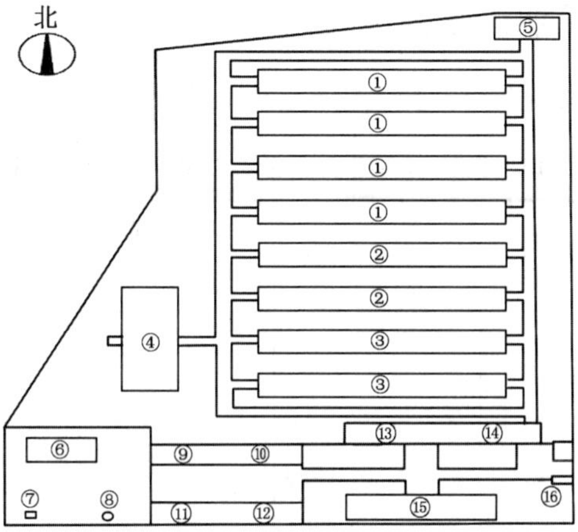


1.原种鸡舍　2.测定鸡舍　3.育成鸡舍　4.育雏舍　5.粪污场　6.锅炉房　7.水泵房　8.水塔
9.浴室　10.维修室　11.车库　12.食堂　13.孵化厅　14.更衣消毒室　15.办公楼　16.门卫

**图 2-8　北京某原种鸡场平面图**

2.某现代规模化猪场规划平面布局

猪场种猪舍、仔猪舍置于上风向和地势高处；配种舍、妊娠舍、分娩舍放到较安全的位置，且要接近保育舍；育成猪舍靠近育肥猪舍；育肥猪舍设在下风向；靠近保育生长舍、育肥舍附近设有装猪台，其入口与猪舍相通，出口与生产区外相通，运输车辆停在墙外装车；生产区与其他区之间应用围墙或绿化隔离带分开（图 2-9）。

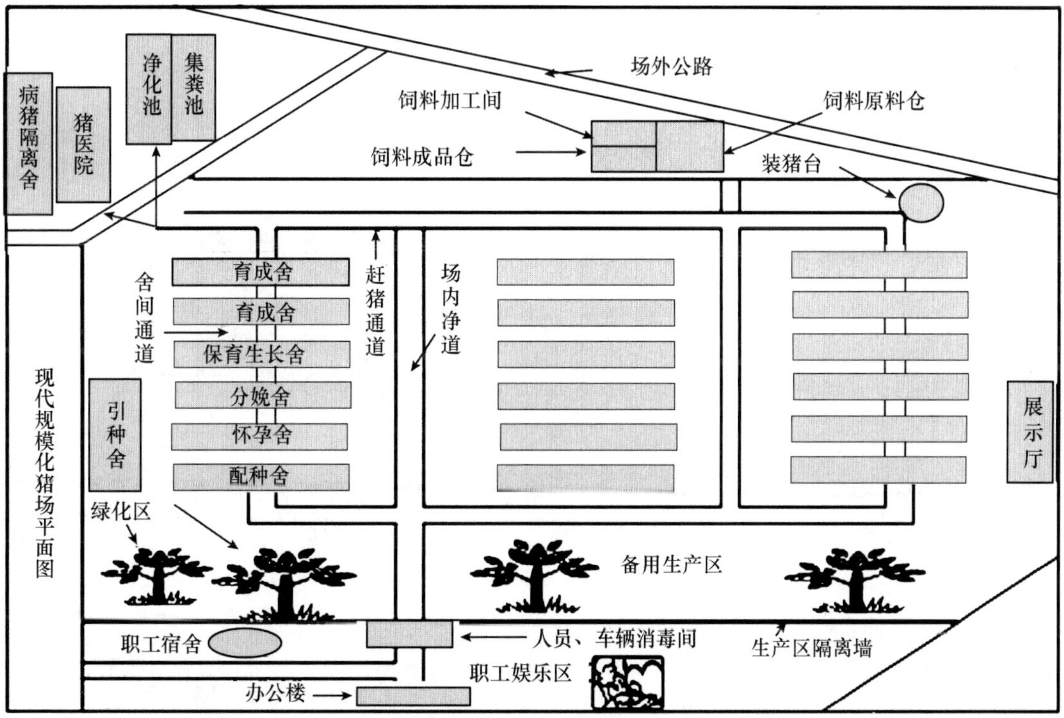


**图 2-9　现代规模化猪场规划布局平面示意图**

## 六、畜禽场建筑物规划布局调查与评价

调研某畜禽场建筑物规划布局，将相关信息填入表 2-13。

**表 2-13　某畜禽场建筑物规划布局方案设计与评价**

<table>
<tr><td>调研单位名称</td><td colspan="2"></td><td>地　址</td><td colspan="2"></td></tr>
<tr><td>畜禽种类</td><td colspan="2"></td><td>饲养头数</td><td colspan="2"></td></tr>
<tr><td rowspan="3">生产建筑设施</td><td></td><td></td><td></td><td></td><td></td></tr>
<tr><td></td><td></td><td></td><td></td><td></td></tr>
<tr><td></td><td></td><td></td><td></td><td></td></tr>
<tr><td rowspan="2">辅助生产建筑设施</td><td></td><td></td><td></td><td></td><td></td></tr>
<tr><td></td><td></td><td></td><td></td><td></td></tr>
<tr><td rowspan="3">生活管理建筑设施</td><td></td><td></td><td></td><td></td><td></td></tr>
<tr><td></td><td></td><td></td><td></td><td></td></tr>
<tr><td></td><td></td><td></td><td></td><td></td></tr>
<tr><td>隔离区建筑设施</td><td></td><td></td><td></td><td></td><td></td></tr>
<tr><td colspan="6">畜禽场建筑物规划布局方案设计（用绘图工具绘制某畜禽场建筑物规划布局图，并粘贴于以下空白处）：</td></tr>
<tr><td>综<br>合<br>评<br>价</td><td colspan="5">评价依据：<br><br>评价结论：<br><br>评价人：　　　　　　　　日期：________年____月____日</td></tr>
</table>

【任务评价】

**填空题**

1. 畜禽场建筑设施分为________、________、________三部分。

2. 畜禽场一般分为________、________、________、________四个功能区。

3. 畜禽场建筑物通常应设计为________、________排列。

4. 根据日照、通风、排污确定建筑物朝向一般以________朝向适宜。

5. 畜禽舍间距为畜禽舍檐高的________倍，可基本满足日照、通风、排污、防疫、防火等要求。

6. 运动场的面积一般为畜禽所占舍内平均面积的________倍，种鸡按鸡舍面积的________倍。

# 任务3　畜禽场的工艺设计

畜禽场工艺设计应根据经济条件、技术力量、市场和生产需求，并结合环保要求来设计。根据畜禽生长、发育、繁殖的基本规律及对环境的要求，组织安排相应的生产工艺及建造相应的畜禽舍，配备相应的设施设备，是建设现代化畜禽场的需要，也是标准化规模畜禽场建设的需要。

畜禽场生产工艺设计包括畜禽场生产工艺设计和工程工艺设计两个部分。畜禽场生产工艺设计主要内容为畜禽场的种类与任务、畜禽场的规模、畜禽场生产工艺流程和主要工艺技术参数确定原则、各种环境参数、饲养方式、畜群结构和畜群周转等。工程工艺设计的主要内容包括：畜禽舍的种类、数量和基本尺寸确定、设备选型与配套、畜禽舍建筑类型与形式选择、畜禽舍环境控制技术方案制定、工程防疫设施规划、粪污处理与资源化利用技术选择等。

## 一、畜禽场的种类与规模

1. 畜禽场的种类

畜禽场种类不同，畜禽群组成和周转方式不同，对饲养管理和环境条件的要求也不同，所采取的畜牧兽医技术措施也大不相同。一般按繁育体系分为原种场（曾祖代场）、祖代场、父母代场和商品代场。

（1）原种场。原种场一般要求单独建场，由于育种工作的严格要求，一般由专门的育种机构承担。原种场的任务是生产配套的品系、保种、纯繁，向外提供祖代种畜禽、种蛋、精液、胚胎等。

（2）祖代场。祖代场的任务是提供父母代种畜禽，改良品种，培育父母场所需的优良品种。

（3）父母代场。父母代场的任务是利用从祖代场获得的品种，生产商品场所需的种源。

（4）商品代场。商品代场则是利用从父母代场获得的种源，专门从事商品代畜禽产品的生产，向市场提供畜禽产品。

在实际生产中，商品代猪场为了节省成本，常常会饲养相当数量的父母代种猪，来应对商品代猪场的种源问题，而祖代场、父母代场也会兼营其他性质的生产活动。如祖代鸡场在生产父母代种蛋、种鸡的同时，也可生产一些商品代蛋鸡或鸡蛋供应市场。

2. 畜禽场的生产规模

畜禽场规模一般是畜禽场饲养畜禽的数量，目前没有非常规范统一的标准，商品猪场和肉鸡、肉牛场一般按年出栏量来划分，种猪场多按基础母猪数来计算，奶牛场可以按成年乳牛头数表示，也可用存栏量表示。建场时应慎重考虑畜禽场种类和规模，考虑市场需求、资金投入、畜禽场污染物处理的难度，畜禽场规模不易过大，尤其是城郊规模。畜禽场种类及规模划分见表 2-14 至表 2-17。

**表 2-14　养猪场种类及规模划分(以年出栏商品猪头数定类型)**

| 类　型 | 年出栏商品猪头数 | 年饲养种母猪头数 |
|---|---|---|
| 小型场 | ≤5 000 | ≤300 |
| 中型场 | 5 000～10 000 | 300～600 |
| 大型场 | >10000 | >600 |

**表 2-15　养鸡场种类及规模划分**

| 类　　别 | 小型场 | 中型场 | 大型场 |
|---|---|---|---|
| 祖代鸡场 | <0.5 | 0.5～1.0 | ≥1.0 |
| 父母代蛋鸡场 | <1.0 | 1.0～3.0 | ≥3.0 |
| 父母代肉鸡场 | <1.0 | 1.0～5.0 | ≥5.0 |
| 商品蛋鸡场 | <5.0 | 5.0～20.0 | ≥20.0 |
| 商品肉鸡场 | <50.0 | 50.0～100.0 | ≥100.0 |

注：规模单位为万只鸡位；肉鸡规模为年出栏数，其余鸡场规模系成年母鸡鸡位。

**表 2-16　美国 CAFO(Concentrated Animal Feeding Operation )
奶牛场种类及规模划分**

| 类　型 | 小型场 | 中型场 | 大型场 |
|---|---|---|---|
| 存栏量/头 | 1～199 | 200～699 | ≥700 |

**表 2-17　羊场种类及规模划分**

| 种　类 | 小型场 | 中型场 | 大型场 |
|---|---|---|---|
| 绵羊存栏量/万只 | <1.0 | 1～5 | 5～10 |

注：以年终存栏数或繁殖母羊存栏数表示。

## 二、不同畜禽饲养方式特点

1. 猪的饲养方式

猪场大多采用单栏饲养和小群饲养方式，即公猪、妊娠和哺乳母猪单栏饲养；仔猪、育成猪和育肥猪以窝为饲养单位；后备母猪按每群 3～5 头饲养，人工喂料，自动饮水器给水。猪舍地面为全漏缝或局部漏缝地板，多实行水冲清粪。近年来，许多国家开始采用一种全新的舍饲散养工艺，即除公猪、哺乳母猪外，均按工艺流程分单元群养，群体的大小视规模而定，50～200

头均可。该工艺充分考虑了猪的生物学特性和行为需要，在舍内设猪床、猪厕所、蹭痒架、咬链、玩具箱、淋浴设施等，采用自动喂料系统和自动饮水系统。

2. 鸡的饲养方式

可分为笼养、网上平养、局部网上饲养和地面平养。种鸡生产一般采用二段或三段式工艺模式，实行地面平养或局部网上饲养或不同形式的笼养；蛋鸡采用三段全程式笼养方式；肉鸡采用“全进全出”一段饲养模式，地面厚垫料饲养或网上平养或笼养。均采用机械或人工喂料，自动饮水器给水，人工集蛋，机械清粪等。

3. 奶牛的饲养方式

一般可分为拴系饲养、定位饲养、散放饲养。初生犊牛常以单笼饲养。有集中挤奶厅时，可实施散放饲养。相对而言，散放饲养管理较为粗放，能较好地满足牛的行为和福利需要，但牛舍内不能进行挤奶、治疗等作业；拴系饲养便于实行精细管理，可利用固定式管道挤奶系统在舍内直接挤奶。

4. 肉牛的饲养方式

肉牛主要有放牧、全舍饲和半舍饲三种饲养方式。放牧饲养适于牧草条件好的草原地区，一般须配置简易牛棚、饮水槽和补饲槽。全舍饲主要用于没有放牧条件或有放牧条件的肉牛后期催肥，或为提高生产效率的肉牛生产，在固定牛舍和运动场内配有饲槽、水槽及草架。半舍饲方式介于两者之间，既可充分利用牧草资源，又能在归牧后进入牛舍补饲干草、青贮饲料和精料。

5. 肉羊的饲养管理方式

肉羊的饲养以放牧为主，其次为半放牧半舍饲或全舍饲饲养。

(1)放牧饲养。全年放牧饲养需要足够面积的草原、草地或草山。中国的牧区、半牧半农区、农业区有较大面积的草地或草山，均可采用全年放牧。

(2)半放牧半舍饲饲养。这是介于放牧饲养和舍饲饲养两者之间的一种饲养方式，大多是由于放牧地面积不足或牧地草质量较差而采用的。一般是在夏、秋季节白天放牧，晚间在场区舍内补饲；冬、春两季以舍饲为主。采取这种方式，要求具有较完备的羊舍建筑和设施。

(3)全舍饲饲养。全部由人工饲喂，不放牧。舍饲饲养时，羊场应设有运动场，并有完善的羊舍等建筑物和饲养管理设施。采用运动场体系的舍饲散养方式，舍内设饲槽，用于饲喂精料和青贮饲料，运动场设草架喂草，水槽饮水，每天人工清粪。按照养羊生产工艺流程，将羊进行合理分群，组织和安排生产。各类羊群分别建羊舍。

## 三、畜禽生产技术指标

畜禽场制定生产技术指标，要根据畜禽的品种、生产力水平、技术水平、工作人员的经营管理水平和环境设施等客观地加以确定，准确地计算出畜群结构如存栏数、栏位数、饲料用量和产品数量等参数，使指标高低适度。

1. 猪场生产技术指标

猪场的各项生产技术指标可参考表 2-18、表 2-19。

表 2-18　各类猪喂料标准

| 阶　段 | 饲喂时间/d | 饲料类型 | 喂料量/[kg/(头·d)] |
| --- | --- | --- | --- |
| 后备 | 90 kg 至配种 | 后备料 | 2.3～2.5 |
| 妊娠前期 | 0～28 | 妊前料 | 1.8～2.2 |
| 妊娠中期 | 29～85 | 妊中料 | 2.0～2.5 |
| 妊娠后期 | 86～107 | 妊后料 | 2.8～3.5 |
| 产前 7 d | 107～114 | 哺乳料 | 3.0～3.5 |
| 哺乳期 | 0～21 | 哺乳料 | 4.5 以上 |
| 空怀期 | 断奶期至配种期 | 哺乳料 | 2.5～3.0 |
| 种公猪 | 配种期 | 公猪料 | 2.5～3.0 |
| 乳猪 | 出生至 28 | 乳猪料 | 0.18～0.25 |
| 小猪 | 29～60 | 乳猪料 | 0.50～1.0 |
| 小猪 | 61～77 | 保育料 | 1.10～2.2 |
| 中猪 | 78～119 | 中猪料 | 1.90～2.5 |
| 大猪 | 120～175 | 大猪料 | 2.25～3.2 |

表 2-19　万头商品猪场工艺参数

| 指　标 | 参数 | 指　标 | 参数 |
| --- | --- | --- | --- |
| 妊娠期/d | 114 | 每头母猪年产活仔数/头 | |
| 哺乳期/d | 35 | 出生时 | 19.8 |
| 保育期/d | 28～35 | 35 日龄 | 17.8 |
| 生长(育成)期/d | 56 | 36～70 日龄 | 16.9 |
| 肥育期/d | 56 | 71～180 日龄 | 16.5 |
| 断奶至受胎/d | 7～14 | 每头母猪年产肉量/kg(活重) | 1 575.5 |
| 繁殖周期/d | 156～163 | 平均日增重/[g/(头·d)] | |
| 母猪年产胎次/(胎/年) | 2.24 | 出生至 35 日龄 | 156 |
| 母猪窝产仔数/(头/窝) | 10 | 36～70 日龄 | 386 |
| 窝产活仔数/(头/窝) | 9 | 71～180 日龄 | 645 |
| 成活率/% | | 公、母猪年更新率/% | 33 |
| 哺乳仔猪 | 90 | 母猪情期受胎率/% | 85 |
| 断奶仔猪 | 95 | 公母比例(本交) | 1∶25 |
| 生长育肥期 | 98 | 圈舍冲洗消毒时间/d | 7 |
| 出生至 180 日龄体重/(kg/头) | | 繁殖节律 | 7 |
| 出生重 | 1.2 | 周配种次数 | 1.2～1.4 |
| 35 日龄 | 6.5 | 母猪临产前进产房时间/d | 7 |
| 70 日龄 | 20 | 母猪配种后原圈观察时间/d | 21 |
| 180 日龄 | 90 | | |

引自：王燕丽，李军. 猪生产. 化学工业出版社. 2009.

2. 鸡场主要生产工艺参数

鸡场工艺参数主要包括鸡场的种类、鸡的品种、鸡群结构、主要生产性能指标（公母比例、受精率、种蛋孵化率、年产蛋量、各饲养阶段的死淘率、耗料量等）及饲养环境管理条件等，见表2-20。

**表 2-20　鸡场主要生产工艺参数**

| 指　标 | 参数 | 指　标 | 参数 |
|---|---|---|---|
| 轻型蛋鸡体重及耗料量 | | 中型蛋鸡体重及耗料量 | |
| 雏鸡（0～6 周龄或 7 周龄） | | 雏鸡（0～6 周龄或 7 周龄） | |
| 7 周龄体重/(g/只) | 530 | 7 周龄体重/(g/只) | 515 |
| 1～7 周龄日耗料量/(g/只) | 10～43 | 1～7 周龄日耗料量/(g/只) | 12～43 |
| 1～7 周龄总耗料量/(g/只) | 13～65 | 1～7 周龄总耗料量/(g/只) | 13～65 |
| 7 周龄成活率/% | 93～95 | 7 周龄成活率/% | 93～95 |
| 育成鸡 | | 育成鸡 | |
| 18 周龄体重/(g/只) | 1 270 | 18 周龄体重/(g/只) | 1 340 |
| 18 周龄成活率/% | 97～99 | 18 周龄成活率/% | 97～99 |
| 8～18 周龄日耗料量/(g/只) | 46～75 | 8～18 周龄日耗料量/(g/只) | 48～83 |
| 8～18 周龄总耗料量/(g/只) | 4 550 | 8～18 周龄总耗料量/(g/只) | 5 180 |
| 产蛋鸡（21～72 周龄） | | 产蛋鸡（21～72 周龄） | |
| 21～40 周龄日耗料量/(g/只) | 77～114 | 21～40 周龄日耗料量/(g/只) | 91～127 |
| 21～40 周龄总耗料量/(g/只) | 15 200 | 21～40 周龄总耗料量/(g/只) | 16 400 |
| 41～72 周龄日耗料量/(g/只) | 100～104 | 41～72 周龄日耗料量/(g/只) | 100～114 |
| 41～72 周龄总耗料量/(g/只) | 22 900 | 41～72 周龄总耗料量/(g/只) | 25 000 |
| 肉用种母鸡体重及耗料量 | | 肉用种鸡生产性能（23～66 周龄） | |
| 雏鸡（0～7 周龄） | | 饲养日产蛋数/(枚/只) | 209 |
| 7 周龄体重(g/只) | 748～845 | 饲养日平均产蛋率/% | 68 |
| 1～2 周龄不限饲日耗料量/(g/只) | 26～28 | 入舍鸡产蛋数/(枚/只) | 199 |
| 3～7 周龄日耗料量/(g/只) | 40～56 | 入舍鸡平均产蛋率/% | 92 |
| 育成鸡（8～20 周龄） | | 入舍鸡产种蛋数/(枚/只) | 183 |
| 20 周龄体重/(g/只) | 2 135～2 271 | 平均孵化率/% | 86.8 |
| 8～20 周龄日耗料量/(g/只) | 59～105 | 入舍鸡产雏数/(只/只) | 159 |
| 产蛋鸡（21～66 周龄） | | 平均死亡率和淘汰率/% | 1 |
| 25 周龄体重/(g/只) | 2 727～2 863 | 肉仔鸡生产性能 | |
| 21～25 周龄日耗料量/(g/只) | 110～140 | 1～4 周龄体重变化/(g/只) | 150～1 065 |
| 42 周龄体重/(g/只) | 3 422～3 557 | 1～4 周龄料肉比 | 1.41 |
| 26～42 周龄日耗料量/(g/只) | 161～180 | 5～7 周龄体重变化/(g/只) | 1.455～2.355 |
| 43～66 周龄日耗料量/(g/只) | 170～136 | 5～7 周龄料肉比 | 1.92 |
| | | 8～10 周龄体重变化/(g/只) | 2.780～3.575 |
| | | 8～10 周龄料肉比 | 2.43 |
| | | 全期死亡率/% | 2～3 |

3. 奶牛场生产工艺参数

奶牛场生产工艺参数主要包括牛群的划分及饲养日数、配种方式、公母比例、利用年限、生产性能指标和饲料定额等。奶牛场部分生产工艺参数见表 2-21。

表 2-21 奶牛场生产工艺参数

| | | | |
|---|---|---|---|
| 工艺指标 | | | |
| 指标 | 参数 | 指标 | 参数 |
| 性成熟月龄 | 6～12 | 泌乳期/d | 300 |
| 适配年龄/岁 | 公:2～2.5,母:1.5～2 | 干奶期/d | 60 |
| 发情周期/d | 19～23 | 公母比例 | 1∶(30～40) |
| 发情持续期/d | 1～2 | 奶牛利用年限 | 8～10 |
| 产后第一次发情天数/d | 20～30 | 犊牛饲养日数 | 60(1～60 日龄) |
| 情期受胎率/% | 60～65 | 育成牛饲养日数 | 365(7～18 月龄) |
| 年产胎数 | 1 | 青年牛饲养日数 | 488(19～34 月龄) |
| 每胎产子数 | 1 | 成年母牛年淘汰率/% | 8～10 |
| 生产性能 | | | |
| 0～18 月龄体重/(kg/头,中等水平) | | 奶牛中等生产水平 300 d 泌乳量/kg | |
| 初生重 | 公:38　母:36 | 第一胎 | 3 000～4 000 |
| 6 月龄体重 | 公:190　母:170 | 第二胎 | 4 000～5 000 |
| 12 月龄体重 | 公:340　母:275 | 第三胎 | 5 000～6 000 |
| 18 月龄体重 | 公:460　母:375 | | |
| 犊牛喂乳量/[kg/(头·d),30 日龄后补饲] | | | |
| 1～30 日龄 | 5 渐增至 8 | 91～120 日龄 | 4 渐减至 3 |
| 31～60 日龄 | 8 渐减至 6 | 121～150 日龄 | 2 |
| 61～90 日龄 | 5 渐减至 4 | | |
| 饲料定额/[kg/(头·年)] | | | |
| (一)犊牛(体重 160～280 kg) | | (二)1 岁以下幼牛(体重 160～280 kg) | |
| 混合精料 | 400 | 混合精料 | 365 |
| 青饲料、青贮、青干草 | 450 | 青饲料、青贮、青干草 | 5 100 |
| 块根块茎 | 200 | 块根块茎 | 2 150 |
| (三)1 岁以上青年牛(体重 240～450 kg) | | (四)种公牛(体重 900～1 000 kg) | |
| 混合精料 | 365 | 混合精料 | 2 800 |
| 青饲料、青贮、青干草 | 6 600 | 青饲料、青贮、青干草 | 6 600 |
| 块根块茎 | 2 600 | 块根块茎 | 1 300 |
| (五)体重 500～600 kg(产奶量 5 000 kg) | | (六)体重 500～600 kg(产奶量 4 000 kg) | |
| 混合精料 | 1 100 | 混合精料 | 1 100 |
| 青饲料、青贮、青干草 | 12 900 | 青饲料、青贮、青干草 | 12 900 |
| 块根块茎 | 7 300 | 块根块茎 | 5 700 |
| (七)体重 450～500 kg(产奶量 3 000 kg) | | (八)体重 400 kg(产奶量 2 000 kg) | |
| 混合精料 | 900 | 混合精料 | 400 |
| 青饲料、青贮、青干草 | 11 700 | 青饲料、青贮、青干草 | 9 900 |
| 块根块茎 | 3 500 | 块根块茎 | 2 150 |

4. 规模化养羊生产工艺参数

规模化养羊生产工艺参数确定，以月为繁殖节律，以最大限度地利用母羊、羊舍和设备，便于进行羊舍环境调控，实行专业化管理为目的。根据生产工艺特点确定指标（表 2-22）。

**表 2-22　规模化养羊生产工艺参数**

| 项　目 | 参　数 | 项　目 | 参　数 |
|---|---|---|---|
| 配种年龄 | | 年平均产羔/只 | 2.25 |
| 公羊（月龄） | 12 | 成活率/% | |
| 母羊（月龄） | 6～8 | 哺乳期 | 90 |
| 配种时间 | 一年四季均可 | 保育期 | 98 |
| 母羊发情期/d | 17 | 育肥期 | 99 |
| 母羊产羔周期/月 | 8 | 羔羊初生重/kg | 2.5～3 |
| 妊娠期/d | 147～152 | 羔羊断奶重/kg | 15 |
| 哺乳期/d | 56 | 肉羊出栏体重/kg | 30～40 |
| 保育期/d | 60 | 公母比（人工授精） | 1∶500 |
| 育肥期/d | 60 | 母羊年更新率/% | 15 |
| 断奶至受胎/d | 17～34 | 情期受胎率/% | 90～95 |
| 年产胎次 | 1.5 | 成年羊利用年限/年 | |
| 双羔率/% | 150 | 公羊 | 6～10 |
| | | 母羊 | 6 |

制定畜禽场生产指标，不仅为设计工作提供依据，而且为投产后实行定额管理和岗位制度提供依据。生产指标一定要高低适中，指标过高，不但不能完成任务，而且依次设计的房舍、设备也不能充分利用；指标过低，则不能充分发挥工作人员的劳动效率，据此设计的房舍、设备无法满足生产需要。

## 四、畜禽场生产工艺流程设计

畜禽场生产工艺设计方案力求科学先进，具体详尽，操作性强。在设计时要满足以下原则：符合畜禽生产技术要求；有利于畜禽场防疫卫生要求；达到减少粪污排放量及无害化处理的技术要求；节水、节能；提高劳动生产效率。

1. 猪场生产工艺流程

现代化养猪场普遍采用分段式饲养、全进全出的生产工艺。它是适应集约养猪生产要求、提高养猪生产效率的保证。常见的工艺流程有二段式、三段式、四段式、五段式等。例如猪场的五段式工艺流程设计为：空怀妊娠期、哺乳期、仔猪保育期、育成期、生长育肥期等。确定工艺后，同时确定生产节律。一个饲养群向下一个饲养群转移猪群，需要按统一的时间间隔进行，相邻两次转群的时间间隔称为一个生产节律。合理的生产节律是全进全出工艺的前提，是有计划利用猪舍和合理组织劳动生产管理，均衡生产商品肉猪的基础，根据猪场规模，年产 5 万～10 万头商品肉猪的大型猪场多实行 1 d 或 2 d 制，即每天有一批猪配种、产仔、断奶、仔猪保育和肉猪出栏；年产 1 万～3 万头商品肉猪的猪场多实行 7d 制生产节律，以便于生产管理(图 2-10)。

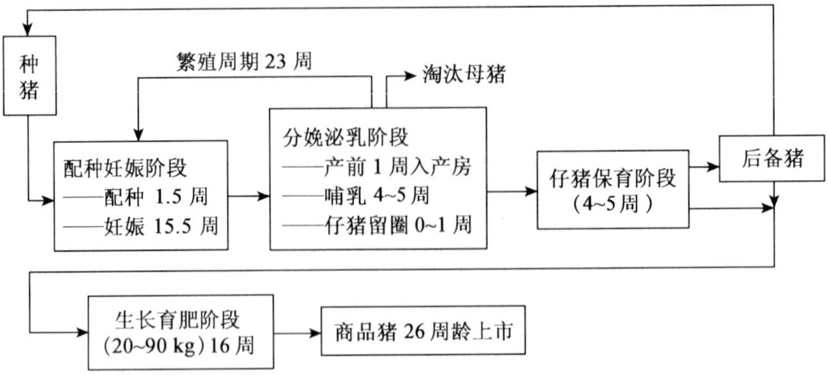


**图 2-10 猪场生产工艺流程**

这种全进全出方式可采用以猪舍局部若干栏为单位转群，转群后进行清洗消毒；也有猪场将猪舍按照转群的数量分割成单元，以单元全进全出。如果猪场规模在 3 万～5 万头，可为每个生产节律的猪群设计猪舍，全场以舍为单位全进全出。年出栏 10 万头左右的猪场，可考虑以场为单位实行多位点全进全出生产工艺。猪场规模为 10 万头左右工艺流程如图 2-11 所示。

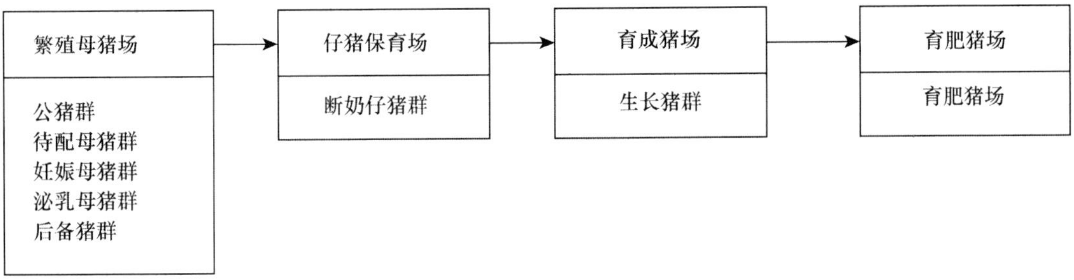


**图 2-11 以场为单位全进全出的生产工艺流程**

2. 鸡场生产工艺流程

鸡场生产工艺流程是根据鸡的不同饲养阶段划分的，种鸡和蛋鸡一般一个饲养周期分育雏、育成和产蛋期 3 个阶段，即 0～6 周龄为育雏期，7～20 周龄为育成期，21～76 周龄为产蛋期。商品肉鸡场由于肉鸡上市时间在 6～8 周龄，一般采用一段式地面或网上平养。由饲养工艺流程可以确定鸡舍类型，鸡场饲养工艺流程(图 2-12)所示，流程图中表明日龄的就是要建立的相应鸡舍。如种鸡场，要建立育雏舍，饲养 1～49 日龄鸡雏；要建育成舍，饲养 50～126 日龄育成鸡；还要建种鸡舍，饲养 127～490 日龄的种鸡。其他舍依此类推。

3. 牛场生产工艺流程

奶牛生产工艺流程中，将奶牛划分为犊牛期(0～6 月龄)、青年牛期(7～15 月龄)、后备牛期(16 月龄至第 1 胎产犊前)及成年牛期(第 1 胎至淘汰)。成年牛期又可根据繁殖阶段进一

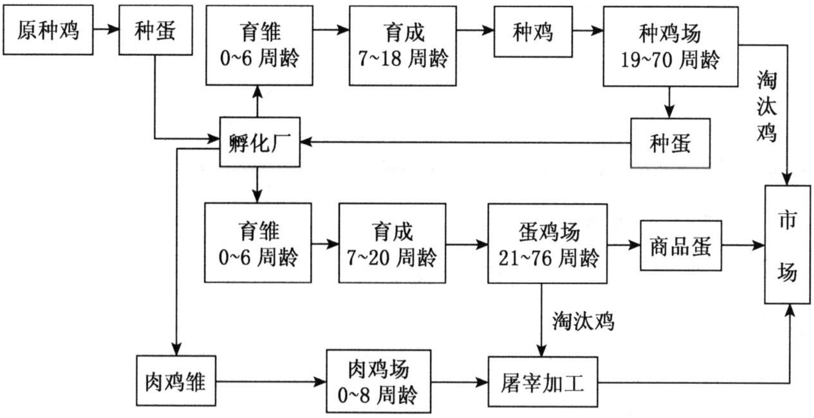


**图 2-12 鸡场的生产工艺流程**

步划分为妊娠期、泌乳期、干奶期。其牛群结构包括犊牛、生长牛、后备母牛、成年母牛。

奶牛生产基本按如下工艺流程进行：成年母牛配种妊娠，经过 10 个月的妊娠分娩产下犊牛，哺乳 2 个月→断奶；饲养至 6 月龄→青年牛群；饲养至 18 月龄，体重达 350～400 kg 时第一次配种，确认受孕→青年牛群；妊娠 10 个月（临产前 1 周进入产房）→第 1 次分娩、泌乳；产后恢复 7～10 d→成年牛群，泌乳 10 个月（泌乳 2 个月后，第 2 次配种）；妊娠至 8 个月→干乳牛群；干乳期 2 个月→第 2 次分娩、泌乳→淘汰。

肉牛生产工艺流程一般按初生犊牛（2～6 月龄断奶）→幼牛→生长牛（架子牛）→育肥牛→上市进行划分。8～10 月龄时，须对公牛施行去势。

4. 规模化养羊生产工艺流程

规模化舍饲养羊的目的在于摆脱分散、传统的季节性生产方式，建立工厂化、程序化、常年均衡的养羊生产体系。其生产工艺可概括为四阶段、三自由、两计划，即按羊群不同生产阶段有针对性地进行饲养管理，划分为配种妊娠、产羔哺乳、育成和育肥四阶段；实现自由饮水、自由运动和羔羊自由采食；实行计划配种、计划免疫。规模化舍饲养羊生产工艺流程如图 2-13 所示。

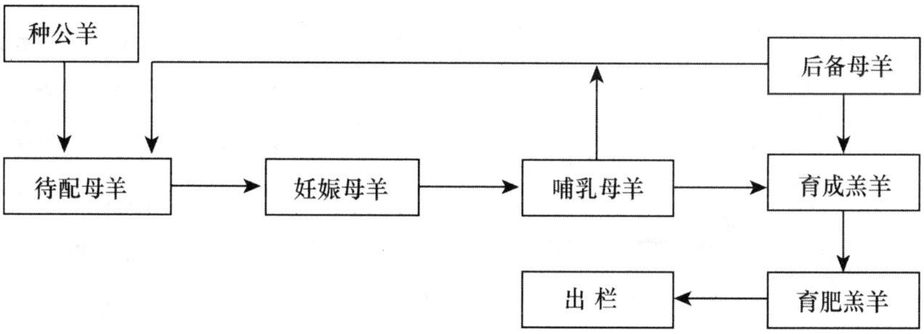


**图 2-13 舍饲养羊生产工艺流程**

## 五、畜群结构和畜群周转

任何一个畜禽场，在明确了生产性质、规模、生产工艺以及相应的各种参数后，即可确定各类畜群及其饲养天数，将畜群划分成若干阶段，然后对每个阶段的存栏数量进行计算，确定畜群结构组成。根据畜禽组成以及各类畜禽之间的功能关系，可制定出相应的生产计划和周转流程。

1. 猪群结构和周转

根据猪场规模，一般以适繁母猪为核心群，然后按照生产工艺中不同的饲养阶段及生产工艺参数确定各类猪群、饲养天数及猪群结构组成，见表 2-23、表 2-24。

**表 2-23　不同规模猪场猪群结构**

| 猪群种类 | 存栏头数/头 | | | | | |
|---|---|---|---|---|---|---|
| 生产母猪群 | 100 | 200 | 300 | 400 | 500 | 600 |
| 空怀配种母猪群 | 25 | 50 | 75 | 100 | 125 | 150 |
| 妊娠母猪群 | 51 | 102 | 153 | 204 | 255 | 306 |
| 哺乳母猪群 | 24 | 48 | 72 | 96 | 120 | 144 |
| 后备母猪群 | 10 | 20 | 26 | 39 | 46 | 52 |
| 公猪(含后备公猪)群 | 5 | 10 | 15 | 20 | 25 | 30 |
| 哺乳仔猪群 | 200 | 400 | 600 | 800 | 1 000 | 1 200 |
| 保育仔猪群 | 216 | 438 | 654 | 876 | 1 092 | 1 308 |
| 生长肥育群 | 495 | 990 | 1 500 | 2 010 | 2 505 | 3 015 |
| 总存栏数 | 1 012 | 2 058 | 3 095 | 4 145 | 5 168 | 6 205 |
| 全年上市商品猪 | 1 612 | 3 432 | 5 148 | 6 916 | 8 632 | 10 348 |

**表 2-24　万头猪场猪群结构**

| 猪群种类 | 饲养期/周 | 组数/组 | 每组头数/头 | 存栏数/头 | 备　注 |
|---|---|---|---|---|---|
| 空怀配种母猪群 | 5 | 5 | 30 | 150 | 配种后观察 21d |
| 妊娠母猪群 | 12 | 12 | 24 | 288 | |
| 泌乳母猪群 | 6 | 6 | 23 | 138 | |
| 哺乳仔猪群 | 5 | 5 | 230 | 1 150 | 按出生头数计算 |
| 保育仔猪群 | 5 | 5 | 207 | 1 035 | 按转入的头数计算 |
| 生长肥育群 | 13 | 13 | 196 | 2 548 | 按转入的头数计算 |
| 后备母猪群 | 8 | 8 | 8 | 64 | 8 个月配种 |
| 公猪群 | 52 | | | 23 | 不转群 |
| 后备公猪群 | 12 | | | 8 | 9 个月使用 |
| 总存栏数 | | | | 5 404 | 最大存栏头数 |

现代化养猪生产能否按照工艺流程进行，关键是猪舍和栏位配置是否合理。猪舍的类型一般是根据猪场规模按猪群种类划分的，而栏位数量需要准确计算，计算栏位需要量方法如下：

各饲养群猪栏分组数 = 猪群组数 + 消毒空舍时间(d)/生产节律(7d)

每组栏位数 = 每组猪群头数/每栏饲养量 + 机动栏位数

各饲养群猪栏总数 = 每组栏位数×猪栏组数

如果采用空怀待配母猪和妊娠母猪小群饲养、泌乳母猪网上饲养，消毒空舍时间为 7 d，则万头猪场的栏位数如表 2-25 所示。

**表 2-25　万头猪场各饲养群猪栏配置数量(参考)**

| 猪群种类 | 猪群组数/组 | 每组头数/头 | 每栏饲养量/(头/栏) | 猪栏组数/组 | 每组栏位数 | 总栏位数 |
|---|---|---|---|---|---|---|
| 空怀配种母猪群 | 5 | 30 | 4～5 | 6 | 7 | 42 |
| 妊娠母猪群 | 12 | 24 | 2～5 | 13 | 6 | 78 |
| 泌乳母猪群 | 6 | 23 | 1 | 7 | 24 | 168 |
| 保育仔猪群 | 5 | 207 | 8～12 | 6 | 20 | 120 |
| 生长肥育群 | 13 | 196 | 8～12 | 14 | 20 | 280 |
| 公猪群(含后备) | | | 1 | | | 28 |
| 后备母猪群 | 8 | 8 | 4～6 | 9 | 2 | 18 |

2. 鸡群结构和周转

规模化鸡场的鸡群组成和周转计划见表 2-26、表 2-27。

**表 2-26　20 万只鸡场的鸡群组成**

| 项　目 | 商品代 | | | 父母代 | | | |
|---|---|---|---|---|---|---|---|
| | 雏鸡 | 育成鸡 | 成年鸡 | 雏鸡和育成鸡 | | 成年鸡 | |
| | | | | 公 | 母 | 公 | 母 |
| 入舍数量/只 | 264 479 | 238 629 | 222 222 | 395 | 3 950 | 320 | 3 200 |
| 成活率/% | 95 | 98 | 90 | 90 | 90 | | |
| 选留率/% | 95 | 95 | | 90 | 90 | | |
| 期末数量/只 | 238 629 | 222 222 | 200 000 | 320 | 3 200 | 312 | 3 112 |

**表 2-27　蛋鸡场的周转计划和鸡舍比例方案**

| 方案 | 鸡群类型 | 周龄 | 饲养天数/d | 消毒空舍天数/d | 占舍天数/d | 占舍天数比例 | 鸡舍栋数比例 |
|---|---|---|---|---|---|---|---|
| 1 | 雏鸡 | 0～7 | 49 | 19 | 68 | 1 | 2 |
| | 育成鸡 | 8～20 | 91 | 11 | 102 | 1.5 | 3 |
| | 产蛋鸡 | 21～76 | 392 | 16 | 408 | 6 | 12 |
| 2 | 雏鸡 | 0～6 | 42 | 10 | 52 | 1 | 1 |
| | 育成鸡 | 7～19 | 91 | 13 | 104 | 2 | 2 |
| | 产蛋鸡 | 20～76 | 399 | 17 | 416 | 8 | 8 |

蛋鸡生产一般为三阶段饲养：育雏阶段一般为 0～6 或 7 周龄；育成阶段一般为 7 或 8 周

龄至 19 或 20 周龄；产蛋阶段一般为 20 或 21 周龄至 72 或 76 周龄。为便于防疫和管理，应按 3 阶段设 3 种鸡舍，实行“全进全出制”的转群制度，每批鸡转出或淘汰后，对鸡舍和设备进行彻底清洗和消毒，并空舍一段时间后再进新鸡群，这样有利于兽医卫生防疫，可防止疾病的交叉感染。各类鸡舍的栋数及装鸡容量要配套，以满足全场鸡群周转的需要：①蛋鸡或种鸡场，应以成年鸡群大小为基础，根据成年鸡群大小确定成年鸡舍栋数及每栋饲养鸡只数，再根据成年鸡饲养天数和空舍天数确定占舍天数；②根据全进全出、整舍转群的原则及育成期与育雏期的死淘率（分别为 2% 和 5%）确定每栋育成舍与育雏舍的装鸡容量（分别为成年鸡舍的 102% 与 107%）；③根据育雏期和育雏期的占舍天数（包括饲养天数和空舍天数）与成年鸡占舍天数的比例关系，确定鸡舍与成年鸡舍的栋数比例（工艺设计时可适当调整饲养日数加消毒空舍日数，使占舍天数成整倍数的关系）。例如，一个 10 万只笼位商品蛋鸡场，每隔 1.5 个月淘汰 1 批蛋鸡。假定育雏、育成、成鸡的饲养天数加消毒天数分别为 52 d、104 d、416 d，则饲养一批成鸡所占用成鸡舍的时间恰好是育雏舍饲养 8 批育雏鸡，育成鸡舍饲养 4 批育成鸡，因此，可设 8 栋成鸡舍、2 栋育成鸡舍、1 栋育雏鸡舍（图 2-14）。

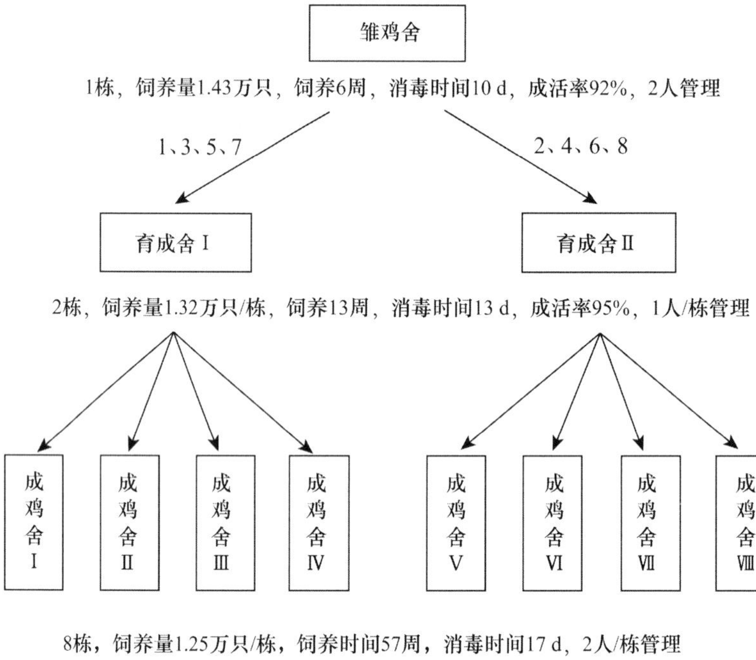


**图 2-14　10 万只商品蛋鸡场鸡群组成和周转流程**

3. 牛群结构与周转

规模较大的奶牛场，由于生产水平和管理水平不同，牛群结构也不尽相同，但各类牛群间都有一个大致的比例。通常，各类牛群占牛群总数的比例为成奶牛 60%，青年牛 13%，育成牛 13%，犊牛 14%。牛群的周转按犊牛、青年牛、育成牛和成奶牛依次进行。

4. 羊群结构与周转羊群

按年龄和性别，可分为成年公羊、成年母羊、育成公羊、育成母羊和羯羊等群。由于羊场的种类和生产任务不同，各羊群的年龄和性别所占比重差异较大。

羊群的发展以母羊为基础，育种场羊群的组成，繁殖母羊（2～5 岁）占 60 %左右，后备母羊（0.5～1.5 岁）占 20%～25%，6 岁的老龄羊占 5%～10%，种公羊占 2 %，不留羯羊群。

羊群结构以繁殖母羊为基础，按照性别、年龄和用途调整羊群结构。肉羊生产中，繁殖母羊比例保持在 70%以上，2～5 岁的壮年母羊应占繁殖母羊群的 60%～70%；由于舍饲母羊的繁殖周期较自然放牧下短 1/3，为确保基础母羊群的情期受胎率，母羊的利用年限以不超过 6 周岁为宜。为加快良种改良进度，规模化舍饲养羊应普及人工授精繁育技术，减少公羊饲养量，降低生产成本，整个种羊群的公母比例为 1∶500 左右。

## 六、畜禽场工程工艺设计

畜牧工程技术是保证现代畜禽生产正常进行的重要手段。良好的工程配套技术，对充分发挥优良品种的遗传潜力、提高饲料的利用率极为重要；而且可以充分发挥工程防疫的综合防治效果，大大减少疫病的发生率。因此，在进行工程工艺设计时，需根据生产工艺提出的饲养规模、饲养方式、饲养工艺流程等，对相关的工程设施和设备加以仔细推敲，以确保工程技术的可行性和合理性。在此基础上，来确定各种畜禽舍的种类和数量，选择畜禽舍建筑形式、建设标准和配套设备，确定单体建筑平面图、剖面图的基本尺寸和畜禽舍环境控制工程技术方案。

1. 畜禽舍的种类、数量和基本尺寸确定

畜禽舍的种类和数量是根据生产工艺流程中畜禽群组成、占栏天数、饲养方式、饲养密度和劳动定额计算确定，并综合考虑场地、设备规格等情况。畜禽舍的种类与生产工艺中饲养阶段相对应。确定各类畜禽舍数量应首先计算各类畜禽群的存栏数、占栏数和圈栏数量。

畜禽舍的平面基本尺寸设计是根据工艺设计参数、饲养管理和当地气候条件等，合理安排和布置畜栏、通道、粪尿沟、食槽等设备与设施，然后调整和确定畜禽舍跨度和长度。确定畜禽舍的跨度时，必须考虑通风、采光、建筑结构（屋架或梁尺寸）的要求。自然采光和自然通风的畜禽舍，其跨度不宜大于 10 m；机械通风和人工照明时，畜禽舍跨度可以加大；如圈栏列数过多或采用单元式畜禽舍，其跨度大于 20 m 时，将使畜禽舍构造和结构难度加大，可考虑采用纵向或横向的多跨联栋畜禽舍。确定畜禽舍长度时，要综合考虑场地的地形、道路布置、管沟设置、建筑周边绿化等，长度过大则须考虑纵向通风效果、清粪和排水难度（落差太大）以及建筑物不均匀沉降和变形等。

2. 设备选型与配套

畜禽舍设备是畜牧工程设计中十分重要的内容，须根据研究确定的定型养殖工程工艺要求，尽可能地做到工程配套。畜禽场设备主要包括饲养设备（栏圈、笼具、畜床、地板等）、饲喂及饮水设备、清粪设备、通风设备、加热降温设备、照明设备、环境自动控制设备等，选型时应着重考虑以下几方面：畜禽生理特点和行为需要，以及对环境的要求；生产工艺确定的饲养、喂料、饮水、清粪等饲养管理方式；畜禽舍通风、加热、降温、照明等环境调控方式；设备厂家提供的有关参数及设备的性能价格比。

对设备进行选择后，还应对全场设备的投资总额和劳动力配置、燃料消耗等分别进行计算。

3. 畜禽舍建筑类型与形式选择

畜禽舍建筑过去通常采用砖混结构，其建筑形式也主要参考工业与民用建筑规范进行设计。20世纪80年代以后，又出现了一些适合于畜禽场生产且较为经济节能的其他类型建筑，如简易节能开放型畜禽舍、大棚式畜禽舍、拱板结构畜禽舍、复合聚苯板组装式畜禽舍、被动式太阳能猪舍、菜畜互补畜禽舍等。与传统畜禽舍相比，这些建筑具有节能效果显著、基建费用低等优点，对推动现代畜禽生产起到了很好的作用。

由于各地的气候条件、饲养的畜禽种类、生产目标、经济状况及建筑习惯等的不同，选择什么样的畜禽舍建筑形式，应视具体情况而定，不要一味追求新形式、上档次。

4. 工程防疫设施规划

随着畜禽生产规模不断扩大，集约化、工厂化程度不断提高，兽医防疫体系需不断完善，建立防疫设施是实施兽医卫生防疫工作的基础。畜禽生产必须落实"预防为主、防重于治"的方针，严格执行国务院发布的《家畜家禽防疫条例》和农业部制定的《家畜家禽防疫条例实施细则》，工艺设计应据此制定出严格的卫生防疫制度。畜禽场设计还必须从场地选择、场地规划、建筑物布局、绿化、生产工艺、环境管理、粪污处理利用等方面全面加强卫生防疫，并在工艺设计中逐项加以说明。经常性的卫生防疫工作，要求具备相应的设施、设备和相应的管理制度，在工艺设计中必须对此提出明确要求。相关卫生防疫设施与设备配置，如车辆消毒池、脚踏消毒槽、消毒室、更衣室、隔离舍、兽医室、装卸台等，应尽可能设置合理和完备，并保证在生产中能方便、正常运行。

5. 畜禽舍环境控制技术方案制订

环境控制工程技术方案应遵守经济的原则，尽可能利用工程技术来满足生产工艺所提出的环境要求，为畜禽创造适宜的环境条件。包括场区内环境及舍内的光照、温度、湿度、风速、有害气体等环境因子的控制。例如，通风方式和通风量的确定；光照方式的确定与光照度的计算等。详见其他项目内容。

6. 粪污处理与资源化利用技术选择

畜禽场的粪污处理与利用是关系畜禽场乃至整个农业生产的可持续发展的一个问题，也是行业面临的一个比较突出的世界性问题。畜禽场粪污处理应遵循减量化、无害化和资源化的原则。

畜禽场粪污处理技术选择主要考虑以下几方面：①处理要达标；②要针对有机物、氮、磷含量高的特点；③注重资源化利用；④考虑经济适用性，包括处理设施的占地面积、二次污染、运行成本等；⑤注重生物技术与生态工程原理的应用。

7. 工程设计应遵循的原则

(1)节地。我国耕地有限，因此，新建的畜禽场选址规划和建设应充分考虑节约用地，不占良田，不占或少占耕地，多利用沙荒地、山坡地等。

(2)节能。尽管现代畜禽生产离不开电，但设计良好可大幅度节电。如集约化畜禽场是否利用自然通风、自然采光，其用电量相差10～20倍。以一个20万只蛋鸡场为例，每个鸡位的平均年耗电量，全封闭型鸡舍为710 kW/h，全开放型鸡舍为0.6 kW/h，半开放型鸡舍视开放程度为2～5 kW/h。又如，在密闭型鸡舍中，改横向通风为纵向通风，以农用风机代替工业风机，可节电40%～70%。可见，畜禽场工程工艺设计中确立节能观点是十分必要的。

(3)满足动物福利需求。善待动物，善待生命。从生产工艺到设施设备，都应充分考虑动物的生物学特性和行为需要，将动物福利落到实处。

(4)符合人—机工程需求。研究如何使工作环境和机具设备的设计能符合人的生理和心理要求而不超过人的能力和感官适应的范围。

(5)有利于实现清洁生产。畜禽规模化生产必然带来大量的粪便、污水和其他废弃物，从而造成环境污染。因此，在总体规划时，生活区、生产区、污染区必须分开，建场开始就要处理好环境保护问题；在设计、施工、生产中须有有效的处理和利用方案及相关的配套措施，对粪便废弃物进行无害化处理，使之变废为宝。

**【任务评价】**

**填空题**

1. 畜禽场一般按繁育体系分为________、________、________、________四种。
2. 鸡的饲养方式可分为________、________、________、________四种。
3. 奶牛的饲养方式一般可分为________、________、________三种。
4. 肉牛的饲养方式主要有________、________、________三种。
5. 蛋鸡采用________笼养方式，肉鸡场采用________一段饲养模式。
6. 猪场常见的工艺流程________、________、________、________等。
7. 种鸡和蛋鸡一般一个饲养周期分________、________、________三个阶段。
8. 奶牛生产工艺流程中，将奶牛划分为________、________、________、________四个时期。

# 任务4　畜禽舍建筑类型与结构

畜禽舍小气候是指由于畜禽舍外围护结构及人畜的活动而形成的畜禽舍内空气的物理状况，主要指畜禽舍空气温度、空气湿度、光照、气流、空气质量等状况。畜禽舍小气候环境的好坏，主要受畜禽舍建筑类型、畜禽舍建筑结构的保温隔热性能、通风、采光及畜禽舍环境调控技术等的影响。

## 一、畜禽舍建筑类型

畜禽舍类型按照外墙的严密程度可分为：开放舍、半开放舍、封闭舍三种类型(图2-15)，封闭式畜禽舍又可分为有窗式、无窗式和联栋式。

### (一)开放舍

开放舍也称敞棚、凉棚或凉亭畜禽舍，四面无墙或只有端墙，主要起到遮阳、避雨的作用。

1. 特点

开放舍夏季能隔绝太阳的直接辐射，四周敞开通风效果好，防暑效果比其他类型的畜禽舍好；冬季因没有墙壁阻挡寒风，对冷风的侵袭没有防御能力，防寒作用较差；开放式畜禽舍受舍外环境的影响较大，人工环境调控措施一般较难实施。

2. 适用范围

寒冷地区不能用作越冬舍，可作运动场上的凉棚或草料库；南方炎热地区也可用作成年畜

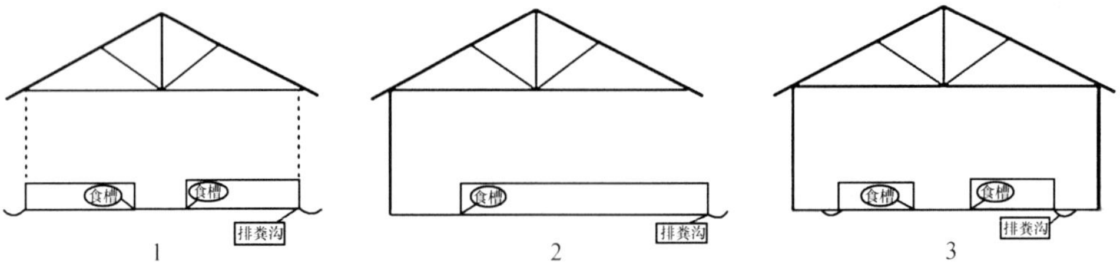


1. 开放舍　2. 半开放舍　3. 封闭舍

**图 2-15　畜禽舍类型**

禽舍。由于开放式畜禽舍用材少,施工简单,造价低,为了扩大其使用范围,克服其保温能力差的弱点,在畜禽舍南北面设置隔热效果较好的卷帘,由机械传动升降,非常方便使用,夏季可全部敞开,冬季可完全闭合,结合一定的环境调控措施,使舍内的环境条件得到一定程度的改善。如简易节能开放型鸡舍、牛舍、羊舍,都属于这一类型。

### (二)半开放舍

半开放舍指三面有墙,正面全部敞开或有半截墙的畜禽舍。

1. 特点

通常敞开部分在南侧,因此冬季可保证有充足的阳光进入舍内,有墙部分冬季可起阻挡北风的作用,而在夏季南风可吹入舍内,有利于通风;半开放舍比开放式畜禽舍抗寒能力有所提高,但因舍内空气流动性比较大,舍温受外界影响也较大,很难进行畜禽舍环境的调控。

2. 适用范围

在寒冷地区,这种畜禽舍主要用于饲养各种成年畜禽,特别是耐寒能力强的牛、马、绵羊等;温暖地区也可用作产房或幼畜禽舍。生产中,为了提高此类畜禽舍的防寒能力,冬季可在开敞部分设双层或单层卷帘、塑料薄膜、阳光板形成封闭状态,可有效地改善畜禽舍内小气候环境。

### (三)封闭舍

封闭舍是指利用墙体、屋顶等外围护结构形成的全封闭状态的畜禽舍形式。由于其空间环境相对独立,便于进行人工环境调控。可分为有窗式畜禽舍、无窗式畜禽舍和联栋式畜禽舍三种。

1. 有窗式畜禽舍

有窗式畜禽舍是指利用墙体、窗户、屋顶等外围护结构形成全封闭状态的畜禽舍。其特点:具有较好的保温隔热能力,便于人工控制舍内环境条件;通风换气及采光主要依靠门、窗和通风管;可根据舍外环境状况,通过开闭窗户使舍内温、湿度及空气质量保持在较适宜的范围内;当舍外温度过高或过低时,可借助人工调控措施对舍内小气候环境进行控制。这类畜禽舍应用最为普遍。但由于窗户的保温隔热性能与墙体不同,窗户数量、面积、布置位置及选用的材料对舍内温度、采光、通风换气效果等有一定影响,因此,畜禽舍设计中应予以考虑。

2. 无窗式畜禽舍

无窗式畜禽舍的墙体上,一般没有窗户或只设少量的应急窗,舍内环境条件完全采用人工调控。这种畜禽舍的舍内环境稳定，基本不受外界环境的影响，自动化程度高，节省人工，生产效率高；舍内所有调控设备运行都须依靠电力，一旦电力供应不能保证，将很难实现正常生产。无窗式畜禽舍比较适合于电力供应充足、电价便宜、劳动力昂贵的发达国家和地区。

3. 联栋式畜禽舍

联栋式畜禽舍是一种新形式畜禽舍，其优点是减少畜禽场占地面积，缓解人畜争地的矛盾，降低畜禽场建设投资。但要求管理条件高，必须具备良好的环境控制设施，才能使舍内保持良好的小气候环境，满足畜禽的生理、生产要求。

除上述几种畜禽舍形式外，还有大棚式畜禽舍、拱板结构畜禽舍、复合聚苯板组装式畜禽舍、太阳能畜禽舍等多种建筑形式。总之畜禽舍的形式是不断发展变化的，新材料、新技术不断应用于畜禽舍，使畜禽舍建筑越来越符合畜禽对环境条件的要求。

在生产中，选择畜禽舍类型时，主要根据当地的气候条件和畜禽种类及饲养阶段来确定。一般热带气候区域选用开放式畜禽舍、寒带气候区选择有窗式畜禽舍，成年畜禽舍主要考虑防暑、幼畜禽舍主要考虑防寒。各种气候区域畜禽舍种类选择见表 2-28。

**表 2-28　各种气候区域畜禽舍种类**

| 气候区域 | 1 月份平均气温/℃ | 7 月份平均气温/℃ | 建筑要求 | 畜禽舍种类 |
|---|---|---|---|---|
| Ⅰ区 | −30～−10 | 5～26 | 防寒、保暖、供暖 | 封闭舍 |
| Ⅱ区 | −10～−5 | 17～29 | 冬季保温、夏季通风 | 封闭舍或半开放舍 |
| Ⅲ区 | −2～11 | 27～30 | 夏季降温 | 封闭舍、半开放舍或开放舍 |
| Ⅳ区 | 10 以上 | 27 以上 | 夏季降温、隔热、通风 | 封闭舍、半开放舍或开放舍 |
| Ⅴ区 | 5 以上 | 18～28 | 夏季降温、通风 | 封闭舍、半开放舍或开放舍 |
| Ⅵ区 | 5～20 | 6～18 | 防寒 | 有窗式或无窗式 |
| Ⅶ区 | −29～−6 | 6～26 | 防寒 | 有窗式或无窗式 |

## 二、畜禽舍基本结构

畜禽舍建筑是控制和改善畜禽舍环境的基本手段，能为畜禽提供适宜的小气候环境。在进行畜禽舍建筑设计时，应充分考虑畜禽的生物学特点和行为习性。同其他建筑一样，畜禽舍的组成包括基础、墙壁、屋顶、地面、门窗等(图 2-16)。因为屋顶和外墙组成整个畜禽舍外壳将畜禽舍空间与外部空间隔开，所以也称外围护结构。畜禽舍小气候环境的调控效果，很大程度上取决于畜禽舍的建筑结构，尤其是外围护结构的保温隔热能力。

### (一)地基和基础

地基和基础是整个建筑物的承重构件，保证畜禽舍坚固、耐久和安全。

1. 地基

地基是基础下面支撑整个建筑物的土层，可分为天然地基与人工地基两种。总荷载较小的简易畜禽舍或小型畜禽舍可直接建在天然地基上。天然地基土层必须坚实，组成一致，干燥，有足够的厚度，压缩性小而均匀，抗冲刷能力强，地下水位 2 m 以下，且无侵蚀作用。

沙砾、碎石、岩性土层以及有足够厚度且不受地下水冲刷的沙质土层是良好的天然地基。

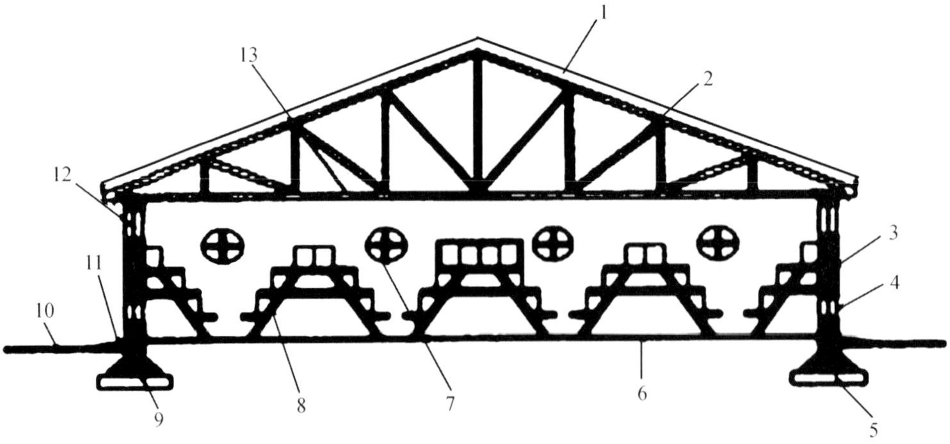


1.屋面　2.屋架　3.砖墙　4.地窗　5.基础垫层　6.室内地坪　7.风机
8.鸡笼　9.基础　10.室外地坪　11.散水　12.窗　13.吊顶

**图 2-16　畜禽舍结构的主要组成部分**

（李震钟,畜禽场生产工艺与畜禽舍设计,中国农业出版社,2000）

黏土和黄土含水多时,土层较软,压缩性和膨胀性均大,如不能保证干燥,不适宜做天然地基。当地基的承载力较差时,必须通过人工、机械的手段使地基土层更加密实,从而达到提高地基承载力和平整地基的目的。在建筑大型畜禽场时,由于占地面积较大,一般应尽量选用天然地基。

2.基础

基础是指墙壁深入土层的部分,是墙的延伸部分。它的作用是将畜禽舍本身的重量及舍内所承载畜禽、设备、屋顶积雪等的重量传给地基。墙和整个畜禽舍的坚固与稳定状况取决于基础。因此,要求基础应具备坚固、耐久、防潮、抗冻、抗震、抗机械作用强等性能。用作基础的材料除机制砖外,还有碎砖、三合土、灰土、石头等。灰土基础的主要优点是经济、实用,适用于地下水位低、地基条件较好的地区;石头基础适用于盛产石头的山区。北方地区在膨胀土层修建畜禽舍时,应将基础埋置在土层最大冻结深度以下,以加强保温。

### (二)墙壁

墙壁是将畜禽舍与外界分隔的主要结构,并具有保温隔热的作用,对密闭式畜禽舍内的温、湿度状况具有重要影响。据测定,冬季通过墙体散失的热量占整个畜禽舍总失热量的35％～40％。由于各种墙的功能不同,在设计与施工中的要求也不同。墙壁必须具有坚固、耐久、严密、防水、抗震、抗冻,结构简单,便于清扫消毒等特点;同时具有良好的保温隔热性能。

1.墙体材料选择

建造时尽可能选用隔热性能好的材料,并有一定的厚度,是保证畜禽舍内小气候环境适宜最有力的措施。我国畜禽舍建设逐步采用装配式标准化畜禽舍,结构构件采用轻型钢结构,围护部分采用双层钢板中间夹聚苯板或岩棉等保温材料的板块,即彩钢复合板作为墙体,效果较好,还可以加快畜禽舍建造速度,也可降低造价。

墙体厚度依据热工设计确定,当砖外墙厚度≤24 cm 时,梁下应设 37 cm×37 cm 砖垛或加混凝土柱。畜禽舍端墙(山墙)的厚度,一般不小于 37 cm,隔墙在满足强度要求的前提下,可以薄一些,其余墙体厚度根据其是否起承重作用或保温隔热作用来确定。

2. 墙体防潮

如果地面、墙壁和天棚的隔热性能差,冬季舍内温度低于露点,易在畜禽舍的内表面形成结露,甚至结冰。因此,冬季需要特别重视畜禽舍的防结露。用防水好且耐久的材料抹面以保护墙体不受雨雪的侵蚀。外墙内表面一般用白灰水泥砂浆粉刷,以利于保温和提高舍内照度,并便于消毒。猪、牛、羊舍的墙体应该做 1.2～1.5 m 高的水泥砂浆墙裙,以防止粪尿、污水对墙角的侵蚀,并防止家畜弄脏墙面。这些措施对于加强墙的坚固性、防止水汽渗入墙体,提高墙的保温性均有重要作用。

### (三)屋顶与天棚

1. 屋顶

屋顶是畜禽舍上部的外围护结构,对于畜禽舍冬季的保温和夏季的隔热防暑都具有重要的意义。要求屋顶光滑、防水、保温、不透气、不透水、结构简单、轻便、要有一定的坡度,并要求利于雨水、雪水的排除和防火安全等。在使用上要求耐久、坚固,在材料选用上可就地取材。任何一种材料不可能兼有防水、保温、承重三种功能,所以正确选择屋顶形式、处理好三方面的关系,对于畜禽舍环境的控制极为重要。

屋顶形式种类繁多,常用的类型和结构特点见表 2-29 和图 2-17。

**表 2-29　不同类型屋顶特点**

| 屋顶类型 | 结构特点 | 优点 | 缺点 | 适用范围 |
|---|---|---|---|---|
| 单坡式 | 以山墙承重,屋顶只有一个坡向,跨度较小,一般为南墙高而北墙低。 | 结构简单,造价低廉,既可保证采光,又缩小了北墙面积和舍内容积,有利于保温。 | 净高较低不便于工人在舍内操作,前面易刮进风雪。 | 适用于单列舍和较小规模的畜群。 |
| 双坡式 | 是最基本的畜禽舍屋顶形式,屋顶两个坡向,适用于大跨度畜禽舍。 | 结构合理,同时有利保温和通风且易于修建,比较经济。 | 如设天棚,则保温隔热效果更好。 | 适用于较大跨度的畜禽舍和各种规模的不同畜群。 |
| 联合式 | 与单坡式基本相同,但在前缘增加一个短椽,起挡风避雨作用。 | 保温能力比单坡式屋顶大大提高。 | 采光略差于单坡式屋顶畜禽舍。 | 适用于跨度较小的畜禽舍。 |
| 钟楼式和半钟楼式 | 在双坡式屋顶上增设双侧或单侧天窗。 | 加强了通风和防暑 | 屋架结构复杂,用料特别是木料投资较大,造价较高,不利于防寒。 | 多在跨度较大的畜禽舍采用,适用于气候炎热或温暖地区及耐寒怕热家畜的畜禽舍。 |

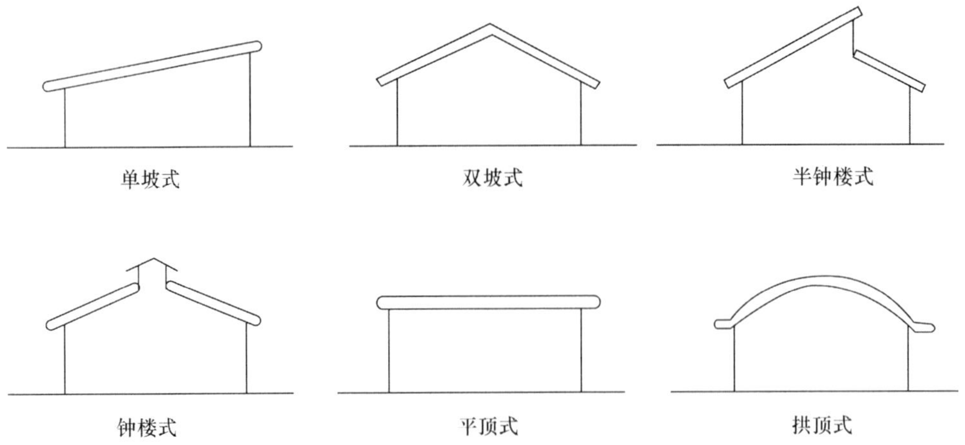


**图 2-17 畜禽舍屋顶形式**

2. 天棚

又称顶棚、吊顶、天花板，是将畜禽舍檐高以下空间与屋顶下空间隔开的隔层。天棚和屋顶之间形成了封闭空间，由于空气导热性小，其间不流动的空气就是很好的隔热层，从而加强畜禽舍冬季的保温和夏季的防热，同时也有利于通风换气。

一栋 8～10 m 跨度的畜禽舍，其天棚的面积几乎比墙的总面积大一倍，而 18～20 m 跨度时，大 2.5 倍。冬季，双列式畜禽舍通过天棚失热可达 36%，可见天棚对畜禽舍温度调控起着重要作用。因此，天棚材料要求导热性小、保温、隔热、不透水、不透气、结构简单、轻便、坚固、耐久、防潮、耐火；表面要求光滑、易于保持清洁，最好刷成白色，以增加舍内照度。不论在寒冷的北方或炎热的南方，天棚上铺设足够厚度的保温层（或隔热层）是提高天棚保温隔热性能的关键，而结构严密（不透水、不透气）是保温隔热的重要保证。

畜禽舍内地面至天棚的高度称为净高。在寒冷地区，适当降低净高有利保温；而在炎热地区，加大净高则是加强通风、缓和高温影响的有力措施。一般畜禽舍净高为：牛舍 2.8 m，猪舍和羊舍 2.2～2.6 m，马舍 2.4～3.0 m。笼养鸡舍净高需适当增加，五层笼养鸡舍净高需 4 m。

### （四）地面

畜禽舍的地面是畜禽的畜床，畜禽的采食、饮水、休息、排泄等生命活动和一切生产活动，均在地面上进行。畜禽舍必须经常冲洗、消毒。除家禽外，猪、牛、马等有蹄类家畜对地面有破坏作用，而坚硬的地面易造成蹄部损伤和滑跌。畜禽舍地面质量的好坏，不仅影响舍内小气候与卫生状况，还会影响畜体及产品（奶、毛）的清洁度，甚至影响畜禽的健康和生产力。

1. 畜禽舍地面应具备的基本要求

坚实、致密、平坦、有弹性、不硬、不滑；有足够的抗机械能力和耐各种消毒方式的能力；导热性小，不透水，易清扫和消毒；具有一定的坡度，保证粪尿及污水及时排除。

地面潮湿是畜禽舍空气潮湿的主要原因之一。在地面透水和地下水位高的地区，可使地面水渗入地下土层，导致地面导热能力增强，这样的地面冬季温度过低，容易导致家畜受凉冻伤。因此，必须对地面进行防潮处理，常用的防潮材料有油毛毡加沥青等。

坚硬的地面易引起家畜疲劳及关节水肿。地面太滑或不平时，易造成家畜滑倒而引起骨折、挫伤及脱臼，且不利于清扫和消毒。

地面排水沟应有一定的坡度，以保证洗涤水及尿水顺利排走。牛舍和马舍地面的适宜坡度为1%～1.5%，猪舍为3%～4%。

2. 畜禽舍地面的类型

畜禽舍地面可分实体地面和漏缝地板两类。根据使用材料的不同，实体地面有素土夯实地面、三合土地面、砖地面、混凝土地面、沥青混凝土地面等；漏缝地板有混凝土地板、塑料地板、铸铁地板和金属网地板等。

在畜禽舍建筑中，混凝土地面除保温性能和弹性不理想外，其他性能均可符合畜禽生产要求，造价也相对较低，故被普遍采用。

漏缝地板中混凝土漏缝地板保温和弹性差，在家畜踩踏下缝隙边沿易被破坏，造成局部缝隙增大而伤及畜体的肢蹄；铸铁地板在长期的粪尿环境里易发生锈蚀；高强度的塑料地板各项性能都较好，在国外已大量使用，我国也已经有专业厂家生产。

不论哪种地面都很难同时具备所有要求。因此，修建符合要求的畜禽舍地面应设法补救：畜禽舍地面不同部位采用不同的材料，如畜床部位采用三合土、塑料板、木板，而在通道采用混凝土。

### (五)门窗

1. 门

畜禽舍的门有外门与内门之分，畜禽舍内部各部分之间的门以及畜禽舍附属房间通向舍内的门叫内门，畜禽舍通向舍外的门叫外门。内门根据需要设置，但外门要求每栋至少有两个，一般外门设在两端墙上，正对中央通道，保证畜禽进出，便于运入饲料和粪便的清除，同时保证机械化作业。其大小根据作业特点和机械体积而定。

畜禽舍的外门一般要考虑管理用车的通行，其宽度应按所用车的宽度确定，一般宽1.5～2.0 m(羊舍2.5～3.0 m)，高2.0～2.4 m；供牛自动饲喂车通过的门其高度和宽度为3.2～4.0 m。供畜禽出入的圈栏门高度常与隔栏的高度相同，其宽度一般为牛1.2～1.5 m；猪0.6～0.8 m；羊小群饲养为0.8～1.2 m，大群饲养为2.5～3.0 m；鸡为0.25～0.30 m。人行门，宽0.7 m，高1.8 m。

在寒冷地区，为了防止冷空气大量侵入畜禽舍，通常在大门之外设立有窗的门斗，畜禽舍门应向外开，不应有门槛与台阶。但为了防止雨水淌入舍内，畜禽舍地面一般应高出舍外地坪30 cm。

2. 窗

窗户的主要作用在于保证畜禽舍的自然采光和自然通风。但由于窗户多设在墙壁和屋顶上，所以窗户的设置，对舍内的采光和保温隔热有较大的影响。

考虑到采光、通风和保温的矛盾，在窗户的设置上，对于寒冷地区必须兼顾。设置原则：在满足采光要求的前提下，尽量少设，以保证夏季通风和冬季的保温。在总面积相同时，大窗户比小窗户有利于采光；为保证畜禽舍的采光均匀，在墙上窗户应等距离分布，窗间壁的宽度不应大于窗宽的2倍。在窗户的形式方面，立式窗户比卧式窗户更有利于采光，但不利于保温。

【任务评价】

一、名词解释

畜禽舍小气候 外围护结构 净高

二、填空题

1. 畜禽舍类型按照外墙的严密程度可分为________、________、________三种类型。

2. 封闭舍可分为________、________、________畜禽舍三种。

3. 畜禽舍基本结构包括________、________、________、________、________五部分。

4. 畜禽舍小气候环境的调控效果，很大程度上取决于________，尤其是________的保温隔热能力。

# 任务5 畜禽舍建筑设计

畜禽舍设计是根据畜禽场生产工艺的要求，制定的畜禽舍建设的蓝图，是在畜禽场总体设计的基础上，根据工艺设计的要求，设计各种畜禽舍的式样、尺寸、材料及内部布置等，绘制各种畜禽舍的平面图、立面图和剖面图等。其设计合理与否，不仅关系到畜禽舍的安全和使用年限，而且对畜禽的潜在生产性能能否得到充分发挥、舍内小气候状况、畜禽场工程投资等具有重要影响。

## 一、设计原则

### (一)建筑形式和结构应突出畜禽生产特点

多样化的畜禽品种要求多样化的畜禽舍建筑，畜禽舍建筑形式和结构设计应充分考虑畜禽的生物学特性和行为习性，为畜禽生长发育和生产创造适宜的环境条件，以确保畜禽健康和正常生产性能的发挥，满足畜禽福利需求。

### (二)符合畜禽生产工艺要求

规模化畜禽场通常按照流水式生产工艺流程，进行高效率、高密度、高品质生产，这就使得畜禽舍建筑在建筑形式、建筑空间及其组合、建筑构造及总体布局上，与普通民用建筑、工业建筑有很大不同。而且，现代畜牧生产工艺因畜禽品种、年龄、生长发育强度、生理状况、生产方式的差异，对环境条件、设施与设备、技术要求等有所不同。因此，畜禽舍建筑设计应符合畜禽生产工艺要求，便于生产操作及提高劳动生产率，利于集约化经营与管理，满足机械化、自动化所需条件和留有发展余地。

### (三)便于各种技术措施的实施

正确选择和运用建筑材料，根据建筑空间特点，确定合理的建筑形式、构造和施工方案，使畜禽舍建筑坚固耐久，建造方便。同时畜禽舍建筑要利于环境调控技术的实施，以便保证畜禽良好的健康状况和高产。

### (四)节约用地、就地取材降低工程造价

为了节约用地，国外采用高层畜禽舍建筑，总体设施费用少，而且热损失少，辅助设施

集中，便于使用和管理，发展高层畜禽舍建筑将是我国未来畜禽场建设的趋势。另外，应进行周密的计划和核算，根据当地的技术经济条件和气候条件，因地制宜、就地取材，尽量做到节省劳动力、节约建筑材料，减少投资。在满足先进的生产工艺前提下，尽可能做到经济实用。

### （五）符合总体规划和建筑美观要求

畜禽舍是畜禽场总体规划的组成部分，应符合畜禽场总体规划的要求。建筑设计要充分考虑与周围环境的关系，如原有建筑物的状况、道路走向、场区大小、环境绿化、畜禽生产过程中对周围环境的污染等，使其与周围环境在功能和生产上建立最方便的关系。注意畜禽舍的形体、立面、色调等要与周围环境相协调，建造出朴素明朗、简洁大方的建筑形象。

## 二、设计的内容与方法

畜禽舍建筑设计的主要内容包括：畜禽舍类型和方位的选择、畜禽舍平面设计、畜禽舍剖面设计、畜禽舍立面设计及其相应的设计说明。

### （一）畜禽舍类型和方位的选择

根据不同类型畜禽舍的特点，结合当地的气候特点、经济状况及建筑习惯，选择适合本地、本场实际的畜禽舍类型和方位。

### （二）畜禽舍面积确定依据

畜禽舍建筑面积应根据饲养规模、饲养方式（普通地面平养、漏缝地面平养、网养、笼养等）、自动化程度（机械或手工操作），结合畜禽的饲养密度标准（表 2-30）或设备参数（表 2-31）、采食宽度（表 2-32）、通道设置标准（表 2-33）等确定拟设计畜禽舍的建筑面积。

**表 2-30　畜禽每圈头数及每头所需地面面积**

| 畜禽种类 | | 每圈适宜头数/头 | 所需面积/($m^2$/头) |
|---|---|---|---|
| 牛 | 种公牛 | 1 | 3.3～3.5 |
| | 6 月龄以上青年母牛 | 25～50 | 1.4～1.5 |
| | 成年母牛 | 50～100 | 2.1～2.3 |
| | 散放饲养乳牛 | 50～100 | 5～6 |
| 猪 | 断奶仔猪 | 8～12 | 0.3～0.4 |
| | 后备猪 | 4～5 | 1 |
| | 空怀母猪 | 4～5 | 2～2.5 |
| | 孕前期母猪 | 2～4 | 2.5～3 |
| | 孕后期母猪 | 1～2 | 3～3.5 |
| | 设固定防压架的母猪 | 1 | 4 |
| | 带仔母猪 | 1～2 | 6～9 |
| | 育肥猪 | 8～12 | 0.8～1 |

续表 2-30

| 畜禽种类 | | 每圈适宜头数/头 | 所需面积/($m^2$/头) |
|---|---|---|---|
| 鸡 | 0～6 周龄 | | 0.04～0.06 |
| | 7～20 周龄 | | 0.09～0.11 |
| | 成年鸡 | | 0.25～0.29 |
| | 网栅平养蛋鸡 | | 0.25～0.29 |
| 羊 | 种公羊 | 1 | 4～6 |
| | 群羊公羊 | 25～30 | 1.8～2.25 |
| | 产羔母羊 | 10～15 | 1.1～2.0 |
| | 成年羯羊和育成公羊 | 30～40 | 0.7～0.9 |
| | 去势羔羊 | 40～50 | 0.6～0.8 |
| | 3～4 月龄羔羊 | | 占母羊面积的 20% |

**表 2-31 部分鸡笼、猪栏定型产品尺寸**

| 产品名称 | 型号 | 外形尺寸(长×深×高)/$mm^3$ | 饲养量/只 |
|---|---|---|---|
| 育雏笼 | 9YCL | 3 062×1 450×1 720 | 600～1 000 |
| 育雏笼 | 9LYJ-4 144 | 1 900×2 150×1 670 | 144 |
| | 9LYJ-3 126 | 1 900×2 090×1 550 | 126 |
| 蛋鸡笼 | 9LJ1-396 | 1 900×2 178×1 585 | 96 |
| | 9LJ2-396 | 1 900×2 260×1 603 | 96 |
| | 9LJ2-348 | 1 900×1 155×1 603 | 38 |
| | 9LJ2-264 | 1 900×1 670×1 153 | 64 |
| | 9LJ2B-396 | 1 900×1 600×1 610 | 96 |
| | 9LJ3-390 | 2 000×2 260×1 603 | 90 |
| | 9LJ3-345 | 2 000×1 155×1 603 | 45 |
| | 9LJ34120 | 1 900×2 200×1 770 | 120 |
| 种鸡笼 | 9LZMJ-260 | 2 000×1 670×1 153 | 60 |
| | 9LZMJ-212 | 1 900×1 025×1 540 | 12 |
| | 9LZMJ-224 | 1 900×2 050×1 540 | 24 |
| | 9LZMJ-248 | 2 000×1 950×1 350 | 48 |
| | 9LZMJ-214 | 2 000×1 060×1 420 | 14 |
| | 9LZMJ-228 | 2 000×2 120×1 420 | 28 |
| 母猪产仔栏 | | 2 200×1 700×800 | |
| 仔猪保育栏 | | 1 800×1 700×735 | |

**表 2-32 各类畜禽的采食宽度**

| 畜禽种类 | | 采食宽度/(cm/头或只) | 畜禽种类 | | 采食宽度/(cm/头或只) |
|---|---|---|---|---|---|
| 牛 | 拴系饲养 | 30～50 | 蛋鸡 | 0～4 周龄 | 2.5 |
| | 3～6 月龄犊牛 | 60～100 | | 5～10 周龄 | 5 |
| | 青年牛 | 110～125 | | 11～20 周龄 | 7.5～10 |
| | 散放饲养 | | | 20 周龄以上 | 12～24 |
| | 成年乳牛 | 50～60 | | | |
| 猪 | 20～30 kg | 18～22 | 肉鸡 | 0～3 周龄 | 3 |
| | 30～50 kg | 22～27 | | 3～8 周龄 | 8 |
| | 50～100 kg | 27～35 | | 8～16 周龄 | 12 |
| | 自动饲槽、自由采食群养 | 10 | | 17～22 周龄 | 15 |
| | 成年母猪 | 35～40 | | 产蛋母鸡 | 15 |
| | 成年公猪 | 35～45 | | | |

**表 2-33 畜禽舍纵向通道宽度**

| 畜禽种类 | 通道用途 | 实用工具及操作特点 | 宽度/cm |
|---|---|---|---|
| 牛舍 | 饲喂 | 用手工或推车饲喂精、粗、青饲料 | 120～140 |
| | 清粪及管理 | 手推车清粪、放奶桶、放洗乳房的水桶 | 140～180 |
| 猪舍 | 饲喂 | 手推车饲喂 | 100～120 |
| | 清粪及管理 | 清粪(幼猪舍窄、成年猪舍宽)接产等 | 100～150 |
| 鸡舍 | 饲喂、捡蛋、清粪及管理 | 用特制手推车送料时,可采用一个通用车盘 | 80～90(笼养)<br>100～120(平养) |
| 羊舍 | 饲喂 | 手推车饲喂 | 100～120 |
| | 清粪及管理 | 清粪(羔羊舍窄、成年羊舍宽)接产等 | 100～150 |

### (三)畜禽舍宽度和长度的确定方法

畜禽舍宽度和长度的确定与畜禽舍所需的建筑面积有关,根据生产工艺要求,设备布置、平面布置形式、通道列数、饲养密度、饲养定额等加以确定。先确定畜栏、笼具或畜床等主要设备的尺寸。在设计时,如果畜禽场计划采用工厂生产的畜栏、笼具定型产品,则可直接按定型产品的外形尺寸和排列方式计算其所占的总长度和跨度。如果不是则按每圈容纳畜禽头(只)数、畜禽占栏面积和采食宽度标准,确定栏圈的宽度(畜禽舍长度方向)和深度(畜禽舍跨度方向)。如饲槽沿畜禽舍长轴布置,首先须按采食宽度确定栏圈的宽度,猪栏尺寸的确定多采用此种方法。例如设计育肥猪栏,每栏头数按 10 头计,沿纵向饲喂通道布置食槽。由表 2-32 知,每头猪的采食宽度为 27～35 cm(取 30 cm);由表 2-30 知,每头猪占栏面积为 0.8～1.0 $m^2$(取 0.9 $m^2$),则该猪栏宽度为 3 m,面积为 9 $m^2$,故猪栏深为 9 $m^2$÷3 m=3 m。若猪栏采用自动饲槽,圈栏宽度可不受采食宽度限制。其次,考虑通道、粪尿沟、食槽及附属房间等设置,即可初步确定畜禽舍的净长度与净跨度。最后,再加上两纵墙和两山墙的厚度,即可确定畜禽舍的占地面积。也可按设备参数确定畜禽舍长度与宽度。

### (四)外围护结构的设计

外围护结构设计合理与否,直接影响畜禽舍内的小气候状况。畜禽舍的外围护结构主要包括墙壁、屋顶、天棚、门、窗、通风口及地面等。外围护结构建筑设计时,应满足保温防寒、隔热防暑、采光照明、通风换气等要求,合理设计畜禽舍的墙壁、屋顶、天棚、地面的结构,门、窗、通风口的数量、尺寸和安装位置等。

### (五)畜禽舍平面设计

根据每栋畜禽舍的容畜禽头(只)数、饲养管理方式、当地气候条件等,合理安排和布置畜栏、笼具、通道、粪尿沟、食槽、附属用房等,并确定其平面尺寸。在此基础上计算出畜禽舍跨度、长度,绘出畜禽舍平面图。

1.畜栏或笼具的布置

畜栏或笼具一般沿畜禽舍的长轴纵向排列,可分为单列式、双列式、多列式,排列数越多,畜禽舍跨度越大,梁或屋架尺寸也越大,越不利于自然采光和通风。但排列数多可以减少通道,节省建筑面积,并减少外围护结构面积,有利于保温。也可沿畜禽舍短轴(跨度)方向布置笼具,如笼养育雏舍、笼养兔舍等,这样自然采光和通风好,但会加大建筑面积。采用何种排列方式,需根据畜禽舍面积、建筑情况、人工照明、机械通风、供暖降温条件等来决定。

2.舍内通道的布置

舍内通道包括饲喂道、清粪道和横向通道。饲喂道和清粪道一般沿畜栏平行布置,畜栏或笼具沿畜禽舍长轴纵向布置时,饲喂、清粪及管理通道也纵向布置,两者不应混用。横向通道与前两者垂直布置。纵向通道数量因饲养管理的机械化程度不同而异,机械化程度越高,通道数量越少。进行手工操作的畜禽舍,纵向通道的数量一般为畜栏或笼具列数加1。如果靠一侧或两侧纵墙布置畜栏或笼具,则可节省1～2条纵向通道,但这种布置方式使靠墙畜禽受墙面冷或热辐射影响较大,且管理也不太方便。在设计时应根据本场实际酌情确定。其宽度须根据用途、使用工具、操作内容等酌情而定。较长的双列式或多列式畜禽舍,每30～40 m应设沿跨度方向的横向通道,其宽度一般为1.5 m,牛舍、马舍为1.8～2.0 m。

3.粪尿沟、排水沟及清粪设施的布置

畜禽舍一般沿畜栏布置方向设置粪尿沟以排除污水,拴系饲养或固定栏架饲养的牛舍、马舍和猪舍,以及笼养的鸡舍和猪舍,因排泄粪尿位置固定,应在畜床后部或笼下设粪尿沟。

4.附属用房和设施布置

畜禽舍一般在靠场区净道的一侧设值班室、饲料间等,有的幼畜禽舍需要设置热风炉房,有的畜禽舍在靠场区污道一侧设畜体消毒间等。这些附属用房,应按其作用和要求设计其位置及尺寸。大跨度的畜禽舍,值班室和饲料间可分设在南、北相对位置;跨度较小时,可靠南侧并排布置。真空泵房、青贮饲料和块根饲料间、热风炉房等,可以突出设在畜禽舍北侧。

## (六)畜禽舍剖面设计

畜禽舍的剖面设计主要解决垂直方向空间处理的有关问题，即确定畜禽舍各部位、各种构件及舍内的设备、设施的高度尺寸。

1. 确定舍内地坪标高

一般情况下，舍内饲喂通道的标高应高于舍外地坪 30 cm。场地低洼或当地雨量较大时，可适当提高饲喂通道高度。有车和家畜出入的畜禽舍大门，门前应设坡度不大于 15%的坡道，且不能设置台阶。舍内地面坡度一般在畜床部分应保证 2%～3%，以防畜床积水潮湿；地面应向排水沟有 1%～2%的坡度。

2. 确定畜禽舍高度

畜禽舍高度指舍内地面到屋顶承重结构下表面的距离(净高)。畜禽舍高度不仅影响投资，而且影响舍内小气候，除取决于自然采光和自然通风外，还应考虑当地气候和防寒、防暑要求，也与畜禽舍跨度有关，寒冷地区檐下高度一般以 2.2～2.7 m 为宜，跨度 9 m 以上的畜禽舍可适当加高；炎热地区则不宜过低，一般以 2.7～3.3 m 为宜。

3. 门、窗的高度

畜禽舍门的设计应根据畜禽舍种类、门的用途决定尺寸。畜禽舍窗户的高低、形状、大小等，根据畜禽舍采光与通风设计要求确定(见项目四)。

4. 畜禽舍内部设施高度

饲槽、水槽、饮水器安置高度及畜禽舍隔栏(墙)高度，因畜禽种类、品种、年龄不同而异。

(1)饲槽、水槽设置。鸡饲槽、水槽的设置高度一般应使槽上缘与鸡背同高；猪、牛的饲槽和水槽底可与地面同高或稍高于地面；猪用饮水器距地面的高度为：仔猪 10～15 cm，育成猪 25～35 cm，肥猪 30～40 cm，成年母猪 45～55 cm，成年公猪 50～60 cm。如将饮水器装成与水平呈 45°～60°角，则距地面高 10～15 cm，即可供各种年龄的猪使用。

(2)隔栏(墙)的设置。平养成年鸡舍隔栏高度一般不应低于 2.5 m，用铁丝网或竹竿制作；猪栏高度一般为：哺乳仔猪 0.4～0.5 m，育成猪 0.6～0.8 m，育肥猪 0.8～1.0 m，空怀母猪 1.0～1.1 m，怀孕后期及哺乳母猪 0.8～1.0 m，公猪 1.3 m；成年母牛隔栏高度为 1.3～1.5 m。

## (七)畜禽舍立面设计

畜禽舍立面设计是在平面设计与剖面设计的基础上进行的，主要表示畜禽舍前、后、左、右各方向的外貌、重要构配件的标高和装饰情况。立面设计包括屋顶、墙面、门窗、进排风口、屋顶风帽、台阶、坡道、雨罩、勒脚、散水及其他外部构件与设备的形状、位置、材料、尺寸和标高等。

畜禽舍首先要满足“饲养”功能这一特点，然后再根据技术和经济条件，运用建筑学的原理和方法，使畜禽舍具有简洁、朴素、大方的外观形象，创造出内容与形式统一的、能表现畜牧业建筑特色的建筑风格。

## 三、设计图的种类及内容

1. 总平面图

总平面图是畜禽场全场地形地势、道路、绿化、建筑物等的水平投影图(图 2-18)。它表达了房舍的种类、数量、形状、大小及位置、朝向和相互关系;也表示出场区界线、道路及绿化布置等。总平面图不仅可以指导房舍施工,布置道路、绿化,而且可据此绘出各工种需要的总平面图,如新建筑区的总体布局、给排水、采暖及电气管线等总平面图。此外,总平面图上一般都标有图例、说明、南北线、主风向、等高线和比例尺等。

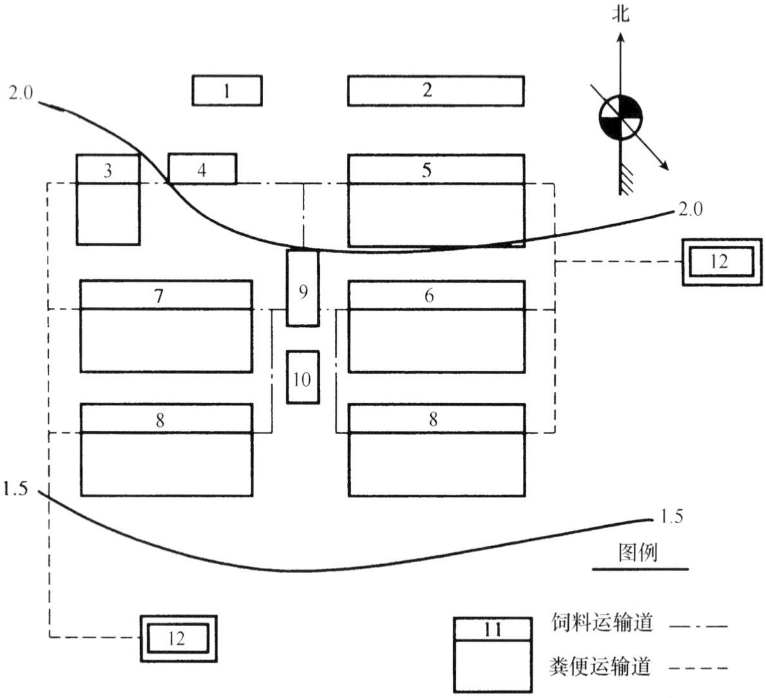


1. 办公室 2. 职工宿舍 3. 公牛舍 4. 人工授精室 5. 产房及犊牛预防室 6. 犊牛舍 7. 青年牛舍 8. 乳牛舍 9. 饲料加工间 10. 乳品处理间 11. 隔离室 12. 积粪池

**图 2-18 某牧场总平面图**

2. 平面图

平面图就是单栋畜禽舍的水平剖视图,也叫俯视图(图 2-19)。表示房舍平面形状的尺寸,如房舍总长度、跨度;墙厚;门窗的位置、宽度、开启方向;房舍内部各种设备和设施的形状、位置、尺寸;地面的标高、坡度;门前的台阶和坡道的形状、位置和尺寸;表示剖面图的剖切位置线。

3. 立面图

立面图是建筑物的正面投影图或侧面投影图,是说明房舍外观的建筑图(图 2-20)。立面图一般表示下列内容:房舍的样式及外部结构;门、窗及通风口的位置、形状和数量;墙面及屋面所用的建筑材料;各部分的高度尺寸,如舍内外地坪、窗台、檐口及屋顶等。

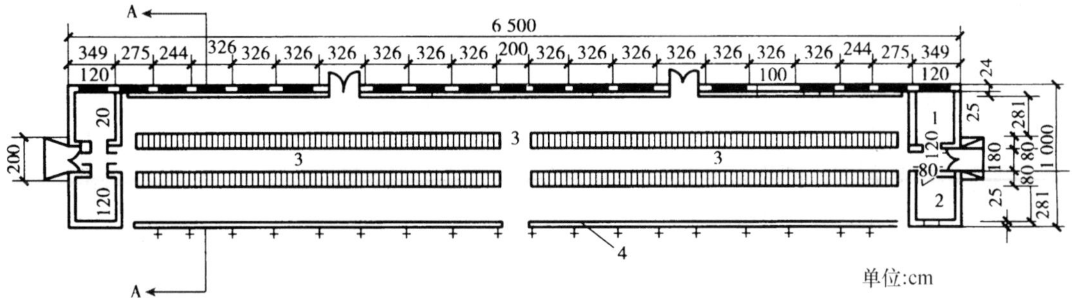


1.饲料调制间 2.值班室 3.走道 4.尿沟

**图 2-19 牛舍平面图**

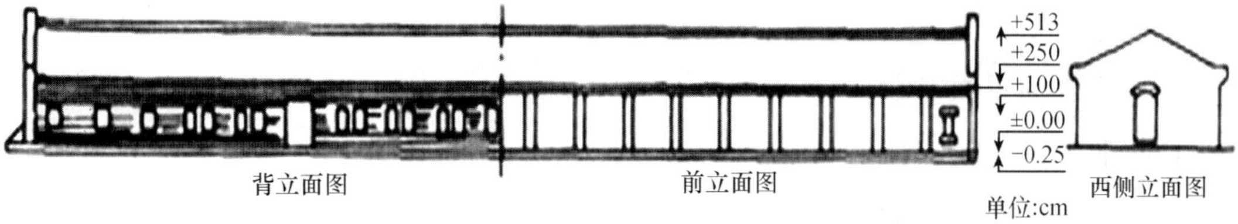


**图 2-20 牛舍立面图**

4.剖面图

畜禽舍剖面图主要表示畜禽舍的内部结构、构造形式及内部设施和设备的高度尺寸，以及在跨度方向上的位置和尺寸；畜禽舍某些结构构件的材料、厚度和做法，如屋顶、吊顶、墙身、地面等；地面标高及坡度等(图 2-21)。

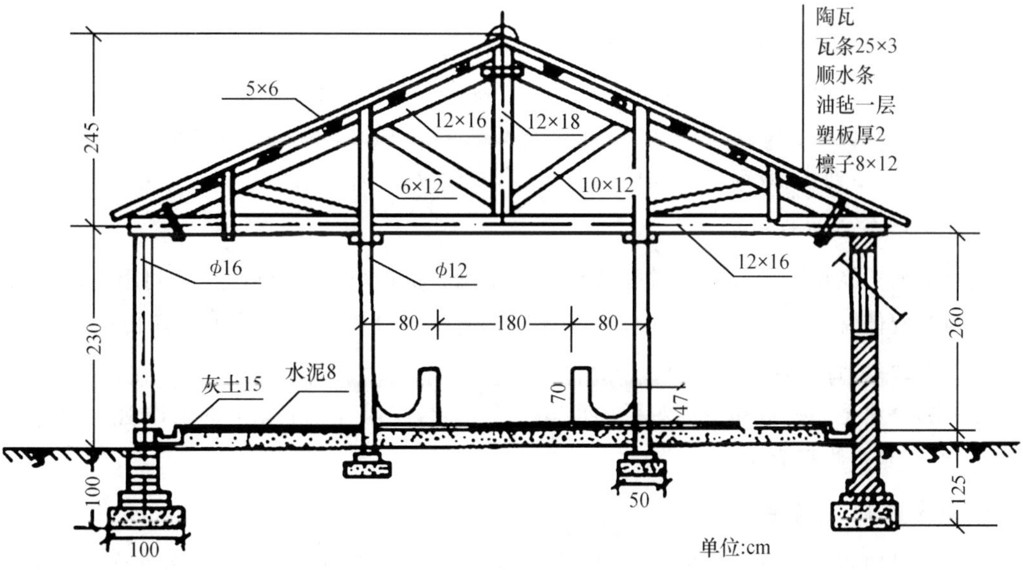


**图 2-21 A—A 剖面图**

【任务评价】

**简答题**

1. 简述畜禽舍设计原则。
2. 畜禽舍面积确定的依据有哪些?
3. 畜禽舍宽度和长度的确定依据主要是什么?
4. 设计图的种类有哪几种?

# 任务6 鸡舍建筑设计

## 一、鸡舍的平面设计

### (一)鸡舍的平面布置

1. 平养鸡舍的平面布置

按鸡栏排列和走道的组合有以下五种。

(1)无走道平养鸡舍。这种鸡舍不设专门走道,舍内面积利用率高。但管理时不如有走道鸡舍操作方面,也不利于防疫。

(2)单列单走道平养鸡舍。舍内设置约1 m宽的走道,管理方便,因不经常进入栏内,有利于鸡群防疫。适于跨度较小的鸡舍。

(3)双列双走道平养鸡舍。在鸡舍南北两侧各设一走道,配置一套饲喂设备和一套清粪设备。设置走道使鸡舍面积增大,但可以根据需要开窗,窗户与饲养区由走道隔开,有利于防寒和防暑。

(4)三列二走道或三列四走道平养鸡舍。适合于大跨度鸡舍,走道利用充分,有效面积利用率高,兼具以上几种形式的优缺点。跨度加大时,采用自然通风易造成舍内空气质量差,故需配置机械通风设备。

生产中,以单列式、双列式排列比较普遍。大跨度鸡舍可采用三列四走道排列形式。

2. 笼养鸡舍的平面布置

笼养增加了笼具等设备投资,饲养密度大,建筑面积利用率高,可以充分利用鸡舍空间,土建投资相对较低,而且鸡群相对集中,饲养管理方便。鸡只离开地面减少与粪便接触,降低疫病感染的机会,适合各种鸡群饲养。

笼养鸡舍鸡笼的列数和平养鸡栏的形式完全相同,应留有一定宽度的工作道,半架笼组为单侧道,整架笼两侧都应设走道。

### (二)平面尺寸确定

鸡舍建筑面积包括饲养间面积、操作管理间面积、结构占地面积等。平养鸡舍的饲养间面积由饲养区面积、走道面积、机械设备所占面积组成;笼养鸡舍则由笼架所占面积、走道面积、机械设备所占面积组成。通常,鸡舍建筑面积大小主要由饲养面积和走道面积决定。

1. 鸡舍跨度确定

(1)生产工艺与鸡舍跨度的关系。进行生产工艺设计时,应根据饲养密度和饲养定额确定饲养区面积,依据选择的喂料设备、承载的鸡只数量及设备布置要求确定饲养区宽度和长度。平养鸡舍的跨度可按下式确定:

平养鸡舍的跨度≈$n$ 个饲养区+$m$ 个走道宽度

肉鸡或蛋鸡平养的机械喂料系统饲槽布置分单链和双链,饲养区宽度在 5 m 左右选用单链,宽度在 1 m 左右则用双链;种鸡平养因饲养密度低,饲养区宽度一般在 1 m 左右,常采用单链。平养时的走道宽度根据工艺设计中的饲喂方式、集蛋方式与设备选型来确定,一般取 0.6~1.0 m。笼养鸡舍的跨度可根据下式确定:

笼养鸡舍的跨度≈$n$ 个鸡笼架宽度+$m$ 个走道宽度

选择不同规格的笼架,其技术参数不一样。以三列四走道笼养鸡舍为例:拟选用 9LT2 型全阶梯中型蛋鸡笼,每单元笼架的尺寸(长×宽×高)为 2.1 m×2.1 m×1.6 m,其中含大笼 6 组,每组大笼含 4 个小笼,每个小笼装 4 只鸡,故每单元养 96 只鸡;中间走道考虑人工捡蛋车交会,设置宽度不小于 1.0 m;鸡舍形式选用密闭式,采用纵向通风系统,侧面只开应急窗,所以两侧通道只考虑捡蛋车单向通行,宽度不小于 0.6 m。则鸡舍的净宽为:

鸡舍的净宽=3×2.1+2×1.0+2×0.6=9.7(m)

(2)鸡舍跨度与通风方式的关系。开放式鸡舍采用横向通风,跨度在 6 m 左右通风效果较好,但不宜超过 9 m;从防疫和通风效果看,目前密闭式鸡舍均采用纵向通风技术,对鸡舍跨度要求并不严格,但应考虑应急窗的横向通风,故鸡舍跨度也不能过大。生产中,三层全阶梯蛋鸡笼架的横向宽度在 2.1~2.2 m 之间,走道净距一般不小于 0.6 m;若鸡舍跨度 9 m,一般可布置三列四走道;跨度 12 m 则可布置四列五走道;跨度 15 m 时则可布置五列六走道。

(3)鸡舍跨度与建筑结构形式和建筑模数的协调。鸡舍的跨度还需要根据建筑结构类型、围护墙体厚度和建筑模数来确定。如上述笼养鸡舍采用轻型钢结构装配式建筑,钢结构断面柱子尺寸为 18 cm×18 cm×0.6 cm,墙体靠外侧安装,则鸡舍的跨度只考虑柱子尺寸,应为 9.7+0.18=9.88 (m),考虑建筑模数,则应调整为 9.0 m。

2. 鸡舍长度确定

鸡舍的长度,一般取决于鸡舍的跨度和管理的机械化程度,跨度 6~10 m 的鸡舍,长度一般在 30~60 m;跨度为 12 m 的鸡舍,长度一般在 70~80 m。机械化程度较高的鸡舍可长一些,但一般不宜超过 15 m,否则机械设备的制作与安装难度较大,材料不易解决。另外,鸡舍长度还应考虑饲养量、选用的饲喂设备和清粪设备的布置要求及其使用效率,场区的地形条件与总体布置等。

(1)平养鸡舍的长度。

平养鸡舍饲养区面积 $A$=单栋鸡舍每批饲养量 $Q$/饲养密度 $q$

$$鸡舍初拟长度\ L=A/(B+nB_1)+L_1+2b$$

式中，$L$ 为鸡舍初拟长度；$B$ 为初拟饲养区宽度；$n$ 为走道数量；$B_1$ 为走道宽度；$L_1$ 为工作管理间宽度，一般取 3.6 m 或 3.0 m；$b$ 为鸡舍内墙皮距定位轴线距离，根据建筑结构和围护材料宽度确定。

以 10 万只蛋鸡场为例，根据饲养工艺育成鸡饲养量 $Q$=9 800 只/批，网上平养的饲养密度为 12 只/$m^2$，平面布置为二列双走道，$B$=1 m，$n$=2，$B_1$=0.8 m，$L_1$=3.6 m，$b$=0.12 m，则平养鸡舍饲养区面积 $A$ 和鸡舍初拟长度 $L$ 为：

$$A=Q/q=9\ 800/12=816.7(m^2)$$

$$L=A/(B+nB_1)+L_1+2b=816.7/(10+2\times0.8)+3.6+2\times0.12=74.2(m)$$

(2)笼养鸡舍的长度。根据所选择的笼具容纳的鸡只数量，结合笼具尺寸、设备、工作空间等来确定。以一个 10 万只蛋鸡场为例，根据工艺设计，单栋蛋鸡舍饲养量为 0.88 万只/批，采用 9LTZ 型三层全阶梯中型鸡笼，单元鸡笼长度为 2.1 m，共饲养 96 只蛋鸡，以三列四走道布置，则所需鸡笼单元数=饲养量/单元饲养量=8 800/96=92(个)，采用三列布置，实际取 93 组，每列单元数=93/3=31(个)，鸡笼安装长度 $L_1$=单元鸡笼长度×每列单元，即 2.1 m×31=65.1 m。鸡舍的净长还需要加上设备安装和两端走道长度，包括：工作间开间取 3.6 m；鸡笼架头架尺寸为 1.0 m；头架过渡食槽长度为 0.27 m；尾架尺寸为 0.5 m；尾架过渡食槽长度为 0.2 m；两端走道各取 1.5 m。则鸡舍净长度为：

$$鸡舍净长度\ L_0=65.1+3.6+1.0+0.27+0.5+0.2+2\times1.5=73.67(m)$$

(3)机械设备效率和饲养管理定额与鸡舍长度的关系。国内外的喂料系统一般允许鸡舍长度达到 15 m。值得注意的是，运料距离过长，易造成前后来食不均，水槽、食槽、笼架等设备安装技术要求高、难度大；如果鸡舍长度过短，则机械设备的效率降低。因此，设计时应参考具体的设备技术参数说明进行。管理水平和自动化程度高时，每个饲养员能管理 2 万～5 万只蛋鸡甚至更多。我国蛋鸡生产饲养员的管理定额为 1 万只左右，此规模比较适合 10 m 左右长度的鸡舍。

### (三)鸡舍管理间布置

鸡舍管理间布置有一端式和中间式两种。一端式是将饲养管理间(饲料间、值班更衣间、贮藏间、控制室等)设置在饲养间的一端(图 2-22)，有利于发挥机械效率，便于组织生产，是常用的平面组合方式。中间式则是将饲养管理间设在两个饲养间之间，这种组合在有两栋以上鸡舍时，饲料和粪污通道的布置会出现交叉，不利于防疫，规模化鸡场不宜采用。

## 二、鸡舍剖面的设计

鸡舍剖面设计时，须考虑饲养方式、设备安装、鸡舍环境要求和自然条件等因素。剖面设计的内容包括剖面形式的选择，剖面尺寸确定和窗口、通风口的形式与设置。

### (一)剖面形式选择

根据生产工艺、区域气候、地方经济技术水平等选择单坡、双坡、钟楼或其他剖面形式。

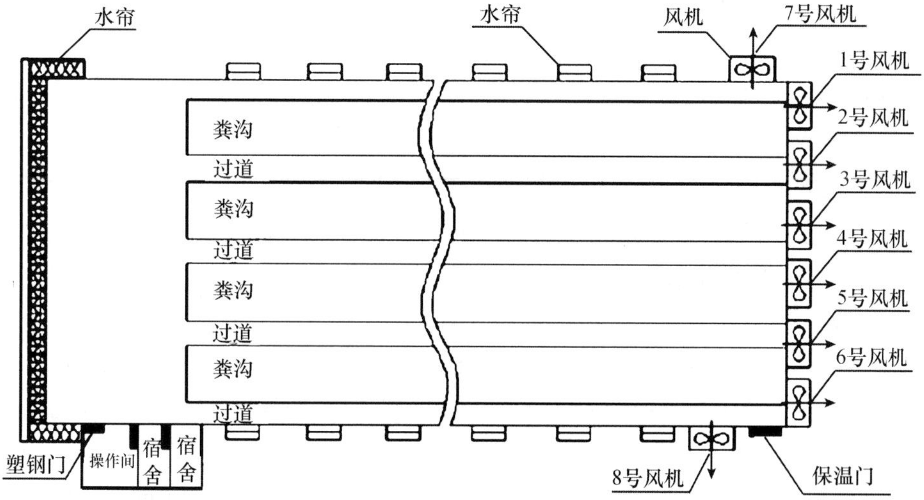


图 2-22　鸡舍平面示意图

## (二)剖面尺寸确定

鸡舍高度的确定主要考虑满足经济性和舍内环境需求，一般剖面的高跨比取(1～4)∶5，炎热地区及采用自然通风的鸡舍跨度要求大些，寒冷地区和采用机械通风系统的鸡舍要求小些。

1.平养鸡舍的剖面尺寸

地面平养鸡舍的高度以不影响饲养管理人员的通行和操作为基准，同时考虑鸡舍的通风方式和保温等要求。通常，开放式鸡舍高度取 2.4～2.8 m，密闭式鸡舍取 1.9～2.4 m。

对于网上平养鸡舍，网上部分的高度同地面平养。网下部分高度取决于风机洞口高度和积粪高度。为了使鸡粪表面蒸发的水汽和鸡粪分解产生的有害气体等能顺利排除，网下高度不小于 70～80 cm。因此，网上平养鸡舍的高度取值为：开放式鸡舍 3.1～3.5 m，密闭式鸡舍 2.6～3.2 m。

2.笼养鸡舍的剖面尺寸

决定笼养鸡舍剖面尺寸的因素主要有设备高度、清粪方式以及环境要求等。

(1)设备高度。设备高度与鸡笼架高度、喂料器类型和拣蛋方式有关。如三层阶梯式鸡笼，采用链式喂料器，若为人工拣蛋，则可选用低架笼，笼架高度为 1.6 m；若为机械集蛋，则选用高架笼，笼架高度为 1.8 m。

(2)清粪方式。清粪方式包括高床、中床和低床三种。低床机械牵引式清粪粪仓深 0.2～0.35 m，自走式清粪粪仓深 0.5～0.7 m(图 2-23a)。高床一般在一个饲养周期结束后清粪一次，考虑清粪时操作方便，粪仓深取 1.6～1.8 m，较低床增加 1 m 左右。若粪仓地面标高为＋0.00，则采用高床饲养的鸡舍总高度须在 5 m 左右，其土建造价约比低床的高 1/3。而且，由于外墙面积的增大，造成鸡舍冬季失热过多，夏季太阳辐射热增大。为充分利用高床鸡舍平时不清粪的特点，同时降低土建造价，改善鸡舍环境条件，实践中可将高床改为中床(图 2-23b)，高度取 1.2 m；另外，使粪仓的一部分落入地下，设计成半高床半坑形式(图 2-23c)。

(3)环境要求。鸡舍内上层笼顶上方须留有一定的空间，以利于通风换气。无吊顶时，上层笼顶距屋顶结构下表面不小于 0.4 m，有吊顶时则距吊顶不小于 0.8 m。

3. 门窗与通风口的设置

开放式和有窗式鸡舍的窗口设置以满足舍内光线均匀为原则。开放式鸡舍设置的采光带，以上下布置两条为宜；有窗式鸡舍的窗开口应每开间设立式窗，或采取上下层卧式窗，这样可获得较好的光照效果。

鸡舍通风口设置应使自然气流通过鸡只的饲养层面，以利于夏季降低舍温和鸡只体感温度。平养鸡舍的进风口下标高应与网面相平或略高于网面，笼养鸡舍为 0.3～0.5 m，上标高最好高出笼架。

通常，将排气口设在上方，这样利用热压和风压来获得较好的通风效果。不过，这种气流组织路径易使污浊空气穿过鸡群。密闭式鸡舍在条件许可时，可将进气口设在上方，排气口设在下方，依靠风机组织气流，使室外冷空气进入鸡舍顶部得到一定的预热后到达鸡的饲养层面，然后排出舍外。

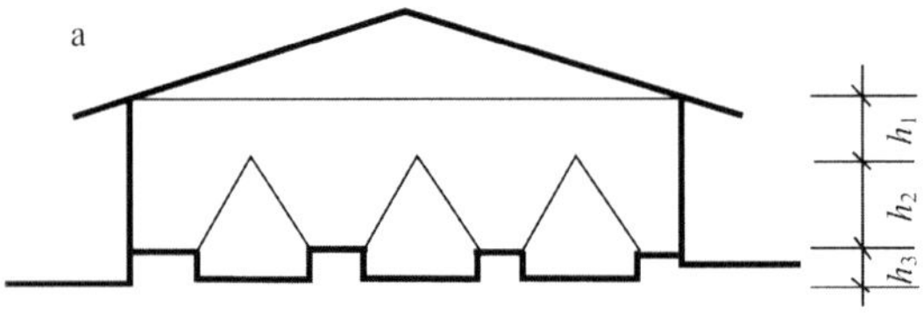


$h_1$. 无吊顶 $h_1 \nless 0.4$ m，有吊顶 $h_1$. $\nless 0.8$ m

$h_2$. 鸡笼架高度　$h_3$. 牵引式 $h_3=0.2\sim0.35$，自走式 $h_3=0.5\sim0.7$

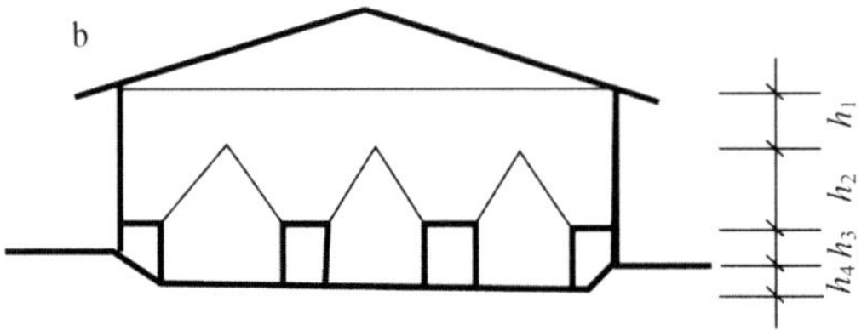


$h_1$、$h_2$. 同(a)所注　$h_3=1.2$ m

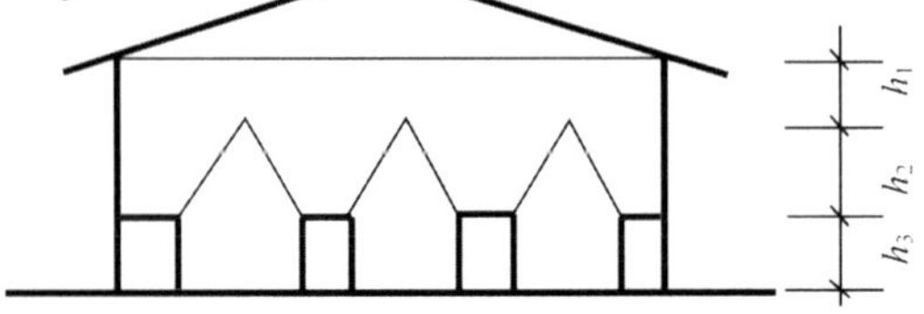


$h_1$、$h_2$. 同(a)所注 $h_3+h_4=1.2\sim1.6$m

**图 2-23　低床剖面图**

【任务评价】

**简答题**

1. 鸡舍的平面尺寸(长度、宽度)如何确定?

2. 如何进行鸡舍的立面、剖面设计?

# 任务7　猪舍建筑设计

## 一、猪舍平面设计

### (一)猪舍的平面布置

猪舍的平面布置按猪栏排列形式分为单列式、双列式和多列式三种。

1. 单列式

一般猪栏在舍内南侧,北侧设走道(图2-24)。具有通风和采光良好、舍内空气清新、能有效防潮、跨度较小、构造简单等优点;北侧设走道,更有利于保温防寒,且可以在舍外南侧设运动场。但建筑利用率较低,一般中小型猪场建筑和公猪舍建筑多采用此种形式。

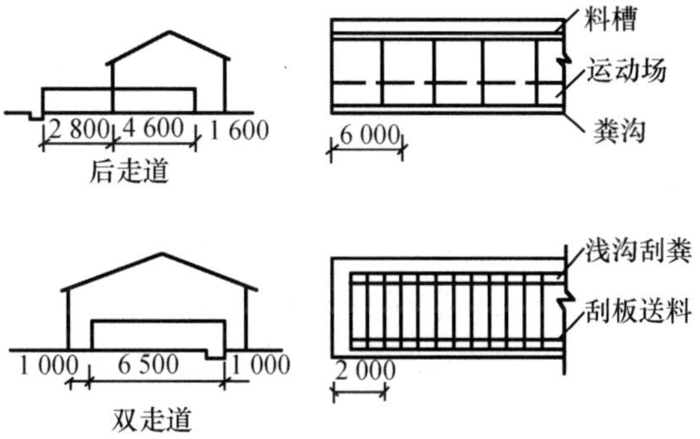


图2-24　单列式猪舍

2. 双列式

在舍内将猪栏排成两列,中间设一个通道,一般舍外不设运动场(图2-25)。其优点是利于管理,便于实现机械化饲养,建筑利用率高。缺点是采光、防潮不如单列式猪舍,北侧猪栏比较阴冷。育成、育肥猪舍一般采用此种形式。

3. 多列式

舍内猪栏排列在三列以上,一般以四排居多(图2-26)。多列式猪舍的栏位集中,运输线路短,生产效率高;建筑外围护结构散热面积少,有利于冬季保温。但建筑结构跨度较大,建筑构造复杂;自然采光不足,自然通风效果较差,阴暗潮湿。此种猪舍适合寒冷地区的大群育成、育肥猪饲养。

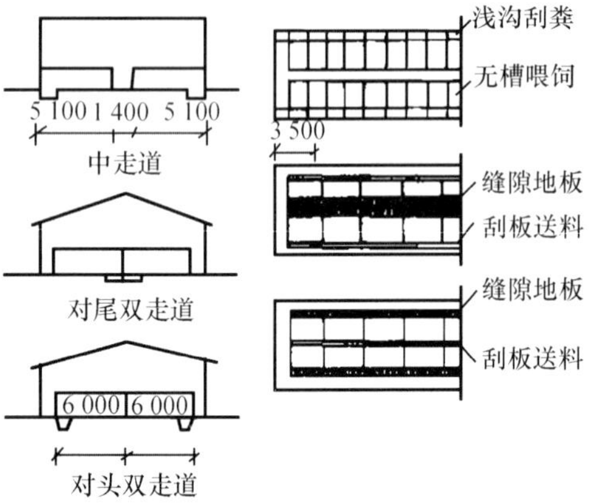


图 2-25 双列式猪舍

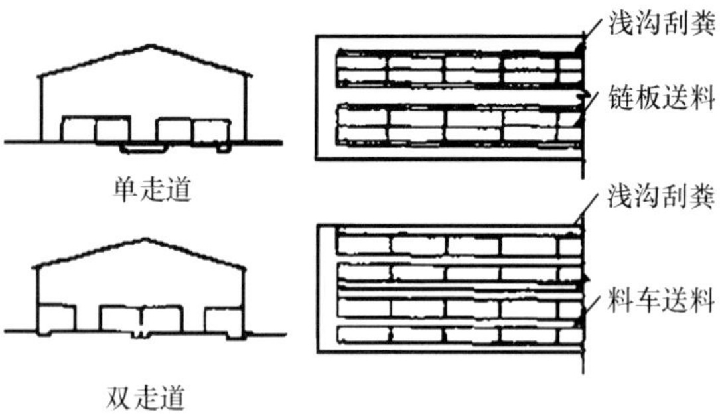


图 2-26 多列式猪舍

### (二)通道、粪尿沟及附属房间设置

粪尿沟及管理通道一般按猪栏纵向布置，为加强管理还应设值班室(特别是产房)。大型猪舍还应设消毒间、工具间等。附属房间一般设在靠场内净道一端；较长的猪舍，附属房间也可设在猪舍中部，以方便管理。

### (三)猪舍长度和跨度计算

猪舍的跨度主要由圈栏尺寸及其布置方式、走道尺寸及其数量、清粪方式与粪沟尺寸、建筑结构类型及其构件尺寸等决定。猪舍长度根据工艺流程、饲养规模、饲养定额、机械设备利用率、场地地形等来综合决定，在设计实践中一般在 70～100 m 范围内。

猪舍长度和跨度可以根据设施与设备尺寸及其排列来计算。若选用非标准设施和非定型设备，则需要根据采食宽度计算每个圈栏的宽度(开间方向)，然后根据每圈容纳的猪只数量和猪只占栏面积标准定额计算单个圈栏的长度(进深方向)。

以一个育肥猪舍为例说明如何确定猪舍跨度与长度：根据工艺设计，采用整体单元式转群，每个单元 12 圈，每圈饲养 1 窝猪，共设有 6 个单元；每窝育肥栏宽度 2.8 m，栏长度 3.23 m(含 2.03 m 的实体猪床和 1.2 m 的漏缝地板)。每个单元采用双列布置，每列 6 圈，中间饲喂走道 1.0 m，两侧清粪通道各 0.6 m、清粪沟各 0.3 m，猪舍内外墙厚度均为 24 cm，猪舍平面布局采用单廊式，北侧走廊宽度 1.5 m、南侧横间通道 0.62 m。经排列布置和计算得到单元长向间距 9.5 m，猪舍长度 57 m，跨度 19.4 m，如图 2-27 所示。

## 二、猪舍的剖面设计

猪舍的剖面设计主要是确定猪舍各部、各种配件、设备和设施的高度尺寸以及门窗与通风口的设置等(图 2-28)。

1. 猪舍高度的确定

高度与跨度有关，寒冷地区檐下高度一般以 2.2～2.7m 为宜，跨度 9 m 以上的猪舍可适当加高；炎热地区则不宜过低，一般以 2.7～3.3 m 为宜。

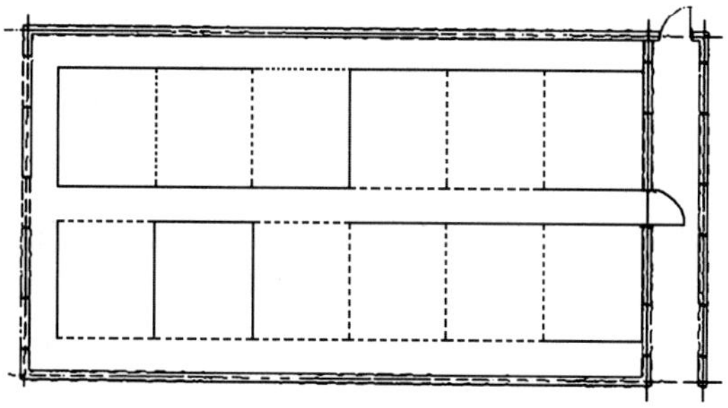

图 2-27　育肥猪舍平面示意图

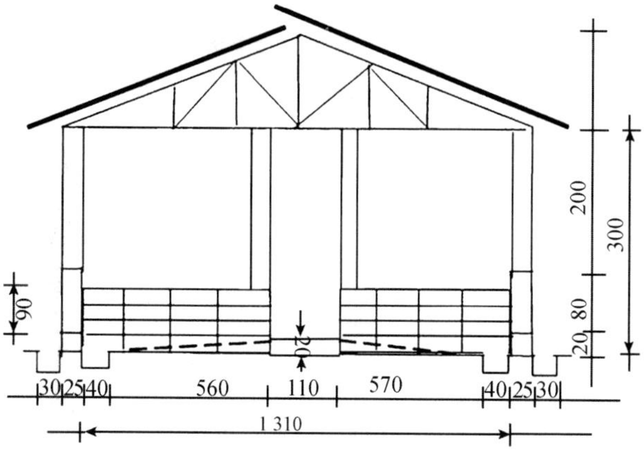


图 2-28　育肥猪舍剖面示意图

2. 舍内地面高度的确定

猪舍内地面标高应高于舍外 20～30 cm，并与场区道路标高相一致。场地低洼时，可提高到 45～60 cm。猪舍大门应设置坡道（坡度小于 15%），以保证猪和车辆进出，不能设置台阶。猪床向粪尿沟有 3%～4%的坡度。

3. 门窗、通风口及猪栏高度的设置

门口地标高一般同地坪标高，猪舍外门一般高 2.0～2.4 m，双列猪舍中央通道设门时，高度不小于 2.0 m。南墙窗底的标高一般为 0.8～0.9 m，窗下设置风机时，风机洞口地标一般要高出舍内地面 0.1 m 左右；北墙窗底的标高一般为 1.1～1.2 m，纵向通风时，风机底部距离舍内地面 0.3 m 左右。猪栏、隔（栏）墙高度设置前面已提到，不再重复。

【任务评价】

**简答题**

1. 猪舍的平面尺寸（长度、宽度）如何确定？

2. 如何进行猪舍的立面、剖面设计？

# 任务8　牛舍、羊舍建筑设计

## 一、奶牛舍的设计

### (一)牛舍跨度确定

1. 牛床长度

牛床是奶牛采食、挤奶和休息的场所，应具有保温、不吸水、坚固耐用、清洁、消毒方便等特点。牛床长度设计参数见表2-34。

表2-34　牛床尺寸参数

| 种类 | 拴系式饲养 | | | 种类 | 散栏式饲养 | | |
|---|---|---|---|---|---|---|---|
| | 长度/m | 宽度/m | 坡度/% | | 长度/m | 宽度/m | 坡度/% |
| 种公牛 | 2.2 | 1.5 | 1.0～1.5 | 大牛种① | 2.1～2.2 | 1.22～1.27 | 1.0～4.0 |
| 成奶牛 | 1.7～1.9 | 1.1～1.3 | 1.0～1.5 | 中牛种② | 2.0～2.1 | 1.12～1.22 | 1.0～4.0 |
| 临产牛 | 2.2 | 1.5 | 1.0～1.5 | 小牛种③ | 1.8～2.0 | 1.02～1.12 | 1.0～4.0 |
| 产房 | 3.0 | 2.0 | 1.0～1.5 | 青年牛 | 1.8～2.0 | 1.0～1.15 | 1.0～4.0 |
| 青年牛 | 1.6～1.8 | 1.0～1.1 | 1.0～1.5 | 8～18月龄 | 1.6～1.8 | 0.9～1.0 | 1.0～3.0 |
| 育成牛 | 1.5～1.6 | 0.8 | 1.0～1.5 | 5～7月龄 | 0.75 | 1.5 | 1.0～2.0 |
| 犊牛 | 1.2～1.5 | 0.5 | 1.0～1.5 | 1.5～4月龄 | 0.65 | 1.4 | 1.0～2.0 |

注：①奶牛体重为600～730 kg；②奶牛体重为450～600 kg；③奶牛体重为320～500 kg。

2. 食槽

牛床前面设置固定的食槽，食槽需坚固光滑，不透水，稍带坡，而且耐磨、耐酸，一般采用高强度水泥，且在槽面上铺水磨石或钢砖，以便清洗消毒。为适应牛采食的行为特点，槽底壁呈圆弧形为好，槽底高于牛床地面5～10 cm。一般牛食槽尺寸见表2-35。

表2-35　牛食槽设计参数　cm

| 奶 牛 | 槽上部内宽 | 槽底部内宽 | 前沿高 | 后沿高 |
|---|---|---|---|---|
| 泌乳牛 | 65～75 | 40～50 | 25～30 | 55～65 |
| 育成牛 | 50～60 | 30～40 | 25～30 | 45～55 |
| 犊牛 | 30～35 | 25～30 | 20～25 | 30～35 |

3. 饲喂通道

饲喂通道位于饲槽前，用于运送、分发饲料。饲喂通道的宽度视饲喂工具而定，如果采用小推车喂料，其宽度一般为1.4～2.4 m；采用机械喂料，其宽度则需4.8～5.4 m。通道常高出牛床地面7.5～15 cm，坡度为1%。

4. 清粪通道

牛舍内的清粪通道同时也是奶牛进出和挤奶员操作的通道，通道的宽度除了要满足清粪运输工具的往返外，还要考虑挤奶工具的通行和停放，而不致被牛粪等溅污。通道的宽度一般为1.6～2.0 m，路面有1%～4%的坡度。同时，路面要划线防止奶牛滑倒。防滑线(宽0.7～1.2 cm、深1 cm的浅槽，槽间距10～13 cm)一般平行于清粪通道(即牛舍)的长轴方向。

5. 粪尿沟

在牛床与清粪通道之间设有粪尿沟，粪尿沟有明沟和暗沟之分。明沟一般沟宽为30～40 cm，沟深为5～15 cm，沟底应有1%～4%的排水坡度。也可采用深沟，加盖铸铁或水泥漏缝盖板，粪尿通过漏缝落入粪沟内。

### (二)牛舍长度确定

牛舍长度主要由牛床的宽度、饲养定额、横向通道的宽度、场地地形等来综合决定。值班室、饲料间等附属房间一般设在牛舍一端，这样有利于场区建筑规划布局时满足净、污分离。

1. 牛床的宽度

一般奶牛的肚宽为75 cm左右，牛床宽度除了考虑体型外，更主要的是考虑工艺的影响。牛床宽度设计参考表1-20。

2. 横向走道宽度

较长的双列式或多列式牛舍，每隔30～40 m，设横向通道，宽度一般为1.8～2.0 m。

### (三)几种主要牛舍平面设计

1. 泌乳牛舍平面设计

泌乳牛群是奶牛场中所占比例最大的牛群，一般要占到整个牛群的50%左右。根据牛床列数和排列形式，可将泌乳牛舍分为单列式牛舍、双列式牛舍和多列式牛舍。

(1)单列式牛舍。它是指只有一排采食位的牛舍，如果设有卧栏，则卧栏位于采食位的一侧(图2-29)。这种牛舍的跨度一般为6 m左右，长度以60～80 m为宜。其优点是牛舍跨度小，建造容易，通风、采光良好；缺点是牛均占舍面积较大，要比双列式多占6%～10%。此外，散热面积较大，适于建成敞开型牛舍，故不适合于我国北方寒冷地区。

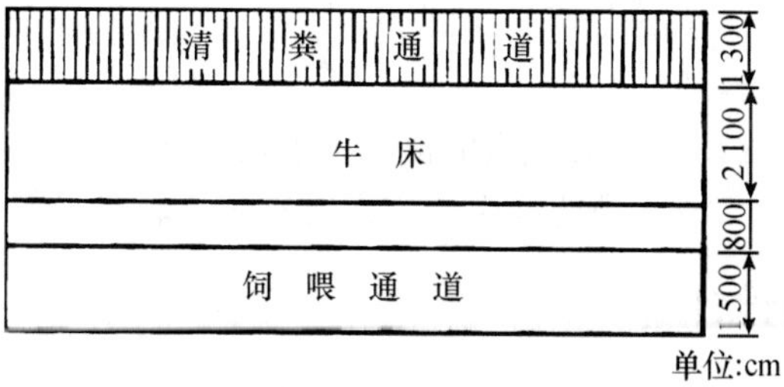


图2-29　单列式牛舍

(2)双列式牛舍。它是指有两排采食位，根据奶牛采食时的相对位置，又可将其分为对尾式和对头式两种牛舍形式(图2-30)。

对尾式牛舍是泌乳牛舍最常用的布置方式，常用于产犊舍。其平面布局为牛舍中间设一条纵向粪道，两侧各设一条饲喂通道，卧栏布置在饲喂通道和粪道之间，此种布置便于观察、处

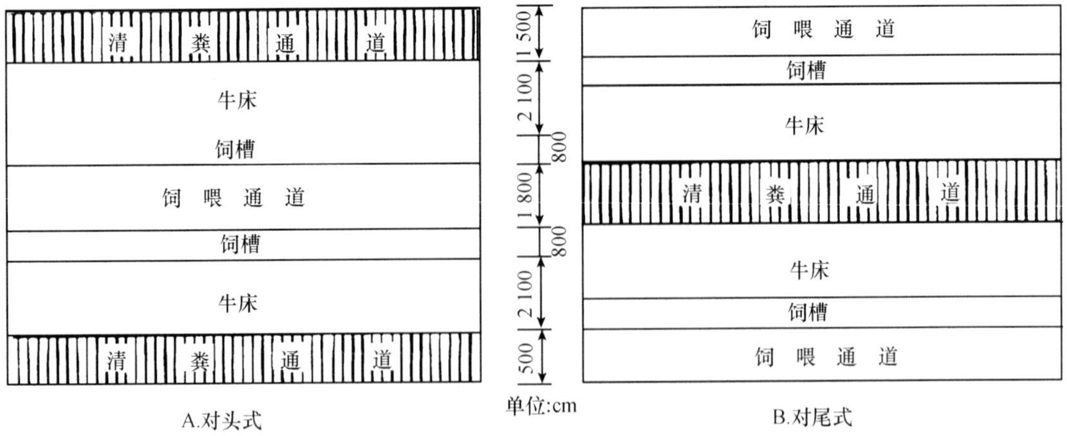


**图 2-30 对头与对尾双列式**

理产牛的情况。

对头式牛舍中间为饲喂通道，两边各有一条清粪通道。其优点是便于奶牛出入，由于只有一条饲料道，要比对尾式减少 50%的饲料运输线路，也便于实现饲喂的机械化，同时也易于观察奶牛进食情况。其缺点是奶牛的尾部对墙，其粪便容易污及墙面，给舍内的卫生工作带来不便。

(3)多列式牛舍。多列式适用于大型牛舍，由于建筑跨度较大，墙面面积相应减少，在寒冷地区有利于保温以及集中使用机械设备等。由于这种牛舍较宽，自然通风效果较差。

2. 分娩牛舍平面设计

分娩牛舍是奶牛产犊的专用牛舍，包括产房和保育间。产房一般达到成乳牛 10%～13%的床位数。产犊床常排成双列对尾式：采用长牛床（长 2.2～2.4 m），宽度 1.4～1.5 m，以便接产操作。为了便于消毒，要有 1.3 m 的墙裙。大的分娩牛舍还设有单独的产房，以供个别精神紧张和难产牛只的需要，要求有采暖或降温设备。一般将初生犊牛饲养在犊牛栏里。犊牛栏长 110～140 cm、宽 80～120 cm、高 90～100 cm，栏底离地 15～30 cm，最好制成活动式犊牛栏，以便可推到户外进行日光浴，并便于舍内清扫。保育间更要求阳光充足，相对湿度为 70%～80%，建筑质量要有较高要求。

3. 犊牛舍平面设计

一般规模较大的牛场均设有单独的犊牛舍或犊牛栏。犊牛舍要求清洁干燥、通风良好、光线充足，防止贼风和潮湿。目前常用的犊牛舍主要有犊牛栏、犊牛岛、群居式犊牛岛和通栏等。

## 二、奶牛舍的剖面设计

主要解决牛舍高度、采光、通风以及牛舍的内部构造等问题。

1. 牛舍高度设计

砖混结构双坡式奶牛舍脊高 4.0～4.5 m，前后檐高 3.0～3.5 m。可按照当地气候状况和牛舍的跨度适当抬高或降低。

2. 墙体设计

根据牛场所在地气候状况及选用的墙体材料设计墙厚。温暖地区砖墙的厚度 24 cm；寒冷地区砖墙厚度为前墙 37 cm，后墙 50 cm。

3. 窗的设计

根据牛舍采光要求，有窗式牛舍采光系数(窗地比)要达到 1/12～1/10。由于奶牛体格较大，窗台的高度一般设为 1.2～1.5 m。窗户一般采用塑钢推拉窗或平开窗，也可以用卷帘窗，窗子尺寸要根据舍内面积和牛舍开间决定。

4. 门的设计

牛舍门主要包括饲喂通道、清粪通道和通往运动场的门。饲喂通道的门和清粪通道的门的宽度和高度的设计要根据采用的工艺及其设备决定。如果采用小型拖拉机饲喂和清粪，门的宽度和高度为 2.4 m×2.4 m；如果采用 TMR 饲喂车，门宽则需要加大，一般设计为 3.6～4.0 m，门的高度根据设备确定。通往运动场和挤奶通道的门宽可根据牛群大小、预计牛群通过时间确定，一般宽度为 2.4～6.0 m 不等。如仅考虑奶牛的通行，门的高度设为 1.6 m 即可，如另有饲养技术人员通行，则门高需要加至 2.0 m 左右。

5. 舍内外地坪

为了防止舍外雨水进入舍内，通常舍内地坪应高于舍外地坪 20～30 cm，门口设计防滑坡道，坡度一般为 1/8～1/7，这样有利于阻止雨水的倒灌并可保证奶牛通行的安全。

6. 内部设计

牛舍内部构造设计包括卧床的高度、坡度，卧栏、隔栏的形状以及安装尺寸，颈枷的高度和安装位置，食槽的高度和大小，各种过道、粪沟的宽度和位置以及地面做法等。另外，也包括屋顶材料、屋顶坡度(泌乳牛舍的屋顶坡度一般是 1/4～1/3)、屋架特点、风帽安装尺寸等，还要给出圈梁、过梁的厚度和位置以及墙体材料等。在内部设计中，应按建筑学知识，结合泌乳奶牛实际情况对牛舍各类建筑构件以及设备构件进行分析与设计。

7. 通风口设计

通风口包括通风屋脊和檐下通风口两类，一般通风屋脊的宽度为牛舍跨度的 1/60，檐下通风口的宽度为牛舍跨度的 1/120。

## 三、肉牛舍建筑设计

1. 拴系式肉牛舍

拴系式肉牛舍内部排列与奶牛舍相似，也分为单列式、双列式和四列式等。双列式跨度 10～12 m，高 2.8～3.0 m；单列式跨度 6.0 m，高 2.8～3.0 m。每 25 头牛设一个门，其大小为 (2.0～2.2) m×(2.0～2.3) m，不设门槛。母牛床 (1.8～2.0) m×(1.2～1.3) m，育成牛床 (1.7～1.8) m×1.2 m，送料通道宽 1.2～2.0 m，除粪通道宽 1.4～2.0 m，两端通道宽 1.2 m。

最好建成粗糙的防滑水泥地面，向排粪沟方向倾斜 1%。牛床前面设固定水泥饲槽，饲槽宽 60～70 cm，槽底为 U 字形。排粪沟宽 30～35 cm，深 10～15 cm，并向暗沟倾斜，通向粪池。

2. 围栏式肉牛舍

围栏式又叫无天棚、全露天牛舍。按牛的头数，以每头繁殖牛 30 $m^2$、幼龄肥育牛 13 $m^2$ 的比例加以围栏，将肉牛养在露天的围栏内，除树木、土丘等自然物或饲槽外，栏内一般不设棚舍或仅在采食区和休息区设凉棚。这种饲养方式投资少、便于机械化操作，适合于大规模饲养。

## 四、羊舍建筑设计

### (一)羊舍的平面设计

羊舍平面布置形式与饲养工艺模式有很大的关系。采用大群散养模式时,羊舍内基本不设置圈栏,一般只设置喂饲通道和清粪通道,对于全舍饲饲养模式,圈栏的平面布置形式一般有单列、双列和多列三种。圈栏布置要综合考虑设备选型、每栋羊舍应容纳的头数、饲养定额、场地地形等情况。

1. 羊舍面积确定

羊舍的建筑面积要根据饲养的数量、品种和饲养方式而定。按存栏基础母羊计算:羊场占地面积为15～20 $m^2$/只,羊舍建筑面积为5～7 $m^2$/只,辅助和管理建筑面积为3～4 $m^2$/只。按年出栏商品肉羊计算:羊场占地面积为5～7 $m^2$/只,羊舍建筑面积为1.6～2.3 $m^2$/只,辅助和管理建筑面积为0.9～1.2 $m^2$/只。产羔室面积可按基础母羊数的20%～25%计算。

2. 羊舍跨度和长度的确定

根据饲养羊群的类别、羊只数量、饲养面积和采食宽度标准,结合走道、粪尿沟、食槽、附属房间等的设置,初步确定羊舍的跨度和长度,最后根据建筑模数要求对跨度、长度做适当调整。在实际设计中,考虑到设备安装和工作方便,羊舍跨度一般为6～15 m,长度一般为50～80 m。如采用大群散养模式,羊群规模为200只时,可以建造长度为45 m、跨度为9 m的羊舍。

3. 门、窗的布置

门、窗设置对保温、隔热、通风、采光等都有影响。为避免羊进出时发生拥挤,羊舍门宽一般为2.5～3 m。寒冷地区须设门斗以防止冷空气侵入,以减少舍内热量散失。不设门槛和台阶,有斜坡即可。羊舍的窗户面积一般占地面面积的1/15～1/10。窗户应向阳,保证舍内充足的光线,以利于羊的健康。同时还可以设置一些天窗更有利于降低舍内湿度和保证舍内空气新鲜。

4. 运动场

运动场的面积以羊舍面积的2～3倍为宜,成年羊运动场面积可按4 $m^2$/只计算,设计在羊舍的南侧。在运动场的两侧及南侧,应设遮阳棚或种植树木,以遮挡夏季烈日。运动场围栏一般不低于1.5 m,且不能对羊体产生伤害,并保证羊只不会逃走。

### (二)羊舍剖面设计

羊舍设计时,应根据饲养工艺模式、当地的气候条件以及经济技术水平等选择双坡、单坡、钟楼式或其他剖面形式。羊舍高度由羊舍类型及所容纳羊只数量决定,一般高度为2.5 m左右。炎热地区为利于通风,可适当高些;寒冷地区为利于防寒,可取2.4 m左右。单坡式羊舍,一般前高2.2～2.5 m,后高1.7～2.0 m,屋顶斜面呈45°。窗台高度不低于靠墙布置的栏位高度,窗台距舍内地面高一般为1.3～1.5 m。

一般情况下舍内外地面高度差在20～60 cm之间,取值要考虑当地的降雨情况,舍外坡道坡度为1/10～1/8;舍内地面的坡度,一般在羊床部分应保证1%～1.6%,以防羊床积水潮湿,地面应向排水沟有1%～2%的坡度。

确定门、窗位置和尺寸时,应按入射角、透光角计算窗的上、下缘高度。门洞口的底标高一般同所处的地平面标高，羊舍外门一般高 1.8～2.2 m；南侧墙上的窗底标高一般取 1.2～1.3 m，北侧墙上的窗底标高一般取 1.4～1.5 m。

【任务评价】

**简答题**

1. 牛舍的平面尺寸（长度、宽度）如何确定？
2. 如何进行牛舍的立面、剖面设计？

# 任务 9　塑膜暖棚畜禽舍设计

## 一、塑膜暖棚畜禽舍的类型

塑膜暖棚畜禽舍适合于我国冬季寒冷的北方。根据塑膜暖棚的结构造型分为单斜面、双斜面、半拱圆形和拱圆形四种。

1. 单斜面塑膜暖棚

暖棚棚顶一面为塑膜覆盖，而另一面为土木结构的屋面（图 2-31a）。这类暖棚大都东西走向，南北朝向。在没有覆盖塑膜时呈半敞式，设有后墙、山墙和前沿墙；中梁处最高，半敞式屋面占整个塑膜暖棚的 1/2～2/3。从中梁处向前沿墙覆盖塑膜，形成密闭式塑膜暖棚，两面出水，暖棚前墙外设防寒沟。一般由地基、墙、框架、覆盖物、加温设备等组成。有土木结构，也有砖混结构，建筑容易，结构简单，塑膜固定容易，抗风雪性能较好，保温性能好，管理方便，但棚下空间较小。这类暖棚一般多为单列式，适用于农区、牧区猪、鸡、牛、羊的规模化生产。

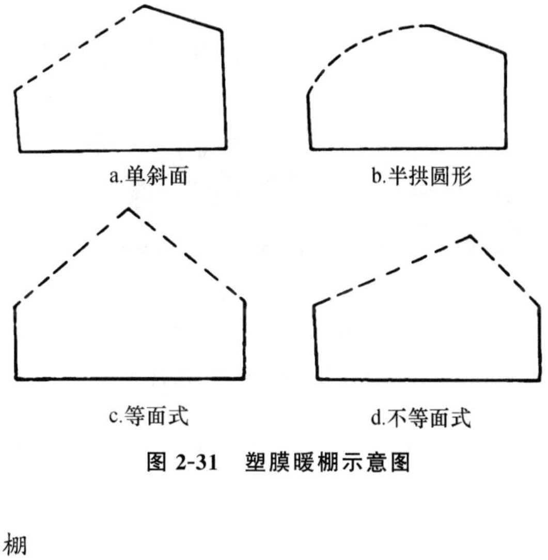


图 2-31　塑膜暖棚示意图

2. 半拱圆形塑膜暖棚

其结构和单斜面暖棚基本相同，半敞棚由前墙、中梁、后墙、山墙及木椽、竹帘、草泥、油毛毡、机瓦等构成。半敞棚屋面一般占整个塑膜暖棚面积的 2/3，靠后墙或前墙留工作通道，一般小畜禽易靠后墙，大畜禽宜靠前沿墙，扣膜时可用竹片由中梁处向前沿墙连成半拱圆形，上覆盖塑膜，即形成密闭的半拱圆形塑膜暖棚（图 2-31b）。这类暖棚棚下空间大，采光系数大，水滴不易直接掉至畜床，而是沿着棚面向前沿墙滑去。这类暖棚多为单列式，结构简单，容易建造，塑膜好固定，抗风抗压性能最强，保温性能好，管理方便，造价低，适合于各种类型畜禽的规模化生产。

3. 双斜面塑膜暖棚

暖棚顶部两面均为塑膜所覆盖，两面出水，有的两棚面相等，称等面式（图 2-31c），有的两棚面不等，称不等面式（图 2-31 d）。双斜面塑膜暖棚四周有墙，中梁处最高，多为双列式。中梁下面设过道，两边设畜栏。塑膜由中梁向两边墙延伸，形成严密的塑膜暖棚。其中以等面式暖棚居多，且多为南北走向，光线上午从东棚面进入，下午从西棚面进入。特点是日照时间长，光线均匀，四周低温区少。不等面暖棚比较少见，一般是坐北向南，东西走向，南棚面积大，北棚面积小。

双斜面塑膜暖棚采光面积大，棚内温度高，但因跨度大，建筑材料要求严格，一般用钢材和木材做框架材料，造价较高，且抗风、耐压能力比较差，在大风和大雪条件下难以保持平衡，高温条件下热气排出也较困难。

4. 拱圆形塑膜暖棚

棚顶面全部覆盖塑料薄膜，呈半圆形。由山墙、前后墙、棚架和棚膜等组成。棚舍南北走向，多为双列式，既可是养殖棚，也可是种植、养殖结合棚。若为种养结合棚，在养殖一侧设周围基础墙，种植一侧则不设基础墙，用竹栏围起，养殖区与种植区中间设有无纺布隔帘，白天卷起，晚上放下。也可采用双层膜暖棚，塑膜与塑膜之间有 8～10 cm 的空气隔层，保温性能更好。拱圆形暖棚棚架材料一般采用钢材或竹材，选用钢材一次性投资大，但经久耐用。拱圆形塑膜暖棚在目前是比较理想的种、养结合棚，可有效地控制环境污染，适用于土地面积大、灌溉条件便利的各种规模的畜禽生产场，拱圆形种、养结合棚（图 2-32）。

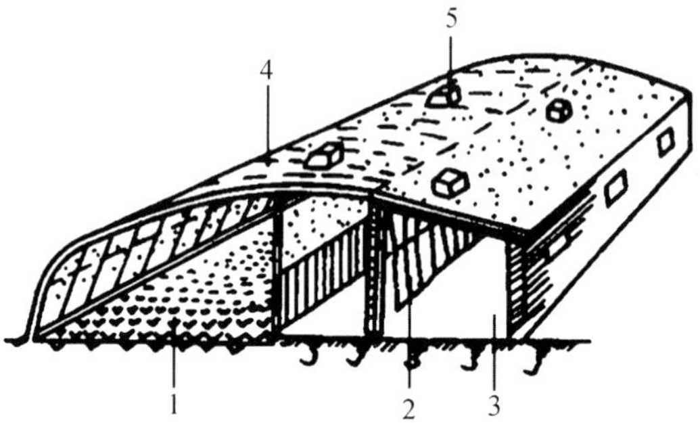


1. 蔬菜部分　2. 双纱布隔帘　3. 畜禽饲养部分　4. 双层塑料棚　5. 双室防冰天窗

**图 2-32　拱圆形种、养结合棚**

## 二、塑料暖棚的设计

1. 保温隔热设计

塑膜暖棚的热量支出主要是表面放热、地下传热和缝隙放热三条途径。为提高棚内温度，减少热支出，在暖棚的保温设计方面应采取以下措施：

(1)棚顶夜间盖上草帘、棉帘或纸被。研究表明，在室外温度为 −18℃时，加草帘和纸被的可分别增温 10 ℃和 6.8℃。

(2)用双层膜代替单层膜,两层膜间隔 5～10 cm。研究表明,双层膜暖棚的温度比单层膜暖棚高 4℃左右,节约饲料 8.76%。

(3)加强墙壁的保温隔热设计,采用空心墙或填充墙,以降低支撑墙的传热能力。

(4)地面用夯实土或三合土,或在三合土上铺水泥,以减少向地下传热。

2.通风换气设计

塑膜暖棚的通风可用自然通风,也可用机械通风。暖棚的通风换气量可用参数法计算(见项目三)。前三种计算方法复杂,所用参数很难准确,故常用参数法确定换气量。

3.塑膜暖棚的主要技术参数

(1)暖棚的规格。适度规模养殖,暖棚的规格根据饲养规模确定。各种畜禽暖棚规格见表 2-36。

**表 2-36 畜禽塑膜棚规格**

| 暖棚 | 肥育猪 | | 牛 | | 鸡 | | 羊 | |
|---|---|---|---|---|---|---|---|---|
| | 头数 | 面积/$m^2$ | 头数 | 面积/$m^2$ | 只数 | 面积/$m^2$ | 只数 | 面积/$m^2$ |
| 单列(半斜面) | 25～50 | 50～110 | 30～50 | 30～50 | 105～180 | 220 | 50～110 | 75～130 |
| 双列(双斜面) | 100 | 200 | 100 | 350 | 250～500 | 38～200 | 150～200 | 23～300 |

饲养规模不足或超过上述头数时,可按每头猪占 1.0 $m^2$,羊 1.2 $m^2$,牛 1.6～1.8 $m^2$,鸡 0.08 $m^2$,确定建筑面积。

(2)跨度及长宽比。跨度主要根据当地冬季雨雪多少及冬季晴天多少而定,冬季雨雪多的以窄为宜(5～6 m),雨雪少的可以放宽(7～8 m);冬季晴天多的地区,太阳光利用较充分,可以放宽,以增大室内热容量,相反,多阴天地区应窄一些。

暖棚长宽比与暖棚的坚固性有密切关系。长宽比大,周径长,地面固定部分多,抗风能力加强,相反则减少。侧如一栋 500 $m^2$ 的暖棚,跨度为 8 m,长度 62.5 m,周径为 141 m。若面积不变,长度为 40 m,跨度为 12.5 m,周径为 105 m,接触地面部分减少,抗风能力也减小。所以,暖棚的长宽比应合理。

(3)高度与高跨比。暖棚的高度是指屋脊的高度,它与跨度有一定关系,在跨度确定的情况下,高度增加,暖棚的屋面角增加,从而提高采光效果。因此,适当增加高度,在搞好保温的同时,能提高采光效果,进而增加蓄热量,高度一般以 2.0～2.6 m 为宜,高跨比为(2.4～3.0)∶10,最大不宜超过 3.5∶10,最小不宜低于 2.1∶10。在雨雪较少的地区,高跨比可以小一点,雨雪较多的地区要适当大一些,以利排除雨雪。

(4)棚面弧度。在半拱圆形和拱圆形暖棚的设计过程中要充分考虑到牢固性,牢固性首先取决于框架材料的质量、薄膜的强度,也取决于棚面弧度、棚面弧度与棚面摔打现象有关。棚面摔打现象是由于棚内外空气压强不等造成的,当棚外风速大的时候,空气压强小,棚内产生举力,棚膜向外鼓起,但在风速变化的瞬间,加之压膜线的拉力,棚膜又返回棚架,如此反复,棚膜就反复摔打,而只有当棚内外空气压力相等时,棚膜才不会产生摔打现象。即使在有风的情况下,只要棚面弧度设计合理,也会降低棚膜的摔打程度。

合理的弧线可用合理轴线公式来确定,弧线点高公式为:

$$y=\frac{4f}{l^2}x(l-x)$$

式中，$y$ 为弧线点高；$f$ 为中高；$l$ 为跨度；$x$ 为水平距离。

例：暖棚跨度 10 m，中高 2.5 m，从地面上画一道 0～10 m 的直线，共分 9 个点，每个点向上引垂线，确定各点高度。

将上述数据代入公式得：$y_1=0.9$；$y_2=1.6$；$y_3=2.1$。即距 0 的 1、2、3 m 处的高度分别为 0.9、1.6、2.1 m，依此类推，4、5、6、7、8、9 m 处的高度分别为 2.4、2.5、2.4、2.1、1.6、0.9 m，将各点连接起来，就形成了一个合理的拱圆形暖棚弧线。

(5)保温比。暖棚的保温比指畜床面积与围护面积之比。保温比越大，热效能越好。暖棚需要保温，也要求白天有充分的光照。晴朗天气下，暖棚的保温和光照无疑是统一的，而刮风下雪天，特别是夜间，暖棚的采光面越大，对保温越不利，保温和采光发生矛盾。为兼顾采光和保温，暖棚应有合适的保温比，一般以 0.6～0.7 为宜。

(6)后墙高度和后坡角度。后墙矮，后坡角度大，保温比大，冬至前后阳光可照到坡内表面，有利于保温，但棚内作业不便；后墙高，后坡角度小，保温比小，保温性能差，但有利于棚内作业。一般情况下，后墙高度以 1.2～1.8 m 为宜，后坡角度以 30°左右为宜。

(7)暖棚前面和两侧无阴影距离。暖棚需要太阳辐射的光和热，所以，暖棚前面和两侧的扇形范围内，不允许任何地貌、地物遮挡太阳的光线。一般来说，在暖棚的东西和南北 8 m 范围内，不应有超过 3 m 高的物体。

4. 各类畜禽塑料暖棚畜禽舍典型构造简介(以半拱圆形暖棚为例)

(1)暖棚猪舍。采用单列式半拱圆形暖棚，坐北朝南，后墙高 1.8 m，中梁高 2.2 m，前沿墙高 0.9 m，前后跨度 4 m，长度视养殖规模而定，后墙与中梁之间用木椽搭棚，中梁与前墙之间用竹片搭成拱形支架(可事先沿墙上装上钢管，搭棚时将竹片直接插入钢管)，上覆塑膜。暖棚单栏前后跨度 3 m，左右宽 3 m，栏与栏之间隔墙高 0.8 m，下边设饲槽，饲槽宽 0.25 m，2/3 在墙下，1/3 在圈内，每栏开一小门，猪床前低后高，有坡度，在侧墙上留有出入小门通往人行道，门高约 1.7 m，宽约 0.8 m。在棚顶留 0.5 m×0.5 m 的活动式排气孔，并加设防风罩，在距离前墙基和山墙基各 5～10 cm 处留 0.2 m×0.2 m 的进气孔若干(根据通风要求计算)。单列式半拱圆形暖棚猪舍见图 2-33。

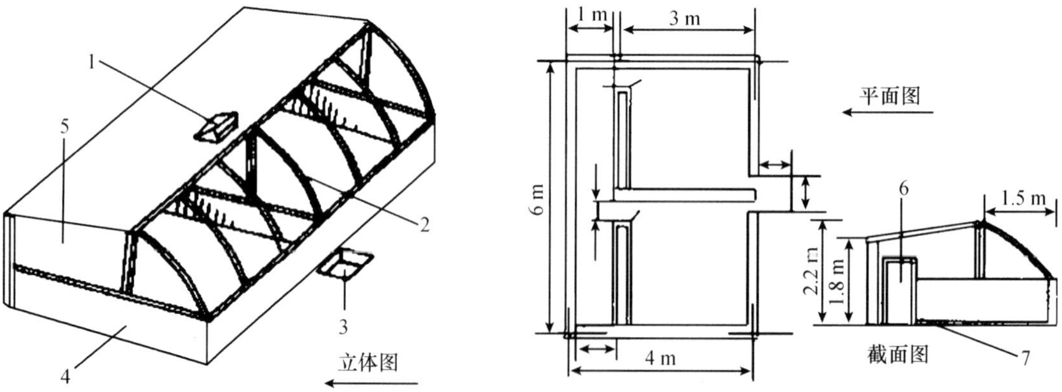


1. 百叶窗排气孔 2. 棚膜架 3. 排粪池 4. 砖墙 5. 土坯墙 6. 单扇木质门 7. 食槽

**图 2-33 半拱圆形暖棚猪舍示意图**

(2)暖棚鸡舍。坐北朝南，棚舍前沿墙高 lm，中梁高 2.5 m，后墙高 2 m，跨度 9 m，长度依规模而定。运动场与鸡舍相连处留有高约 1.7 m、宽 0.9 m 的门供饲养人员出入，其他同暖棚猪舍。在鸡舍与运动场隔墙底部设供鸡出入的小孔，约为 0.2 m×0.2 m。鸡舍内设足够的产蛋箱，运动场内设食槽和饮水器。若实行笼养，去掉中间隔墙，不设运动场。

(3)暖棚牛舍。坐北向南，暖棚前沿墙高 1.2 m，中梁高 2.5 m，后墙高 1.8 m，跨度 5 m，长度依规模而定。中梁和后墙之间用木椽搭成屋面，中梁与前沿墙之间用竹片和塑料薄膜搭成半拱形塑膜棚面，中梁下面沿圈舍长度方向设饲槽，将牛舍与人行道隔开，后墙距中梁 3 m，前沿墙距中梁 2 m。在一端山墙上留两道门，一道通牛舍，供牛出入和清粪用；另一道通人行道，供饲养人员出入。

(4)暖棚羊舍。棚舍中梁高 2.5 m，后墙高 1.7 m，前沿墙高 1.1 m，跨度 6 m，长度依规模定。中梁距前沿墙 2～3 m，棚舍一端山墙上留有高约 1.8 m、宽约 1.2 m 的门，供饲养人员和羊只出入，棚内沿墙设补饲槽、产羔栏(图 2-34)。

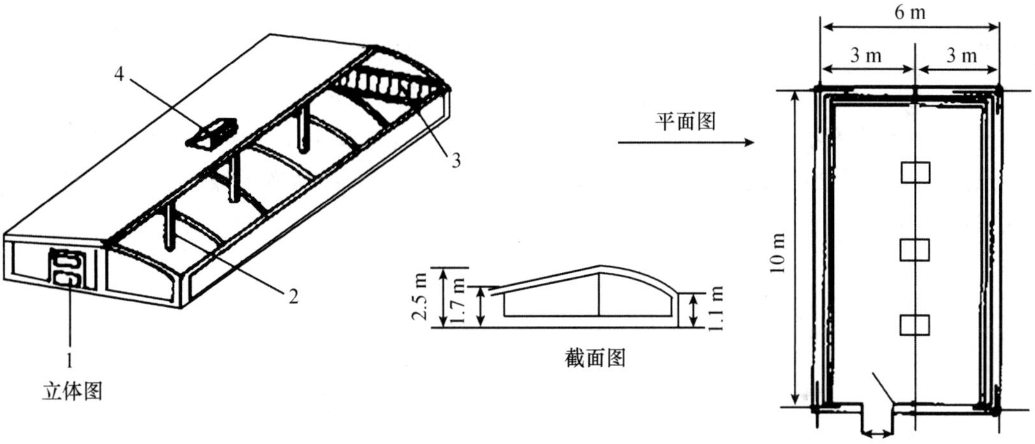


1.单扇木门　2.顶柱　3.补饲　4.百叶窗排气孔

**图 2-34　半拱圆形暖棚羊舍示意图**

## 三、塑料暖棚畜禽舍的环境控制

塑料暖棚的小气候环境与普通封闭舍有所不同，其主要措施是保温、防潮、减少有害气体。

1.保温

提高暖棚畜禽舍的温度除尽可能接受较多的太阳光辐射和加强棚舍热交换管理外，还可采取设防寒沟、覆盖草帘、地温加热等保温措施。

(1)设防寒沟。为保持畜床积温，达到防寒、防雪和雨水对棚壁的侵袭，可在棚舍四周挖环形防寒沟。一般防寒沟宽 30 cm，深 50～100 cm，沟内填上炉渣或麦秸拌废柴油，夯实，顶部用草泥封死。

(2)覆盖草帘。主要作用是减少夜间棚舍内热能向外散发，以保持棚内较高的温度。草帘下最好铺一层厚纸，以防草帘划破棚膜，草帘和厚纸的一端固定在暖棚顶部，夜间放下，铺在棚膜上，白天卷起固定在棚顶。

(3)地温加热。在仔猪培育和育雏过程中，应用较广且相当经济，非常适合我国北方农区畜禽养殖户。具体做法是：在棚舍前墙下挖一个深约 10 cm、长、宽约 50 cm 的坑，然后沿畜床搭火炕，火炕前厚后薄，在暖棚中央处或适当位置架设烟囱。养殖户可将农作物秸秆、畜禽粪便或煤加入火道，可收到很好的保温效果。

2. 防潮

由于塑料薄膜不透气，当棚内水汽蒸发上升到塑料薄膜上后，很快结成水珠，返回畜床，使棚内湿度不断增大。暖棚内的湿度控制应采取综合治理措施，除平时及时清除粪尿、加强通风换气外，还应采取加强棚膜管理和增设干燥带等措施。

(1)加强棚膜管理。塑料薄膜的透光率一般在 80%以上，但是，当棚架上表面积上灰尘和水珠，或有积雪时，会严重影响光线透过，降低棚内温度，增大湿度，尤其是聚氯乙烯膜，与灰尘有较强的亲和力，当棚膜表面附有灰尘时，损失可见光 15%～20%，棚膜表面附有水珠时，可使入射光发生散射现象，损失可见光 10%左右。因此，要经常擦拭薄膜表面的灰尘和水珠，以保持棚膜清洁，获得尽可能大的光照度。

(2)增设干燥带。塑料暖棚舍内可设多处干燥带，主要设在前沿墙和工作通道上，而前墙上增设干燥带效果最好。具体方法是：将前墙砌成空心墙，当墙砌至规定高度时，中间平放一块砖将空心墙封死，在上放砖两侧竖放一块砖，形成凹形槽(图 2-35)。凹形槽的外缘与棚膜光滑连接，凹形槽内添加沙子、白灰等吸湿性较强的材料，当水滴沿棚膜下滑至前沿墙时，水滴就会自然流入凹形槽内，被干燥带的干燥材料所吸收，这样只要勤换干燥材料，就可收到控制湿度的最佳效果。

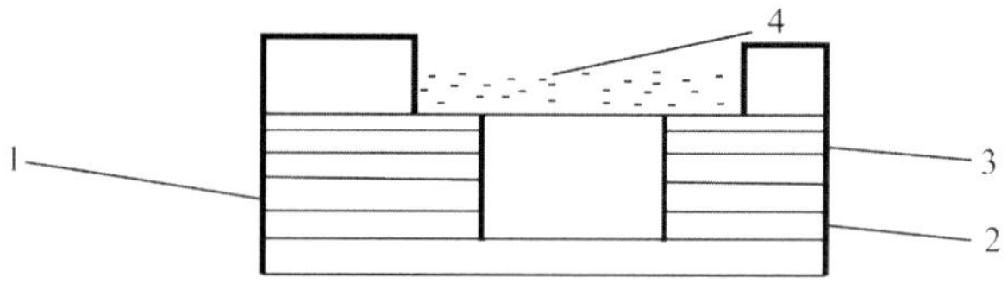


1. 前沿墙外壁　2. 前沿墙内壁　3. 空心　4. 干燥料

**图 2-35　暖棚前沿墙干燥带截面图**

3. 控制有害气体

控制有害气体除及时清理粪尿外，还要加强通风换气。通风换气可以有效地控制舍内有害气体、尘埃和微生物。但是通风和保温是一对矛盾，因此，要兼顾通风与保温。通风换气时间一般应在外界气温高的中午，打开阳光照射一面的进气孔和屋顶排气孔进行换气；清晨应在太阳刚出或太阳出来后进行通风换气，但时间不宜过长；夜间气温低，不宜换气。最好采用间歇式换气法，即换气—停—再换气—再停，一般每次换气 0.5h 左右，具体换气次数和时间应根据暖棚大小、畜禽数量及人的感觉等来决定。

## 【任务评价】

### 简答题

1. 暖棚的棚面弧度如何确定？
2. 暖棚的防潮措施有哪些？

# 任务 10　畜禽场设计图的认识与绘制

## 一、设计图的种类

1. 总平面图

总平面图表明一个工程的总体布局，主要表示原有和新建畜禽舍的位置、标高、道路布置、构筑物、地形、地貌等。是新建畜禽舍定位、施工放线、土方施工及施工总平面布置的依据。如畜禽场所有建筑物的布局图，即称总平面图。总平面图的基本内容包括下列各项：

(1)表明新建筑区的总体布局，如批准地号范围，各建筑物的位置、道路、管网的布置等。

(2)确定建筑物的平面位置。

(3)表明建筑物首层地面的绝对标高，室外地坪、道路的绝对标高，说明土方填挖情况、地面坡度及排水方向。

(4)用指北针表示房屋的朝向，用风向玫瑰图表示常年风向频率和风速。

(5)根据工程的需要，有时还有水、暖、电等管线总平面图，各种管线综合布置图，竖向设计图，道路纵剖面图以及绿化布置图等。

2. 平面图

建筑的平面图，就是一栋畜禽舍的水平剖视图。主要表示畜禽舍占地大小，内部的分割，房间的大小，走道、门、窗、台阶等局部位置和大小，墙的厚度等。一般施工放线、砌砖、安装门窗等都用平面图。内容包括：

(1)建筑物形状、内部的布置及朝向。

(2)建筑物的尺寸和建筑地面标高。

(3)建筑物的结构形式及主要建筑材料。

(4)门窗及其过梁的编号、门的开启方向。

(5)剖面图、详图和标准配件的位置及其编号。

(6)反映工艺、水、暖、电对土建的要求。

(7)表明舍内装修做法，包括舍内地面、墙面、天棚等处的材料及做法。

(8)其他文字说明。

3. 立面图

表示畜禽舍建筑物的外观形式、装修及使用材料等。一般有正、背、侧三种立面图，立面图应与周围建筑物协调配合。

4. 剖面图

表明建筑物内部在高度方面的情况，如房顶的坡度、房间的门窗各部分的高度，同时也可表示出建筑物所采用的形式。剖面图的剖面位置，一般选择建筑内部做法有代表性，空间变化比较复杂的位置。

## 二、看图的方法和步骤

1. 图纸的名称

图纸的名称通常载于右下角的图标框中，根据注明，可查知该图属于何种类型和整套图中属哪一部分。

2. 图纸的比例尺、方位、方向及风向频率

3. 顺序和看图方法

(1)由大到小。看地形图，其次为总平面图、平面图、立面图、剖面图及大样等。

(2)由表及里。审查建筑物时，先看建筑物的周围环境，再审查建筑物的内部。

(3)由下而上。审查多层畜舍时，应从第一层开始，依次逐层审查。

(4)辨认图纸上所有的符号及标记。

(5)查认地形图上的山丘、河流、森林、铁路、公路及工业区和住宅区所在地，并测量其相互间距离。

(6)确认剖面图所剖视的部位。

(7)确定建筑物各部的尺寸，长宽和高度的尺寸，可分别在平面图和立面图或剖面图上查知或测得。

按照上述方法和步骤，对所审查的图纸，由粗而细，再由细而粗，反复研究，加以综合分析，做出卫生评价。

## 三、畜禽舍设计图绘制

1. 确定绘制图样的数量

要根据畜禽舍的外形和内部构造的复杂程度，同时考虑到技术和施工的要求来确定绘制哪几种图样。某些生产上有特殊要求的设施和设备，以及不常见的非标准设计，为方便技术设计和施工，应该绘制详图。应对各栋房舍统筹考虑，防止重复和遗漏，并在保证需要的前提下，图样数量应尽量少。

2. 绘制草图

根据工艺设计要求和实际情况及条件，把酝酿成熟的设计思路徒手绘成草图。绘制草图虽不按比例，不使用绘图工具，但图样内容和尺寸应力求详尽，细到局部(如一间、一栏)。根据草图再绘成正式图纸。

3. 选择适当的比例

考虑图样的复杂程度及其作用，以能清晰表达其主要内容为原则来决定所用比例。

4. 合理进行图纸布局

每张图纸要根据需要绘制的内容、实际尺寸和所选用的比例，并考虑图名、尺寸线、文字说明、图标等的位置，计划和安排这些内容所占图纸的大小及其在图纸上的位置。要做到每张图纸上的各种内容主次分明，排列均匀、紧凑、整齐；尽量使关系密切的图样集中在一张图纸上，以便对照查阅。一般应把比例相同的一栋房舍的平、立、剖面图绘在同一张图纸上，畜禽舍尺寸较大时，也可在顺序相连的几张图纸上绘制。布置好计划内容之后，就可

确定所需图幅大小。

5.绘制图样

绘图时一般是先绘平面图，再绘剖面图。这样可根据投影关系，由平面图引线确定正、背立面图，再由正、背立面图引线确定侧立面图各部的高度，再按平、剖面图上的跨度方向尺寸，绘出侧立面图。

为了使图样绘制准确、整洁，提高制图速度，各种图样均应按以下步骤进行绘制。

(1)绘控制线。按图面布置计划，留出标注尺寸、代号和文字说明等位置，在适当的位置上用较硬的铅笔，按所定比例和实际尺寸先定位轴线、墙柱轮廓线、室内外地坪线和房顶轮廓线(剖面和立面)、其他主要构造的轮廓线(台阶、坡道、雨罩、阳台等)。

(2)绘门窗及其他细部。按设计尺寸用较硬铅笔轻淡地绘出门窗位置和尺寸，然后绘出舍内各种设施和设备的位置和尺寸。

(3)加深图线。以上两步是打底稿工作，完成之后需进行仔细检查，确认无误后，擦去不需要的线条，再按制图标准规定的线型用较软的铅笔(HB 型或 B 型)或绘图笔、直线笔，分别加深加粗各图线或上墨线。上墨线时，特别注意图中粗细相同的线型应同时画，并由细到粗，画完一种线型再画另一种，而且画每种线型时，还应由上到下、自左到右依次画，切忌不按顺序画，这样不仅容易用错线型，而且往往在画过后的墨线未干时就被擦而弄脏图画。在图线加深加粗之后，应按轮廓清楚、线型正确、粗细分明的要求，仔细检查一遍。

(4)标注尺寸和文字。各种图样中的尺寸要表示出各部分的准确位置，并执行制图标准中有关尺寸标注的规定。

总平面图中至少应标注两道尺寸，外边一道是总长度或总宽度，里面一道是畜舍建筑物、构筑物的长度或宽度，以及建筑物、构筑物之间的距离，尺寸数字一律以米为单位。

畜禽舍建筑平面图中，外墙尺寸应标注三道，最外一道是外轮廓的总长度或总宽度，中间一道是轴线间尺寸，最后一道标注门窗洞口尺寸、墙厚或外墙其他构件的尺寸。注尺寸数字以毫米为单位。

剖面图长、宽尺寸注法与平面图相同，但还应标注各部分的高度尺寸，至少应标明室内地坪、窗台、门窗上缘、吊顶或桁(梁)下高度等尺寸，注法同平面图。

立面图中只标注标高符号和标高，标高符号在平面图和剖面图也应标明±0.000 所在位置。

(5)其他标注。各图中还应注写各畜舍(间)名称、设备或设施名称、门窗编号、轴线编号、详细索引、必要的文字说明及图名、比例等。

6.说明书

用来说明建筑物的性质、施工方法、建筑材料的使用等，以补充图中文字的说明不足；说明书有一般说明书和特殊说明书两张。有些建筑图纸上的扼要文字说明就代替了文字说明书。

7.比例尺的使用

为了避免视觉上的误差，在测量图纸上的尺寸时，常使用比例尺。测量时比例尺与眼睛视线应保持水平位置；测量两点或两线之间的距离时，应沿水平线测量，两点之间距离应取其最短的直线为宜；比例尺上的比例与图纸上的比例应尽量做到一致，可减少推算麻烦。

## 四、15 000只产蛋鸡舍结构设计案例

以一个饲养量为15 000只封闭式蛋鸡舍为例(图2-36)，采用9LJ2B-396型(长×宽×高=1 900 mm×1 600 mm×1 610 mm)三层全阶梯中型鸡笼，饲养96只蛋鸡，以四列五走道布置。实际笼位16 896只，鸡舍建筑面积1168 m$^2$(包括操作间和宿舍)。鸡舍长92.54 m，单列笼长85.8 m；44组笼，单笼长1.95 m(包括笼架)；鸡舍宽12.22 m，其中粪沟宽1.57 m，中间三个过道宽1.1 m，两边过道宽0.95 m；鸡舍屋檐高2.6 m，屋脊高1 m；鸡舍前侧面设操作间宽3.5 m，长4.5 m。

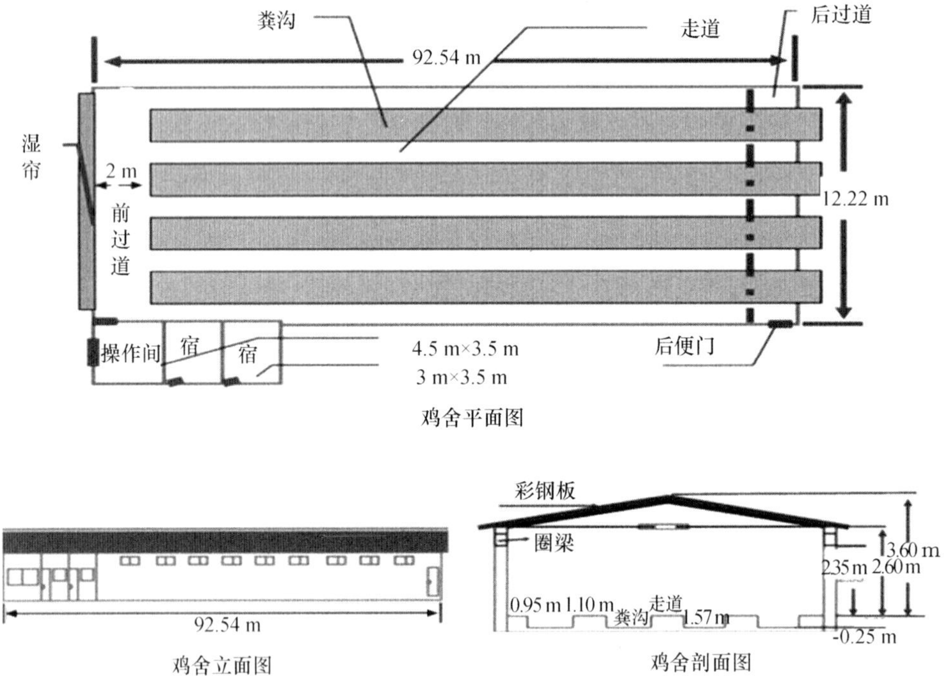


**图2-36 万只产蛋鸡舍结构设计**

所需鸡笼单元数=饲养量/单元饲养量=16896/96=176(个)，采用四列布置，每列单元数=176/4=44(个)。

鸡笼安装长度=单元鸡笼长度×每列单元数=1.95×44=85.8(m)。鸡舍净长还需要加上设备安装、两端走道长和两侧墙壁厚度，其中前过道(包括机头)3.5 m，后过道(包括机尾)2.5 m，两侧墙壁厚度各为0.37 m。

$$鸡舍长度(L)=85.8+3.5+2.5+0.37\times2=92.54(m)$$

鸡舍宽度确定时，中间走道考虑人工捡蛋车交会需要宽度为1.1 m，两侧通道只考虑捡蛋车单向通行宽度不小于0.95 m，两侧墙壁厚度各为0.37 m。

$$鸡舍宽度=4\times1.57+3\times1.1+2\times0.95+0.37\times2=12.22(m)$$

鸡舍选择双坡形式，鸡舍中部高度3.6 m，净高2.6 m，上层笼距屋架下沿高度为约1 m。

【任务评价】

**简答题**

1. 设计图识别的方法和步骤有哪些？

2. 畜禽舍设计图绘制的内容主要有哪些？

# 项目三
# 畜禽场设施设备配置

【价值目标】

通过学习畜禽场饲养设备、喂饲机械设备、饮水设备、废弃物处理设备以及环境控制设备在畜牧养殖业中发挥的作用，使学生明白对于规模化养殖的发展，先进的现代养殖设备是不可或缺的，即“人养设备、设备养畜”，中国的畜牧工程技术与国外发达国家相比还有一定差距，这就要求我们从事养殖设备研发制造的企业研制出更科学、更先进、更实用、效率更高的设施、设备，达到国际先进水平，从而为中国的现代化养殖业健康发展做出更大贡献。

【学习目标】

了解畜禽场常用饲养设备和喂饲机械设备；认识畜禽场饮水和清粪设备的结构及特性；掌握畜禽舍环境控制设备的使用。

【教学案例】

大学生小王返乡创业，创办了一个猪场，在建场时选用规模猪场常用的饮水器，因猪只玩耍及饮水器压力过大等原因，造成水量浪费占到猪场用水量的近50%，饮用水浪费不仅增加了污水产生量，加大后续污水处理难度，同时造成舍内空气环境质量差。

请问：1. 引起小王养猪场用水量和污水增多是设计的问题还是管理的问题？

2. 通过哪些方法可以降低用水量还不影响猪只健康和生产？

## 任务1　饲养设备

为了保护生态环境，严格控制畜禽疫病的传播，生产合格的畜禽产品，减少成本消耗，增加经济效益，集约化、科学化养殖是养殖业的必由之路，而机械化、自动化和智能化的现代饲养管理设备是发展现代养殖业的关键。饲养管理设备是涉及养殖生产不同领域的多种设备。

## 一、育雏设备

育雏是禽类生产中的关键环节之一，育雏效果直接影响到禽类后期的生长和经济效益。育雏方式不同，所用的育雏设备的种类也不同。育雏方式有立体育雏和平养育雏两种，平养育雏又分为地面垫料育雏和网上育雏。

1. 叠层式电热育雏器

叠层式电热育雏器每层笼内都设有电加热器和温度控制装置，可保证不同日龄雏鸡所需的温度。由加热笼、保温笼和活动笼三部分组成(图 3-1)，每一部分都是独立的整体，可以根据房舍结构和需要进行组合。电热育雏器一般为四层，人工喂料、加水、清粪，每组笼备有 40 个食槽，真空式饮水器 12 个，加湿水槽 4 个，红外线加热器总功率 2 kW。外形尺寸为 4 404 mm×1 396 mm×1 725 mm，层与层之间是 70 cm×70 cm 的盛粪盘，可育雏 1～15 日龄蛋雏鸡 1 400～1 600 只，16～30 日龄蛋雏鸡 1 000～1 200 只，31～42 日龄蛋雏鸡 700～800 只。其特点是结构简单，操作方便，雏鸡生长良好，成活率高，热能浪费少，耗电量低，占地面积小，经济效益高。

2. 叠层式育雏笼

叠层式育雏笼指无加热装置的普通育雏笼，通常是 4 层或 5 层。整个笼组用镀锌铁丝网片制成，由笼架固定支撑，每层笼间设盛粪板，间隙 50～70 cm，笼高 33 cm(图 3-2)。此种育雏笼对于整室加温的鸡舍使用效果不错。

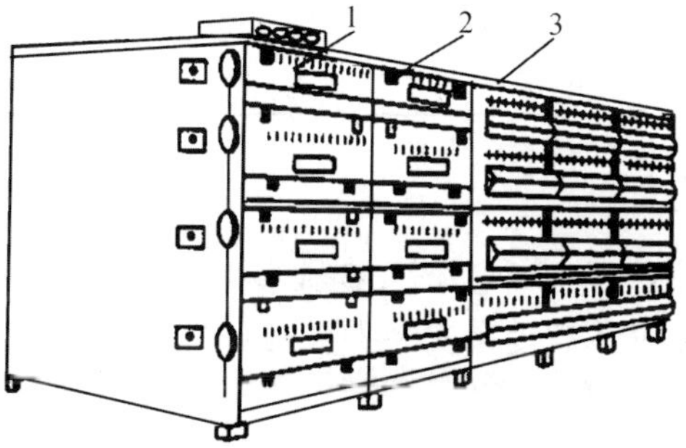


1. 加热笼　2. 保温笼　3. 活动笼

**图 3-1　电热育雏器**

**图 3-2　叠层式育雏笼**

3. 电热育雏伞

电热育雏伞(图 3-3)的伞体可以用玻璃钢、塑料、纤维板等材料制成。伞内装有红外线加热器、照明灯泡、温度传感器等，伞外用一围栏围雏，伞外围栏内可以放置食盘、饮水器等。随着日龄的增加，逐渐降低育雏温度或调整育雏伞的高度。电热育雏伞适合育雏量少的小型畜禽场，一般每把电热保温伞可育雏鸡 800～1 000 只。

保温区的温度与红外线灯悬挂的高度和距离有着密切的关系，在灯泡功率一定条件下，红外线灯悬挂高度越高，地面温度越低(表 3-1)。

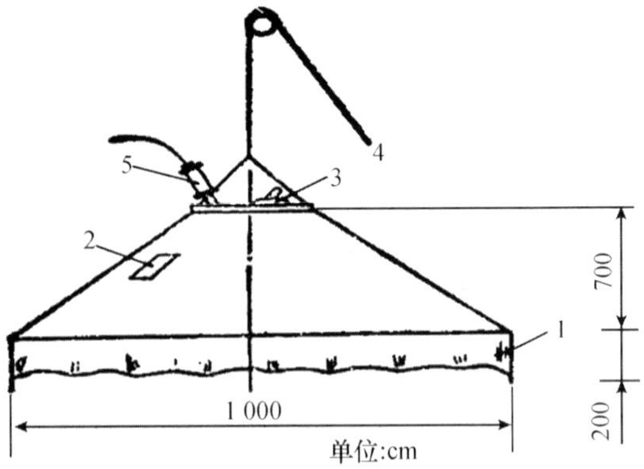


1.帘布 2.观察窗 3.开关 4.吊绳 5.感温仪

**图 3-3 电热育雏伞**

**表 3-1 红外线灯高度和伞下温度的关系**

| | | 灯下水平距离/cm | | | | | |
|---|---|---|---|---|---|---|---|
| | | 0 | 10 | 20 | 30 | 40 | 50 |
| 灯泡/W | 高度/cm | 伞下温度/℃ | | | | | |
| 250 | 50 | 34 | 30 | 25 | 20 | 18 | 17 |
| | 40 | 38 | 34 | 21 | 17 | 17 | 17 |
| 125 | 50 | 19 | 26 | 18 | 17 | 17 | 15 |
| | 40 | 23 | 28 | 19 | 15 | 15 | 14 |

4.燃气育雏伞

在天然气或煤气资源充足的地区,可以使用燃气育雏伞。燃气育雏伞有从下向上燃烧的,也有从上向下辐射的。伞内温度靠调节燃气量和伞体高度来实现。育雏伞要注意通风换气,周边不宜存放易燃品。

平养育雏设备有电热式育雏伞和燃气式育雏伞。还可采用火墙、火炉、锯末炉、热风炉等加温设备进行育雏。自动控温型锯末炉是立体育雏和平养育雏比较经济的加热设备,适合中小型禽场。

## 二、鸡的笼养设备

笼具是现代化养鸡的主体设备,不同笼养设备适用于不同的鸡群,笼养设备包括鸡笼、笼架和附属设备(食槽、饮水器、盛粪板、集蛋带等)。鸡笼多为装配式,在使用前把各部件装配在一起。笼体一般由 $\phi$2～3 mm 冷拉低碳钢丝点焊而成,笼架一般由 2～3 mm 厚的钢板冲压成型,为了更好地防腐,采用热镀锌处理。

### (一)蛋鸡笼

蛋鸡笼由顶网、底网、前网、后网、隔网和笼门构成,笼门安装在前网或顶网,可以拉开或翻开。一般前顶网做成一体,后底网做成一体,用侧网隔开 3～5 个小笼,每个小笼养 3～4 只。

笼底网前倾 7°～11°，伸出笼外 12～16 cm 形成集蛋槽。网片间用笼卡连接。鸡笼按其组合方式不同，分为全阶梯式、半阶梯式、层叠式、阶叠混合式、平置式。

(1)全阶梯式鸡笼。各层笼沿垂直方向互相错开，有 2～4 层。鸡粪可直接落入粪沟，舍饲密度较低。我国大多数蛋鸡笼、育成笼、种鸡笼都采用这种方式。

(2)半阶梯式鸡笼。上下层之间部分重叠，重叠部分有挡粪板，按一定角度安装，粪便滑入粪坑。其舍饲密度较全阶梯式鸡笼高，但是比层叠式鸡笼低。由于挡粪板的阻碍，通风效果比全阶梯式鸡笼稍差。

(3)层叠式鸡笼。各层笼沿垂直方向重叠，重叠的层数有 3～8 层，每层之间有 12 cm 高的间隔，其中有传送带承接和运送粪便，清粪、喂饲、供水、集蛋以及环境条件控制均为自动化。这种鸡笼能够极大地提高鸡舍的利用效率和生产效率，但是成本相对较高。

#### (二)育成鸡笼与肉鸡笼

育成鸡笼的底网平置，每笼内养鸡 4～8 只，有半阶梯式和层叠式两大类，有 3～5 层之分，可以与喂料机、乳头式饮水器、清粪设备等配套使用。肉鸡笼与育成鸡笼基本相同，肉鸡笼养目前不普遍，采用网上一端式饲养。

#### (三)种鸡笼

种鸡笼一般是公母鸡分开饲养。公鸡笼尺寸较大，底网平置，每笼内养公鸡 1～2 只，2～3 层全阶梯式布置，便于采精。母鸡笼的结构与蛋鸡笼相同，肉种鸡笼尺寸比蛋鸡笼大，每笼养母鸡 2～4 只，2～3 层全阶梯式布置。

### 三、猪的饲养设备

#### (一)根据猪栏结构分类

分为实体猪栏、栅栏式猪栏和综合式猪栏。

1. 实体猪栏

猪舍内圈与圈间以 0.8～1.2 m 高的实体墙相隔，优点在于可就地取材、造价低，相邻圈舍隔离，利于防疫，缺点是不便通风和饲养管理，而且占地，适于小规模猪场。

2. 栅栏式猪栏

猪舍内圈与圈间以 0.8～1.2 m 高的栅栏相隔，占地小，通风好，便于管理。缺点是耗钢材，成本高，且不利于防疫。

3. 综合式猪栏

猪舍内圈与圈间以 0.8～1.2 m 高的实体墙相隔，沿通道正面用栅栏。集中了实体和栅栏式猪栏二者的优点，适合于各类猪场。

#### (二)根据饲养猪群类型分类

分为公猪栏、配种栏、母猪单体限位栏、妊娠栏、分娩栏、仔猪保育栏和生长育肥猪栏。

1. 公猪栏和配种栏

公猪栏主要用于饲养公猪，一般为单栏饲养，面积一般为 7～9 $m^2$，栏高为 1.2～1.4 m，单列式或双列式布置(图 3-4)。

2. 母猪单体限位栏

在集约化猪场中，母猪在空怀期、妊娠期采用单栏限位饲养，即一个单体栏饲养一头母猪，一般采用金属结构，其尺寸长×宽×高为 210 cm×60 cm×100 cm(图 3-5)。单体栏饲养占地面积小，便于控制母猪膘情，母猪不会因打架与相互干扰、碰撞而导致流产。但母猪活动受限制，运动量较少，缩短母猪繁殖年限。

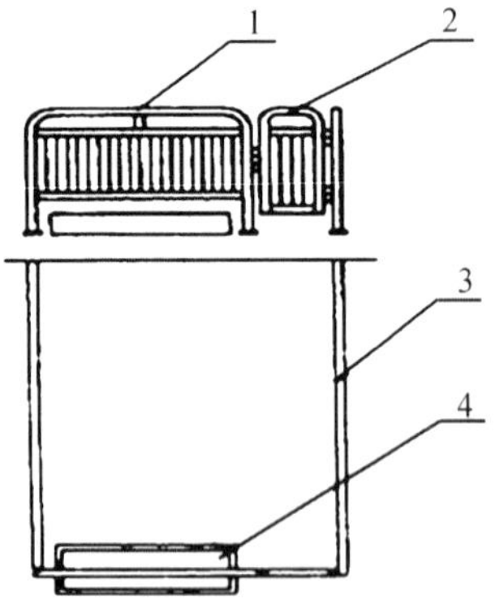


1. 前栏 2. 栏门 3. 隔栏 4. 食槽

图 3-4 公猪栏

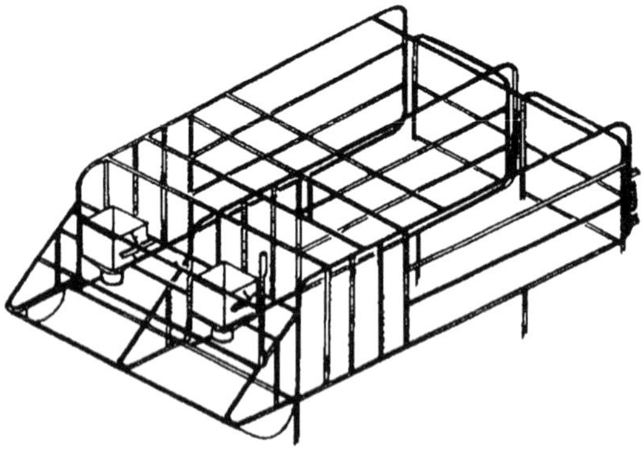

图 3-5 母猪单体限位栏

3. 分娩栏

良好的分娩栏结构和产房环境条件，有利于提高仔猪成活率和日增重。分娩哺育栏由母猪限位架、仔猪围栏、仔猪保温箱和地板四部分组成(图 3-6)。母猪单体限位栏位于分娩栏中间，长×宽×高为 210 cm×60 cm×100 cm，前面设母猪料槽和自动饮水器，高床分娩栏地面为全漏缝地板，小型猪场如不是高床分娩栏，可设半漏缝地板，即母猪限位栏前半部为水泥地面，仅在母猪后半部设漏缝板，两侧仔猪活动区则为全漏缝地板。仔猪活动区有仔猪铸铁补料槽和自动饮水器，仔猪活动区在母猪限位栏两侧，每侧活动区尺寸：长×宽×高为 210 cm×40 cm×60 cm。

4. 仔猪保育栏

保育仔猪多为高床全漏缝地面饲养，猪栏采用全金属栏架，配塑料或铸铁漏缝地板、自动饲槽和自动饮水器(图 3-7)。现在部分集约化猪场并不采用全漏缝地板，而是采用 2/3 漏缝地板，1/3 水泥地板，在水泥地板下铺设炕道或热水管道，通过烧煤或热水循环等供暖。保育栏的尺寸可根据猪舍结构而定，一般长×宽×高为 2 m×1.7 m×0.7 m，侧栏间隙 5.5 cm，离地面高度 30～40 cm。

图 3-6 母猪分娩栏

图 3-7 仔猪保育栏

5. 生长育肥猪栏

集约化猪场生长育肥猪均采用大栏饲养，常用结构形式有全铁栅栏和半漏缝水泥地板的生长育肥栏，卫生清洁、通风性能好，节省人工；肥育猪栏常用砖砌成实体结构，水泥地面。每头生长育成猪占地面积 0.5 $m^2$，肥育猪占地面积 0.8～1.0 $m^2$，群体大小为 20～30 头。栅栏式猪栏的框架一般用 $\phi$25～40 mm 的钢管，栅条一般用 $\phi$12～25 mm 的钢管或圆钢（图 3-8）。

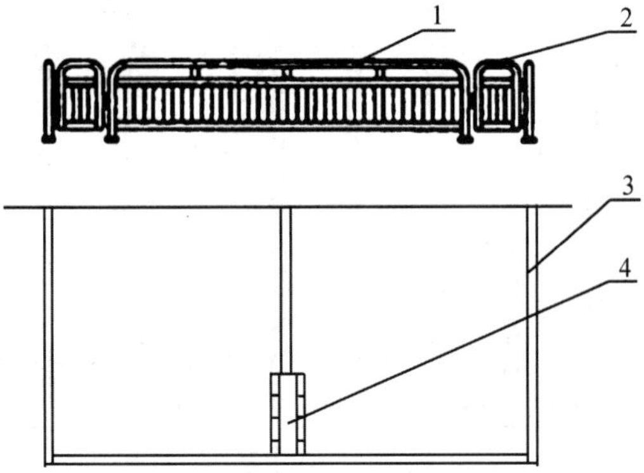


1. 前栏　2. 栏门　3. 隔栏　4. 自动落料食槽

**图 3-8　生长育肥猪栏示意图**

## 四、牛的饲养设备

奶牛饲养采用散放饲养和舍内拴养的方式，其饲养设备有隔栏和颈枷，把牛固定在牛床上。隔栏一般用钢管焊接而成，前部为食槽和饮水器，后部为粪沟（图 3-9）。

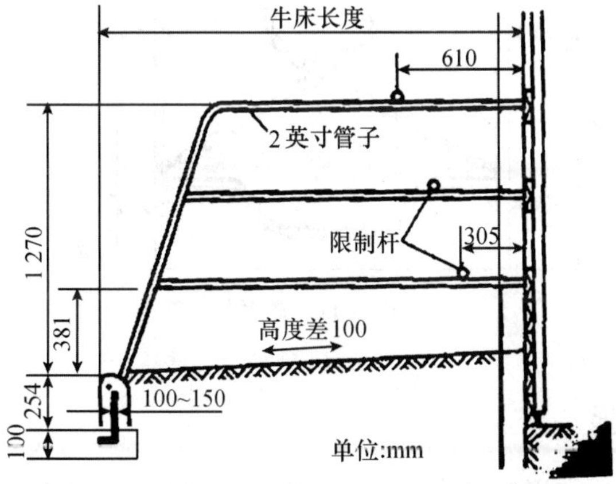


**图 3-9　隔栏**

颈枷有硬式和软式两种，硬式颈枷用钢管制成（图 3-10），软式颈枷多用铁链制成，主要有直链式和横链式两种形式（图 3-11）。直链式颈枷由两条长短不一的铁链构成，长链长为 130～150 cm，下端固定在饲槽的前壁上，上端拴在一条横梁上，短铁链（或皮带）长约 50 cm，两端用2个铁环穿在长铁链上，并能沿长铁链上下滑动。方便牛只活动和采食休息。横链式也由长短不一的两条铁链组成，以横挂着的长链为主，其两端有滑轮挂在两侧牛栏的立柱上，可自由上下滑动。用另一短链固定在横的长链上套住牛颈，牛只能自如地上下左右活动，不至于拉长铁链而导致抢食。

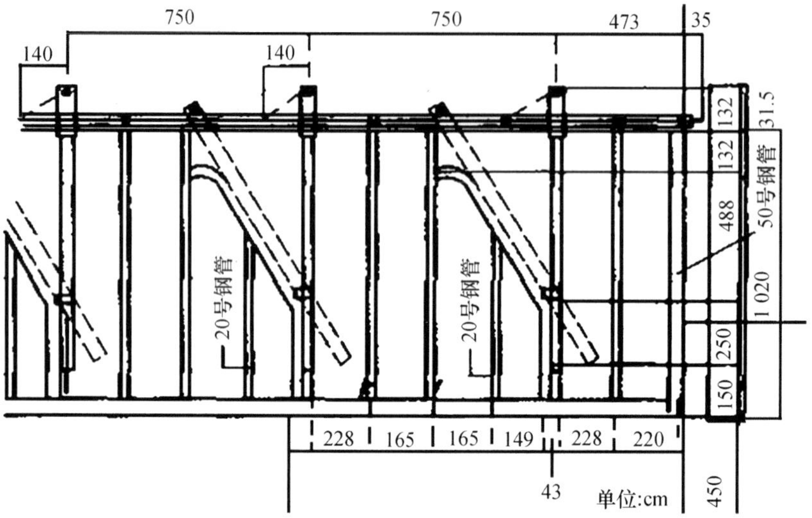


图 3-10 硬颈枷

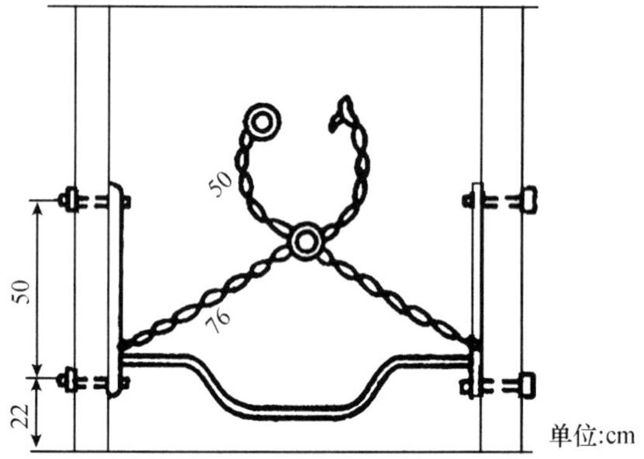


图 3-11 软颈枷

## 五、羊的药浴设施

药浴池是规模化羊场常用的设施之一。大型药浴池呈长方形，似一条窄而深的水沟，用水泥筑成(图3-12)，其深不低于1 m，长8～15 m，池底宽0.4～0.6 m，上宽0.6～0.8 m，以一只羊能通过而不能转身为度。入口一端是陡坡，出口一端筑成台阶以便羊只攀登，出口端设有滴流台，羊出浴后在滴流台停留一段时间，使身上多余的药液流回池内。此外，还有淋浴式药浴池(图3-13)和适合小型羊场或农户的浴槽、浴缸和浴桶等药浴设施(图3-14)。

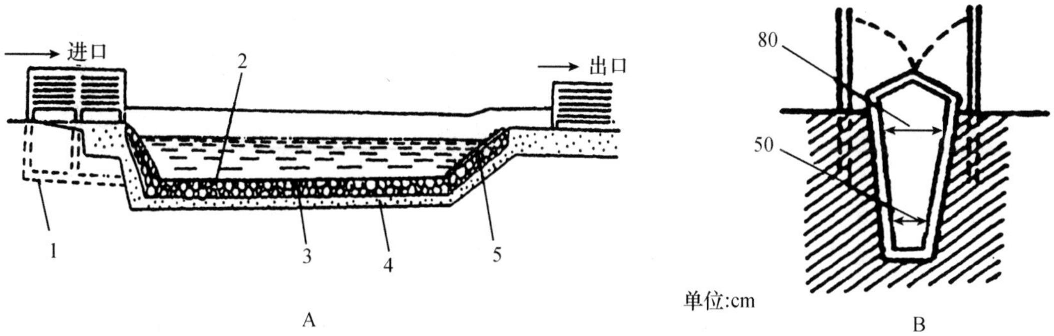


A.药浴池纵剖面　B药浴池横剖面

1.基石　2.水泥面　3.碎石基　4.沙底　5.厚木板台阶

**图 3-12　大型药浴池示意图**

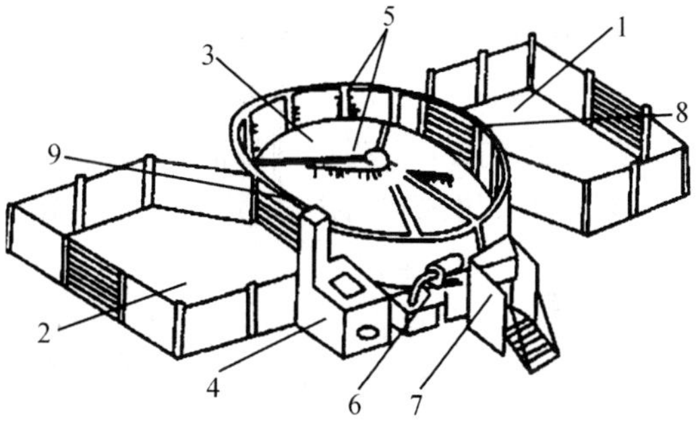


1.待浴羊栏　2.浴后羊栏　3.药浴淋场　4.炉灶及热水箱　5.喷头

6.离心式水泵　7.控制台　8.药浴淋场入口　9.药浴淋场出口

**图 3-13　淋浴式药浴装置**

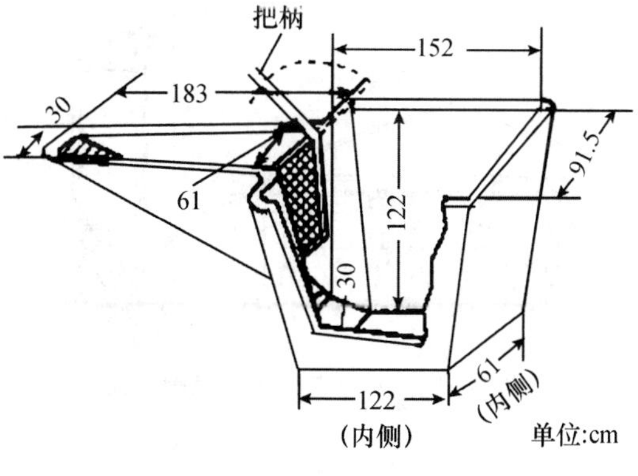


**图 3-14　小型药浴槽示意图**

【任务评价】

填空题

1.叠层式电热育雏器由________、________、________三部分组成，设有电加热器和温度控制装置。

2.叠层式育雏笼每层笼间设________，间隙50～70 cm，用于整室加温的鸡舍使用效果不错。

3.一般每把电热保温伞可育雏鸡________只。

4.猪栏按猪群分________、________、________、________、________、________等。

5.母猪分娩哺育栏由________、________、________、________四部分组成。

# 任务2　喂饲机械设备

## 一、畜禽喂饲机械设备的类型

常见的喂饲机械设备分为干饲料喂饲机械设备、湿拌料喂饲机械设备和稀料喂饲机械设备三类。干饲料喂饲机械设备主要用于全价配合饲料(干粉料、颗粒饲料)的喂饲，适合于不限量的自由采食。湿拌料喂饲机械设备用于青饲料的湿混合饲料，主要用于奶牛、肉牛和羊的集中饲养场。稀料喂饲机械设备主要采用泵和输送管道，多见于养猪场。

## 二、干饲料喂饲机械设备

干饲料喂饲机械设备主要包括贮料塔、输料机、喂料机(喂料车)三大部分。

### (一)贮料塔

贮料塔用来贮存饲料，便于机械化喂饲。安装在畜禽舍外的端部，比较长的畜禽舍也可设在畜禽舍中间部位。国产9TZ-4型贮料塔及其配套的输料机见图3-15。贮料塔多用镀锌钢板制成，塔身断面呈圆形或方形，饲料在自身重力作用下落入贮料塔下锥体底部的出料口，再通过饲料输送机送到畜禽舍。

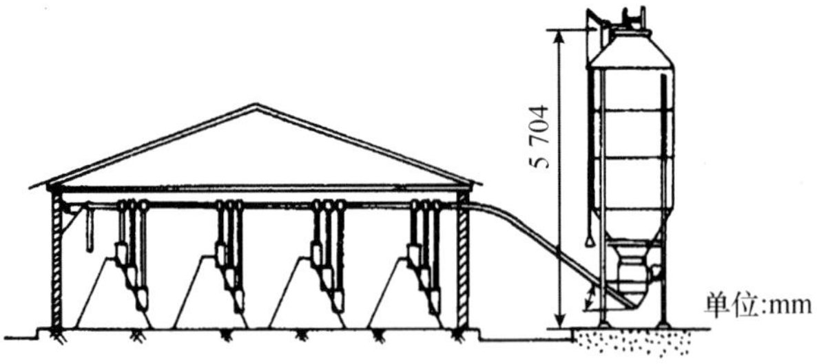


图3-15　贮料塔与输料机配置图

### (二)输料机

输料机是用来将饲料从畜禽舍外的贮料塔输送到畜禽舍内，然后分送到饲料车、食槽或自动食箱内的设备。常见类型有索盘式、螺旋式和螺旋弹簧式。

## (三)喂料机(喂料车)

喂料机是用来将饲料送入畜禽饲槽的设备。干饲料喂料机可分为固定式和移动式两类。

1. 固定式干饲料喂料机

固定式干饲料喂料机按照输送饲料的工作部件可分为螺旋弹簧式、索盘式和链板式三种。

(1)螺旋弹簧式喂料机。螺旋弹簧式喂料机主要用于鸡的平养,也可用于猪和牛的饲养。由料箱与驱动装置、螺旋弹簧与输料管、盘筒形饲槽和控制系统组成(图 3-16),属于直线型喂料设备。工作时,饲料由舍外的贮料塔运入料箱,然后由螺旋弹簧将饲料沿着管道推送,依次向套接在输料管道出口下方的饲槽装料,当最后一个饲槽装满时,限位控制开关开启,使喂饲机的电动机停止转动,即完成一次喂饲。螺旋弹簧式喂饲机一般只用于平养鸡舍,优点是结构简单,便于自动化操作和防止饲料被污染。

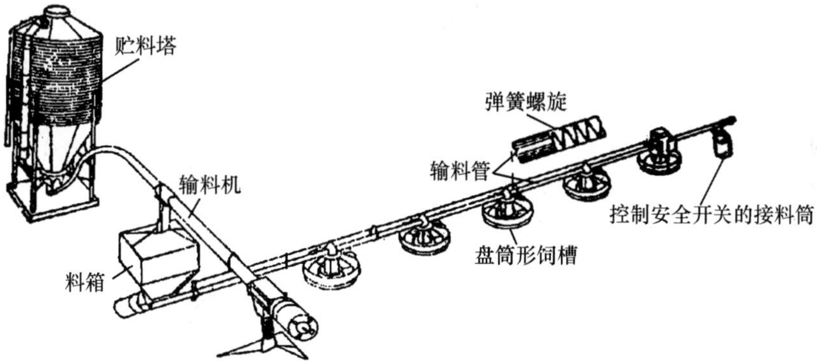


图 3-16　螺旋弹簧式喂料机

(2)索盘式喂料机。索盘式喂料机由料斗、驱动装置、索盘、输料管、转角轮和盘筒式饲槽组成(图 3-17),可用于喂饲猪、牛、羊和平养的鸡,也可用于其他禽类的喂饲。工作时由驱动机构带动索盘,索盘通过料斗时将饲料带出,并沿输料管输送,再由斜管送入盘筒式饲槽,管中多余饲料由回料管进入料斗。

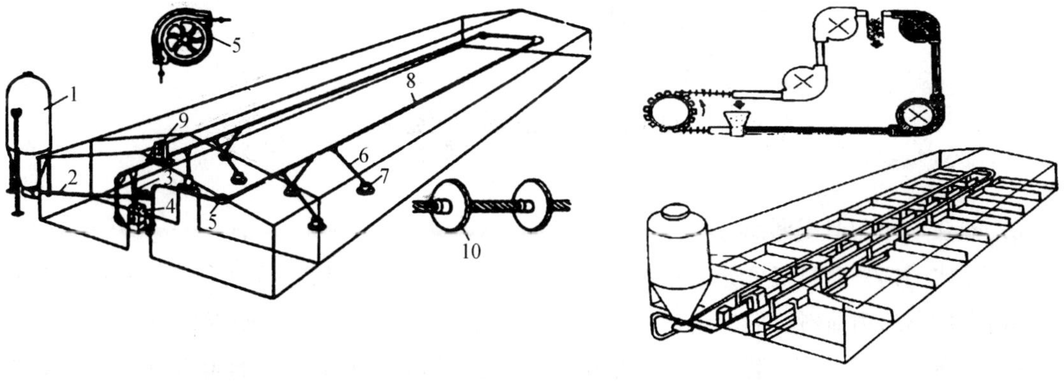


1. 贮料塔　2. 输料机　3. 回料管　4. 料斗　5. 转角轮　6. 落料管　7. 盘筒式饲槽
8. 输料分配管道　9. 驱动装置　10. 塑料索盘

图 3-17　索盘式喂料机(平养)

(3)链板式喂料机。链板式喂料机可用于平养(图 3-18)和笼养(图 3-19)鸡的饲喂。它由料箱、驱动装置、链板、饲槽、转角轮、饲料清洁筛、饲槽支架等组成。按喂料机链片运行速度又分为高速链式喂料机(18～24 m/min)和低速链式喂料机(7～13 m/min)两种。

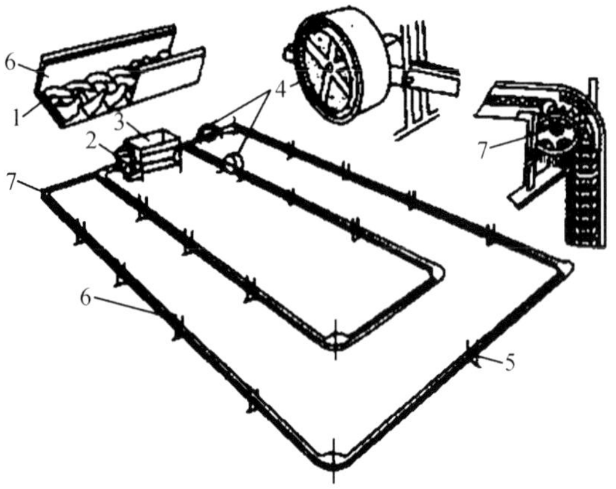


1. 链板 2. 驱动装置 3. 料箱 4. 饲料清洁筛 5. 饲槽支架 6. 饲槽 7. 转角轮

**图 3-18 链板式喂料机(平养)**

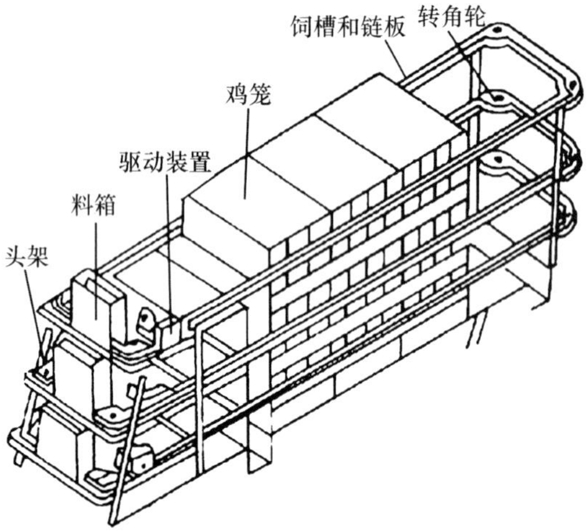


**图 3-19 链板式喂料机(笼养)**

2. 移动式干饲料喂料机

移动式干饲料喂料机可分为牵引式(层叠式)、自走式(阶梯式)和播种式(阶梯式)三种。工作时喂料车移到输料机的出料口下方,由输料机将饲料从贮料塔送入喂料车的料箱,喂料车定期沿鸡笼或猪栏向前移动将饲料分配到各饲槽进行喂饲。喂料车的轨道有地面式安装和鸡笼上方安装两种。

(1)牵引式(层叠式)喂料机。喂饲时,钢索牵引喂料车沿笼组移动,饲料通过料箱出料口流入饲槽。料箱出料口上套有喂料调节器,它能上下移动,以改变出料口距饲槽底的间隙,以调节供料量(图 3-20)。饲槽由镀锌铁板制成,有的在饲槽底部加一个弹簧圈,以防鸡采食时挑食或将饲料扒出。

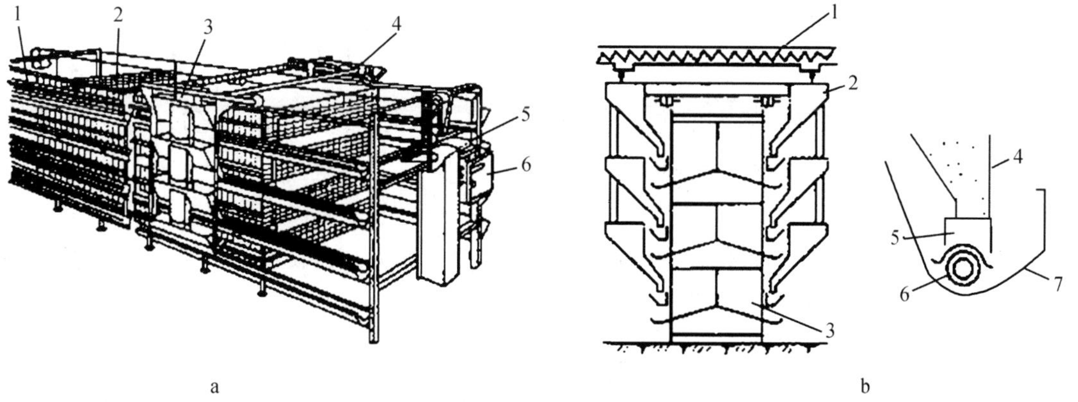


a. 外形图:1. 饮水槽　2. 饲槽　3. 料箱　4. 牵引架　5. 驱动装置　6. 控制箱

b. 结构图:1. 输料机　2. 料箱　3. 鸡笼　4. 落料管　5. 喂料调节器　6. 弹簧圈　7. 饲槽

**图 3-20　牵引式(层叠式)喂料机**

(2)自走式(阶梯式)喂料机。两台减速电动机带动喂料车行走,另一电动机通过减速器带动料箱中的螺旋绞龙转动,使饲料均匀地从各个落料管下落,送到各饲槽(图 3-21)。

(3)播种式(阶梯式)喂料机。在机架上安装多个料箱,行走时饲料通过落料管下落到各饲槽(图 3-22)。优点是地轨少,牵引装置共用一套。

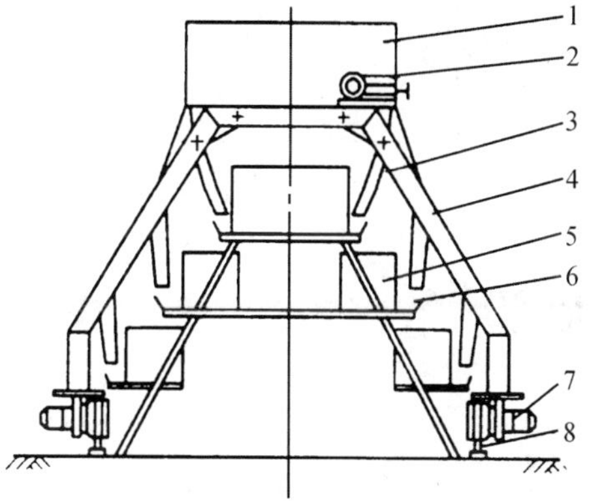


1. 料箱　2. 电动机　3. 落料管　4. 机架

5. 鸡笼　6. 饲槽　7. 减速电动机　8. 地轨

**图 3-21　自走式(阶梯式)喂料机**

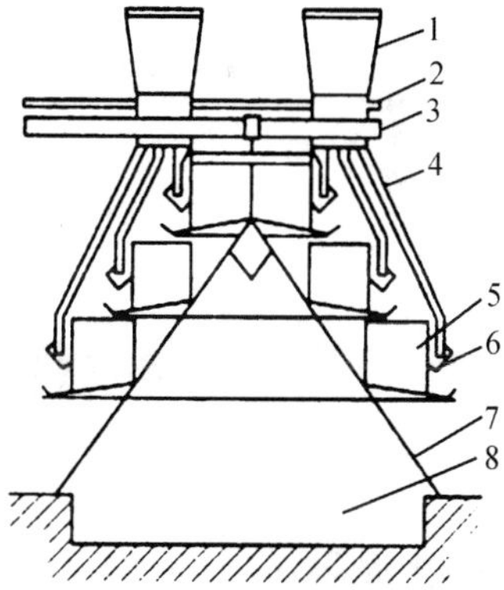


1. 料箱　2. 鼓轮轴　3. 机架　4. 落料管

5. 鸡笼　6. 饲槽　7. 鸡笼架　8. 粪沟

**图 3-22　播种式(阶梯式)喂料机**

## 三、湿拌料喂饲机械设备

湿拌料喂饲机械设备有固定式和移动式两类。

### (一)固定式湿拌料喂饲设备

固定式湿拌料喂饲设备主要用来喂饲奶牛和肉牛。有输送带式、穿梭式和螺旋输送器三种。

1. 输送带式喂饲设备

由输送带和在输送带上做往复运动的刮料板等组成。刮料板由电动机通过绞盘和钢索带动,刮料板移动的速度是输送带速度的1/10。

2. 穿梭式喂饲设备

由链板式(或输送带式)输送器向饲槽送料,输送器长度为饲槽长度的1/2,输送带的装料斗设在饲槽全长的中心位置。

3. 螺旋输送器喂料机

螺旋输送器沿饲槽推送和分配饲料并依次向前,直至饲槽最远端装满后由一端的料位开关切断电动机电路。

### (二)移动式湿拌料喂饲设备

移动式湿拌料喂饲设备又称机动喂料车,有牛用和猪用两种。牛全混合日粮(TMR)喂饲方式,多采用机动喂料车。

【任务评价】

**填空题**

1. 干饲料饲喂机械设备包括________、________、________三大部分。
2. 移动式干饲料喂料机可分为________、________、________三种。
3. 牛全混合日粮(TMR)喂饲方式,多采用________车。
4. 固定式干饲料喂料机按照输送饲料的工作部件可分为________、________、________三种。

# 任务3 供水设备

## 一、供水系统

目前我国大多数畜禽场采用压力式供水系统。它由水源、水泵、水塔(或气压罐)、水管网、用水设备等组成。

## 二、饮水器

为了有效减少水的污染,减少畜禽的胃肠道疾病,降低劳动强度,节约用水,畜禽场多采用自动饮水器。常用的饮水器有槽式、真空式、吊塔式、乳头式、鸭嘴式和杯式六种。

1. 槽式饮水器

槽式饮水器是一种最普遍的饮水设备,可用于各种畜禽的饮水。用于猪、牛、羊的饮水槽可用水泥、钢板、橡胶等制成。养鸡饮水槽可用于平养和笼养，由镀锌板、搪瓷或塑料制成，每根长2 m，由接头连接而成。水槽断面为U形或V形，宽45～65 cm，深40～48 cm，水槽一头通入长流水，使整条水槽内保持一定水位供鸡只饮用，另一头流入管道将水排出鸡舍（图3-23）。其优点是结构简单、工作可靠，缺点是易传染疾病，耗水量大，平养时妨碍鸡群活动，水槽安装要求高度误差小于5 cm，误差过大不能保证正常供水。

2. 真空式饮水器

真空式饮水器主要用于平养雏鸡，由水筒和盘两部分组成，多为塑料制品（图3-24）。筒倒扣在盘中部，并由销子定位，筒内的水由筒下部壁上的小孔流入饮水器盘的环形槽内，能保持一定的水位。其优点是结构简单、故障少、不妨碍鸡的活动，缺点是需人工定期加水，劳动量较大。

**图3-23　长流水槽式饮水器**

**图3-24　真空式饮水器**

真空式饮水器圆筒容量为1～3 L，盘直径为160～230 mm，槽深25～30 mm，每个饮水器供50～70只雏鸡饮水。国产9SZ-205型真空式饮水器用于平养0～4周龄雏鸡，盛水量2.5 kg，水盘外径230 mm，水盘高30 mm，每个饮水器供70只雏鸡使用。

3. 吊塔式饮水器

吊塔式饮水器又称普拉松饮水器，靠盘内水的重量来启闭供水阀门，即当盘内无水时，阀门打开，当盘内水达到一定量时，阀门关闭（图3-25）。主要用于禽舍，用绳索吊在离地面一定高度（与雏鸡的背部或成鸡的眼睛等高）。该饮水器的优点是适应性广，不妨碍鸡群活动，工作可靠，不需人工加水，吊挂高度可调，但每天用完后要刷洗消毒，操作较麻烦。

4. 乳头式饮水器

乳头式饮水器有锥面、平面、球面密封型三大类，可用于禽类的笼养和平养以及猪的饲养。该设备在畜禽饮水时触动阀杆顶开阀门，水便自动流出供其饮用，平时则靠供水系统对阀体顶部的压力，使阀体紧压在阀座上防止漏水。其优点是有利于防疫，并可免除清洗工作，缺点是在饮水时容易漏水，造成水的浪费，使环境湿度增大和影响清粪作业。有鸡用乳头式饮水器（图3-26）和猪用乳头式饮水器（图3-27）。

5. 鸭嘴式饮水器

鸭嘴式饮水器主要用于猪的饮水，外形近似鸭嘴，其适应水压小于400 kPa，可以45°或水平安装。猪饮水时，咬动阀杆，水从阀芯与胶圈间的间隙流出；当猪不咬动阀杆时，弹簧使阀杆恢复正常位置，密封垫又将出水孔堵死停止供水。鸭嘴式饮水器是目前养猪生产中常用的自动饮水器，有铸铁和全铜两种，其重量较轻、工作可靠，但饮水时易漏水（图3-28）。

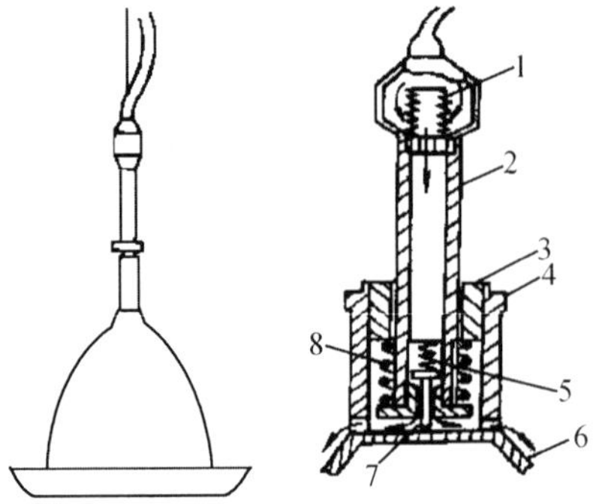

1. 滤网 2 阀门体 3. 螺纹套 4. 锁紧螺帽 5. 小弹簧
6. 饮水盘体 7. 阀门杆 8. 大弹簧

**图 3-25 吊塔式饮水器**

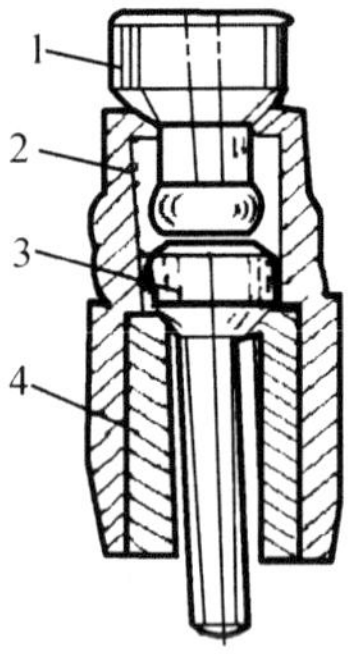

1. 上阀芯 2. 阀体 3. 下阀芯 4. 阀座

**图 3-26 鸡用乳头式饮水器**

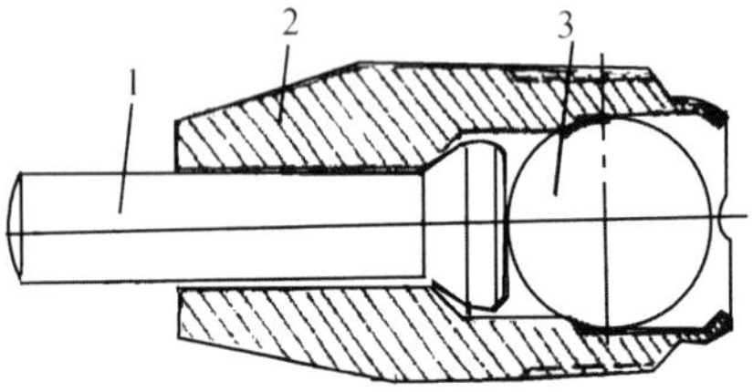

1. 阀杆 2. 饮水器体 3. 钢球

**图 3-27 猪用乳头式自动饮水器**

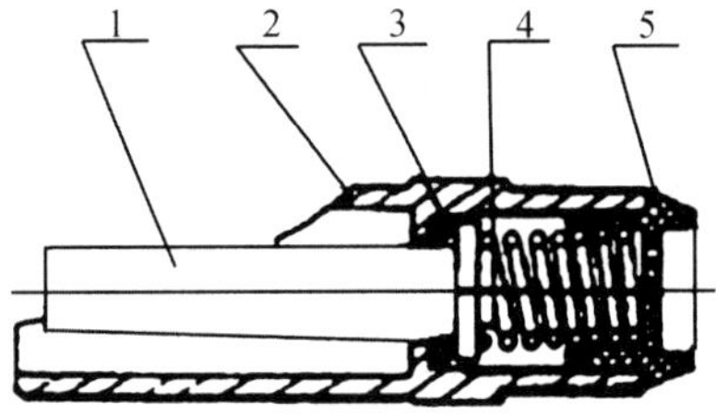

1. 阀杆 2. 饮水器体 3. 密封圈 4. 弹簧 5. 栅盖

**图 3-28 鸭嘴式饮水器**

6. 杯式饮水器

杯式饮水器适合于猪、鸡、牛、羊、兔等畜禽的饮水，因畜禽嘴的大小不同，饮水器的形状、规格不同，分为阀柄式和浮嘴式两种。鸡用杯式饮水器（图 3-29）耗水少，并能保持地面或笼体内干燥。平时水杯在水管内压力下使密封帽紧贴于杯体锥面，阻止水流入杯内，当鸡饮水时将杯舌下啄，水流入杯体，达到自动供水的目的。

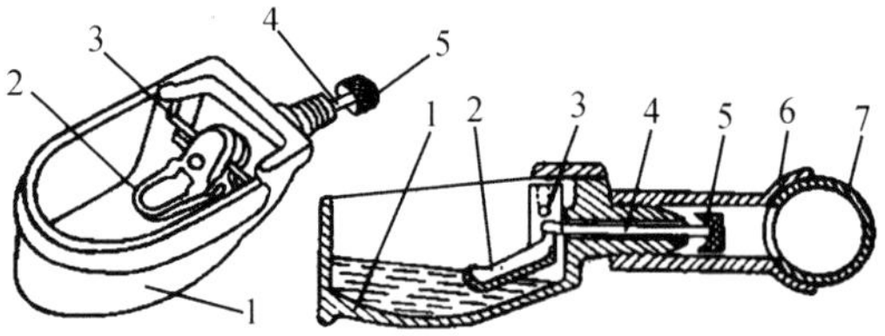

1. 杯体 2. 触发浮板 3. 销轴 4. 阀门杆 5. 橡胶塞 6. 鞍形接头 7. 主水管

**图 3-29 鸡用杯式饮水器**

猪用杯式饮水器常用铸铁制造（图 3-30），适应水压小于 392 kPa。猪饮水时，嘴推动浮子或压板使阀杆偏斜，水即沿阀杆和阀座体的缝隙流入杯中供猪饮用。猪饮水离开后，阀杆在强弹簧力作用下复位，切断水流，水停止流出。杯式饮水器适用于仔猪和育肥猪，其结构复杂，价格高，需要定期清洗。

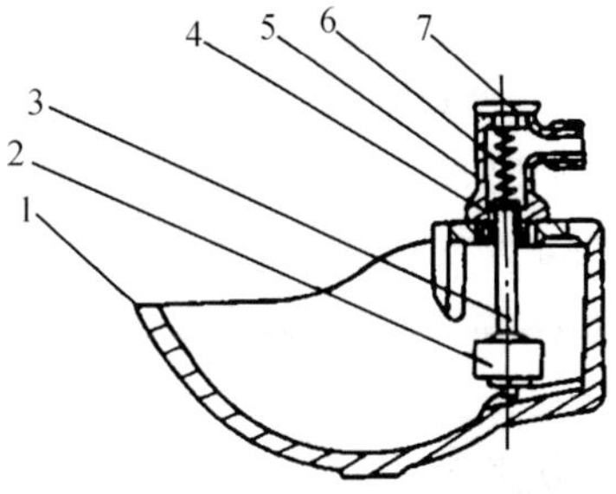


1.杯体　2.浮子　3.阀杆　4.密封圈　5.阀体　6.回位弹簧　7.顶盖

**图 3-30　94SZB-3 猪用杯式饮水器**

**【任务评价】**

**填空题**

1.常用的饮水器有________、________、________、________、________、________六种。

2.目前我国大多数畜禽场采用________供水系统。

3.鸭嘴式饮水器主要用于猪的饮水，外形近似鸭嘴，其适应水压小于________ kPa，可以45°或水平安装。

4.乳头式饮水器其优点是有利于________，并可免除________工作，缺点是在饮水时容易漏水。

# 任务 4　清粪设备

## 一、畜禽场的清粪方式

猪场的清粪主要有漏缝地板水冲清粪、往复刮板清粪和清粪车清粪。

鸡场的清粪主要有定期清粪和经常清粪两种。定期清粪适用于高床笼养、网上平养和地面垫料平养方式。定期清粪一般每隔一个饲养周期(数月或一年)清粪一次，目前国内主要靠人工、推车清粪。经常清粪适用于网上平养和笼养方式，每天用刮板式(层叠式笼养用输送带式)清粪机将粪便沿纵向粪沟清除到鸡舍一端的横向粪沟内，再由粪沟内的横向螺旋式清粪机将鸡粪清除到舍外。

牛舍的清粪以人工、推车为主，在机械化程度高的牛场，采用刮板式清粪和水冲清粪的方法。

## 二、固定式清粪机

固定式清粪机主要有纵向粪沟刮板式、横向粪沟螺旋式和输送带式三种。

1.刮板式清粪机

刮板式清粪机是常用的一种清粪机械。在猪舍可用于地面明沟清粪，也可用于漏缝地板下的暗沟清粪。在鸡舍可用于网上平养和笼养纵向粪沟清粪。

刮板式清粪机由刮板、驱动装置、导向轮和张紧装置等部分组成(图 3-31)。设备简单，只需要将驱动机构固定在舍内适当位置，通过钢丝绳（或麻绳）并借助于电器控制系统，使刮板在粪沟内做往复直线运动进行清粪。每开动一次，刮板做一次往返移动，刮板向前移动时将粪便刮到畜禽舍一端的横向粪沟内，返回时，刮板上抬空行。横向粪沟内的粪便由螺旋清粪机排至舍外。根据畜禽舍设计，一台电机可负载单列、双列或多列。

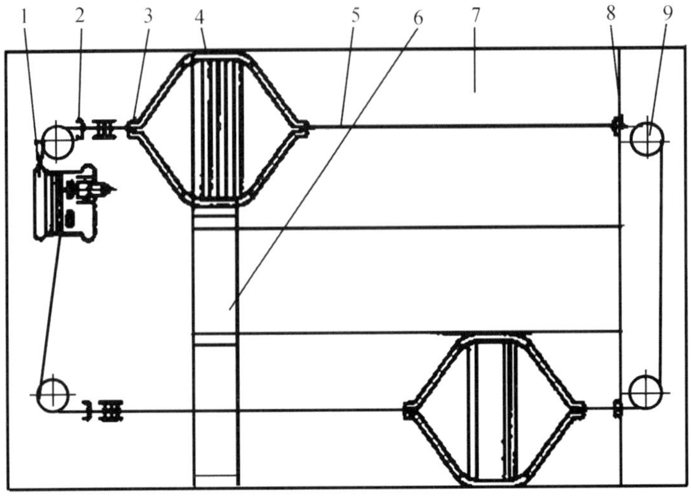


1. 牵引装置 2. 限位清洁器 3. 张紧器 4. 刮粪板 5. 牵引钢丝绳 6. 横向粪沟 7. 纵向粪沟 8. 清洁器 9. 转角轮

图 3-31 刮板式清粪机平面布置图

2. 螺旋弹簧横向清粪机

螺旋弹簧横向清粪机是养鸡场机械清粪的配套设备。当纵向清粪机将鸡粪清理到鸡舍一端时，再由横向清粪机将刮出的鸡粪输送到舍外（图 3-32）。作业时，清粪螺旋直接放入粪槽内，不用加中间支撑，输送混有鸡毛的黏稠鸡粪也不会堵塞。

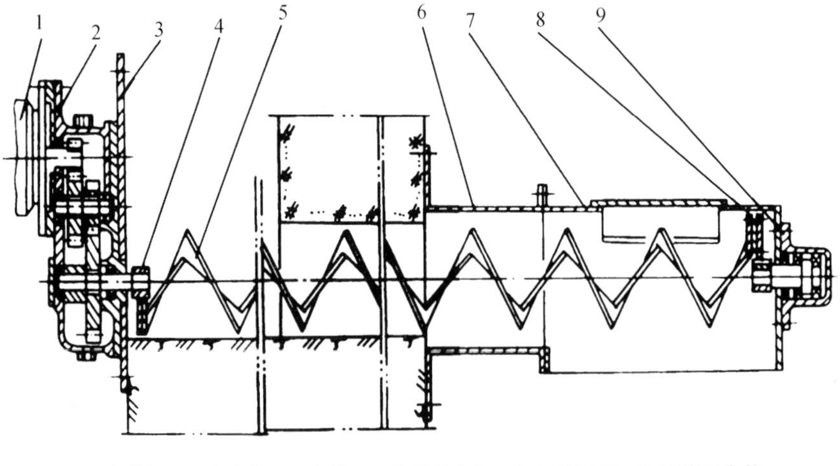


1. 电动机 2. 变速箱 3. 支架 4. 头座焊合件 5. 清粪螺旋 6. 接管焊合件
7. 出料尾管焊合件 8. 尾座焊合件 9. 尾部轴承座

图 3-32 螺旋弹簧横向清粪机布置示意图

3. 输送带式清粪机

输送带式清粪机用于叠层式笼养鸡舍清粪，主要由电机和链传动装置、主动辊、被动辊、盛粪带等组成。盛粪带安装在每层鸡笼下面，启动时由电机、减速器通过链条带动各层的主动辊运转，将鸡粪输送到一端，被端部设置的刮粪板刮落，从而完成清粪作业。

## 三、清粪车

清粪车由除粪铲、铲架、起落机构等组成(图 3-33)。除粪铲装于铲架上，铲架末端销连在手扶拖拉机的一个固定销轴上。扳动起落机构的手杆，通过钢丝绳、滑轮组实现铲粪。清粪车可用于猪场清粪，也可用于高床笼养和平养鸡舍的清粪。

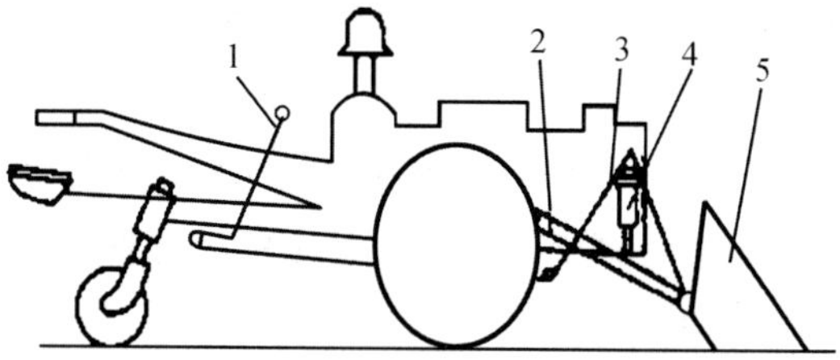


1. 起落手杆　2. 铲架　3. 钢丝绳　4. 深度控制装置　5. 除粪铲

**图 3-33　清粪车**

## 四、粪污处理设施与设备

### (一)化粪池

化粪池按照细菌分解类型的不同分为好氧性化粪池、兼性化粪池和厌氧性化粪池三种。

1. 好氧性和兼性化粪池

好氧性化粪池由好氧细菌对粪便进行分解，而兼性化粪池则上部由好氧细菌起作用，下部由厌氧细菌起作用。这两种形式都必须供应氧气，按照供应氧气的方法又分为自然充气式和机械充气式两种。

(1)自然充气式化粪池。好氧型自然充气化粪池的深度一般为 1 m 左右，兼性型一般为 1.0～2.5 m。它们都靠水面上藻类植物的光合作用提供氧气。藻类植物生长的上下限温度为 4～35℃，最佳温度为 20～35℃。在最佳温度下，好氧型自然充气式化粪池可在 40 d 内将 BOD 值减少 93%～98%。自然充气式化粪池不需要任何动力，但它须占很大的面积。为了克服此缺点，可设法减少其进入液体的有机物含量，或在粪液进入以前进行固液分离，以减少化粪池的容积和面积。

(2)机械充气式化粪池。利用曝气设备从大气提供氧气，使好氧细菌获得充足的氧气，同时使有机物呈悬浮状态，以便对有机物进行好氧分解。机械充气式化粪池所用的曝气设备可分压缩空气式和机械式两类。压缩空气式曝气设备包括回转式鼓风机及布气器或扩散器。机械式曝气设备是安装于化粪池液面的曝气机，常用的是曝气叶轮，其中最常见的是立轴泵型叶轮，安装时常浸入池液中。叶轮可安在架上或用浮桶浮动支持。当叶轮转动时，液体沿叶轮的叶片向轮周流去，并高速离开轮缘，抛向空中后再下行，以促进空气中氧气在池中的溶解。机械充气式化粪池的深度为 2～6 m。

机械充气式化粪池分好氧型和兼性型。兼性型的深度较大，且采用较小功率的曝气机，此时化粪池底部将进行厌氧分解。由于它比较经济，所以机械充气式化粪池通常采用兼性型。

2. 厌氧性化粪池

厌氧性化粪池的池深一般为 3～6 m，不设任何曝气设备，同时由于发酵而形成的水面浮油层，使自然充气减少到最小程度，所以主要由厌氧细菌进行粪便的分解，并进行沉淀分离。厌氧性化粪池的优点是不需要能量，管理少而节省劳动力，且能适应含较高固体含量的粪液；缺点是处理时间长，要求池的容积大，对温度敏感，寒冷时分解作用弱，有臭味。

化粪池上部的液体每年卸出 1～2 次，卸出量占总量的 1/3 以上，但应保留至少一半的容量，以保证细菌继续活动。沉淀的污泥 6～7 年清理一次。

厌氧性化粪池的容量包括最小设计容量、粪便容量、稀释容量、25 年一遇的 24 h 暴雨量和安全余量。厌氧性化粪池的最小设计容量是为了保留应有的细菌数量，其值见表 3-2。炎热地区采用小值，寒冷地区采用大值。

**表 3-2 厌氧性化粪池的最小设计容量** $m^3$/1 000 kg 活重

| 畜禽种类 | 育肥猪 | 母猪和仔猪 | 肉牛 | 奶牛 | 蛋鸡 | 肉鸡 |
|---|---|---|---|---|---|---|
| 最小设计容量 | 45.5～86.9 | 61.0～114.9 | 19.1～93.7 | 56.3～107.4 | 115.4～220.5 | 146.9～280.5 |

厌氧性化粪池的粪便容量按存贮时间根据畜禽头(只)数和畜禽每日排粪量计算求得。容量中的稀释量常取 1/2(最小设计容量)。25 年一遇的 24h 暴雨量可按当地气象资料，使化粪池的高度增加一个上述雨量高度。安全余量一般为 0.6 m。

### (二)氧化沟

氧化沟是好氧发酵处理猪场粪污常用设施，一般可建于猪舍附近或舍内漏缝地板下面。氧化沟处理粪污来源于污水的活性污泥处理法。往污水中打入空气，维持水中有足够的溶解氧，为好氧微生物生长创造良好的条件。经过一段时间以后，就会产生褐色花状泥粒，泥粒内有各种微生物，这种絮状泥粒称为活性污泥。活性污泥含水率 98%～99%，它有很强的吸附和氧化分解有机物的能力，BOD 去除率可达 90%以上。

环形氧化沟的端部安有卧式曝气机，曝气机是一个带横轴的旋转滚筒，滚筒浸入液面 7～10 cm，滚筒旋转时不断打击液面，使空气充入粪液内，同时带动液粪，使其以 0.4 m/s 左右的速度沿环状沟运行，使固体部分悬浮和混合，加速了好氧性细菌的分解作用。氧化沟处理后的液粪常定期施入农田或定期放入贮存池贮存后再施入田间，也可和其他设施组合成多级生物处理设施。氧化沟也可建在舍外，用来处理水冲清粪后的粪液、挤奶间和加工厂的污水。氧化沟工作时消耗劳动少，无臭味，要求沟的容量小，但需消耗动力和能量。

### (三)沉淀池

粪污中的大部分悬浮固体可通过沉淀而去除，从而降低生物处理的有机负荷。沉淀池分平流式和竖流式两种(图 3-34、图 3-35)。平流式沉淀池为长条形，池一端接进液管，另一端接排液管。池沿纵向分进液区、沉淀区和排液区。池的进口端底部，设有一个或多个贮泥斗，贮存沉积下来的污泥。沉淀池的进口应保证沿池宽均匀布水，入口流速小于 25 mm/s，水的流入点高出积泥区 0.5 m，以免冲起积泥。进液区和沉淀区之间设有穿孔壁，壁上有许多小孔，以便增加流动阻力和进水的均匀性。在排液区上部设有一块出水挡板，以便挡住浮渣，并设有锯齿形堰口，溢出上清液，最后由排液管排出。

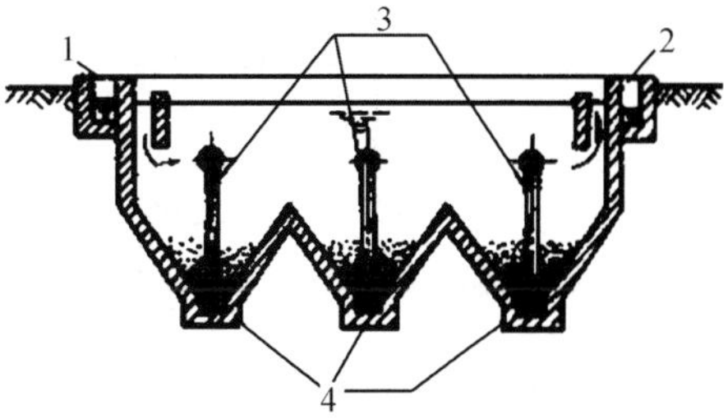

1. 进水槽　2. 出水槽　3. 排泥管　4. 污泥斗

**图 3-34　多斗平流式沉淀池**

竖流式沉淀池一般为圆形或方形。池内水流方向与颗粒沉淀方向相反，其截流速度与水流上升速度相等。进入液由中心管的下口流入池中，在挡板的作用下向四周分布于整个水平断面，由四周集水槽收集。沉淀池贮泥斗倾角为 45°～60°。无论何种沉淀池，沉淀下来的污泥需定期排除，可将池排空后清除，也可设两个池轮换使用，空池作干化床，污泥干燥后再清除，也有污泥斗、污泥刮板或可移动污泥管(泵)等，随时清除污泥而不中断沉淀持续运行。

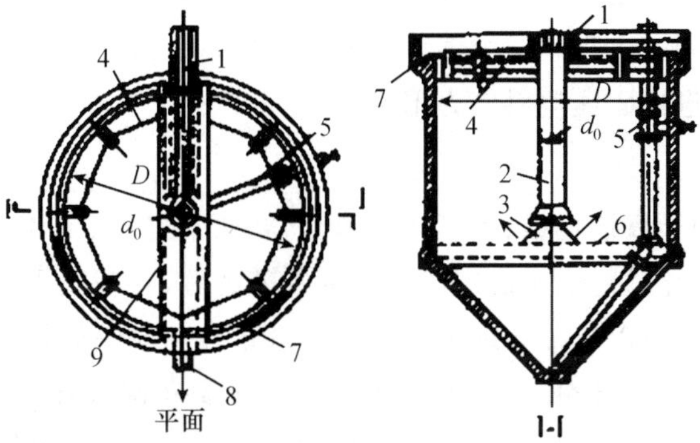

1. 进水槽　2. 中心管　3. 反射板　4. 挡板　5. 排泥管　6. 排泥管　7. 集水槽　8. 出水管　9. 桥

**图 3-35　竖流式沉淀池**

## (四)沼气发酵装置

沼气发酵装置应用于农业生产中时称为沼气池，而应用于工业生产时则称为厌氧发酵罐。

### 1. 水压式沼气池

水压式沼气池是我国农村目前推广的主要池型，推广的数量多，技术也比较成熟，施工、管理、使用方面各地都有许多很好的经验。

水压式沼气池的基本结构见图 3-36。沼气池主要由发酵间、贮气间、进料口、出料口、水压间、导气管和活动盖等部分组成。发酵间与贮气间联成一个整体，构成沼气池的主体，上部为发酵间，下部为贮气间。发酵时所产生的气体从料液中逸出后，聚集于贮气间内，使贮气间气压不断升高。这样发酵料液就被不断升高的气压压进水压间，使水压间水位上升，直至池内气压和水压间与发酵间的水位差所形成的压力相等为止。产气越多，水位差越大，池内压力也越大。当沼气从导气管引出被利用时，池内压力降低，水压间的料液便返回发酵间。这样，随着气体的产生和被利用，水压间与发酵间的水位差也不断变化，并始终保持与池内气压处于平衡状态。沼气压力稳定，便可保证燃烧设备火力稳定。

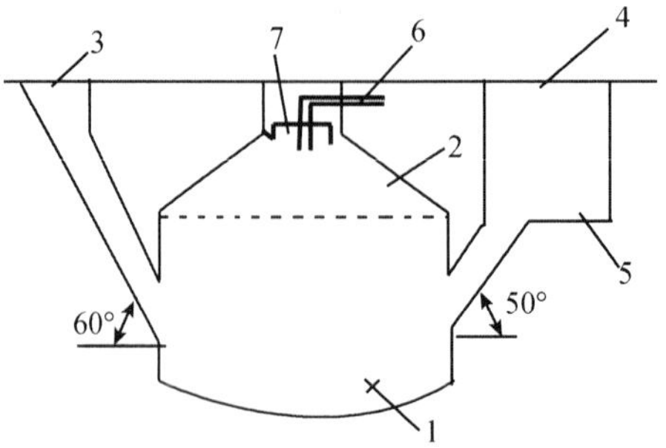


1.发酵间　2.贮气间　3.进料口　4.出料口　5.水压间　6.导气管　7.活动盖

**图 3-36　水压式沼气池结构图**

水压式沼气池有地下式和半地下式，池温基本与地温相同，温度波动小，在高温季节产气率可达 0.5 $m^3/(m^3 \cdot d)$以上。还便于和厕所、畜禽舍连通，人、畜粪便直接流入沼气池内，使沼气池经常得到原料，同时也有利于改善环境卫生。但水压式沼气池施工技术要求较高，气压变化大而且频繁，日常进出固体池料较为困难。

2.厌氧发酵罐

厌氧发酵罐有常规厌氧消化罐、厌氧接触消化器、厌氧滤器、上流式厌氧污泥床消化器等形式。其中常规厌氧消化罐是应用最广泛的一种发酵装置，在我国大中型沼气工程中占 80%以上，其最大的优点就是可以直接处理固体悬浮物含量较高或颗粒较大的料液。图 3-37 是一种常规厌氧消化罐，它由三部分组成，即削球体、圆柱体和圆锥体，其直径和总高度之比取 1∶(1～1.3)；顶部削球形壳矢高与装置直径之比取 1∶(4～8)；底部削球形壳矢高与直径之比取 1∶(8～10)；顶与底若采用圆锥壳，锥角取 90°。

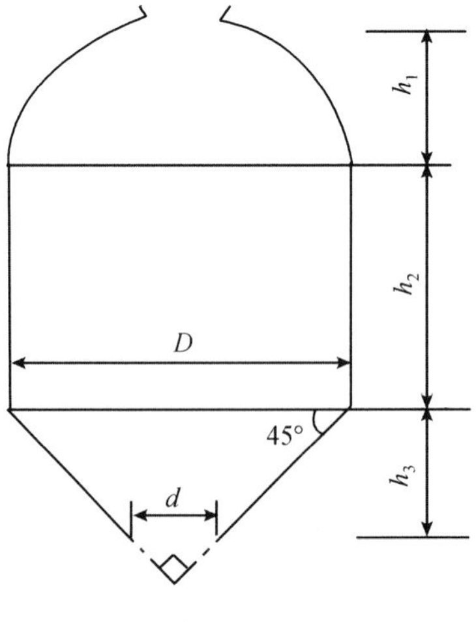


$h_1$.削球体矢高　$h_2$.圆柱体高　$h_3$.圆锥体高　$D$.圆柱体直径　$d$.圆锥体锥顶直径

**图 3-37　常规厌氧消化罐**

【任务评价】

**填空题**

1. 固定式清粪机主要有________、________、________三种。

2. 粪污处理设施与设备有________、________、________、________四种。

# 任务 5　环境控制设备

## 一、畜禽舍控温设备

### (一)采暖设备

严寒的冬季,仅靠建筑保温难以保障畜禽需求的适宜温度,因此,必须采取供暖设备,尤其是幼畜禽舍。

当畜禽舍保温不好或舍内过于潮湿,空气污浊时,为保持适宜温度和通风换气,也必须对畜禽舍供暖。由于隔热提高舍温所得到的经济效益和节省的采暖设备、能源、饲料费用很容易抵偿隔热所需投资,所以应重视畜禽舍的热工设计。

畜禽舍采暖分集中采暖和局部采暖。集中采暖由一个集中的热源(锅炉房或其他热源),将热水、蒸汽或预热后的空气,通过管道输送到舍内或舍内的散热器。局部采暖则由火炉(包括火墙、地龙等)、电热器、保温伞、红外线等就地产生热能,供给一个或几个畜栏。畜禽舍采用的采暖方式应根据需要和可能确定,但不管怎样,均应经过经济效益分析,然后选定最佳的方案。常用的畜禽舍采暖设备有:

1. 热风炉式空气加热器

由通风机、加热炉和送风管道组成,风机将热风炉加热的空气通过管道送入畜禽舍。它以空气为介质,采用燃煤板,热效率式换热装置,送风升温快,热风出口温度为 80～120℃,热效率达 70%以上,比锅炉供热成本降低 50%左右,使用方便、安全,是目前推广使用的一种采暖设备(图 3-38)。

2. 暖风机式空气加热器

加热器有蒸汽(或热水)加热器和电加热器两种。暖风机有壁装式和吊挂式两种形式,前者常装在畜禽舍进风口处,对进入畜禽舍的空气进行加热处理;后者常吊挂在畜禽舍内,对舍内的空气进行局部加热处理。也有的是由风机将空气加热并由风管送入畜禽舍,此加热器也可以通过深层地下水用于夏季降温。

3. 太阳能式空气加热器

太阳能空气加热器是利用太阳辐射能来加热进入畜禽舍的空气的设备,是畜禽舍冬季采暖经济而有效的装置,相当于民用太阳能热水器,投资大,供暖效果受天气状况影响,在冬季的阴天,几乎无供暖效果。

4. 电热地板

在仔猪躺卧区地板下铺设电热缆线,供给电热 300～400 $W/m^2$,电缆线应铺设在嵌入混凝土内 38 mm,均匀隔开,电缆线不得相互交叉和接触,每 4 个栏设置一个恒温器。

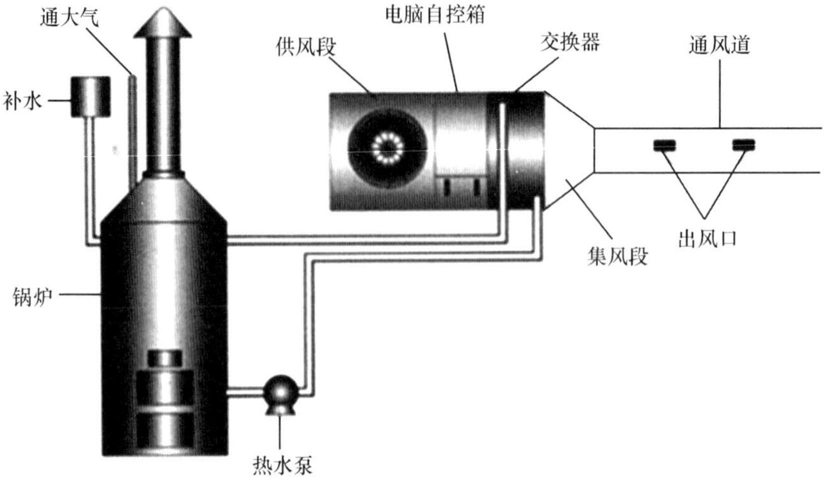

图 3-38 热风炉式供暖系统

5. 热水加热地板

仔猪躺卧区地板下铺设热水管，方法是在混凝土地面 50 mm 处铺设热水管，管下部铺设矿棉隔热材料。热水管可以为铁铸管，也可以为耐高温塑料管。

## (二)降温设备

适合畜禽舍有效降温的措施是蒸发降温，即利用水蒸发时吸收汽化热的原理来降低空气温度或增加畜体的散热。蒸发降温在干热地区使用效果更好，在湿热地区效果有限。

常用蒸发降温设备有湿帘风机降温系统(图 3-39)、喷雾降温系统、喷淋降温系统和滴水降温系统。

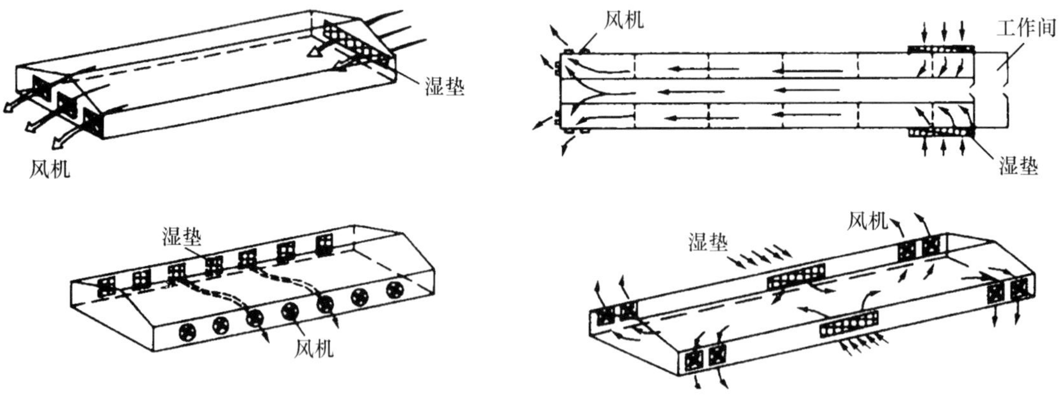

图 3-39 湿帘风机降温系统的布置示意图

1. 湿帘风机降温系统

该系统由湿帘(或湿垫)、风机、循环水路与控制装置组成。湿帘的厚度以 100～200 mm 为宜，干燥地区应选择较厚的湿帘，潮湿地区所用湿帘不宜过厚。

(1)湿帘风机降温系统的工作原理和布置方式。湿帘风机降温系统的工作原理是：水泵将水箱中的水经过上水管送至喷水管中，喷水管的喷水孔把水喷向反水板(喷水孔正面要向上)，从反水板上流下的水再经过特制的疏水湿帘确保水均匀地淋湿整个降温湿帘，从而保证与空气接触的湿帘表面完全湿透。剩余的水经集水槽和回水管又流回到水箱中。安装在猪舍另一端的轴流风机向外排风，使舍内形成负压区，舍外空气穿过湿帘被吸入舍内。当空气通过湿润的湿帘表面时，导致湿帘上的水分蒸发而使空气温度降低，湿度增加。降温后的湿润空气进入猪舍后使舍温降低，舍内空气相对湿度增大。

在炎热的晴天，大气中的水分含量差不多是恒定的，这就意味着在中午温度达到最高值时，相对湿度为最低值。相对湿度越低，蒸发降温的效果就越好。换言之，也就是在最需要降温时，它的降温效果也最佳。

湿帘风机降温系统的控制一般由恒温器控制装置来完成。当舍温高于设定温度的上限时，控制装置启动水泵向湿帘供水，随后启动风机排风，湿帘风机降温系统处于工作状态。当舍温降低到设定温度的下限时，控制装置首先关闭水泵，再经过一段时间的延时后，将风机关闭，整个系统停止工作。延时关闭风机的目的是使湿帘完全晾干，以利于控制藻类的滋生。

(2)湿帘风机降温系统的设计计算。湿帘设计计算的任务是确定其面积和厚度。增大湿帘厚度，使气流经过湿帘时与其接触时间加长，有利于提高蒸发降温效率。但是，过厚的湿帘使气流所受阻力增大，空气流量相对减少，同时空气经过额外增加的这段厚度时，蒸汽压力差将减小，从而使蒸发量增加缓慢，甚至不增加。因此，应选择合适的湿帘厚度，湿帘的厚度范围通常为 100～300 mm。在设计时可参照供货商所提供的规格。在干燥地区，因空气相对湿度小，增加湿帘与气流的接触时间会使蒸发量增加，有利于提高蒸发降温效率，因此可选择较厚的湿帘。在潮湿地区，因空气相对湿度大，延长接触时间也不会使蒸发量增加多少，但会使空气阻力增加许多，应选择厚度较小的湿帘。

湿帘的总面积根据下式计算：

$$F=L/3\,600\ v$$

式中，$F$ 为湿帘的总面积，$m^2$；$L$ 为猪舍夏季所需的最大通风量，$m^3/h$；$v$ 为空气通过湿帘时的流速，即湿帘的正面速度或称为迎风速度，m/s。

一般取正面速度 $v=1.0\sim1.5$ m/s。潮湿地区取较小值；干燥地区取较大值。

在设计时可参照供货商所提供的湿帘高度和宽度规格，拼成所需要的面积。每侧湿帘可拼成一块，或根据墙的结构制成数块，然后用上、下回水管路连成一个统一的系统。

水的容积按 1 $m^2$ 湿帘 30L 计算，一般有 1.5 $m^3$ 就足够了。

(3)湿帘风机降温系统的安装与使用。湿帘风机降温系统在安装和使用过程中应注意以下几点：①湿帘底部要有支承，其支承面积不少于底部面积的 50%，底部不得浸渍于集水箱中。②安装的位置不能被触及，若安装在猪能触及的地方，则必须用粗铁丝网加以隔离。③使用水要求 pH 在 6～9。④应当使用井水或自来水，不可使用未经处理的地面水，以防止藻类的滋生。⑤至少每周彻底清洗一下整个供水系统。⑥在不使用时要将湿帘晾干(停水后 30 min 再停风机即可晾干湿帘)。⑦当舍外空气相对湿度大于 85%时，停止使用湿帘降温。⑧不可用高压水或蒸汽冲洗湿帘，应该用软毛刷上下轻刷，不要横刷。

当畜禽舍采用负压式通风系统时，将湿帘安装在畜禽舍的进气口，空气通过不断淋水的蜂窝状湿帘降低温度。具有设备简单，成本低廉，降温效果好，运行经济等特点，比较适合高温干燥地区。目前国内使用比较多的是纸质湿帘。它具有耐腐蚀、使用寿命长、通风阻力小、蒸发降温效率高、能承受较高的风速、安装方便、便于维护等特点。此外，湿帘还能够净化进入畜禽舍的空气。湿帘风机降温系统是目前最成熟的蒸发降温系统。实验表明，外界温度高达35～38℃的空气通过蒸发冷却后温度可降低2～7℃。

2. 喷雾降温系统

用高压水泵通过喷头将水喷成直径小于100 μm雾滴，雾滴在空气中迅速气化而吸收舍内热量使舍温降低。常用的喷雾降温系统主要由水箱、水泵、过滤器、喷头、管路及控制装置组成(图3-40)。该系统设备简单，效果显著，但易导致舍内湿度提高。当舍温达到设定最高温时，开始喷雾，喷1.5～2.5 min，间歇10～20 min再继续喷雾。若将喷雾装置设置在负压通风畜禽舍的进风口处，雾滴喷出的方向与进气气流相对，雾滴在下落时受气流的带动而降落缓慢，延长雾滴的气化时间，提高降温效果。猪、奶牛使用效果较好，鸡舍雾化不全时，易淋湿羽毛影响生产性能。湿热天气不宜使用，因喷雾使空气湿度提高，反而对畜体散热不利，同时还有利于病原微生物的滋生与繁衍，需在水箱中添加消毒药物。

**图3-40 猪舍喷雾降温系统**

3. 间歇喷淋降温系统

主要用于猪舍和牛舍。该系统由电磁阀、喷头、水管和控制器等组成(图3-41)。电磁阀在控制器控制下，每隔30～50 min开启5～10s，使皮肤表面淋湿即可取得良好的效果。喷淋降温时水滴粒径不要求过细，可将喷头直接安装在自来水管上，无须加压动力装置，因此成本低于喷雾降温系统。

4. 滴水降温系统

主要用于猪舍。滴水降温系统的组成与喷淋降温系统相似，只是将喷头换成滴水器(图3-42)。滴水器应安装在猪只肩颈部上方30 cm处，滴水降温系统适用于限位饲养的分娩母猪和单体栏饲养的妊娠母猪等。

5. 冷风设备降温

冷风机是喷雾和冷风相结合的一种新型设备。冷风机技术参数各生产厂家不同，一般通

图 3-41　间歇喷淋降温系统

图 3-42　滴水降温系统

风量为 6 000～9 000 $m^3/h$，喷雾雾滴可在 30 μm 以下，喷雾量可达 0.15～0.2 $m^3/h$。舍内风速为 1.0 m/s 以上，降温范围长度为 15～18 m，宽度为 8～12 m。这种设备国内外均有生产，降温效果比较好。

## 二、畜禽舍通风设备

畜禽舍通风设备主要是轴流式风机和离心式风机。

1. 轴流式风机

轴流式风机的通风压力小，流量相对较大，其主要组成部分有叶轮、外壳、支座及电动机（图 3-43）。这种风机风向与轴平行，具有风量大、耗能少、噪声低、结构简单、安装维修方便、运行可靠等特点。

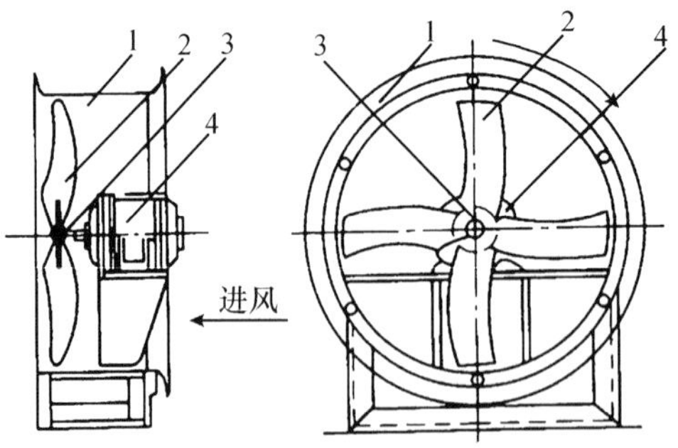


1. 外壳 2. 叶轮 3. 电动机转轴 4. 电动机

**图 3-43 轴流式风机**

2. 离心式风机

离心式风机的全压较高，常用于具有复杂管网的通风。离心式风机运转时，气流靠带叶片的工作轮转动时所形成的离心力驱动，故空气进入风机时和叶片轴平行，离开风机时与叶片轴垂直(图 3-44)。

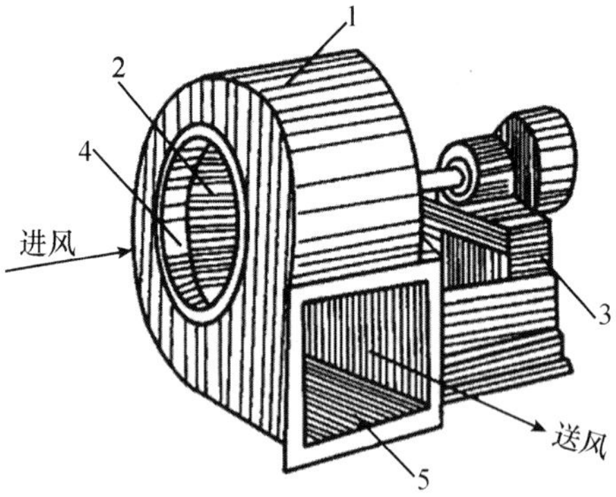


1. 蜗牛形外壳 2. 工作轮 3. 机座 4. 进风口 5. 出风口

**图 3-44 离心式风机**

## 三、畜禽舍灯光控制器

灯光控制是养鸡生产中的重要环节，因鸡舍结构、饲养方式不同其控制方法也不相同，灯光控制器的控制原理、适用范围也不相同。科学选用适合的灯光控制器，既能科学地补充光照，又能减少人工控光的麻烦。常见的灯光控制器有可编程序定时控制器(DF-24 型)、微电脑时控开关(KG-316 型)控制器、全自动渐开渐灭型灯光控制器和全自动速开速灭型灯光控制器。

## 四、清洗消毒设备

为做好畜禽场的卫生防疫工作，保证畜禽健康，畜禽场必须有完善的清洗消毒设施，包括人员、车辆的清洗消毒和舍内外环境的清洗消毒设施设备。

1. 人员清洗消毒设施

一般在畜禽场入口处设置人员脚踏消毒池，外来人员和本场人员在进入场区前都应经过消毒池对鞋进行消毒。在生产区入口处设有消毒室，消毒室内设有更衣间、消毒池、淋浴间和紫外线消毒灯等。供人员通行的消毒池长 2.5 m、宽 1.5 m、深 0.05 m。紫外线灯照射的时间要达到 5～10 min。

2. 车辆清洗消毒设施

畜禽场的入口处应设置车辆消毒设施，主要包括车轮清洗消毒池和车身冲洗喷淋机。供车辆通行的消毒池长 4 m、宽 3 m、深 0.1 m；消毒液应保证有效。

3. 场内环境消毒设施

畜禽场常用的场内清洗消毒设施有高压清洗机和火焰消毒器。

(1)高压清洗机。可产生 6～7 MPa 的水压，用于畜禽场内用具、地面、畜栏等的清洗，水管如与盛有消毒液的容器相连，还可进行畜禽舍的消毒，见图 3-45。

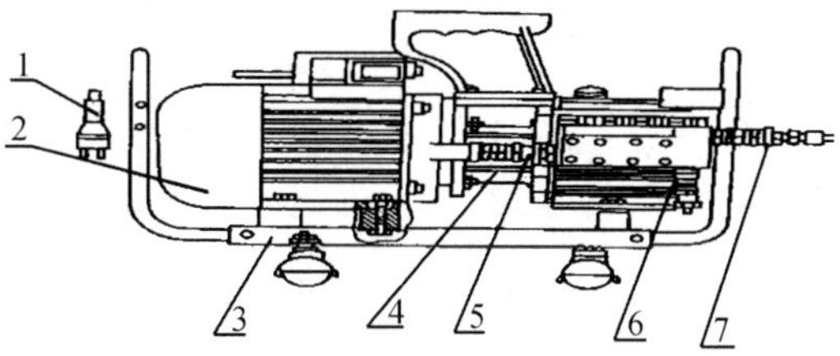


1. 电源插头　2. 单相电容异步电机　3. 机座　4. 联轴套　5. 进水阀　6. 柱塞泵　7. 出水阀

**图 3-45　高压清洗机**

(2)火焰消毒器。利用煤油燃烧产生的高温火焰对畜禽舍设备及建筑物表面进行燃烧，达到消毒的目的，见图 3-46。火焰消毒器的杀菌率可达 97%，消毒后的设备和物体表面干燥。在使用火焰消毒时，严禁使用汽油或者其他轻质易燃易爆燃料，做好防火工作。

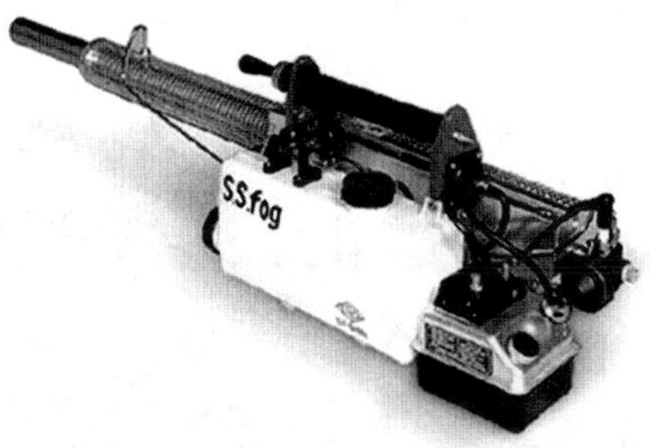


**图 3-46　火焰消毒器**

(3)喷雾器。用于对畜禽舍及设备的药物消毒。常用的人力喷雾器有背负式喷雾器和背负式压缩喷雾器。

## 五、畜禽舍环境综合控制器

目前，畜禽舍环境综合控制器可对畜禽舍内、外的机械设备进行控制，如加热、冷却降温、喂料、饮水、清粪、光照等，既可分别控制又可联动控制，并有超限报警等功能。

畜禽舍环境控制系统一般由三个部分组成，即远程网络监控中心、计算机终端和畜禽舍环境控制器(图 3-47)。

远程网络监控中心设在公司总部，可实时查看养殖基地、各畜禽舍的环境参数、工作状态和历史记录等信息；计算机终端安装在各养殖基地办公室，可自动接收公司总部远程监控中心发出的指令，自动上传数据并实时监控各畜禽舍的环境参数和工作状态；畜禽舍环境控制器分布在各畜禽舍现场，通过对畜禽舍温度、湿度、氨气、静态压力和供水量等数据进行采集、处理。驱动畜禽舍电气控制器，自动启停加热器、湿帘、风机、供水线、湿帘口、风帘口、报警器等设备，实现对畜禽舍的温度、湿度、通风、照明、供水、供料、报警等功能的自动控制。

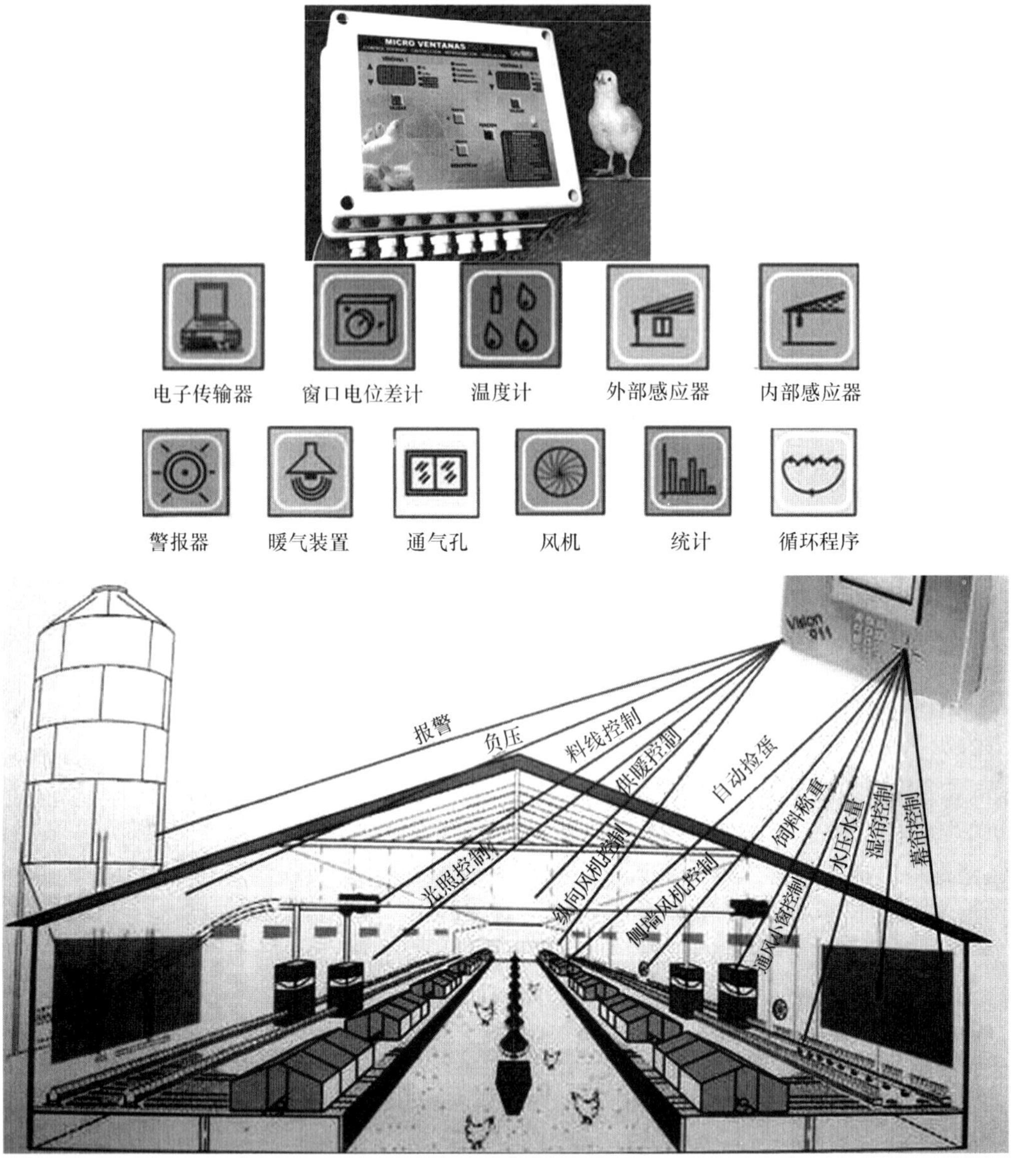


图 3-47　肉种鸡舍环境综合控制系统

【任务评价】

**填空题**

1. 畜禽舍常用的采暖设备有________、________、________、________、________等。

2. 湿帘风机降温系统由________、________、________、________组成。

3. 喷雾降温系统一般喷________min，间歇________min 再继续喷雾。

4. 间歇喷淋降温系统每隔________min 开启________s，使皮肤表面淋湿取得良好的效果。

5. 滴水降温系统滴水器安装在猪只________上方 30 cm 处，适用于限位饲养的分娩母猪和单体栏饲养的妊娠母猪。

# 项目四
## 畜禽舍环境调控

【价值目标】

通过学习畜禽舍环境如光照、温度、湿度、通风、有害气体等理论知识，掌握环境控制技术，使学生了解国外最先进畜禽场(舍)环境控制技术，了解我国畜禽舍环境控制技术取得的成绩和在环境控制技术方面所做的努力，加强生态文明建设教育，激发学生学习的积极性和主动性。通过高标准、严要求的理实一体技能训练，培养学生科学精神、工匠精神和“人一之我十之，人十之我百之”精神，培育和践行社会主义核心价值观，不断增强学生的职业责任心、职业道德意识、职业道德行为和职业道德品质。

【学习目标】

掌握畜禽舍光照、温度、湿度、通风换气、有害气体等环境因素调控的方法与措施。会利用畜禽舍环境检测仪器测定畜禽舍温度、湿度、气流、光照、有害气体等卫生指标，并能正确评价畜禽舍卫生状况。掌握各类畜禽的饲养密度、垫料及其对畜舍卫生状况的影响；了解畜舍环境测试、监测的内容与方法。

【教学案例】

大学生小王返乡创业，将自己闲置的房屋进行了适当改造，创办了一个种鸡场。但一到夏季，小王就犯难了。种鸡的产蛋率和受精率一直偏低，即使采用人工授精，孵化率也不高。小王采取了兽医治疗、增加授精频次、降温等一系列措施，效果不大，对种鸡场的生产效益造成很大影响。

请问：1. 引起小王养鸡场中种鸡的产蛋率和受精率一直偏低的因素除了气温外，还有哪些因素？

2. 通过哪些方法可以降低鸡的热应激？

3. 如果在冬季遇到同样的状况，该如何处理？

4. 在集约化养殖中，如何有效控制圈舍空气环境，保证鸡场的生产效益？

# 任务1　畜禽舍光照调控

光照是畜禽舍环境中的一个非常重要的因素，是畜禽生存和生产不可或缺的外界条件，光照对畜禽的影响因畜禽种类不同而不同，畜禽舍光照调控的目的是确保畜禽的光照要求，保证舍内光照符合畜禽生理需求。

畜禽舍内采光分自然采光和人工照明两种。自然光照的时间和强度有明显的季节性，一天之中太阳高度也在不断变化，导致舍内照度不均匀。对于开放舍或半开放舍，南墙有很大的开放部分，主要借助自然光照以满足生产需要。封闭舍也以自然光照为主，但为了克服自然光照的不稳定性，这种畜禽舍必须设置人工照明来控制舍内的光照时间和光照强度，以满足畜禽生产对光照的需要。

## 一、自然采光调控

自然采光取决于太阳直射光或散射光通过畜禽舍开露部分进入舍内的量。进入舍内的光量与畜禽舍朝向、舍外情况、窗户的设置、舍内设施等因素有关。自然采光调控的任务就是通过合理设计采光窗的面积、位置、数量和形状，保证畜禽舍自然光照的要求，并尽量使光照分布均匀。

1. 确定窗口面积

窗口面积可根据采光系数来确定。采光系数是指窗户的有效采光面积（即窗户玻璃的总面积）与舍内地面面积之比。采光系数越大，采光效果越好。各种畜禽舍的采光系数因畜禽的种类而不同（表4-1）。根据采光系数（$K$）可计算畜禽舍窗户面积，其公式为：

$$A=\frac{K\times F_{\mathrm{d}}}{\tau}$$

式中，$A$ 为采光窗口的有效面积（$\mathrm{m}^2$）；$K$ 为采光系数；$F_{\mathrm{d}}$ 为舍内地面面积（$\mathrm{m}^2$）；$\tau$ 为窗扇遮挡系数，单层金属窗为0.80，双层金属窗为0.65，单层木窗为0.70，双层木窗是0.50。

为简化计算，窗户面积可按1间畜禽舍面积确定（即间距×跨度，也称“柱间距”）。利用采光系数计算的窗户面积，只能保证畜禽舍内的自然采光需求，若不能满足夏季的通风要求，建议酌情扩大。

表4-1　不同畜禽舍的采光系数

| 畜禽舍 | 采光系数 | 畜禽舍 | 采光系数 |
|---|---|---|---|
| 奶牛舍 | 1∶12 | 成年绵羊舍 | 1∶(25～15) |
| 肉牛舍 | 1∶16 | 羔羊舍 | 1∶(20～15) |
| 犊牛舍 | 1∶(14～10) | 成鸡舍 | 1∶(12～10) |
| 种猪舍 | 1∶(12～10) | 雏鸡舍 | 1∶(9～7) |
| 肥猪舍 | 1∶(15～12) | 母马及幼驹舍 | 1∶10 |

在实际生产中，当窗户面积一定时，增加窗户的数量可减小窗间距，以改善舍内光照的均匀度，并且将窗户两侧的墙棱修成斜角，使窗洞呈喇叭形，以提高光照效果。

2. 确定窗口位置

(1)根据采光窗入射角和透光角确定。根据入射角和透光角来确定窗户的上、下缘高度（图 4-1）。窗户的入射角是指窗户上缘（或屋檐下端）一点向地面纵中线所引的垂线与地面间的夹角($\alpha$)。入射角越大，越有利于采光。为了保证畜禽舍内的采光，入射角一般不应小于25°。透光角又叫开角，是指窗户上缘（或屋檐下端）一点和窗户下缘内侧一点分别向地面纵中线所引垂线形成的夹角($\beta$)。透光角愈大，愈有利于畜禽舍的自然采光。为增大透光角，可以增大屋缘和窗户上缘的高度，或降低窗台的高度等。但是，窗台高度过低，会使阳光直射于畜禽头部，不利于畜禽健康，尤其是马属动物，因此，马舍窗台高度以 1.6～2.0 m 为宜，其他畜禽以 1.2 m 左右为好。为了保证舍内适宜的照度，要求畜禽舍的透光角不小于 5°。

由图 4-1 可知，窗口上、下缘至地面的高度 $H_1$ 和 $H_2$ 分别为：

$$H_1 = \tan\alpha \times s_1$$
$$H_2 = \tan(\alpha - \beta) \times s_2$$

要求 $\alpha \geqslant 25°, \beta \geqslant 5°, \alpha - \beta \leqslant 20°$，故 $H_1 \geqslant 0.466\,3 s_1, H_2 \leqslant 0.364 s_2$。

式中，$H_1$、$H_2$ 分别为窗口上、下缘至舍内地坪的高度(m)，$s_1$、$s_2$ 分别为畜禽舍中央一点到外墙和内墙的水平距离。

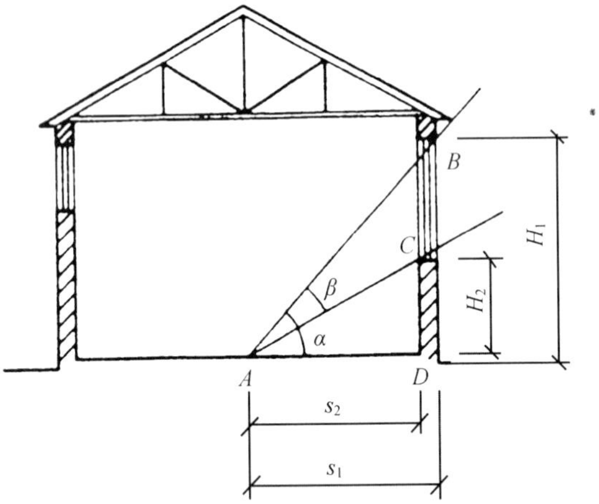


**图 4-1 入射角($\alpha$)和透光角($\beta$)示意图**

(2)根据太阳高度角确定。从防暑和防寒考虑，我国大部分地区夏季都不应有直射光线进入舍内，而冬季则希望尽可能多的阳光照射到畜床上。为了达到这种要求，可通过合理的设计窗户的出檐宽度和窗户上、下缘高度。当窗户上缘外侧（或屋檐）与窗户内侧所引直线同地面之间的夹角小于当地夏至日的太阳高度角时，能防止夏至前后太阳直射光进入舍内；当畜床后缘与窗户上缘（或屋檐）所引直线同地面之间的夹角大于当地冬至日的太阳高度角时，就能保证冬至前后太阳光线进入舍内，直射在畜床上（图 4-2）。太阳高度角计算公式如下：

$$h = 90° - \varphi + \sigma$$

式中，$h$ 为太阳高度角；$\varphi$ 为当地的纬度；$\sigma$ 为太阳赤纬（夏至时为 23°27′，冬至时为 −23°27′，春分和秋分时为 0°）。

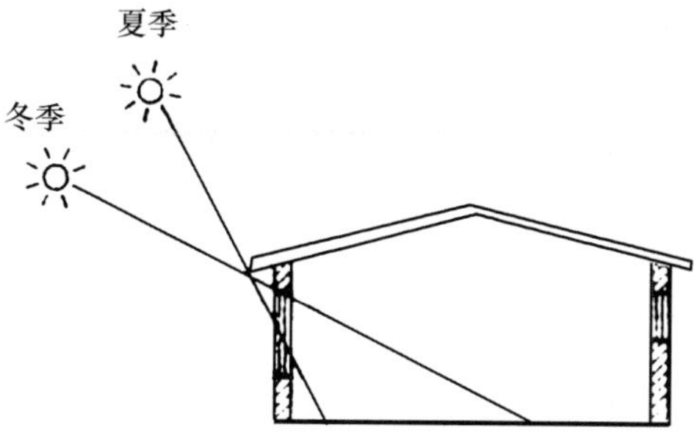


**图 4-2　根据太阳高度角设计窗户上缘的高度**

设计畜禽舍时，根据畜禽需求，参考该方法确定窗户上下缘高度，但畜禽舍出檐一般不超过 0.8 m，过长则会造成施工困难。

3. 窗户数量、形状和布置

窗户数量的确定应首先根据当地气候特点来确定南北窗面积比例，然后考虑照度均匀和畜禽舍结构对窗间宽度的要求来确定。炎热地区南北窗面积之比为(1～2)∶1，夏热冬冷和寒冷地区可为(2～4)∶1。为使采光均匀，每间畜禽舍窗户面积一定时，增加窗户数量可以减小窗间距，从而提高舍内光照均匀度。

从采光效果看，立式窗户比卧式窗户效果好。但立式窗户散热较多，不利于冬季的保温，所以在寒冷的地区，南侧墙设立式窗户，北侧墙设卧式窗户。布置窗户时应根据各种畜禽对采光、通风的要求以及畜禽舍的跨度，做到适用、实用为宜。

例如：甘肃某猪舍哺乳母猪舍共 16 间，间距为 3 m，净跨度为 4.56 m，窗上、下缘距舍内地面分别为 1.95 m 和 0.75 m，设计该哺乳母猪舍南北窗的面积、数量和布置。

(1)据已知条件，该舍每间面积为 13.68 $m^2$，查表知其采光系数标准为 1∶(12～10)，可取 1∶10，如采用单层木窗，遮挡系数为 0.7，则可知每间所需窗口面积($A$)为：

$$A=\frac{0.1\times 13.68}{0.7}=1.954\approx 2.0(m^2)$$

(2)考虑到哺乳母猪舍需注意防寒保暖和北方冬冷夏热的特点，北窗面积可占南窗的 1/4，则每间猪舍北窗面积为 2.0÷5=0.4($m^2$)，南窗面积为 0.40×4=1.60($m^2$)。

(3)根据南窗上、下缘高度可知窗口高 1.2 m，由此得南窗宽度为 1.6÷1.2=1.33(m)，取 1.5 m，窗间墙宽度为 3.0−1.5=1.5(m)，考虑光照和通风均匀，可每间设高 1.2 m，宽 0.8 m 的立式窗 2 樘，则窗间墙宽度减为 0.7 m，两南窗面积为 1.2 m×0.8 m×2=1.92 $m^2$，稍大于计算面积 1.6 $m^2$，符合要求。北窗设高 0.6 m，宽 0.9 m 的窗 1 个，面积为 0.54 $m^2$，稍大于计算值 0.4 $m^2$，上、下缘高可分别为 1.95 m 和 1.35 m。

## 二、人工照明调控

人工照明是在畜禽舍内安装光源进行照明，不仅应用于密闭式畜禽舍，也可用于自然采光的畜禽舍作为补充光照。其特点是可以人工控制，受外界因素影响小，但造价大，投资多。

1. 灯具的选择

根据灯具的特性选择种类，主要有白炽灯与荧光灯（日光灯）两种。荧光灯比白炽灯节约电能，光线比较柔和，不刺眼睛，温度为21.0～26.7 ℃。荧光灯的光照效率最高，但存在设备投资较大，温度低时不易启亮等缺点。现代养鸡场为节约电能也可采用节能灯，节能灯是一种紧凑型荧光灯，其发光强度是白炽灯的5～6倍。

2. 灯具总功率的确定

根据畜禽舍光照标准（表4-2、表4-3）和1 $m^2$ 舍内地面设1 W光源提供的光照度（表4-4），计算畜禽舍所需光源总功率。

光源总功率＝（畜禽舍适宜照度/1 $m^2$ 地面设1 W光源提供的照度）×畜禽舍总面积

**表4-2 畜禽舍人工光照标准**

| 畜禽舍 | 光照时间/h | 光照度/lx | |
|---|---|---|---|
| | | 荧光灯 | 白炽灯 |
| 牛舍：奶牛舍、种公牛舍、后备牛舍饲喂处 | 16～18 | 75 | 30 |
| 休息处或单栏，单元内产间 | | 50 | 20 |
| 卫生工作间 | | 75 | 30 |
| 产房 | | 150 | 100 |
| 犊牛室 | | 100 | 50 |
| 带犊母牛的单栏或隔间 | | 75 | 30 |
| 青年牛舍（单栏或群饲栏） | | 50 | 20 |
| 肥育牛舍（单栏或群饲栏） | | 50 | 20 |
| 饲喂场或运动场 | 14～18 | 5 | 5 |
| 挤乳厅、乳品间、洗涤间、化验室 | 6～8 | 150 | 100 |
| 羊舍：母羊舍、公羊舍、断乳羔羊舍 | | 75 | 30 |
| 育肥羊舍 | 8～10 | 50 | 20 |
| 产房及暖圈 | | 100 | 50 |
| 剪毛站及公羊舍内调教场 | 16～18 | 200 | 150 |
| 鸡舍：0～3日龄 | 23 | | 30 |
| 4日龄～19周龄 | 23渐减或突减为8～9 | 50 | 5 |
| 成鸡舍 | 14～16 | | 10 |
| 肉用仔鸡舍 | 23或3明1暗 | | 0～3日龄为25，以后减为5～10 |
| 兔舍及皮毛兽舍： | | | |
| 封闭式兔舍、各种皮毛兽笼（棚） | 16～18 | | |
| 幼兽舍 | 16～18 | 75 | 50 |
| 毛长成的商品兽棚 | 6～7 | 10 | 10 |

表 4-3　猪舍采光参数

| 猪群类别 | 自然光照 | | 人工照明 | |
|---|---|---|---|---|
| | 采光系数 | 辅助照明/lx | 光照度/lx | 光照时间/h |
| 种公猪 | 1∶(12～10) | 50～75 | 50～100 | 10～12 |
| 成年母猪 | 1∶(15～12) | 50～75 | 50～100 | 10～12 |
| 哺乳母猪 | 1∶(12～10) | 50～75 | 50～100 | 10～12 |
| 哺乳仔猪 | 1∶(12～10) | 50～75 | 50～100 | 10～12 |
| 保育仔猪 | 1∶10 | 50～75 | 50～100 | 10～12 |
| 育肥猪 | 1∶(15～12) | 50～75 | 30～50 | 8～12 |

表 4-4　1 $m^2$ 舍内地面设 1 W 光源提供的光照度　　lx

| 光源种类 | 荧光灯 | 白炽灯 | 卤钨灯 | 自整流高压水银灯 |
|---|---|---|---|---|
| 1 W 光源提供的光照度 | 12.0～17.0 | 3.5～5.0 | 5.9～7.0 | 8.0～10.0 |

3.确定灯具的数量和每盏灯泡的功率

灯具的行距和灯距约按 3 m 布置，靠墙的灯距为内部灯距的一半。布置方案确定后，即可算出所需灯具的数量。根据总功率和数量，算出每盏灯的瓦数。

4.灯具的安装

为使舍内照度均匀，应尽量降低灯的瓦数而增加灯具的数量，两排以上时应左右交错排列。笼养家禽时，灯具除左右交错排列外，还应上下交错排列来保证底层笼的光照强度，因此，灯具一般设置在两列笼间的走道上方。

灯的高度直接影响地面的光照强度，在实际生产中，灯高一般为 2.0～2.4 m，每 0.37 $m^2$ 鸡舍配置 1 W 的灯具或按 2.7 W/$m^2$ 配置，可获得相当于 10.76 lx 的照度。多层笼养鸡舍为使底层有足够的照度，设置灯具时，照度应适当提高一些，一般按 3.3～3.5 W/$m^2$ 的要求设计。为使地面获得 10.76 lx 的照度，白炽灯的高度设置见表 4-5。

表 4-5　白炽灯安装高度

| 光源/W | 15 | 25 | 40 | 60 | 75 | 10 |
|---|---|---|---|---|---|---|
| 有灯罩高度/m | 1.0 | 1.4 | 2.0 | 3.1 | 3.2 | 4.1 |
| 无灯罩高度/m | 0.7 | 0.9 | 1.4 | 2.1 | 2.3 | 2.9 |

5.卫生要求

(1)照度足够。应满足畜禽最低照度的要求。蛋鸡、种鸡舍为 10 lx，肉鸡、雏鸡 5 lx，其他畜禽为便于饲养员的工作考虑，地面照度以 10 lx 为宜。

(2)保持灯泡清洁。脏灯泡发出的光比干净灯泡减少约 1/3，因此，要定期对灯泡进行擦拭。同时，设置灯罩不仅保持灯泡表面的清洁，还可提高光照强度，使光照强度增加50%。一般采用平形或伞形灯罩，避免使用上部敞开的圆锥形灯罩。

(3)其他要求。鸡舍内设置灯泡功率不可过大，应以40～60 W的白炽灯或6～18 W的节能灯为宜；灯具不可使用软线悬吊，以防被风吹动，使鸡受惊；设置可调变压器，使电灯在开、关时有渐亮、渐暗的过程。畜禽场多采用全自动电脑定时光控器，有效补充光照，提高生产效率。

6.鸡的人工光照制度

现代鸡场人工控制光照已成为必要的管理措施，种鸡和蛋鸡基本相同，肉用仔鸡自成一套。

(1)种鸡和蛋鸡的光照制度。光控的目的是使鸡适时性成熟，主要有两种方法：

①渐减渐增法：是利用有窗鸡舍培育小母鸡的一种光照制度。先预计自雏鸡出壳至开产时(蛋鸡20周龄、肉鸡22周龄)的每日自然光照时数，加上7 h即为出壳后第3天的光照时数，以后每周光照时间递减20 min，到开产前恰为当时的自然光照时数(8～9 h)，这有利于鸡的生长发育，可使鸡适时开产。此后每周增加1 h，直到光照时数达到16～17 h/d后，保持恒定。使鸡群的产蛋率持续升高，很快进入产蛋高峰，并可提高初产蛋重。

②恒定法：是培育小母鸡的一种光照制度，除第一周光照时间较长外，通过短期过渡，使其他育雏和育成期间(蛋鸡20周龄、肉鸡22周龄)每日光照时间为8～9 h并保持不变。开产前期光照骤增到13 h/d，以后每周延长1 h，达到16～17 h/d，保持恒定。此法操作简单，适用于无窗畜禽舍。

(2)肉用仔鸡的光照制度。光照的目的是提供采食时间，促进生长，光照强度不可太强，弱光可降低鸡的兴奋性，使其保持安静，有利于肉鸡的增重。

①持续光照制度：在雏鸡出壳后1～2 d通宵照明，3日龄至上市出栏，每日采用23 h光照，1h黑暗。也可在饲养中后期，鉴于仔鸡已熟悉采食、饮水等位置，为节约电能，夜间不再开灯。

②间歇光照制度：即雏鸡在幼雏期间给予连续的光照，然后变为5 h光照，1 h黑暗；再过渡到3 h光照，1 h黑暗；最后变为1 h光照，3 h黑暗并反复进行。肉用仔鸡采用此法有利于提高采食量、日增重、饲料利用率和节约电力，但饲槽饮水器的数量需要增加50%。

**【任务评价】**

**一、名词解释**

采光系数　入射角　透光角

**二、填空题**

1.畜禽舍窗户的入射角要求不小于________度，透光角不小于________度。

2.畜禽舍窗户的面积=____________。

3.畜禽舍窗户的形状有________和________窗，其中________窗保温效果好，故设置在畜禽舍的________墙；而________窗采光效果好，故设置在畜禽舍的________墙。

4.人工照明设计中光源种类有________、________和________灯。其安装高度为________ m,灯距为________ m,行距为________ m。

三、简答题

1.采光系数如何测定?

2.畜禽舍的透光角和入射角如何测定?

3.如何使用照度计测定畜禽舍的光照强度?

4.灯具安装的要求及注意事项有哪些?

# 任务 2　畜禽舍采光效果测定与评价

## 一、数字式照度计的使用

### (一)构造原理

照度计由光电探头(内装硅光电池)和测量表两部分组成。当光电探头曝光时,由光的强弱产生相应的光电流,并在电流表上指示出照度数值(图 4-3)。

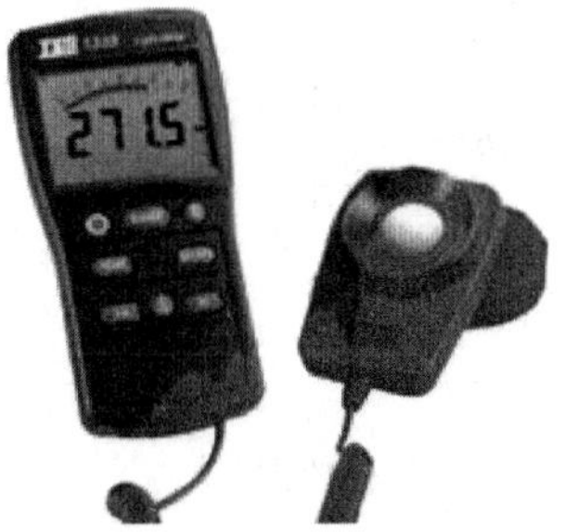

图 4-3　数字式照度计

### (二)操作步骤

(1)使用前检查量程开关,使其处于"关"的位置。

(2)将光电探头的插头插入仪器的插孔中。

(3)调零。依次按下电源键、照度键、量程键。若显示窗不是 0,应进行调整;调零后,应把量程键关闭。

(4)测量。取下光电探头上的保护罩,将光电探头置于测点的平面上。将量程开关由"关"的位置依次由高档拨至低档处进行测定。测量时,为避免光引起光电疲劳和损坏仪表,应根据光源强弱,按下量程开关,选择相应的档次进行观测。

(5)测量完毕,将量程开关恢复到"关"的位置,并将保护罩盖在光电探头上,拔下插头,整理装盒。

(6)测定舍内照度时,高度选择在离地面 80～90 cm 及以上,一般以 100 $m^2$ 布 10 个测点进行,测点不能紧靠墙壁,距墙 0.1 m 以上。

## 二、畜禽舍采光效果测定与评价

调研某畜禽场,将相关信息填入表 4-6。

**表 4-6 畜禽舍采光效果测定与评价**

<table>
<tr><td>调研单位名称</td><td colspan="4"></td><td colspan="2">地　址</td><td colspan="4"></td></tr>
<tr><td>畜禽种类</td><td colspan="4"></td><td colspan="2">饲养头数</td><td colspan="4"></td></tr>
<tr><td rowspan="3">采光系数测定</td><td>畜禽舍窗户数</td><td></td><td colspan="2">窗户玻璃数</td><td></td><td colspan="2">玻璃面积(长×宽)/$m^2$</td><td colspan="3"></td></tr>
<tr><td colspan="2">畜禽舍窗户总有效面积/$m^2$</td><td colspan="8">窗户数×玻璃数×玻璃面积＝</td></tr>
<tr><td colspan="2">畜禽舍地面面积</td><td colspan="3"></td><td colspan="2">采光系数</td><td colspan="3"></td></tr>
<tr><td rowspan="3">入射角和透光角测定（如右图）</td><td>$H_1$/m</td><td></td><td>$S_1$/m</td><td></td><td colspan="2">$\tan\alpha = H_1 / S_1$</td><td></td><td colspan="3" rowspan="3">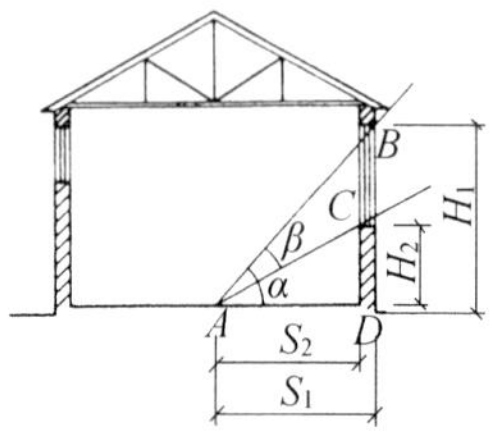
</td></tr>
<tr><td>$H_2$/m</td><td></td><td>$S_2$/m</td><td></td><td colspan="2">$\tan(\alpha-\beta) = H_2 / S_2$</td><td></td></tr>
<tr><td colspan="7">查反函数表，得入射角∠α＝________；透光角∠β＝________。</td></tr>
<tr><td rowspan="2">光照强度测定（照度计法）</td><td>测定位置</td><td></td><td></td><td></td><td></td><td></td><td></td><td></td><td colspan="2">平均值</td></tr>
<tr><td>照度/lx</td><td></td><td></td><td></td><td></td><td></td><td></td><td></td><td colspan="2"></td></tr>
<tr><td>综合评价</td><td colspan="10">评价依据：<br><br>评价结论：<br><br>测定人：________　　　　日期：________年____月____日</td></tr>
</table>

## 三、产蛋鸡舍人工光照灯具的配置与安装

调研某产蛋鸡场，将相关信息填入表 4-7。

**表 4-7　产蛋鸡舍人工光照灯具的配置与安装**

<table>
<tr><td>调研单位名称</td><td colspan="3"></td><td>地　址</td><td colspan="2"></td></tr>
<tr><td>畜禽种类</td><td colspan="3"></td><td>饲养只数</td><td colspan="2"></td></tr>
<tr><td rowspan="2">灯具数量的计算</td><td colspan="2">$S$:鸡舍地面面积/$m^2$</td><td></td><td colspan="2">$R$:每平方米地面应获得的灯具瓦数/($W/m^2$)</td><td></td></tr>
<tr><td colspan="2">$W$:每盏灯具的瓦数/W</td><td></td><td colspan="2">灯具个数:　$N=\frac{S\times R}{W}$</td><td></td></tr>
<tr><td rowspan="4">灯具的安装</td><td>灯具类型</td><td></td><td>灯具规格/W</td><td></td><td>灯具间距/m</td><td></td></tr>
<tr><td>灯具与墙体间距/m</td><td></td><td>灯高/m</td><td></td><td>灯具安装列数</td><td></td></tr>
<tr><td>是否有光控仪</td><td></td><td>有无灯罩</td><td></td><td>总开关数/个</td><td></td></tr>
<tr><td colspan="6">(请绘出某产蛋鸡舍人工光照示意图,并粘贴此处。)</td></tr>
<tr><td>综合评价</td><td colspan="6">评价依据:<br><br>评价结论:<br><br>评价人:________　　　　日期:________年____月____日</td></tr>
</table>

## 【任务评价】

### 简答题

1. 如何使用照度计测定畜禽舍的光照强度?

2. 简述照度计使用注意事项。

# 任务3 畜禽舍温度调控

环境温度影响畜禽的健康和生产力，从生理角度讲，畜禽一般比较耐寒怕热，高温对畜禽健康和生产性能的影响、危害比低温还大。但在我国东北、西北、华北等寒冷地区，由于冬季气温偏低，持续期较长，对畜禽的生产影响也很大。因此，必须采取有效的防暑与防寒措施，通过外围护结构的保温隔热设计、绿化与遮阳、降温与采暖等措施来实现。

## 一、选择有利于保温隔热的畜禽舍类型

在选择畜禽舍类型时，应根据不同类型畜禽舍的特点、当地的气候特点，结合饲养畜禽的种类及饲养阶段选择适合本地、本场实际情况的畜禽舍类型。例如，严寒地区宜选择密闭式或无窗密闭式畜禽舍，既有利于保温防寒，同时便于实现机械化操作，提高劳动生产效率。冬冷夏热地区，可选择开放式或半开放式畜禽舍，在冬季可搭设塑料薄膜使开露部分封闭或设塑料薄膜窗保温，加强畜禽舍的保温，以提高防寒能力。

## 二、加强外围护结构的保温隔热设计

夏季造成舍内温度过高的原因在于过高的气温、强烈的日光照射以及畜禽自身产生的热量。而冬季畜禽舍的防寒能力，在很大程度上取决于畜禽舍外围护结构的保温隔热性能，根据地区气候差异和畜禽对气候生理要求，选择适当的建筑材料和合理的畜禽舍外围护结构是畜禽舍温度调控最有效和最节能的措施。

1.加强屋顶保温隔热设计

理论研究和实践表明：屋面比墙体受自然气候的影响大，其保温隔热的要求比墙体高。保温和隔热层的厚度要根据不同地区的气候条件经过热工计算，保证冬季保温和夏季隔热的要求。除此之外，应在屋顶通风间层、维护结构外表面处理、屋顶通风口等几个方面进行构造设计。

在夏季，强烈的太阳辐射和高温，可使屋面（红瓦屋面）温度高达60～70 ℃，甚至更高。但在严寒的冬季，通过屋顶和天棚散失的热量占总失热量的36%～44%。由此可见，屋顶保温隔热性能的好坏，对舍内温度影响很大。常见屋顶保温隔热设计的措施有：

（1）选用保温隔热性能好的材料。在综合考虑其他建筑学要求与取材方便的情况下，尽量选用导热系数小的材料，如中间夹聚苯板的双层彩钢板、透明的太阳板、钢板内喷发泡聚乙烯等，以加强保温与隔热。

（2）确定合理的结构。选用一种材料往往不能保证最有效的隔热。因此，从结构上综合几种材料的特点而形成较大的热阻来达到良好的隔热效果，充分利用几种材料合理确定多层结构屋顶。其原则是：在屋顶的最下层铺设导热系数小的材料，其上为蓄热系数比较大的材料，最上层为导热系数大的材料。采用此种结构，当屋顶受太阳辐射变热后，热传到蓄热系数大的材料层而蓄积起来，再向下传导时，受到阻抑，从而缓和了热量向舍内传递。当夜晚来临时，被蓄积的热又可通过上层导热系数大的材料层迅速得以散失。这样白天可避免舍温升高而导致过热。但这种结构只适宜夏热冬暖地区。而在夏热冬寒地区，则应将上层导热系数大的材料

换成导热系数小的材料较为有利。

(3)增强屋顶反射。在夏季增强屋顶反射，以减少太阳辐射热。舍外表面的颜色深浅和平滑程度，决定其对太阳辐射热的吸收与反射能力。色浅而平滑的表面对辐射热吸收少而反射多；反之则吸收多而反射少。深黑色、粗糙的油毡屋顶，对太阳辐射热的吸收系数值为 0.86；红瓦屋顶和水泥粉刷的浅灰色光平面均为 0.56；而白色石膏粉刷的光平面仅为 0.26。由此可见，采用浅色、光平屋顶，可减少太阳辐射热向舍内的传递，是有效的隔热措施。

(4)采用通风屋顶。通风屋顶是将屋顶设计成双层，靠中间层空气的流动而将顶层传入的热量带走，阻止热量传入舍内的屋顶形式(图 4-4)。其特点是空气不断从入风口进入，穿过整个间层，再从排风口排出。在空气流动过程中，把屋顶空间由外面传入的热量带走，从而降低了温度，减少了辐射和对流传热，有效地提高了屋顶的隔热效果。为使通风间层隔热性能良好，要注意合理设计间层的高度和通风口的位置。对于夏热冬暖地区，为了通风畅通，可适当扩大间层的高度。一般坡屋顶高度为 120～200 mm，平屋顶为 200 mm 左右；在夏热冬冷的北方，间层高度不宜太大，常设置在 100 mm 左右，并要求间层的基层能满足冬季热阻。为了有效地保证冬季屋顶的保温，冬季可将山墙风口封闭，以利于顶棚保温。

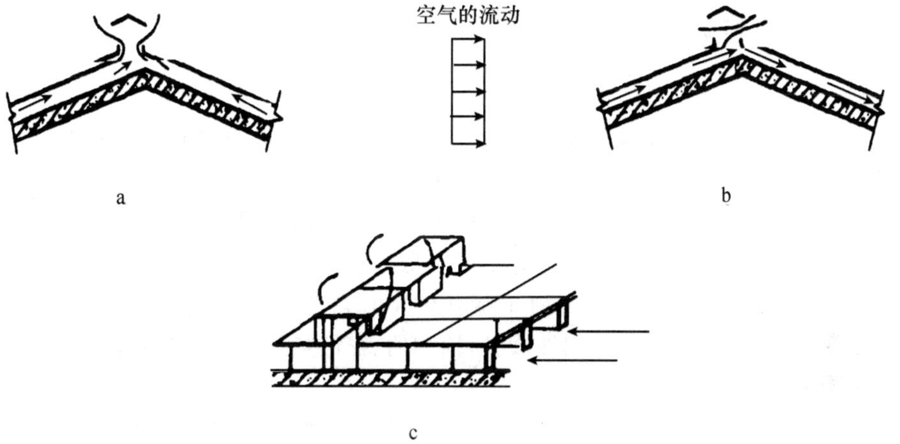


a. 热压通风　b. 风压通风　c. 平顶通风

**图 4-4　通风屋顶示意图**

2. 墙壁的保温隔热设计

墙壁必须具备适宜的保温隔热要求，既有利于冬季防寒，又有利于夏季防暑。墙壁是畜禽舍的主要外围护结构，失热量仅次于屋顶。因此，在寒冷地区，必须加强墙壁的保温设计。墙壁的保温隔热能力，取决于所用建筑材料的性质和厚度。如选用空心砖代替普通红砖，墙的热阻值可提高 41%；选用加气混凝土块，则可提高 6 倍。现在，新型保温材料已应用于畜禽舍建筑上，如中间夹聚苯板的双层彩钢复合板、钢板内喷聚乙烯发泡、透明的阳光板等。设计时，应根据有关的热工指标要求，并结合当地的材料和习惯做法而确定，从而提高畜禽舍墙壁的保温御寒能力。目前用新型材料设计的组装式畜禽舍，冬季为加强防寒可改装成保温型的封闭舍；夏季则拆去部分构件，成为半开放舍，是冬、夏季两用且比较理想的畜禽舍，但使用的材料要求高，造价也高。

对于炎热地区大型封闭式畜禽舍的墙壁，则应按屋顶的隔热原则进行合理设计，尽量减少太阳辐射热。

3. 门、窗的保温隔热设计

门、窗的热阻值较小，同时门窗开启及缝隙会造成冬季的冷风渗透，失热量较多，对保温防寒不利。因此，在寒冷地区，在门外应加门斗，设双层窗或临时加塑料薄膜、窗帘等。在满足通风采光的条件下，门窗的设置应尽量少些。在受冷风侵袭的北墙、西墙可少设门、窗，一般可按南窗面积的1/4～1/2设置，这样对加强畜禽舍冬季保温有着重要意义。在夏季，可采用窗口遮阳的措施，减少热量传递。

4. 加强地面保温隔热设计

地面的保温隔热性能，直接影响地面平养畜禽的体热调节，也关系到舍内热量的散失，因此地面的保温很重要。在生产中，应根据当地的条件尽可能采用有利于保温的地面。如在畜禽的畜床上加设木板或塑料垫等，以减缓地面散热。研究表明，在外界温度34℃时，利用低温地下水（15～20℃）进行地板局部降温（通过埋置在躺卧区的管道），能使开放式猪舍地面躺卧区的温度维持在22～26 ℃，具有良好的降温效果。

## 三、实行绿化与遮阳

1. 绿化

绿化不仅起遮阳作用，对缓和太阳辐射、降低舍外空气温度也具有一定的作用。茂盛的树木能挡住50%～90%的太阳辐射热，草地上的草可遮挡80%的太阳光，可见，绿化的地面比未绿化地面的辐射热低4～5倍。绿化降温的原理是：第一，植物通过蒸腾作用和光合作用，吸收太阳辐射热，从而降低气温；第二，通过遮阳以降低太阳辐射；第三，通过植物根部所保持的水分，可从地面吸收大量热能而降温。由于绿化的上述降温作用，能使畜禽舍周围的空气“冷却”，降低地面的温度，从而使辐射到外墙、屋顶和门、窗的热量减少，并通过树木的遮阳来阻挡阳光透入舍内而降低舍温。

种植树干高、树冠大的乔木可以绿化遮阳，还可搭架种植爬蔓植物，使南墙、窗口和屋顶上方形成绿荫棚。但绿化遮阳要注意合理密植，尤其是爬蔓植物，须注意修剪，以免生长过密，影响畜禽舍的通风与采光。

2. 遮阳

遮阳是指阻挡太阳光线直接进入畜禽舍内的措施。常采用的方法有：

(1)挡板遮阳。是阻挡正射到窗口处阳光的一种方法。适于东向、南向和接近此朝向的窗户。

(2)水平遮阳。是阻挡由窗口上方射来的阳光的方法。适于南向和接近此朝向的窗户。

(3)综合式遮阳。利用水平挡板、垂直挡板阻挡由窗户上方射来的阳光和由窗户两侧射来的阳光的方法。适于南向、东南向、西南向及接近此朝向窗口。此外，可通过加长挑檐、搭凉棚、挂草帘等措施达到遮阳的目的。试验证明，通过遮阳可在不同方向的外围护结构上使传入舍内的热量减少17%～35%。

## 四、采取降温措施

在炎热的季节，通过外围护隔热、绿化与遮阳措施均不能满足畜禽温度要求的情况下，为避免或缓和因热应激而引起畜禽健康状况异常及生产力下降，可结合降温设备采用喷雾、喷淋、湿帘或水帘通风降温、滴水降温与冷风降温等措施。

## 五、畜禽舍的采暖

采取各种保温措施仍不能达到舍温要求时，需人工供暖。畜禽舍的采暖主要分为局部采暖和集中采暖。

局部采暖是在畜禽舍内单独安装供热设备，如电热器、保温伞、散热板、红外线灯和火炉等。在雏鸡舍常用煤炉、烟道、保温伞、电热育雏笼等设备供暖；在仔猪栏铺设红外线电热毯或仔猪栏上方悬挂红外线保温伞。

集中采暖是指集约化、规模化畜禽场采用一个集中的热源（锅炉房或其他热源），将热水、蒸汽或预热后的空气，通过管道输送到舍内或舍内的散热器。近年来，通风供暖设备的研制已有新的进展，热风炉、暖风机在寒冷地区已经推广使用，有效地解决了保温与通风的矛盾。总之，无论采取何种取暖方式，都应充分考虑采暖设备投资、能源消耗等投入与产出的经济效益。

## 六、畜禽舍防暑防寒管理措施

畜禽的饲养管理直接或间接地对畜禽舍的防暑降温和防寒保暖起到不可忽视的作用。加强畜禽防暑防寒管理的措施主要是：

1. 调整饲养密度

在不影响饲养管理及舍内卫生的前提下，夏季或炎热季节适当降低饲养密度，有利于机体散热和降低环境温度；冬季适当加大饲养密度，有利于舍温的提高。

2. 控制舍内的气流

在夏季的中午前后畜禽舍内温度有时高于舍外温度，加大通风量和气流速度，可以促进畜禽机体的对流散热和蒸发散热；加强畜禽舍入冬前的维修与保养，如封门窗、设置挡风障及堵塞墙壁缝隙等，防止贼风的产生，对提高畜禽舍冬季防寒保温性能有重要的作用。

3. 科学饮水

高温季节给予充足的饮水，有条件时可以给冷水吸收机体热量，减轻畜禽散热负担；低温季节加热饮水和饲料，杜绝喂冰冻料及饮冰冻水可以减少能量消耗，提高畜禽的抗寒能力。

4. 调整日粮配方

高温环境中畜禽的采食量下降，为避免畜禽在高温因采食量下降而导致能量和蛋白质摄入不足，应在日粮中添加油脂等高能物质，饲喂低蛋白质高氨基酸平衡日粮可减少产热，同时在日粮中添加维生素 C、维生素 E、维生素 $B_6$、维生素 $B_{12}$ 和电解质等物质缓和热应激，从而提高畜禽生产性能；低温环境中提供营养平衡、数量充足的日粮，满足畜禽御寒和生产的需要。

5. 控制湿度

控制舍内的湿度，保持空气干燥。

6. 铺垫料

在低温环境中使用垫料，改进冷地面的温热特性。垫料不仅能保温吸湿、吸收有害气体、改善小气候环境，而且可保持畜体清洁，是一种简便易行的防寒措施。但垫草体积大，重量大，很难在集约化畜禽场应用。

【任务评价】

一、判断题

1. 空调调温效果好，对贵重的种畜可以考虑使用。(　　)
2. 加强畜禽舍外围护结构的隔热设计，对舍内温度调控非常重要。(　　)
3. 用保温伞供热可用于育雏。(　　)
4. 喷雾降温效果好，但容易引起舍内湿度过大。(　　)
5. 高湿对防暑有利，对防寒不利。(　　)
6. 相对而言，保温防寒较降温防暑容易操作。(　　)
7. 加强通风是防暑重要途径之一。(　　)
8. 生产力水平越高的畜禽耐寒能力强，而耐热能力弱。(　　)

二、简答题

1. 如何加强外围护结构的保温隔热设计？
2. 畜舍遮阳的类型有哪几种？
3. 绿化降温的原理是什么？
4. 常用蒸发降温措施有哪几种？哪种最适合自己所在地区？为什么？
5. 如何做好夏季的防暑降温和冬季保温防寒工作？

# 任务4　畜禽舍温度的测定与评价

## 一、常见温度计的使用

### (一)普通温度计

普通温度计由温度感应部和温度指示部组成，感应部为容纳温度计液体的薄壁玻璃球泡，指示部为一根与球泡相接的密封的玻璃细管，其上部充有足够压力的干燥惰性气体，玻璃细管上标以刻度，以管内的液柱高度指示感应部温度。

液体温度计是利用物质热胀冷缩的原理制成。当感应部温度增加就会引起内部液体膨胀，液柱上升，感应部内的液体体积的变化可在细管上反映出液柱高度变化。

常用的有水银温度计和酒精温度计两种。水银温度计应用较广，因为水银的导热性好，对热变化敏感，膨胀均匀，沸点低，故精确度较高。酒精温度计，由于酒精在 0 ℃以上膨胀不均匀，沸点低，故不如水银温度计准确，也不能测定高温，但酒精的凝固点是－117 ℃，故可以准确测到－80 ℃低温，这是水银温度计所不及的(水银在－39.4 ℃时冻结)。

### (二)最高温度计

这是一种特制的水银温度计，可以测定一定时间内的最高温度。这种温度计球部上方出口较窄，气温升高时水银膨胀，毛细管内水银柱上升，当气温下降时水银收缩，但水银收缩的内聚力小于出口较窄处的摩擦力，因此毛细管内的水银断裂，不能回到球部而仍指示着最高温度(图 4-5)。每次使用前应将水银柱甩回球部。

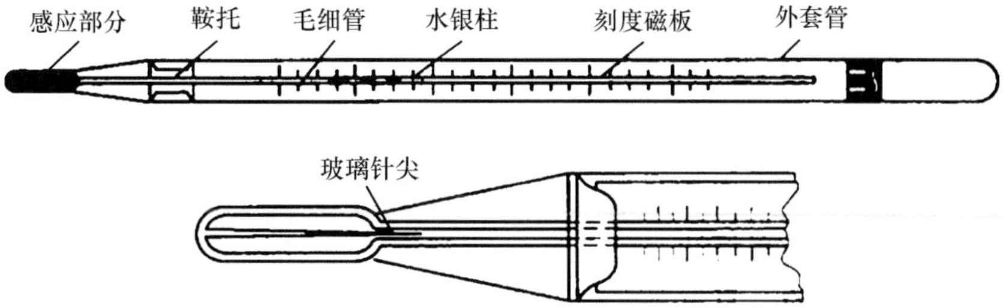


图 4-5 最高温度计

### (三)最低温度计

这是一种特制的酒精温度计，在毛细管中有一个能在酒精柱内游动的有色玻璃小指针。当温度上升时，指针不被酒精带动，而当温度下降时，凹形酒精表面即将指针向球部吸引，因此可以测量一定时间内的最低温度(图 4-6)。

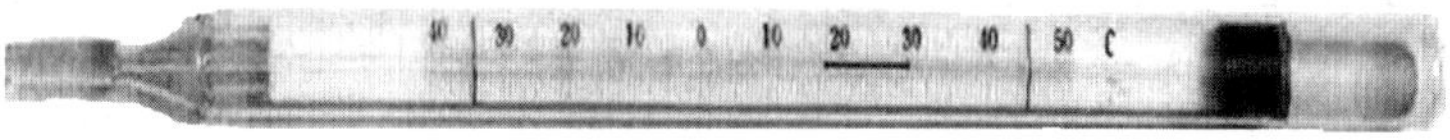

图 4-6 最低温度计

### (四)最高最低温度计

这是用来测定一定时间内的最高温度、最低温度的一种 U 形玻璃温度计。U 形管底部装有水银，左侧管上部及温度感应部(膨大部)都充满酒精；右侧管上部及膨大部的球部一半装有酒精，其上部充满压缩的干燥惰性气体，两端管内水银面上各有一个带色的金属含铁指针。当温度升高时，左端球部的酒精膨胀压迫水银向右侧上升，同时也推动水银面上的指针上升；反之，当温度下降时，左侧端部的酒精收缩，右侧球部的压缩气体迫使水银向左侧上升，指针并不下降。因此，右侧指针的下端指示一定时间内的最高温度，左侧指针的下端指示出一定时间内的最低温度(图 4-7)。每次使用应将指针用磁铁吸到水银面上。

### (五)数字式温度计

数字式温度计可以准确地判断和测量温度，以数字显示，而非指针或水银显示，故称数字温度表或数字温度计(图 4-8)。数字温度计采用温度敏感元件也就是温度传感器(如铂电阻、热电偶、半导体、热敏电阻等)，将温度的变化转换成电信号的变化，如电压和电流的变化，温度变化和电信号的变化有一定的关系，如线性关系、曲线关系等，这个电信号可以使用模数转换的电路即 AD 转换电路将模拟信号转换为数字信号，数字信号再送给处理单元，如单片机或者 PC 机等，处理单元经过内部的软件计算将这个数字信号和温度联系起来，成为可以显示出来的温度数值，然后通过显示单元，如 LED、LCD 或者电脑屏幕等显示出来。这样就完成了数字温度计的基本测温功能。数字温度计有手持式、盘装式及医用的小体积的温度计等。

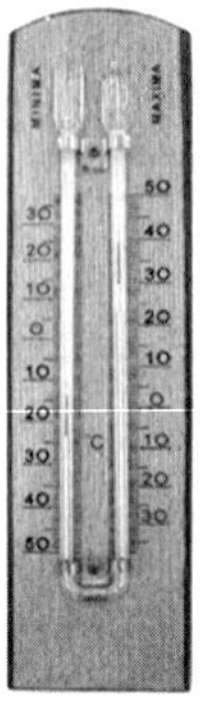

图 4-7　最高最低温度计

图 4-8　数字式温度计

## 二、畜禽舍内温度测定部位

在室外测定气温时，一般气象台(站)是将温度计置于空旷地点，离地面 2 m 高的白色百叶箱内，这样可防止其他干扰因素对温度计的影响。在舍内测定气温时，放置位置应根据畜禽舍而定。在牛舍内放在畜禽舍中央距地面 1～1.5 m 高处，固定于各列牛床的上方；散养舍固定于休息区。猪、羊舍为 0.2～0.5 m 高处，装在舍中央猪床的中部。笼养鸡舍为笼架中央高度，中央通道正中鸡笼的前方；平养鸡舍为鸡床上方 0.2 m 高处。

由于畜禽舍各部位的温度有差异，因此，除在畜禽舍中心测定外，还应在四角距两墙交界 0.25 m 处进行测定，同时沿垂直线在上述各点距地面 0.1 m、畜禽舍高 1/2 处、天棚下 0.5 m 处进行测定。

畜禽舍舍温测试，所测得数据要具有代表性，应该具体问题具体分析，选择适宜的温度测定位点。例如，猪的爬卧休息行为占 80%以上，故厚垫草养猪时，垫草内的温度才是具有代表性的环境温度值。

## 三、畜禽舍温度的测定与评价

现场测定某畜禽舍温度指标，将相关信息填入表 4-8。

表 4-8　畜禽舍温度的测定与评价

<table>
<tr><td colspan="2">调研单位名称</td><td colspan="5"></td><td colspan="2">地　点</td><td colspan="2"></td></tr>
<tr><td colspan="2">畜禽种类</td><td colspan="5"></td><td colspan="2">饲养头数</td><td colspan="2"></td></tr>
<tr><td colspan="2">畜禽舍类型</td><td colspan="5"></td><td colspan="2">记录时间</td><td colspan="2"></td></tr>
<tr><td rowspan="2">舍外温度</td><td>测定时间</td><td colspan="2">早晨 8:00</td><td colspan="3">中午 12:00</td><td>下午 2:00</td><td colspan="2">晚上 6:00</td><td>平均值</td></tr>
<tr><td>温度/℃</td><td colspan="2"></td><td colspan="3"></td><td></td><td colspan="2"></td><td></td></tr>
<tr><td rowspan="3">舍内温度</td><td>测定时间</td><td colspan="4">早晨 6:00～7:00</td><td colspan="2">下午 2:00～3:00</td><td colspan="2">晚上 10:00～11:00</td><td></td></tr>
<tr><td>测定部位</td><td>天棚</td><td colspan="2">畜床</td><td colspan="2">畜体高</td><td>畜禽舍中部</td><td>墙内面</td><td>墙角</td><td>平均值</td></tr>
<tr><td>温度/℃</td><td></td><td colspan="2"></td><td colspan="2"></td><td></td><td></td><td></td><td></td></tr>
</table>

续表4-8

| | |
|---|---|
| 综合评价 | 评价依据：<br><br>评价结论：<br><br>测定人：________　　日期：________年____月____日 |

【任务评价】

**简答题**

1. 最高最低温度计使用的注意事项是什么？
2. 简述畜禽舍温度测定的部位。

# 任务5　畜禽舍湿度调控

畜禽排泄物及舍内废水，与畜禽舍湿度有极其密切的关系。因此，及时清除畜禽排泄物及废水是控制畜禽舍湿度的重要措施。

畜禽舍的排水系统性能不良，往往会给生产带来很大的不便，它不仅影响畜禽舍本身的清洁卫生，也可能造成舍内空气湿度过高，影响畜禽健康和生产力。畜禽每天排出的粪尿量和污水排放量见表4-9和表4-10。生产中主要通过合理设计畜禽舍排水系统及加强日常的防潮管理等来最大限度地降低舍内湿度。

**表4-9　畜禽粪尿产量**　　kg/(头·d)

| 畜禽种类 | 乳牛 | 肉牛 | 猪 | 鸡 | 肉仔鸡 |
|---|---|---|---|---|---|
| 产粪量 | 25 | 15 | 3 | 0.16 | 0.05～0.06 |
| 产尿量 | 6 | 4 | 3 | | |

**表4-10　畜禽污水排放量**　　kg/(头·d)

| 畜禽种类 | 污水排放量 | 畜禽种类 | 污水排放量 |
|---|---|---|---|
| 成年牛 | 15～20 | 带仔母猪 | 8～14 |
| 青年牛 | 7～9 | 后备猪 | 2.5～4 |
| 犊牛 | 4～6 | 育肥猪 | 3～9 |
| 种公猪 | 5～9 | | |

畜舍的排水系统因畜种、畜舍结构、饲养管理方式以及清粪方式等不同而有差别，分为传统式和漏缝地板式两种类型。

## 一、传统式排水系统(干式清粪)

传统式排水系统是依靠手工清理操作并借助粪水自然流动而将粪尿及污水排出。传统式排水系统常采取粪尿固体部分人工清理，液体部分自流的方式。一般由畜床、排尿沟、降口、地下排出管及粪水池等组成。

1. 畜床

畜床是家畜在舍内采食、饮水及躺卧休息的地方，质地一般为水泥建造。为使尿液污水顺利排出，畜床向排尿沟方向应有适宜的坡度，一般牛舍为1%～1.5%，猪舍为3%～4%。坡度过大会造成家畜四肢、韧带负重不均，拴养家畜会导致后肢负担过重，造成母畜子宫脱垂与流产。

2. 排尿沟

排尿沟是承接和排出畜床流出来的粪尿和污水的设施。

(1)位置。对于牛舍、马舍来讲，对头式畜舍，一般设在畜床的后端，紧靠除粪道，与除粪道平行；对尾式畜舍，一般设在中央通道(除粪道)的两侧；对于猪舍、羊舍来讲，常将排尿沟设于中央通道的两侧。

(2)建筑设计要求。排尿沟一般用水泥砌成，要求其内表面光滑不漏水、便于清扫及消毒，形式为方形或半圆形的明沟，且朝降口方向有1%～1.5%的坡度，沟的宽度和深度根据不同畜种而异，宽度一般为15～30 cm，深度为8～12 cm。例如，牛舍沟宽为30～50 cm，猪舍及犊牛舍沟宽为13～15 cm。宽度和深度过大，易使家畜肢蹄受伤或使孕畜流产。为防止发生这类事故，有的在排尿沟上设置栅状铁箅。

3. 降口(水漏)、沉淀池和水封

(1)降口。降口是排尿沟与地下排出管的衔接部分，通常位于畜禽舍的中央。为了防止粪草落入堵塞，上面应有铁篦子，铁篦子应与排尿沟同高。降口数量依排尿沟长度而定，通常以接受两端各10～15 m粪尿的排尿沟为限。

(2)沉淀池。沉淀池是在降口下部，排出管口以下形成的一个深入地下的延伸部分。因畜禽舍废水及粪尿中多混有固体物，随水冲入降口，如果不设沉淀池，则易堵塞地下排出管。沉淀池为水泥建造的密闭式长方形池，水深应为40～50 cm。

(3)水封。水封是用一块板子斜向插入降口沉淀池内，让流入降口的粪水顺板子流下先进入沉淀池临时沉淀，再使上清液部分由排出管流入粪水池的设施。在降口内设水封，可以防止粪水池中的臭气经地下排出管逆流进入舍内(图4-9)，水封的质地有铁质、木质或硬质塑料三种。

4. 地下排出管

地下排出管是与排尿沟呈垂直方向并用于将各降口流出来的尿液污水导入舍外粪水池的管道。要求有3%～5%的坡度，直径大于15 cm，伸出舍外的部分，应埋在冻土层以下。在寒冷地区，对排出管的舍外部分应采取防冻措施，以免管中液体结冰。如果地下排出管自畜舍外墙至粪水池的距离大于5 m时，应在墙外设一检查井，以便在管道堵塞时进行疏通，但需注意

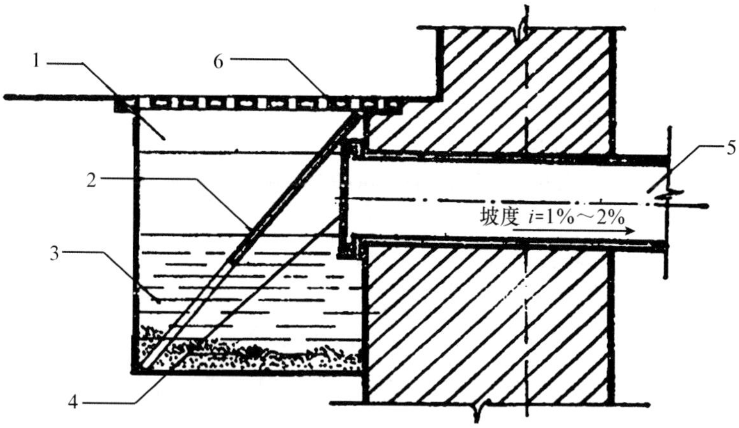


1. 通长地沟　2. 铁板水封，水下部分为细铁篦子或铁网　3. 沉淀池
4. 可更换的铁网　5. 排水管　6. 通长铁篦子或沟盖板

**图 4-9　畜禽舍排水系统沉淀池和排出管**

检查井的保温。

5. 粪水池

粪水池是贮积舍内排出的尿液、污水的密闭式地下贮水池。一般设在舍外地势较低处，且在运动场相反的一侧，距离畜禽舍外墙至少 5 m 以上。粪水池的容积和数量可根据舍内畜种、头数、舍饲期长短及粪水存放时间而定。一般按贮积 20～30 d，容积 20～30 $m^3$ 来修建。粪水池一定要离饮水井 100 m 以外。粪水池及检查井均应设水封。

对于畜舍的排水系统必须定期进行清理，要防止堵塞并经常清除尿沟内的粪草；定期用水冲洗及清除降口中的沉淀物；为防止粪水池过满需按时清掏。

## 二、漏缝地板式排水系统

漏缝地板式排水系统由漏缝地板和粪尿沟两部分组成。

1. 漏缝地板

即在地板上留出很多缝隙，粪尿落到地板上，液体部分从缝隙流入地板下的粪沟，固体部分被家畜从缝隙踩踏下去，少量残粪人工用水冲洗清理。这与传统式清粪方式相比，可大大节省人工，提高劳动生产效率。

畜禽舍漏缝地板分为局部漏缝地板和全漏缝地板两种形式，常用钢筋水泥或金属、硬质塑料制作，其尺寸见表 4-11。

**表 4-11　各种畜禽的漏缝地板尺寸**　mm

| 畜禽种类 | 畜禽年龄 | 缝隙宽 | 板条宽 | 备　注 |
|---|---|---|---|---|
| 牛 | 10 d 至 4 月龄 | 25～30 | 50 | 板条横断面为上宽下窄梯形，而缝隙是下宽上窄梯形；表中缝隙及板条宽度均指上宽，畜禽舍地面可分全漏缝或部分漏缝地板 |
| | 5～8 月龄 | 35～40 | 80～100 | |
| | 9 月龄以上 | 40～45 | 100～150 | |

续表4-11

| 畜禽种类 | 畜禽年龄 | 缝隙宽 | 板条宽 | 备注 |
|---|---|---|---|---|
| 猪 | 哺乳仔猪 | 10 | 40 | 板条厚25 mm，距地面高0.6 m。板条占舍内地面的2/3，另1/3铺垫草 |
| | 育成猪 | 12 | 40～70 | |
| | 中猪 | 20 | 70～100 | |
| | 育肥猪 | 25 | 70～100 | |
| | 种猪 | 25 | 70～100 | |
| 羊 | | 18～20 | 30～50 | |
| 种鸡 | | 25 | 40 | |

2. 粪尿沟

粪尿沟位于漏缝地板的下方，用以贮存由漏缝地板落下的粪尿，随时或定期清除。一般宽度为0.8～2 m，深度为0.7～0.8 m，向粪水池方向具有3%～5%的坡度。

## 三、畜禽舍防潮管理措施

在生产实践中，防止舍内潮湿特别是冬季，是一个比较困难而又非常重要的问题，必须从多方面采取综合措施。

(1)科学选择场址，把畜禽舍修建在高燥的地方。

(2)畜禽舍的墙基和地面应设防潮层，天棚和墙体要具有保温隔热能力并设置通风管道。

(3)对已建成的畜禽舍应待其充分干燥后才开始使用。

(4)保证舍内排水流畅，防止饮水器漏水。

(5)在饲养管理过程中尽量减少舍内用水，并力求及时清除粪便，以减少水分蒸发。

(6)加强畜禽舍保温，勿使舍温降至露点以下。

(7)保持舍内通风良好，在保证温度的情况下尽力加强通风换气，及时将舍内过多的水汽排出。

(8)铺垫草可以吸收大量水分，是防止舍内潮湿的一项重要措施。

**【任务评价】**

**一、判断题**

1. 排尿沟分为明沟和暗沟，暗沟不易清洗和消毒，一般建议畜禽舍用明沟。(　　)

2. 在排水系统设计中，漏缝地板的缝隙间距和板条的宽度与畜禽种类无关。(　　)

**二、填空题**

1. 畜禽舍清粪方式一般分为　　　　、　　　　和　　　　等。

2. 传统式排水系统一般由________、________、________、________和________组成。

3. 排水系统设计中对畜床坡度的要求猪舍为________，牛舍为________。

4. 地下排出管道距离大于________ m时，应设检查井，其坡度一般为________。

5. 漏缝地板的形式有________和________两种。

**三、简答题**

结合生产实际，试述畜禽场调控舍内湿度的可行性措施。

# 任务 6　畜禽舍湿度测定与评价

## 一、湿度计的构造与使用

### （一）干湿球温湿度计

1. 构造

干湿球温湿度计是由两支 50 ℃的温度计组成，其中一支温度计包以清洁的脱脂纱带，纱带下端放入盛有蒸馏水的水槽中（叫湿球），另一支和普通温度计一样，不包纱带（叫干球）。由于蒸发散热的结果，湿球所示的温度较干球所示温度低，其相差度数与空气中相对湿度成一定比例。生产现场使用最多的是简易干湿球温度计，而且多用附带的简表求出相对湿度（图 4-10）。

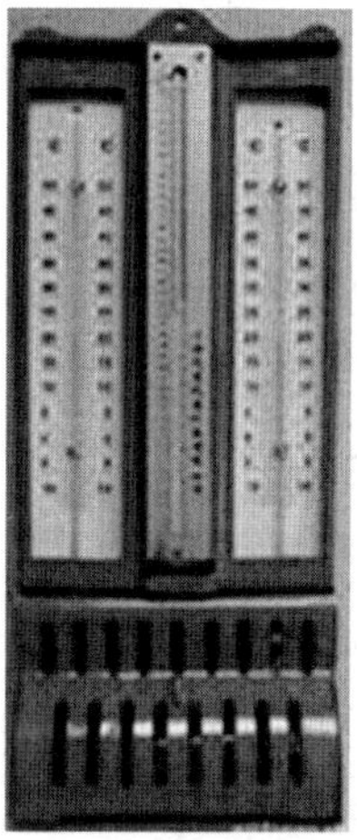

图 4-10　干湿球温湿度计

2. 使用

（1）先在水槽注入 1/3～1/2 的蒸馏水，再将纱布浸于水中，挂在空气缓慢流动处，10 min 后，先读湿球温度，再读干球温度，计算出干湿球温度之差。

（2）转动干湿球温湿度计上的圆筒，在其上端找出干、湿球温度的差数。

（3）在实测干球温度的水平位置作水平线与圆筒竖行干湿差相交点读数，即为相对湿度。

3. 注意事项

干湿球温湿度计应避免阳光直接照射，避开热源与冷源；测定点的高度一般应以畜禽的头部高度为准；水壶内应注入蒸馏水。

### （二）通风干湿球温湿度计

1. 构造

其构造原理与干湿球温湿度计相似，但两支水银温度计都装入金属套管中，球部有双重辐射防护管，套管顶部装有一个用发条驱动的风扇，启动后抽吸空气均匀地通过套管，使球部处于≥2.5 m/s 的气流，形成固定风速，加之金属管的反射作用，减少气流和辐射热的影响，测得较为准确的温度和湿度（图 4-11）。

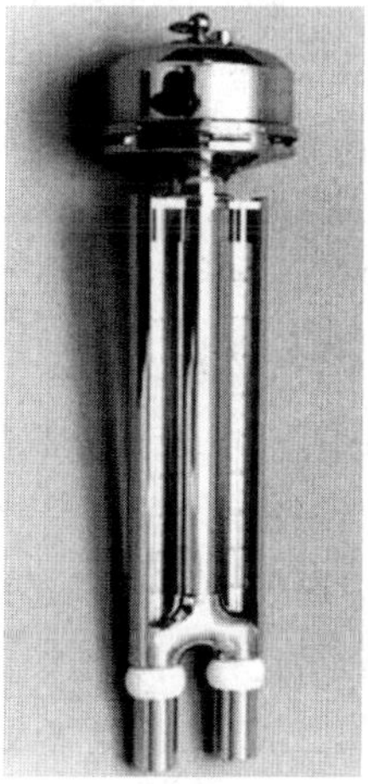

图 4-11　通风干湿球温湿度计

2. 使用

(1)用吸管吸取蒸馏水送入湿球温度计套管盒，湿润温度计感应部的纱条。

(2)用钥匙上满发条，将仪器垂直挂在测定地点，如用电动通风干湿计则应接通电源，使通风器转动。

(3)通风 5 min 后读干湿温度计所示温度。先读干球温度，后读湿球温度，然后按以下公式计算绝对湿度：

$$K=E-A(t-t')p$$

式中，$K$ 为绝对湿度；$E$ 为湿球所示温度时的饱和湿度；$A$ 为湿球系数(0.000 67)；$t$ 为干球所示温度；$t'$ 为湿球所示温度；$p$ 为测定时的气压。

3. 注意事项

夏季测量前 15 min，冬季测量前 30 min，将仪器放置于测量地点，使仪器本身温度与测定地点温度一致。测量时如有风，人应站在下风侧读数，以免受人体散热的影响。在户外测定时，如风速超过 4 m/s 应将防风罩套在风扇外壳的迎风面上，以免影响仪器内部的吸入气流。

### (三)氯化锂湿度计

1. 构造原理

由玻璃纤维探头和指示仪表组成，玻璃纤维测头为感应部分。这种湿度计的检测元件表面有一薄层氯化锂涂层。氯化锂是一种在大气中不分解、不挥发，也不变质的稳定的离子型无机盐类，它能从周围气体中吸收水蒸气而导电。周围空气相对湿度越高，氯化锂吸水率越大，两支电极间的电阻就越小；反之，则是电阻增加。因此，套管电极的电流大小可反映出周围空气的相对湿度。应用现代计算机技术，空气温度和相对湿度可直接在仪器上显示，测定精度不大于±3%，相对湿度的测定范围为 12%～100%。

露点式氯化锂湿度计，是利用氯化锂饱和溶液的水汽压与环境温度的比例关系来确定空气露点。在电极间加氯化锂溶液薄层，测头上氯化锂的水汽分压低于空气水汽分压时，氯化锂溶液吸湿，通电流后，测头逐渐加热，氯化锂溶液中的水汽分压逐渐升高，水汽析出，当氯化锂溶液达金属饱和时，电流为零，与水汽压平衡。测得电极的温度，即可推定空气的露点温度。

2. 操作步骤

(1)打开电源开关观察电压是否正常。

(2)测量前需进行补偿，用旋钮调“满度”，将开关置于“测量”位置，即可读数。

(3)通电 10 min 后再读数。

(4)氯化锂测头连续工作一定时间后必须清洗。湿敏元件不要随意拆动，更不得在腐蚀性气体(如二氧化碳、氨气及酸、碱蒸汽)质量浓度高的环境中使用。

## 二、畜禽舍湿度测定与评价

现场测定某畜禽舍湿度指标，将相关信息填入表 4-12。

表 4-12 畜禽舍湿度测定与评价

<table>
<tr><td colspan="2">调研单位名称</td><td colspan="4"></td><td colspan="3">地 点</td><td colspan="3"></td></tr>
<tr><td colspan="2">畜禽种类</td><td colspan="4"></td><td colspan="3">饲养头数</td><td colspan="3"></td></tr>
<tr><td colspan="2">畜禽舍类型</td><td colspan="4"></td><td colspan="3">记录时间</td><td colspan="3"></td></tr>
<tr><td rowspan="2">舍外<br>湿度</td><td>测定时间</td><td colspan="2">上午 8:00</td><td colspan="2">中午 12:00</td><td colspan="2">下午 3:00</td><td colspan="2">傍晚 6:00</td><td colspan="2">平均值</td></tr>
<tr><td>湿度/%</td><td colspan="2"></td><td colspan="2"></td><td colspan="2"></td><td colspan="2"></td><td colspan="2"></td></tr>
<tr><td rowspan="3">舍内<br>湿度</td><td>测定时间</td><td colspan="10"></td></tr>
<tr><td>测定部位</td><td>天棚</td><td colspan="2">畜床</td><td>畜体高</td><td>畜禽舍中部</td><td colspan="2">墙内面</td><td colspan="2">墙角</td><td>平均值</td></tr>
<tr><td>湿度/%</td><td></td><td colspan="2"></td><td></td><td></td><td colspan="2"></td><td colspan="2"></td><td></td></tr>
<tr><td>综<br>合<br>评<br>价</td><td colspan="11">评价依据：<br><br>评价结论：<br><br>测定人：________ 日期：________年____月____日</td></tr>
</table>

【任务评价】

**简答题**

简述干湿球温湿度计的基本结构、工作原理、操作方法及注意事项。

# 任务7 畜禽舍通风换气调控

畜禽舍通风换气是畜禽舍空气环境控制的一个重要方面。适当的通风换气，在任何季节都是必要的。在高温条件下，通过加大气流，排除舍内热量，增加畜禽舒适感，缓和高温的影响，称为通风。因此，常在夏季进行通风，可促进畜体的蒸发散热和对流散热，能缓和高温的不良影响，是有效的防暑降温措施。在低温、畜禽舍密闭的情况下，引进舍外新鲜空气，排除舍内污浊空气，能防止舍内潮湿和病原微生物的滋生蔓延，保证畜禽舍空气清新称为换气。冬季的通风换气，特别强调要使舍内能维持稳定的适宜温度和气流。如果气温和气流不稳定，则意味着舍内湿度出现不稳定。舍温高时所含有的水汽，当舍温下降时可达到饱和，并在外围护结构的内侧凝结，舍内出现低温高湿的不良影响。如果舍外空气温度显著低于舍内气温时，换气时必然导致舍温剧烈下降，在这种情况下，如无补充热源，就无法组织有效的通风换气。因此，在寒冷季节畜舍通风换气的效果，既取决于畜舍的保温性能，也取决于舍内的防潮措施及卫生状况。

畜禽舍通风换气调控主要通过科学计算通风量和合理设计通风系统来实现。

## 一、通风换气量的计算

畜禽舍通风换气一般以通风量($m^3/h$)和风速($m/s$)来衡量。通风换气量计算的方法有参数法、换气次数法和风速法，此外还有二氧化碳法、水汽法、热量法等。

1. 参数法

根据畜禽通风换气参数计算通风量，对畜禽舍通风换气系统的设计，特别是对大型畜禽舍机械通风系统的设计提供了方便。各种畜禽通风换气量技术参数见表 4-13、表 4-14。

**表 4-13　各种畜禽通风换气量技术参数**

(引自 GB/T 26623—2011《畜禽舍纵向通风系统设计规程》)

| 动物种类 | | 体重/kg | 推荐通风需要量/[$m^3$/(h・头)] | | |
|---|---|---|---|---|---|
| | | | 冬季 | 温暖季节 | 夏季 |
| 猪 | 母猪带仔 | 182 | 34 | 136 | 850 |
| | 保育前期仔猪 | 5～14 | 3 | 17 | 43 |
| | 保育后期仔猪 | 14～34 | 5 | 26 | 60 |
| | 生长猪 | 34～68 | 12 | 41 | 128 |
| | 育肥猪 | 68～100 | 17 | 60 | 204 |
| | 妊娠母猪 | 148 | 20 | 68 | 225 |
| | 公猪 | 182 | 24 | 85 | 306 |
| 奶牛 | 0～2 月龄 | | 26 | 85 | 126 |
| | 2～12 月龄 | | 34 | 102 | 221 |
| | 12～24 月龄 | | 51 | 136 | 305.8 |
| | 24 月龄以上母牛 | 450 | 61 | 204 | 570 |
| 蛋鸡 | | 0.45 | 0.2 | 0.8 | 1.7～2.5 |
| | | 2.0 | 1.0～1.2 | | 9.4 |
| | | 2.5 | 1.2～1.4 | | 11.2 |
| | | 3.5 | | | 14.4 |
| 肉鸡 | 0～7 日龄 | | 0.1 | 0.3 | 0.7 |
| | 大于 7 日龄 | 0.45 | 0.2 | 0.8 | 1.7 |
| | | 0.2 | 0.2 | | |
| | | 0.8 | 0.6 | | |
| | | 2.2 | 1.2～1.3 | | |
| | | 2.7 | 1.4～1.5 | | 12.2 |

注：由于配种猪舍的饲养密度低，每头种猪的推荐通风量为 510 $m^3/h$。

**表 4-14　猪舍通风量与风速**

（GB/T 17824—2022 规模猪场建设环境参数及环境管理）

| 猪舍类别 | 通风量/[$m^3$/(h·kg)] | | | 风速/(m/s) | |
|---|---|---|---|---|---|
| | 冬季 | 春秋季 | 夏季 | 冬季 | 夏季 |
| 种公猪舍 | 0.35 | 0.55 | 0.70 | 0.30 | 1.00 |
| 空怀妊娠母猪舍 | 0.30 | 0.45 | 0.60 | 0.30 | 1.00 |
| 哺乳猪舍 | 0.30 | 0.45 | 0.60 | 0.15 | 0.40 |
| 保育猪舍 | 0.30 | 0.45 | 0.60 | 0.20 | 0.60 |
| 生长育肥猪舍 | 0.35 | 0.50 | 0.65 | 0.30 | 1.00 |

根据畜禽在不同生长年龄阶段通风换气参数与饲养规模，可计算出通风换气量。其公式为：

$$L=1.1\times K\times M$$

式中，$L$ 为通风换气量（$m^3$/h）；$K$ 为通风参数[$m^3$/(h·kg)或 $m^3$/(h·头)]；$M$ 为畜禽头数或总体重（头、只或 kg）；1.1 为按 10%的通风短路估算通风总量损失。

生产中采用自然通风时，北方寒冷地区以最小通风量（冬季通风参数）为依据确定通风口面积；采用机械通风时，在最热时期，应尽可能排除热量，并能在畜禽周围造成一个舒适的气流环境。因此，根据最大通风量（夏季通风参数）确定总通风量。

2. 换气次数法

换气次数是指 1 h 内换入新鲜空气的体积为畜禽舍容积的倍数。一般规定，畜禽舍冬季换气应保持 3～4 次/h，不超过 5 次/h，冬季换气次数过多，容易引起舍内温度下降。换气次数法具有一定局限性，尤其是在畜禽舍较短时不适用。当公猪舍、配种舍、妊娠舍长度在 60～90 m 时，可按换气次数法计算通风量。其通风换气量计算公式为：

$$L=N\times V$$

式中，$L$ 为通风换气量（$m^3$/h）；$N$ 为通风换气次数（次/h）；$V$ 为畜禽舍容积（$m^3$）。

3. 风速法

风速法是根据流经畜禽舍横截面的风速与横截面面积来确定通风量的方法。畜禽的推荐风速见表 4-15。在湿帘降温系统设计中，风速法确定通风量是较为合理的计算方法，因为湿帘的降温能力通常在 5～8 ℃，舍内必须有一定风速以降低畜禽的体感温度，缺点是投资比较高。其计算公式为：

$$L=S\times v\times 3\,600$$

式中，$L$ 为通风换气量（$m^3$/h）；$v$ 为畜禽舍横截面的风速（m/s）；$S$ 为畜禽舍横截面面积（$m^2$）；3 600 为时间换算常数。

表 4-15 不同种类畜禽的推荐适宜风速
（GB/T 26623—2011《畜禽舍纵向通风系统设计规程》）

| 动物种类 | 体重/kg | 夏季风速/(m/s) | 冬季风速/(m/s) |
|---|---|---|---|
| 哺乳母猪 | 145 | 0.4 | 0.2 |
| 仔猪 | 1.5 | 0.4 | 0.25 |
| 生长育肥猪 | 25～80 | 0.6 | 0.3 |
| 成年猪 | 150～180 | 1.0 | 0.3 |
| 肉鸡 | | 1.0～2.0 | 0.25 |
| 蛋鸡 | | 1.0～2.5 | 0.2～0.5 |
| 奶牛 | | 2.9～4.0 | 0.5 |

## 二、自然通风系统设计

畜禽舍通风换气方式依据气流形成的动力分为自然通风和机械通风两种。自然通风分无管道和有管道两种形式。无管道自然通风是靠门、窗所进行的通风换气，它只适用于温暖地区或寒冷地区的温暖季节。在寒冷地区的封闭舍中，由于门窗紧闭，需靠专门通风管道进行换气。

1. 自然通风原理

自然通风是靠风压和热压为动力的通风。

（1）风压通风原理。当外界有风时，畜禽舍的迎风面的气压将大于大气压，形成正压；而背风面的气压将小于大气压而形成负压，空气必从迎风面的开口流入，从背风面的开口流出，即形成风压通风（图 4-12）。只要有风就有自然通风现象。风压通风量受风与开窗墙面的夹角、风速、进风口和排风口的面积等因素的影响。

（2）热压通风原理。舍内空气被畜禽体、采暖设备等热源加热，膨胀变轻，热空气上升聚积于畜禽舍顶部或天棚附近而形成高压区，使畜禽舍上部气压大于舍外，这时屋顶如有缝隙或其他通道，空气就逸出舍外（图 4-13）。通风量大小取决于舍内外温差、进风口和排风口的面积、进风口和排风口中心的垂直距离等因素。

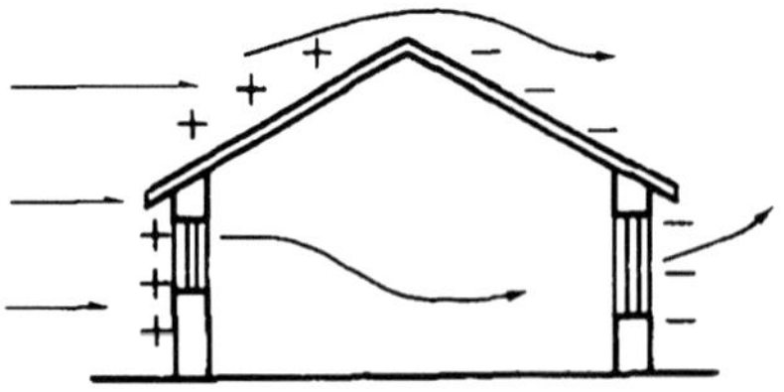

图 4-12 畜禽舍风压通风

图 4-13 畜禽舍热压通风

2. 自然通风设计

自然通风设计的方法主要在于确定进气口和排气口的面积。在自然通风系统设计中，由于畜禽舍外风力无法确定，通常按无风时设计，以热压通风来确定进、排气口的面积。

(1)排气口总面积。根据空气平衡方程,即进风量($L_{进}$)等于排风量($L_{排}$),故畜禽舍通风量 $L=3\,600FV$,导出:

$$F=L/3\,600V$$

式中,$F$ 为排气口总面积($m^2$);$L$ 为通风换气量($m^3/h$);$V$ 为排气管中的风速(m/s)。

排气管中的风速 $V$ 可用下列公式计算:

$$V=0.5\sqrt{\frac{2gh(t_n-t_w)}{273+t_w}}$$

式中,0.5 为排气管阻力系数;$g$ 为重力加速度 9.8($m/s^2$);$h$ 为进、排气口中心的垂直距离(m);$t_n$、$t_w$ 为舍内、外空气温度(℃),$t_w$ 一般为冬季最冷月平均气温(可查当地气象资料);273 为相当于 0 ℃的热力学温度($K$)。

每个排气管的横断面积一般采用(50 cm×50 cm)～(70 cm×70 cm)的正方形。

(2)进气口面积。排气口面积应与进气口面积相等,但通过门窗缝隙或畜禽舍孔洞以及门窗启闭时,会有一部分空气进入舍内。所以,进气口面积往往小于排气口面积。进气口面积一般按排气口面积的 70%～75%设计。每个进气口的面积为(20 cm×20 cm)～(25 cm×25 cm)的正方形或矩形。

掌握进气口的面积在生产上便于计算与设计或评价已建成畜禽舍的通风量能否满足要求,也可根据所需通风量计算排气口面积。

(3)通风管的构造及安装。

①进气管:用木板做成,断面呈正方形或矩形。均匀(一侧)或交错(两侧)安装在纵墙上,距墙基 10～15 cm 处,彼此间的距离为 2～4 m,墙外进气口向下弯有利于避免形成穿堂风或冬季冷空气直接吹向畜禽体。进气口设有铁网,内墙设有调节板以控制风量大小。在温热地区,进气口设置在窗户的下侧,距墙基 10～15 cm 处,也可用地角窗来代替。在寒冷地区,进气口常设置在窗户的上侧,距屋檐 10～15 cm 处,也有的畜、禽舍将进气口设置成侧壁式,即进气口处为空心墙,墙内外分别上下交错开口,使冷空气流通时有个预热的过程。

②排气管:用木板做成,断面为正方形,管壁光滑,不漏气、保温。常设置在屋脊正中或其两侧并交错,下端从天棚开始,紧贴天棚设有调节板以控制风量,上端突出屋脊 50～70 cm,排气管间的距离在 8～12 m 之间,在排气管顶部设有风帽,可以防止降水或降雪落入舍内,同时还能加强通风换气效果。风帽的形式有屋顶式(无百叶)和百叶风帽。

北方地区,为防止水汽在排气管壁表面凝结,在总面积不变的情况下,适当扩大每个排气管的面积而减少排气管的个数能使自然通风投入成本少,但受自然风速影响大,只能用于小型畜禽场。

## 三、机械通风设计

机械通风又叫强制通风,是依靠风机为动力的通风换气方式,克服了自然通风受外界风速、舍内外温差等因素的限制,可根据不同气候、季节、畜禽种类设计理想的通风量和舍内气流的速度,尤其适合于大型密闭式畜禽舍,是畜禽舍空气环境控制的一个重要手段。

1.风机类型的选择

畜禽舍机械通风设计时风机类型的选择取决于通风方式,一般正压通风设计常用离心式风机，负压通风设计常用轴流式风机。

在选择风机时，既要考虑风机克服阻力的能力强，通风效率高，又满足通风量和风机全压的要求。畜禽舍一般采用大直径、低转速的轴流式风机（表 4-16）。

**表 4-16 畜禽舍常用风机性能参数**

| 风机型号 | 叶轮直径/mm | 叶轮转速/(r/min) | 风压/Pa | 风量/($m^3$/h) | 轴功率/kW | 电机功率/kW | 噪声/dB | 机重/kg | 备注 |
|---|---|---|---|---|---|---|---|---|---|
| 9FJ-140 | 1 400 | 330 | 60 | 56 000 | 0.760 | 1.10 | 70 | 85 | |
| 9FJ-125 | 1 250 | 325 | 60 | 31 000 | 0.510 | 0.75 | 69 | 75 | |
| 9FJ-100 | 1 000 | 430 | 60 | 25 000 | 0.380 | 0.55 | 68 | 65 | |
| 9FJ-71 | 710 | 635 | 60 | 13 000 | 0.335 | 0.37 | 69 | 45 | |
| 9FJ-60 | 600 | 930 | 70 | 9 600 | 0.220 | 0.25 | 71 | 25 | |
| 9FJ-56 | 560 | 729 | 60 | 8 300 | 0.146 | 0.18 | 64 | | 静压时数据 |
| SFT-No.10 | 1 000 | 700 | 70 | 32 100 | | 0.75 | 75 | | |
| SFT-No.9 | 900 | 700 | 80 | 21 000 | | 0.55 | 75 | | |
| SFT-No.7 | 700 | 900 | 70 | 14 500 | | 0.37 | 69 | 52 | |
| Xt-17 | 600 | 930 | 70 | 10 000 | 0.250 | 0.37 | 69 | 52 | |
| T35-56 | 560 | 960 | 61 | 7 107 | | 0.37 | >75 | | |

2. 机械通风方式

机械通风按舍内气压变化分为正压通风、负压通风和联合式通风三种形式。

(1)正压通风。正压通风也称进气式通风或送风，是把离心式风机安装在进气口，通过管道将空气压入舍内，造成舍内气压高于舍外，舍内空气则由排风口自然流出。正压通风可对空气进行加热、降温、排污或净化处理，但不易消除通风死角，设备投资也较大。正压通风计算和设计复杂，一般应由专业人员承担设计。正压通风根据风机位置分为屋顶送风形式、两侧壁送风形式、侧壁送风式（图 4-14）。畜禽舍正压通风一般采用屋顶水平管道送风系统。

两侧壁送风形式　　屋顶送风形式　　侧壁送风形式

**图 4-14 正压通风形式**

(2)负压通风。负压通风也称排风式通风或排风，是把轴流式风机安装在排气口处，将舍内空气抽出舍外，造成舍内气压低于舍外，舍外空气由进风口自然流入，是生产中常用的通风形式。负压通风投资少，效率高、费用低，因而在畜禽生产中广泛使用，但要求畜禽舍封闭程度好，否则气流难以分布均匀，易造成贼风。负压通风根据风机位置分为屋顶排风形式、侧壁排风形式和穿堂风式排风形式三种（图 4-15）；根据气流的方向分为纵向负压通风和横向负压通风（图 4-16）。

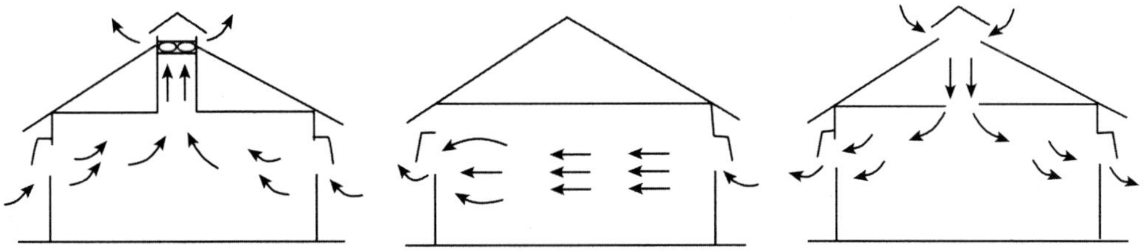

屋顶排风、两侧进风（跨度12~18 m）　一侧排风、对侧进风（跨度12 m以内）　两侧壁排风、屋顶进风（高床平养）

**图 4-15　负压通风形式**

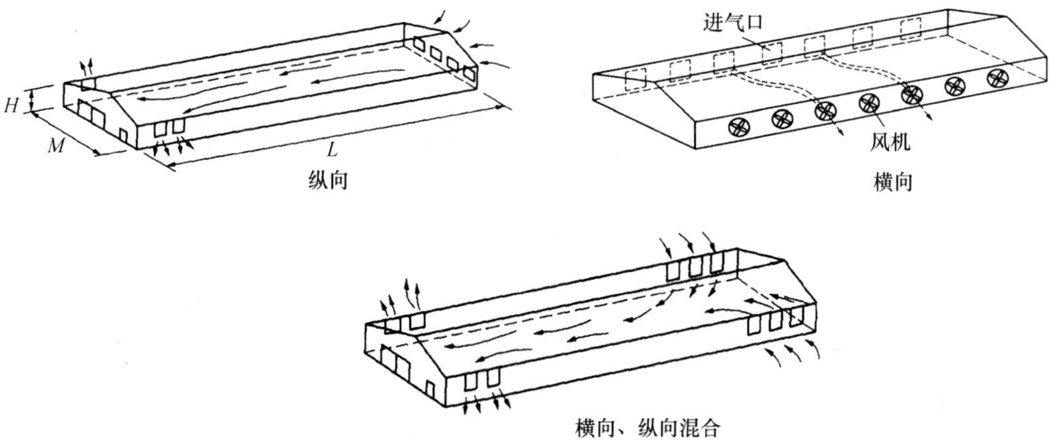


**图 4-16　横向、纵向负压通风形式**

（3）联合式通风。也称混合式通风，进风口和排风口同时安装风机，同时可进风与排风，一般用于跨度较大的畜禽舍，设备投资大。

3. 横向负压通风设计

横向负压通风是指畜禽舍内气流的方向与畜禽舍长轴垂直的机械通风方式，这种通风方式最大的不足在于舍内气流不均，气流速度偏低，死角多，换气质量不高。其设计方法如下：

（1）确定负压通风的形式。当畜禽舍跨度为 8～12 m 时，一侧墙壁排风（装风机），对侧墙壁进风；畜禽舍跨度大于 12 m 时，宜采用两侧墙壁（装风机）排风、屋顶进风或屋顶排风、两侧墙壁进风形式。

（2）确定畜禽舍通风量（$L$）。根据最大通风量（夏季通风参数）确定总通风量。

（3）确定风机数量（$N$）。一般风机设于一侧纵墙上，按纵墙长度（值班室、饲料间不计），每 7～9 m 设一台。

(4)确定每台风机流量($Q$)。其计算公式为：

$$Q=\frac{K \cdot L}{N}$$

式中,$Q$ 为风机流量($m^3/h$);$K$ 为风机效率的通风系数(取 1.2～1.5);$L$ 为夏季通风量($m^3/h$);$N$ 为风机台数。

考虑兼顾其他季节通风需求,分别计算出过渡季和冬季的通风量,依据每台风机流量,将夏季所需风机分为 3 组,分别控制;冬季开 1 组,过渡季开 2 组,夏季可全部开动。

(5)确定风机全压($H$)。风机全压应大于进、排风口的阻力,否则将使风机的效率降低,甚至损坏电机。风机全压计算公式如下：

$$H=6.38V_1^2+0.59V_2^2$$

式中,$H$ 为风机全压(Pa);$V_1$ 为进风速度(m/s),夏季 3～5 m/s,冬季 1.5 m/s;$V_2$ 为排风速度(m/s),根据每台风机的流量和选择风机的叶片直径($d$)计算。

$$V_2=\frac{4Q}{3\,600\,\pi d^2}$$

求得 $Q$ 和 $H$ 后,可在风机性能表中选择风量和全压大于或等于 $Q$ 和 $H$ 计算值得风机型号。

(6)确定进风口总面积($A$)。进风口总面积一般是 1 000 $m^3/h$ 的排风量需 0.1～0.2 $m^2$ 进风口面积;如进风口设遮光罩,面积应按 0.15 $m^2$ 计算。进风口面积也可按如下公式计算：

$$A=\frac{K \cdot L}{3\,600V_1}$$

式中,$A$ 为进风口总面积($m^2$);其他符号 $K$、$L$、$V_1$ 同前。

(7)确定进风口的数量($n$)和每个进风口的面积($a$)。进风口的数量可按畜禽舍长度 $I$ 与畜禽舍跨度 $S$ 的 0.4 倍的比值进行计算,公式如下：

$$n=\frac{I}{0.4S}$$

每一进风口的面积($m^2$)：

$$a=\frac{A}{n}$$

进风口的面积一般先确定其高度,可选 0.12 m、0.24 m、0.3 m,以便于砖墙施工;根据其面积和高度即可求出进风口的宽度。进风口的高宽比一般以 1∶(5～8)为宜,如果初步确定的高宽比太大,可调整高度或数量,重新计算。

(8)风机的安装、管理与注意事项。风机与风管壁间的距离保持适当,风管直径大于风机叶片直径 5～8 cm 为宜;风机不能安装在风管中央,应在里侧;外侧装有防尘罩,里侧装有安全罩;风机不能离门太近,防止通风短路。定期清洁除尘、加润滑剂;冬季防止结冰;风速均匀恒定，不宜出现强风区、弱风区和通风换气的死角区；畜禽舍内不宜安装高速风机，且舍内冬、夏季节通风的风速应有较大差异；风机型号与通风要求相匹配，不宜采用大功率风机；进风口和排风口距离适当，防止通风短路；选择风机时要求噪声小，有防腐、防尘和过压保险等装置。

4.纵向负压通风设计

纵向负压通风是指舍内气流的方向与畜禽舍的纵轴平行的机械通风。由于通风截面积比横向负压通风相对较小，舍内的气流速度较大，克服了横向负压通风的缺陷，可确保舍内获得新鲜空气，适用于各类畜禽舍。但由于纵向通风的风机直径大，一般不能兼做冬季换气之用。其设计步骤和方法与横向负压通风设计基本相同。

(1)确定畜禽舍通风量($L$)。根据夏季通风参数确定总通风量，也可按风速法计算。

(2)确定风机型号。纵向负压通风一般采用大流量节能型轴流风机，风机型号见表3-24。

(3)确定风机数量($N$)。根据畜禽舍总通风量计算所安装的风机台数。其计算公式如下：

①按风机效率计算风机台数：

$$N=\frac{L_{总}}{Q_{风机}}\times\eta$$

式中，$N$ 为风机台数；$L_{总}$ 为总通风量($m^3/h$)；$Q_{风机}$ 为风机的风量($m^3/h$)；$\eta$ 为风机效率。

②按风机损耗与其他阻力计算风机台数：

$$N=\frac{1.1\sim1.15L_{总}}{Q_{风机}}$$

式中，$N$ 为风机台数；$L_{总}$ 为总通风量($m^3/h$)；$Q_{风机}$ 为风机的风量($m^3/h$)；1.1～1.15是按10%～15%风机损耗与阻力计算。

(4)确定进风口面积。纵向通风进风口可按1 000 $m^3/h$ 的排风量需0.15 $m^2$ 进风口面积进行计算。如不考虑承重墙、遮光等因素，一般应与畜禽舍横断面大致相等。

(5)风机的安装。风机一般安装在畜禽舍污道一侧的山墙上或靠近山墙的两侧纵墙上；进气口设在另一端的山墙上或靠近山墙的两侧纵墙上；当畜禽舍太长时，可将风机安装在两端或中部，进风口设在畜禽舍中部或两端；风机安装可以适应不同季节通风的需求；纵墙上安装风机，排风方向应与屋脊成30°～60°。

(6)畜禽舍纵向负压通风的优点。

①提高风速：纵向通风舍内平均风速比横向通风平均风速提高5倍以上，因纵向通风气流断面积(即畜禽舍净宽)仅为横向通风断面(即畜禽舍长度)的1/10～1/5。纵向通风舍内风速可达0.7 m/s以上，夏季可达1.0～1.2 m/s。

②气流分布均匀：进入舍内空气均沿着一个方向平稳流动，空气流动路线为直线，因而气流在畜禽舍纵向各断面的速度可保持均匀一致，舍内气流死角少。

③改善空气质量：结合排污设计，将进气口设在清洁道侧，可以避免畜禽舍间的交叉污染。

④节能、降低费用：纵向通风采用大流量节能风机。风机排风量大，使用台数少，因而可以节约设备的投资及安装费用，可节约维修管理费用20%～35%，节约电能及运行费用

40%～60%。

⑤提高畜禽生产力：鸡舍采用纵向通风，可使产蛋率、饲料报酬提高，死亡率下降。

(7)畜禽舍纵向通风应用。纵向通风应用时要求畜禽舍为密闭舍，对于有窗式密闭舍在实施纵向通风时要求关闭窗户，否则会造成通风短路，达不到通风效果；夏季高温期与湿帘配合使用，既达到了通风的目的，又起到了降温的效果，一般可使舍内温度下降4～7℃，有效缓解畜禽的热应激；畜禽舍冬季采用纵向通风时，首先应提高舍温，一般与热风炉配合使用，但耗能相对较高，目前国内集约化大型畜禽场已在使用。

【任务评价】

**一、名词解释**

通风　换气次数　机械通风　正压通风　负压通风　联合式通风

**二、判断并改错**

1. 自然通风设计时通风量的计算用夏季参数。(　　)

2. 自然通风设计时进气口的面积与排气口面积相等。(　　)

3. 纵向负压通风的平均风速比横向负压通风平均风速提高5倍。(　　)

4. 离心式风机多适用于正压通风形式，正压通风设计简单，是畜禽舍最普遍使用的通风类型。(　　)

**三、填空题**

1. 自然通风的动力是________。

2. 无管道自然通风适用于________地区，但在寒冷季节通风效果________。

3. 强制通风即________通风。用风机抽出舍内污浊空气的人工通风方式叫________通风。

4. 畜禽舍内常采用的通风换气量的确定方法有________、________和________。

5. 机械通风按舍内外气压差分为________、________和________通风形式，也可按舍内气流方向分为________和________通风。

6. 自然通风设计时，进气口面积一般是排气口面积的________。

7. 屋顶排气管，一般上端高出屋顶________m，下端伸入舍内不少于________m，排气管之间的间距为________m。

**四、简答题**

1. 叙述自然通风和机械通风的概念，比较两种通风方式的原理、通风效果及生产中的应用有何不同。

2. 为什么畜禽舍内最大通风量是以夏季通风量为依据？

3. 轴流式风机与离心式风机各有什么优缺点？风机安装时应注意哪些事项？

# 任务 8　畜禽舍气流测定与通风效果评价

## 一、热球式电风速仪

### （一）构造原理

电风速计由测杆探头和测量仪表两部分组成。测杆探头有线型、膜型和球型三种，球型探头装有两个串联的热电偶和加热探头的镍铬丝圈。热电偶的冷端连接在铜质的支柱上，直接暴露在气流中，当一定大小的电流通过加热圈后，玻璃球被加热，温度升高的程度与风速呈现负相关，风速小时则升高的程度大，反之升高的程度小。升高程度的大小通过热电偶在电表上指示出来。将探头放在气流中即可直接读出气流速度。其特点是使用方便，灵敏度高，反应速度快，最小可以测量 0.05 m/s 的微风速（根据电表读数查校正曲线，求得实际风速）（图 4-17）。

图 4-17　热球式电风速仪

### （二）表式热球式电风速仪的使用方法

（1）轻轻调整电表上的机械调零螺旋，使指针调到零点。

（2）将“矫正开关”置于“断”的位置，将测杆探头插在插座内，测杆垂直向上放置，螺塞压紧使测杆密闭，这时探头的风速为零。将“矫正开关”置于“满度”，调整“满度调节”旋钮，使电表指针调至满度刻度位置。

（3）将“矫正开关”置于“零位”，调整“粗调”“细调”旋钮，将电表指针调到零点位置。

（4）轻轻拉动测杆塞，使测杆探头露出，测杆上的红点对准风向，从电表上即可读出风速值。

### （三）数显式热球式电风速仪

（1）仪器使用前，先将风速传感器的电缆插头插在仪器面板的四孔插座内，然后将测杆垂直放置，使探头封闭在测杆内。

（2）开启面板上的电源开关，预热 3 min。数字显示为 00.00。

（3）测量时轻轻拉动测杆顶端的螺塞，使探头露出并置于被测气流中，此时要注意，探头红点的一方一定要对准风向，这时数字表上显示值为被测风速值（单位：m/s）。

（4）当需要观测某时刻的风速稳定值时，按下“保持”按钮；放开按钮后仪器即恢复原测试状态。

（5）测量完毕后，关闭电源，同时将探头密闭在测杆内，以免损坏敏感元件（热球），然后再取下测杆电缆插头。

### (四)热球式电风速仪使用注意事项

热球式电风速仪是精密仪器,使用时禁止用手触摸测杆探头;仪器装有四节电池,分两组,一组是三节串联,一组是单节,在调整满度时如果电表不灵敏,表明单节电池需要更换;在调整零位时,如果电表不灵敏,表明三节串联电池需要更换。

## 二、畜禽舍机械通风的设计

设计某畜禽舍机械通风,将相关信息填入表 4-17。

**表 4-17 畜禽舍机械通风设计**

<table>
<tr><td>实训单位名称</td><td colspan="2"></td><td>地　址</td><td></td></tr>
<tr><td>饲养规模</td><td colspan="2"></td><td>畜禽舍种类</td><td></td></tr>
<tr><td>机械通风类型</td><td colspan="4">□正压通风　□负压通风　□联合式通风</td></tr>
<tr><td rowspan="2">通风量计算</td><td>通风参数 K/<br>[m³/(h·kg)]</td><td></td><td>畜禽数或总体重 M/<br>(头、只、kg)</td><td></td></tr>
<tr><td colspan="4">$L=1.1\times K\times M=$</td></tr>
<tr><td>风机类型</td><td colspan="4">□离心式风机　□轴流式风机</td></tr>
<tr><td>风机参数</td><td colspan="4">型号:________风量(Q):________功率:________噪声:________机重:________</td></tr>
<tr><td>风机台数</td><td colspan="4">$N=L/Q=$</td></tr>
<tr><td rowspan="2">风机安装</td><td>横向通风<br>示意图</td><td colspan="3">(此处绘制风机安装示意图,标明前后墙、窗户及风机间距、位置等)</td></tr>
<tr><td>纵向通风<br>示意图</td><td colspan="3">(此处绘制风机安装示意图,标明前后墙、窗户及风机间距、位置等)</td></tr>
<tr><td>综合评价</td><td colspan="4">设计依据:<br><br>设计结论:<br><br>设计人:________　　　　日期:________年____月____日</td></tr>
</table>

## 三、畜禽舍通风效果评价

调研某畜禽舍通风效果,将相关信息填入表 4-18。

**表 4-18　某畜禽舍通风效果评价**

<table>
<tr><td>调研单位名称</td><td colspan="3"></td><td colspan="2">地　址</td><td></td></tr>
<tr><td>饲养规模</td><td colspan="3"></td><td colspan="2">畜禽舍种类</td><td></td></tr>
<tr><td>通风类型</td><td colspan="6">□ 1. 机械通风：□ 正压通风　□ 负压通风　□ 联合式通风<br>□ 2. 自然通风</td></tr>
<tr><td rowspan="6">通风量测定</td><td colspan="2">风速仪型号</td><td></td><td colspan="2">风机数量 $m$/台</td><td></td></tr>
<tr><td rowspan="2">风速测定方法</td><td>匀速移动测量法</td><td colspan="4">按右图所示，匀速移动风速仪测定。<br>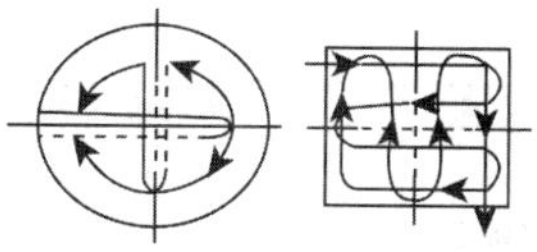</td></tr>
<tr><td>定　点测量法</td><td colspan="4">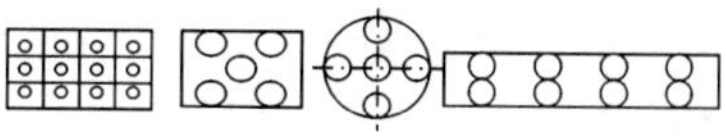<br>按风口截面大小，把它划分为若干面积相等的小块，在其中心处测量，较大截面积的矩形风口可选大小相等的 9～12 个小方格进行测量，较小的可选大小相等的 5 个点来测定(见上图)。<br>风口的平均风速按下式计算：<br>$$v=\frac{v_1+v_2+v_3+\cdots+v_n}{n}$$<br>式中，$v_1$、$v_2$、$v_3$、…、$v_n$ 为各测点的风速(m/s)，$n$ 为测定总数。</td></tr>
<tr><td colspan="2">风管截面的风速 $v$/(m/s)</td><td></td><td colspan="2">风管截面的面积 $S/m^2$</td><td></td></tr>
<tr><td colspan="6">风管截面的通风量：$L=3\ 600\times S\times v=$</td></tr>
<tr><td colspan="6">畜禽舍总通风量 $L_{总}=L\times m=$</td></tr>
<tr><td>综合评价</td><td colspan="6">评价依据：<br><br>评价结论：<br><br>评价人：________　　　　日期：________年____月____日</td></tr>
</table>

## 【任务评价】

### 简答题

试述热球式电风速仪使用的注意事项。

# 任务9 畜禽舍空气质量调控

在规模化、集约化畜禽生产过程中，由于畜禽本身的新陈代谢，以及大量使用垫料、饲料等，如果通风换气不良或饲养管理不善，就会产生大量的粪尿污水等废弃物，还会产生大量的微粒、微生物、有害气体、噪声及臭气等，严重污染畜禽舍空气环境，影响畜禽健康和生产力。因此，控制畜禽舍空气质量是保证畜禽健康和生产优质产品的重要措施。

## 一、畜禽舍空气中微粒和微生物污染及其控制

### (一)微粒

微粒是指以固体或液体微小颗粒形式存在于空气中的分散胶体。在大气和畜禽舍空气中都含有微粒，其数量的多少和组成随当地地面条件、土壤特性、植被状况、季节与气象因素等不同，根据居民、工厂、农事活动的不同而有所变化。

1. 来源

畜禽舍内微粒一小部分来源于舍外空气带入，主要来源于饲养管理过程(分发饲料、清扫地面、使用垫料、通风除粪、刷拭畜体、饲料加工)及畜禽本身(活动、咳嗽、鸣叫)产生。

2. 特点

畜禽舍内微粒和舍外大气中微粒差异很大。

(1)畜禽舍空气中有机微粒所占的比例可达60%以上，为微生物的生存提供条件。

(2)往往携带病原微生物，从而传播疾病。

(3)颗粒直径小，小于5 μm的居多，含量为$10^3$～$10^6$粒/$m^3$，悬浮于空气中，吸入畜禽呼吸道深部，加剧危害程度。

3. 危害

粒径大小影响其侵入畜禽呼吸道的深度和停留时间，故造成的危害程度也不同。同时，微粒的化学性质决定危害的性质。微粒对畜禽的直接危害在于它对皮肤、眼睛和呼吸的作用。

(1)皮肤。微粒落到畜禽体表，可与皮脂腺、汗腺的分泌物、细毛、皮屑及微生物混合在一起对皮肤产生刺激作用，引起发痒、发炎，同时使皮脂腺、汗腺管道堵塞，皮脂、汗液分泌受阻，致使皮肤干燥、龟裂，热调节机能破坏，从而降低畜体对传染病的抵抗力和抗热应激能力。

(2)眼睛。大量微粒落在眼结膜上，会引起灰尘性结膜炎或其他眼病。

(3)呼吸道。空气中的微粒被吸入呼吸道后，刺激呼吸道黏膜引起呼吸道炎症。如降尘可对鼻黏膜发生刺激作用，但经咳嗽、喷嚏等保护性反射可排出体外；飘尘可进入支气管和肺泡，其中一部分会沉积下来，另一部分会随淋巴循环到淋巴结或进入血液循环系统，然后到其他器官，从而引起畜禽鼻咽、支气管和肺部炎症，大量微粒还能阻塞淋巴管或随淋巴液到淋巴结、血液循环系统，引起尘埃沉积病，表现为淋巴结尘埃沉着、结缔组织纤维性增生、肺泡组织坏死，导致肺功能衰退等。有些有害物质微粒还能吸附$NH_3$、$H_2S$以及细菌、病毒等，其危害更为严重。

此外，某些植物的花粉散落在空气中，能引起人和畜禽过敏性反应；畜禽舍空气中的微粒

还会影响乳的质量。

4. 畜禽舍中微粒的卫生标准

我国畜禽场(舍)中对微粒的评价有两项指标,即可吸入颗粒物($PM_{10}$)和总悬浮颗粒物(TSP),其质量标准见表4-19。

表4-19　畜禽场空气环境质量

| 序号 | 项 目 | 单位 | 缓冲区 | 场区 | 舍　区 | | |
|---|---|---|---|---|---|---|---|
| | | | | | 禽舍 | 猪舍 | 牛舍 |
| 1 | $PM_{10}$ | $mg/m^3$ | 0.5 | 1 | 4 | 1 | 2 |
| 2 | TSP | $mg/m^3$ | 1 | 2 | 8 | 3 | 4 |

注:表中数据皆为日均值。

5. 控制措施

(1)畜禽场选址时远离粉尘较多的工厂,同时畜禽场周围种植防护林带,场内种草种树,绿化和改善畜禽舍及畜禽场地面环境。

(2)饲料加工场所设防尘装置并与畜禽舍保持一定距离。

(3)各种饲养管理操作如分发草料、打扫地面、清粪、翻动垫料等容易引起微粒飞扬,应尽量避免,且畜禽不在舍内时完成。

(4)保证舍内良好的通风换气,进风口安装空气过滤器。

(5)禁止在舍内刷拭畜体,防止皮肤病的交叉感染。

## (二)微生物

当空气污染后,微生物可附着在微粒上生存而传播疾病。在畜禽舍内,特别是通风不良、饲养密度大、环境管理差的畜禽舍中,由于湿度大、微粒多,紫外线的杀伤力微弱,微生物的来源也多,其数量远远超过大气和其他场所。

1. 危害

当畜禽舍空气中含有病原微生物时,就可附着在飞沫和尘埃两种不同的微粒上传播疾病。

(1)飞沫传染。当病畜禽患有呼吸道传染病,如肺结核、猪气喘病、流行性感冒时,病畜禽咳嗽、打喷嚏、鸣叫等喷发的大量飞沫液滴中就会含有大量病原微生物,且飞沫中含有有利于微生物生存的黏液素、蛋白质和盐类物质(唾液中存在)。滴径在10 μm左右时,由于重量大而很快沉降,在空气中停留时间很短;而滴径<1 μm的飞沫,可长期飘浮在空气中,并侵入畜禽支气管深处和肺泡而发生传染。

(2)尘埃传染。病畜禽排泄的粪尿、飞沫、皮屑等经干燥后形成微粒,微粒中常含有病原微生物,如结核菌、链球菌、霉菌孢子、芽孢杆菌、鸡马立克病毒等,在清扫地面或刮风时漂浮于空气中,被易感畜禽吸入后就可能发生传染。

一般来说,畜禽舍中飞沫传染在流行病学上比尘埃传染更为重要。

2. 控制措施

为了预防空气传染,除了严格执行对微粒的防制措施外还必须注意以下几个方面。

(1)新建畜禽场要合理选址、规划布局,远离医院、屠宰场等传染源较多的场所。

(2)建立严格的检疫、消毒和病畜隔离制度。

(3)对同一畜禽舍的畜禽采取“全进全出”的饲养制度。

(4)保持畜禽舍空气干燥,通风换气良好,及时清除舍内粪尿污水、更换垫料。

## 二、畜禽舍空气中有害气体污染及其控制

### (一)畜禽舍空气中有害气体的来源、性质及危害

畜禽舍空气中有害气体主要有氨气、硫化氢、二氧化碳、一氧化碳、甲烷和其他一些异臭气体。因为它们对人、畜禽均有直接毒害或因不良气味刺激人的感官而影响工作效率,所以统称为有害气体。其中,最常见和危害较大的是氨、硫化氢和二氧化碳,其来源、性质及危害见表 4-20。

**表 4-20 畜禽舍空气中有害气体的来源、性质及危害**

| 有害气体 | 来 源 | 性 质 | 危 害 |
|---|---|---|---|
| 氨气($NH_3$) | 主要是由各种含氮有机物(粪尿、垫料、饲料残渣等)腐败分解的产物和尿液。 | 无色有刺激性气味的气体,极易溶于水,温度越低在水中溶解的越多,氨的密度(0.596)很小。 | 可引起咳嗽、流泪、鼻塞,眼泪、鼻涕和涎水显著增多。引起结膜和上呼吸道黏膜充血、水肿、分泌物增多,甚至发生咽喉水肿、支气管炎、肺水肿等。导致畜禽贫血、缺氧,抗病力会明显降低,产品质量和生产力下降。高浓度的氨可使畜禽呼吸中枢神经麻痹而死亡。 |
| 硫化氢($H_2S$) | 主要来源于含硫有机物的分解,尤其发生消化机能紊乱时,可由肠道排出大量硫化氢。 | 无色具有臭鸡蛋气味的气体,易溶于水。 | 对黏膜产生强烈刺激,引起眼炎,角膜浑浊、流泪、怕光及呼吸道炎症甚至肺水肿。降低畜禽抗病力,造成头痛、恶心、心跳变慢、组织缺氧,高浓度的硫化氢能使畜禽呼吸中枢神经麻痹,导致窒息死亡,畜禽长期在低浓度硫化氢影响下,体质衰弱,体重减轻,抗病力下降,容易发生胃肠炎、心脏衰弱等。 |
| 二氧化碳($CO_2$) | 畜禽舍空气中 $CO_2$ 主要来源于畜禽呼出的气体,舍内有机物分解也可产生一部分。 | 常温下是无色略带酸味的气体,能溶于水,密度大于空气密度。 | 二氧化碳是无毒气体,对畜禽体没有直接危害。但是,当畜禽舍内二氧化碳浓度过高时,由于高浓度二氧化碳的影响,空气中的各种气体含量发生改变,尤其氧的相对含量下降,会使畜禽出现慢性缺氧,生产力下降,体质衰弱,易感染结核等慢性传染病。 |
| 一氧化碳(CO) | 一切含碳物质不完全燃烧时产生一氧化碳,舍内取暖漏气时浓度较高。 | 无色无味的气体,密度比空气略小,不溶于水,易溶于氨水等弱极性的溶剂。 | 一氧化碳是一种有剧毒的气体,是煤气的主要成分,吸入肺里很容易跟血液里的血红蛋白结合,使血红蛋白不能很好地跟氧气结合,影响氧气的输送,使血管通透性增强,最终导致窒息死亡。 |

### (二)畜禽舍空气中有害气体的卫生标准

畜禽舍空气中有害气体的卫生标准见表4-21至表4-24。

**表4-21　猪舍空气卫生指标**

(GB/T 17824—2022 规模猪场建设)

| 猪舍类别 | 氨/($mg/m^3$) | 硫化氢/($mg/m^3$) | 二氧化碳/($mg/m^3$) | 细菌总数/(个/$m^3$) | 粉尘/($mg/m^3$) |
|---|---|---|---|---|---|
| 种公猪舍 | 25 | 10 | 1 500 | 6 | 1.5 |
| 空怀妊娠母猪舍 | 25 | 10 | 1 500 | 6 | 1.5 |
| 哺乳母猪舍 | 20 | 8 | 1 300 | 4 | 1.2 |
| 保育猪舍 | 20 | 8 | 1 300 | 4 | 1.2 |
| 生长育肥猪舍 | 25 | 10 | 1 500 | 6 | 1.5 |

**表4-22　禽场空气环境质量**

(NY/T 388—1999 畜禽场环境质量标准)　　$mg/m^3$

| 项　　目 | 缓冲区 | 场区 | 禽舍 | |
|---|---|---|---|---|
| | | | 雏禽舍 | 成禽舍 |
| 氨气($NH_3$) | 2 | 5 | 10 | 15 |
| 硫化氢($H_2S$) | 1 | 2 | 2 | 10 |
| 二氧化碳($CO_2$) | 380 | 750 | 1 500 | 1 500 |
| 可吸入颗粒物($PM_{10}$) | 0.5 | 1 | 4 | 4 |
| 总悬浮颗粒物(TSP) | 1 | 2 | 8 | 8 |
| 恶臭(稀释倍数) | 40 | 50 | 70 | 70 |

**表4-23　牛舍空气中有害气体标准含量**

| 舍　别 | 二氧化碳/% | 氨/($mg/m^3$) | 硫化氢/($mg/m^3$) | 一氧化碳/($mg/m^3$) |
|---|---|---|---|---|
| 成乳牛舍 | 0.25 | 20 | 10 | 20 |
| 犊牛舍 | 0.15～0.25 | 10～15 | 5～10 | 5～15 |
| 育肥幼牛舍 | 0.25 | 20 | 10 | 20 |

**表4-24　羊舍空气中有害气体标准含量**

(DB11/T 428—2018 种羊场舍区、场区、缓冲区环境质量要求)　　$mg/m^3$

| 项　目 | 羊舍 | | 场区 | 缓冲区 |
|---|---|---|---|---|
| | 羔羊 | 成年羊 | | |
| 氨气($NH_3$) | 12 | ≤18 | ≤5 | ≤2 |
| 硫化氢($H_2S$) | ≤4 | ≤7 | ≤2 | ≤1 |
| 二氧化碳($CO_2$) | ≤1 200 | ≤1 500 | ≤700 | ≤400 |
| 可吸入颗粒物($PM_{10}$) | ≤1.8 | ≤2 | ≤1 | ≤0.5 |
| 总悬浮颗粒物(TSP) | ≤8 | ≤10 | ≤2 | ≤1 |
| 恶臭 | ≤50 | ≤50 | ≤30 | ≤10～20 |
| 细菌总数/(个/$m^3$) | ≤20 000 | ≤20 000 | | |

### (三)畜禽舍内有害气体调控措施

畜禽舍空气中有害气体对畜禽的影响是长期的,即使有害气体浓度很低,也会使畜禽体质变弱,生产力下降。因此,控制畜禽舍空气中有害气体的含量,防止舍内空气质量恶化,对保持畜禽健康和生产力有重要意义。

1. 科学规划,合理设计

畜禽场场址选择和建场过程中,要进行全面规划和合理布局,避免工厂排放物对畜禽场环境的污染;合理设计畜禽场和畜禽舍的排水系统、粪尿和污水处理设施及绿化等环境保护设施。

2. 及时清除粪尿

畜禽粪尿必须及时清除,防止在舍内积存和腐败分解。不论采用何种清粪方式,须排除迅速、彻底,防止滞留,并便于清扫,避免污染。

3. 保持舍内干燥

潮湿的畜禽舍、墙壁和其他物体表面可以吸附大量的氨和硫化氢,当舍温上升或潮湿物体表面逐渐干燥时,氨和硫化氢会挥发出来。因此,在冬季应加强畜禽舍保温和防潮管理,避免舍温下降,导致水汽在墙壁、天棚上凝结。

4. 合理通风换气

将有害气体及时排出舍外,是预防畜禽舍空气污染的重要措施。

5. 使用垫料或吸收剂

各种垫料吸收有害气体的能力不同,麦秸、稻草、树叶较好。肉鸡育雏时也可使用磷酸、磷酸钙、硅酸等吸收剂吸附有害气体。

## 三、畜禽舍空气中噪声调控

声音是一个可利用的物理因素,它不仅在行为学上是畜禽传递信息的生态因子,而且对生产也会带来一定的利益。如在奶牛挤奶时播放轻音乐有增加产奶量的作用;用轻音乐刺激猪,有改善单调环境而防止咬尾癖的效果,有刺激母猪发情的作用;轻音乐能使产蛋鸡安静,有延长产蛋周期的作用。但是,随着畜牧机械化程度的提高和养殖规模的扩大,噪声的来源越来越多,强度也越来越大,已严重影响畜禽的健康和生产性能,必须引起高度重视。噪声是一种有害声波,大小用分贝(dB)来表示。从生理学角度来讲,凡是使畜禽讨厌、烦躁,影响畜禽正常生理机能,导致生产性能下降,危害健康的声音均称为“噪声”。

### (一)来源

(1)外界传入,如飞机、汽车、火车、拖拉机、雷鸣等。

(2)舍内机械产生,如风机、真空泵、除粪机、喂料机等。

(3)畜禽自身产生,如鸣叫、采食、走动、争斗等。

### (二)危害

噪声对畜禽机体健康的危害可概括为听觉系统损伤(特异性的)和听觉外影响(非特异性的)两个方面,其危害程度与噪声的强度、暴露时间和方式及频谱特性密切相关。噪声会使畜禽内脏器官多功能失调和紊乱,惊恐不安,增重减少,生产力下降,发病多,甚至死亡。研究表明，110～115 dB的噪声使奶牛产奶量下降10%，个别甚至达30%，同时会发生流产、早产等现象。

### （三）噪声的标准和调控

我国畜禽场环境质量标准（NY/T 388—1999）规定，畜禽舍内最高允许量为：雏禽舍60 dB，成禽舍80 dB，猪舍80 dB，牛舍75 dB。

为了减少噪声的发生和影响，在建场时应选好场址，尽量避免工矿企业、交通运输的干扰，场内的规划要合理，交通线不能太靠近畜禽舍。畜禽舍内进行机械化生产时，对设备的设计、选型和安装应尽量选用噪声最小的。畜禽舍周围种草种树可使外界噪声降低10 dB以上。人在舍内的一切活动要轻，避免造成较大声响。

## 四、畜禽舍空气中空气质量测定与评价

利用有害气体测定仪现场测定某畜禽舍有害气体含量，将相关信息填入表4-25（$CO_2$测定仪、$H_2S$测定仪、$NH_3$测定仪的使用方法见仪器说明）。

**表4-25　畜禽舍空气中空气质量的测定与评价**

| 实训单位名称 | | | 地　　点 | | | | |
|---|---|---|---|---|---|---|---|
| 畜禽种类 | | | 饲养头数 | | | | |
| 畜禽舍类型 | | | 记录时间 | | | | |
| 测定仪器设备 | $CO_2$测定仪、$H_2S$测定仪、$NH_3$测定仪、粉尘测定仪、噪声仪 | | | | | | |
| 项　目 | 畜床 | 畜体高 | 墙内面 | 墙角 | 平均值 | 标准 | 相差 |
| 舍内$CO_2$测定 | | | | | | | |
| 舍内$H_2S$测定 | | | | | | | |
| 舍内$NH_3$测定 | | | | | | | |
| 舍内粉尘测定 | | | | | | | |
| 舍内噪声测定 | | | | | | | |
| 综合评价 | 评价依据：<br><br>评价结论：<br><br>评价人：________　　　　日期：________ | | | | | | |

【任务评价】

**一、判断并改错**

1. 各种类型畜禽舍内都存在有害气体，但封闭舍内含量更高。（　　）

2. 二氧化碳是空气组成成分，通风良好的畜禽舍内二氧化碳对畜禽无害。（　　）

3. 畜禽舍内有害气体产生的主要原因是有机物分解。（　　）

4. 畜禽舍内常见的对畜禽有较大危害的有害气体是氨。（　　）

5. 畜禽舍内微生物含量远远超过大气，但对畜禽有直接危害的较少。

6. 饲养管理不善，通风换气不良，是畜禽舍有害气体浓度升高的根本原因。（　　）

7. 通风良好的畜禽舍内没有一氧化碳。（　　）

8. 畜禽舍内的微生物绝大部分能被进入舍内的紫外线杀灭。（　　）

9. 氨气极易溶于水，故畜禽舍内越潮湿越不利于氨气的控制。（　　）

**二、多项选择题**

1. 造成畜禽舍内氨浓度升高的原因有（　　）。

A. 通风不良　B. 不及时清除粪尿　C. 畜禽舍潮湿　D. 气温低

E. 饲料残渣分解

2. 畜禽舍内硫化氢升高的原因有（　　）。

A. 不及时清除粪尿　B. 通风不良　C. 破蛋增多　D. 饲料蛋白质过高

3. 对噪声敏感的畜禽有（　　）。

A. 蛋鸡　B. 肥猪　C. 奶牛　D. 雏鸡　E. 妊娠母猪

**三、单项选择题**

1. 鸡对氨敏感，成年鸡舍内氨气的含量不宜超过（　　）$mg/m^3$。

A. 8　B. 10　C. 12　D. 6.6

2. 猪舍内硫化氢的最大允许量（　　）$mg/m^3$。

A. 8　B. 10　C. 26　D. 20

3. 当畜禽舍内有硫化氢时，能使醋酸铅浸润试纸变为（　　）。

A. 红色　B. 黑色　C. 蓝色　D. 橙色

**四、简答题**

1. 简述畜禽舍内氨气、硫化氢、一氧化碳、二氧化碳气体的来源与危害。

2. 简述畜禽舍内氨气、硫化氢、一氧化碳、二氧化碳的卫生标准。

3. 控制畜禽舍内有毒有害气体的措施有哪些？

# 任务10　畜禽饲养密度与畜禽舍垫料控制

## 一、饲养密度

饲养密度是指舍内畜禽密集的程度，一般用每头畜禽所占用的地面面积来表示，对家禽有时也用每平方米地面面积所饲养的只数来表示。饲养密度一方面对畜禽舍的空气卫生状况有影响，另一方面对畜禽的采食、饮水、睡眠、运动及群居等行为有很大影响，从而间接影响畜禽的健康和生产力。畜禽舍饲养密度越大，畜禽散发的热量就越多，气温也越高，过大的饲养密度会造成猪只长势缓慢，饲料转化率低，畜禽产生更多的恶习，如咬尾、咬耳，且发病率及死亡率更高；饲养密度小，舍内空气温度会较低，则会造成栏位利用率下降，饲养成本增加，养殖效益下降。

1.饲养密度对畜禽舍空气环境的影响

(1)舍温。在同一幢畜舍内，饲养密度大，畜禽散发出来的热量总和就多，舍内气温高；饲养密度小则低。因此，为了防暑防寒，在必要和可能的情况下，夏季可适当降低饲养密度，冬季可适当提高饲养密度。

(2)湿度。在同一幢畜舍内，饲养密度大时，由地面蒸发和畜体排出的水汽量较多，舍内地面较潮湿；密度小时则比较干燥。

(3)对舍内微粒、微生物、有害气体含量和噪声强度的影响。在同一幢畜舍内，饲养密度大，微粒、微生物、有害气体的数量就多，噪声也比较频繁和强烈；密度小时则相反。

另外，饲养密度还决定了每头畜禽活动面积的大小，决定了畜禽相互发生接触和争斗机会的多少，这些对畜禽的起卧、采食、睡眠等行为都有直接影响。因此，确定适宜的饲养密度是给畜禽创造良好外界环境条件的方法之一，是畜舍空气环境控制的一个重要措施。

2.适宜的饲养密度

在生产中必须根据具体情况具体分析，介绍几种畜禽常用的饲养密度方案，仅供参考(表 4-26 至表 4-30)。

**表 4-26　种猪所需面积及每栏头数推荐表**

(GB/T 17824.1—2022 规模猪场建设)

| 种类 | 每头占床面积/$m^2$ | 每栏饲养头数 |
|---|---|---|
| 种公猪 | 9.0～12.0 | 1 |
| 后备公猪 | 4.0～5.0 | 1～2 |
| 后备母猪 | 1.0～1.5 | 5～6 |
| 空怀妊娠母猪 | 2.5～3.0 | 4～5 |
| 哺乳母猪 | 4.2～5.0 | 1 |
| 保育仔猪 | 0.3～0.5 | 9～11 |
| 生长育肥猪 | 0.8～1.2 | 9～10 |

**表 4-27　广东温氏食品集团有限公司推荐猪的饲养密度**

| 猪别 | 体重/kg | 每头猪所占面积/$m^2$ | |
|---|---|---|---|
| | | 非漏缝地板 | 漏缝地板 |
| 断奶仔猪 | 4～11 | 0.37 | 0.26 |
| | 11～18 | 0.56 | 0.28 |
| 保育猪 | 18～25 | 0.74 | 0.37 |
| 生长猪 | 25～55 | 0.90 | 0.50 |
| | 56～105 | 1.20 | 0.80 |
| 后备母猪 | 113～136 | 1.39 | 1.11 |
| 成年母猪 | 136～227 | 1.67 | 1.39 |

**表 4-28 正大集团推荐猪的饲养密度**

| 卡美推荐 | | PIC 推荐 | |
|---|---|---|---|
| 体重/kg | 饲养密度/($m^2$/头) | 体重/kg | 饲养密度/($m^2$/头) |
| <10 | 0.15 | 断奶～22.7 | 最小 0.26 |
| 10～20 | 0.2 | | |
| 20～30 | 0.3 | 22.7～34 | 0.34 |
| 30～50 | 0.4 | | |
| 50～85 | 0.65 | 34～120 | 最小 0.68 |
| 85～110 | 0.75 | | |
| >110 | 1 | >120 | 最小 0.8 |

正大集团推荐每栏饲养头数不超过 30 头，每栏设计饲养较多头数的猪只(例如饲养头数超过 100 头以上)会增加管理难度，使弱猪、病猪不易被发现，造成死亡率增加；同时也不建议每栏设计饲养少于 12～14 头猪只，这样难以设计排便和休息。正大设计每栏饲养小猪 45～50 头。

**表 4-29 每头肉牛所需面积** $m^2$/头

| 牛别 | 繁殖母牛 | 犊牛(每栏养数头) | 断奶小牛 | 一岁小牛 |
|---|---|---|---|---|
| 每头面积 | 4.65 | 1.86 | 2.79 | 3.72 |
| 牛别 | 肥育牛(肥育期平均体重 340 kg) | | 肥育牛(肥育期平均体重 431 kg) | |
| 每头面积 | 4.18 | | 4.65 | |
| 牛别 | 公牛(牛栏面积) | 分娩母牛(分娩栏面积) | 母牛(牛栏面积) | |
| 每头面积 | 11.12 | 9.29～11.12 | 2.04 | |

**表 4-30 羊的饲养密度** $m^2$/只

| 羊舍地面类型 | 公羊<br>(80～130 kg) | 母羊<br>(68～91 kg) | 母羊带羔羊<br>(2.3～14 kg) | | 肥育羔羊<br>(14～50 kg) |
|---|---|---|---|---|---|
| 羊舍地面 | | | | | |
| 实地面 | 1.9～2.8 | 1.1～1.5 | 1.4～1.9* | 0.14～0.19 | 0.74～0.93 |
| 漏缝地面 | 1.3～1.9 | 0.74～0.93 | 0.93～1.1* | (供羔羊补料用) | 0.37～0.46 |
| 露天场地 | | | | | |
| 土地面 | 2.3～3.7 | 2.3～3.7 | 2.9～4.6 | | 1.9～2.9 |
| 铺砌地面 | 1.5 | 1.5 | 1.9 | | 0.93 |

* 产羔率超过 170%，每只羊占地面面积增加 0.46 $m^2$。

表 4-31　鸡的饲养密度

| 地面平养 | | 笼养 | | 网上平养 | |
|---|---|---|---|---|---|
| 周龄 | 只/$m^2$ | 周龄 | 只/$m^2$ | 周龄 | 只/$m^2$ |
| 0～6 | 20 | 0～1 | 60 | 0～6 | 24 |
| 7～14 | 12～10 | 1～3 | 40 | 6～18 | 14 |
| 15～20 | 8～6 | 4～6 | 34 | | |
| | | 6～11 | 24 | | |
| | | 11～20 | 14 | | |

## 二、垫料

垫料是指畜禽生活的畜床或地面上铺垫的材料。在畜牧生产中，它是改善畜禽舍内环境的一项辅助性措施，对畜禽舍空气环境有一定的作用。

### (一)垫料应满足的条件及其种类

1. 条件

导热性差、吸水性强，柔软、无毒副作用，对皮肤无刺激性；有肥料价值，来源充足，成本低。

2. 种类

(1)秸秆类。常用的有稻草、麦秸等。稻草的吸水力为 324%，麦秸为 230%，二者都很柔软，且价廉来源广。注意腐败或被病菌污染的垫料不能用。为提高吸水能力，最好铡短使用。

(2)野草、树叶。二者吸水力均在 200%～300%之间。树叶柔软适用，野草常夹杂较硬的枝条，易刺伤皮肤和乳房，也易混入有毒植物，用前要注意检查与清理杂质。

(3)刨花、锯末。其优点是吸水性很强，约为 420%，导热性小、柔软。缺点是肥料价值低。

(4)干土。导热性小，吸收水分和有害气体的能力强，且来源广泛，取之不竭，北方农村广泛使用。缺点是容易污染畜禽被毛和皮肤，易使舍内尘土飞扬。

(5)泥炭。导热性小，吸水能力达 600%以上，吸氨能力达 1.5%～2.5%，本身呈酸性，有较强的杀菌作用。缺点与干土相同。

### (二)垫料的作用

1. 保暖

垫料通常是农副产品，如稻草、麦草等秸秆，它们的导热性一般都较低，冬季在导热性强的地面上铺上垫料，可以明显降低畜体向地面的热传导。垫料愈厚，效果愈好。例如，冬季刚出生的犊牛、仔猪和雏鸡，若放在温室里，且铺设垫草或垫料则培育效果好。

2. 吸潮

垫料的吸水能力均在 200%～400%之间，只要勤铺勤换，就能避免尿液流失，保持地面干燥；同时，垫料还可吸收空气中的水汽，有利于降低舍内空气湿度。值得注意的是，在畜禽舍建设过程中，地基和基础的吸水能力也要加强。

3. 吸收有害气体

多数垫料(如各种秸秆、树叶等)可以直接吸收有害气体，同时，垫料在吸收了畜禽粪尿后，

对 $NH_3$、$H_2S$ 的溶解能力增强，能降低有害气体浓度，改善舍内空气新鲜程度。垫草用量对舍内空气卫生状况和牛的产奶量的影响见表 4-32。

**表 4-32　垫草用量对舍内空气卫生状况和牛的产奶量的影响**

| 牛舍编号 | 2 kg 垫草 | | | 4 kg 垫草 | | |
|---|---|---|---|---|---|---|
| | 相对湿度/% | 含氨量/(mg/kg) | 产奶量/L | 相对湿度/% | 含氨量/(mg/kg) | 产奶量/L |
| 10 号 | 78.7 | 22.9 | 3.6 | 73.7 | 14.7 | 4.2 |
| 12 号 | 77.1 | 15.1 | 3.2 | 70.6 | 11.2 | 3.6 |
| 13 号 | 68.9 | 27.6 | 5.3 | 67.0 | 15.9 | 6.0 |
| 14 号 | 77.4 | 87.6 | 7.1 | 74.2 | 19.2 | 7.9 |

4. 柔软、弹性大

畜禽舍地面一般较硬，铺上垫料后，柔软舒适，可以改善地面或畜床的舒适程度，避免坚硬的地面对孕畜、幼畜和病弱畜禽引起碰伤和褥疮的发生。

5. 保持畜体清洁

经常更换和翻转垫料，可以吸收和掩盖畜禽粪尿，减少粪尿与畜体直接接触，降低畜禽体外寄生虫病的发生率，保持畜体清洁干燥，提高畜毛质量。

6. 用后可做肥料或饲料

一般垫料中混有粪便，用后可做肥料，同时，用干苜蓿、麦草、稻草等农作物秸秆作育雏垫料时，使用后能提高粗蛋白质的含量，是喂牛、喂羊很好的饲料。

### (三)铺垫方法

1. 常换法

及时将湿污垫料拣出来，换上新鲜干净的。这种方法舍内比较干净，但垫料用量大、费工、费时，有时换垫料时引起的灰尘较多，若跨度较大的畜舍使用垫料时，可用机械直接开进畜禽舍清除垫料。

2. 厚垫法

每天或数天增铺一些新垫料，直到春末天暖后或一个饲养期结束后一次性清除。这种方法保暖性好、省工省力，肥料质量好，且在长时间生物学发热过程中，能提高地温，垫料内也将形成大量维生素 $B_{12}$；但舍内有害气体含量高，同时由于舍内湿度高有利于寄生虫、微生物的生存和繁殖，因此，畜禽易患呼吸道疾病、寄生虫类病、传染性胃肠疾病等。

## 【任务评价】

**简答题**

1. 简述垫料的种类、作用和铺垫方法。
2. 饲养密度大小对畜禽舍环境的影响如何？

# 任务 11　畜禽场环境监测与节能控制

## 一、畜禽舍环境测试

畜禽舍环境测试就是对畜禽舍内各种环境因素进行测定和计量的工作。环境因素包括温度、湿度、气流、光照和有害气体等。通过环境测试可以掌握畜禽舍内的环境状况，便于采取相应的措施为畜禽创造适宜的环境条件，使其发挥最大的生产潜力。

1. 温度测试

温度是影响畜禽生产性能的主要环境因素之一。在中国普遍采用摄氏温标计量温度。常用的测试仪器有普通水银温度计、最高最低温度计、双金属片自记温度计、热敏电阻温度计、热电偶温度计和红外测温仪等。其中普通水银温度计在畜禽舍温度测试中应用最为广泛，在能够就地读数的地方均可采用；最高最低温度计可以测定一定时间内畜禽舍的最高和最低温度；双金属片自记温度计主要用于测定记录畜禽舍一定时间内温度的连续变化情况；热敏电阻温度计和热电偶温度计用来测定畜禽舍围护结构表面和畜禽皮肤温度，并可进行多点同时观测；红外测温仪用以测量畜禽体和其他物体表面的温度和温度场，可以在不直接接触的情况下进行测试。

畜禽舍温度测试包括测试舍内外空气温度、外围护结构两侧附近的空气温度及围护结构内表面温度等。有时为了了解舍内温度分布情况，还需测定舍内水平和垂直方向的温度分布。舍内空气温度的测试一般在舍内距离门窗、墙角和采暖设备 1～1.5 m、距地(床)面 0.5～1.0 m 的地方选取 5～10 个测点进行测定，然后取其平均值；畜禽舍外围护结构两侧的空气温度测点一般布置在离表面 200～250 mm 的地方，舍外空气温度一般在舍外空旷地方地面 2 m 高处的百叶箱内进行测定。

2. 空气湿度测试

空气湿度是表示空气潮湿程度的物理量，对畜禽的散热等有直接影响。一般用相对湿度作为空气湿度的指标，常用的测试仪器有干湿球温湿度计、通风干湿球温湿度计、电阻式湿度计和毛发式自记湿度计等。其中以干湿球温湿度计应用最为普遍，通过干湿球的温度差从相应的表中即可得到空气的相对湿度；通风干湿球温湿度计精度较高；电阻式湿度计可以进行远距离测量和自动记录；毛发式自记湿度计主要用于观测舍内一定时间内空气湿度的连续变化情况，但计量精度较差。空气湿度的测点布置与舍内温度测试基本相同。

3. 气流测试

气流是影响舍内热质传递和空气成分调节的重要环境因素，气流测试包括气流速度和方向的测定。常用的气流速度测试仪器有杯状风速计、翼状风速计、热球式电风速计和卡他温度计等。杯状风速计和翼状风速计精度较低，适合于舍外风力的测定；热球式电风速计是一种灵敏度高、反应速度快的风速计，测试范围为 0.05～10 m/s，是畜禽舍中常用的气流速度测试仪器；卡他温度计是一种测试微风的速度测试仪，可以测试速度在 1 m/s 以下的微风；卡他温度计一般用于风向不定、风速微弱的自然通风场所的气流速度测定，应该注意在测点附近有冷却和加热面时不宜使用。在气流测试过程中，首先测定进、排气口的气流速度，以确定畜禽舍的通风换气量，测定时分别在距进、排气口一定距离气流稳定的截面上选取几点进行，取其平均值作为进、排气口的气流速度。

(1)舍内平均气流速度的测定。在离开墙壁、门窗、进排气口、地面和天棚等 0.5 m 左右的地方选取若干个测点分别进行测试，然后取其平均值作为舍内的平均气流速度。在测试时要注意，人员移动后要等 3～5 min 气流恢复原状后再测试，以消除人走动对气流的影响。

(2)舍内气流分布的测试。将畜禽舍沿长、短轴方向分别均匀地分割成个 5～10 个断面，再沿高度方向均匀地分割成几个断面，这样就得到若干个测点，分别测定其气流速度，即可得到舍内的气流分布。

(3)气流方向的测试。可用香烟和线香观察，也可用氯化铵烟雾测定。

4. 光照测试

畜禽舍光照测试主要是测量照度和光照时数。照度是表示物体被照明程度的物理量。照明程度与照射到物体表面的光通量有关，物体表面所得到的光通量与被照射面积之比称为该面积的照度，单位为 lx。测量照度的仪器是照度计。

测试方法根据感光原理进行，光照首先通过畜禽的眼睛刺激脑垂体，因此测量高度应与畜禽的眼睛保持相同的水平，测量范围为畜禽的活动区域。在同一高度上选择 3～5 个测点进行，取其平均值作为该高度上的照度。在选择测点时应该注意离开墙壁 100 mm 以上。

5. 有害气体测试

畜禽舍中的有害气体对畜禽有直接的危害，因此需要经常测试和调控。常用的测试仪器有热导式气体分析仪、红外线气体分析仪、磁氧式气体分析仪和干涉式气体分析仪等。这些分析仪器结构复杂，价格昂贵，但精度较高，多用于一些研究实验室。在畜禽场中多采用采气管、采气瓶采集舍内空气样品，然后进行化学滴定，按色层原理、试剂消耗量和有关公式计算后得到有害气体的浓度。

6. 灰尘测试

灰尘的测试方法有质量法和密度法两种，相应的计量单位有 $mg/m^3$ 和粒/$m^3$。测试仪器有灰尘浓度测定仪和光电脉冲计数器等。测试时舍尘空气通过测试仪器上的滤膜采样装置时，灰尘被留在滤膜上。这样根据空气流量、滤膜上所留灰尘质量和测试时间即可计算出空气中的灰尘浓度($mg/m^3$)，或根据空气流量、滤膜上所留灰尘数量和测试时间，即可计算出空气中的灰尘浓度(粒/$m^3$)。测点高度一般为 0.5～1.0 m(即所在的呼吸区域)。

## 二、畜禽场环境卫生监测

畜禽场对环境中某些有害因素进行调查和测量的工作。畜禽场环境卫生监测是进行畜禽场环境保护工作的科学基础，其目的是查明环境的污染状况，以便采取相应的防治措施，使畜禽场保持良好的环境状态。环境卫生监测的主要任务是：一是对畜禽生产所利用的畜禽舍、空气、水源、饲料和土壤进行监测。二是对所生产的产品——畜禽肉及排放的污水和废弃物进行监测，以防污染影响人类健康。前者是畜禽所处的环境，后者是畜禽对环境的污染。

1. 环境卫生监测内容

空气环境监测：主要包括温度、湿度、气流速度和方向、通风换气量、照度和有害气体浓度等，必要时可测定噪声和灰尘含量等。

水质监测：水质监测是针对畜禽场的水源水质和所排放污水的监测。水源水质要达到饮用水的卫生标准，排放的污水应达到污水排放标准。

饲料品质监测：主要监测饲料中是否混入有毒物质，饲料是否受到污染和污染变质。

土壤监测：在选择场址时应监测土壤的污染状况，以鉴定是否对畜禽生产产生不良影响，在投产后要监测场区及其附近的土壤是否受到畜禽生产的污染。

肉品质监测：主要监测所产肉品质是否符合食品卫生标准。

2. 环境卫生监测方法

根据监测的目的和条件监测可分为：

经常性监测：通过定点设置的仪器随时监测，以了解各环境因素的变化情况。

定期定点监测：在规定的时间对各项内容进行监测。如计算平均气温、湿度和风速等时，则可以一天24h内的2:00、8:00、16:00和20:00时4次监测的平均值作为日平均值，月、年平均值则以日平均值推算。每购进一批饲料时要对其品质进行监测。

临时性监测：根据畜禽的健康状况和环境中污染物剧增时进行监测。如畜禽群疾病大面积发生、空气环境发生剧烈变动时需进行临时性监测，确定其危害程度，以便采取相应的应急措施。

在使用城市自来水系统或使用地下水的养猪场，水质监测不必经常进行，一般一年进行1～2次即可。在使用地表水的畜禽场，则要对水质进行经常性的监测，以确保畜禽的饮水卫生。土壤监测一般每年进行1～2次即可。

由于现代科学技术的发展，现代化的分析仪器不断出现，监测的方法也从人工操作逐步趋向自动化的仪器分析，环境卫生监测技术正朝着快速、简捷、灵敏、准确的方向发展。

## 三、畜禽舍节能

是降低畜禽舍能源消耗以减少生产成本的技术和工程措施。节能就是在各个生产环节中减少能源浪费，提高其利用率，以尽量少的能源消耗生产出最多的畜禽产品，使畜禽场获得最大的经济效益。畜禽舍节能的主要措施有减少热能损失、选择合理的通风方式、利用余热和利用新能源。

1. 减少热能损失

在畜禽舍的外围护结构中，屋顶、墙壁和窗户是失热最多的。增加这些围护结构的热阻，采取保温措施，如采用阳光板代替玻璃采光，可以使畜禽舍冬季的失热量大幅度下降，从而降低能源消耗。保温性能好的畜禽舍不仅在冬季可以减少能源消耗，而且在夏季还可以降低外界传入畜禽舍的热量，使舍温不致太高。此外确定合理的畜禽舍朝向，使其在冬季能够充分接受太阳辐射，而夏季又避免太阳暴晒，也能收到一定的节能效果。

2. 选择合理的通风方式

在畜禽舍冬季的通风换气中，应该选择最小通风量以便于减少因通风换气造成的热能损失。在夏季不太炎热的地区，跨度不太大的畜禽舍选择自然通风进行降温以降低通风能耗。在机械通风系统中，改横向通风为纵向通风（见畜禽舍机械通风）不仅可以节约风机电能消耗40%以上，而且还可以因为风机数量的减少使得投资降低。

3. 利用余热

在畜禽舍的冬季通风换气中，排出的气体温度较高，而外界气温较低，因此排出气体中含有大量可利用的热能，可以用换热器把这部分能量回收用以加热进入畜禽舍的冷空气，以减少因通风换气造成的热量损失。舍外空气经换热器加热后通过送气管道进入畜禽舍。舍内温度较高的污浊空气通过换热器把热量传递给舍外进来的冷空气后再排出舍外。在寒冷地区，利用排气余热加热进入畜禽舍的冷空气，节能效果十分明显。

4. 利用新能源

新能源是相对于传统的化石燃料而言的太阳能、生物能和风能等。太阳能是取之不尽用之不竭、无污染的理想能源。在冬季可以用太阳能采暖设备为畜禽舍采暖，可以大大降低常规能源的消耗。中国的一些畜禽场还应用温室效应利用塑料大棚养畜禽，也取得了较好的节能效果和经济效益。

畜禽场在生产过程中会排出大量的畜禽粪尿，可以利用这些有机物生产沼气。沼气是一种优质的气体燃料，其热值高达 21 000～25 000 $kJ/m^3$，可以用沼气为畜禽舍采暖等。生产沼气在节能的同时还对尿液进行了无害化处理，一举两得。

此外，还可利用大地的巨大热容量、地下一定深度温度变化幅度小这一特点，在地下一定深度(通常为 3.0～4.5 m)的土层中埋设管道、开挖地道或利用天然的地下洞穴，冬季舍外冷空气经过这些管道、地道或洞穴加热后，送入畜禽舍为其加热和补充新鲜空气；夏季空气经管道、地道或洞穴冷却后送入畜禽舍为其降温，可降低 3～5℃。

**【任务评价】**

**简答题**

1. 简述畜禽舍环境测试目的和意义。
2. 简述畜禽舍温度、湿度测试的主要仪器及温度测试的主要部位。
3. 畜禽舍气流测试的主要仪器及气流测试有哪几个?
4. 畜禽场环境卫生监测的内容与方法有哪些?

# 项目五

# 畜禽场环境管理与污染控制

【价值目标】

通过管理畜禽场饲料、饮水、恶臭、蚊蝇、鼠害、废弃物等,有效控制畜禽场对人类生存环境的污染,使学生掌握外部环境对畜禽场的影响和畜禽场对自然环境的危害,培养学生环境控制和开展环境监测的能力,了解我国推进碳达峰碳中和彰显大国责任与担当,培养学生的民族自信心和自豪感,培养学生哲学思辨能力,实现自我价值和社会价值的统一;培养学生的法治思维,加强学生环境保护的法律意识,学法执法懂法用法;培养学生的"三农"情怀,引导学生以强农兴农为己任,"懂农业、爱农村、爱农民",树立把论文写在祖国大地上的意识和信念,增强学生服务农业农村现代化、服务乡村全面振兴的使命感和责任感,培养知农爱农创新人才。

【学习目标】

了解畜禽场饲料、饮水污染与控制;认识畜禽场恶臭、蚊蝇、鼠害的影响与控制;掌握畜禽场废弃物处理和利用方法及其环境消毒与防疫措施。

【教学案例】

某猪场在饲养管理过程中出现猪生殖器官发生变化,母猪发生阴门肿胀,乳腺重大,严重的出现脱肛和脱子宫,已经阉割的母猪也会有此变化;有的母猪屡配不孕、产仔数少,产下弱仔较多或产后死亡;公猪睾丸萎缩,乳腺肿大,同时伴有呕吐、腹泻等症状。试问出现上述症状的主要原因是什么?如何预防?

## 任务1　饲料污染与控制

### 一、含有毒有害成分的饲料

#### (一)含硝酸盐和亚硝酸盐的饲料

1. 含硝酸盐的饲料

蔬菜类、天然牧草、栽培牧草、树叶类和水生类饲料等均含有不同程度的硝酸盐,其中以蔬菜类饲料含量较高,如白菜、小白菜、萝卜叶、苋菜、莴苣叶、甘蓝、甜菜茎叶和南瓜叶等。通常,新鲜青饲料中富含硝酸盐,不含亚硝酸盐或含量甚微。但在氮肥施用过多、干旱后降雨或菜叶黄花后,其含量显著增加。少数植物由于亚硝酸盐还原酶的活性较低,也可能使亚硝酸盐的含量增高。

2. 硝酸盐和亚硝酸盐对畜禽的危害

(1)亚硝酸盐中毒(高铁血红蛋白症)。硝酸盐在一定条件下转化为亚硝酸盐,亚硝酸盐引起高铁血红蛋白症。

饲料中硝酸盐转化成亚硝酸盐的途径为:一是体外形成,常见于青饲料长期堆放而发热、腐烂、蒸煮不透或煮后焖在锅内放置很久时,会出现硝酸盐大量还原为亚硝酸盐;二是体内形成,反刍动物能将硝酸盐还原成亚硝酸盐,再进一步还原成氨而被吸收利用。当反刍动物大量采食了含硝酸盐高的青饲料或瘤胃的还原能力下降时,即使是新鲜青饲料也较容易发生亚硝酸盐中毒。猪最容易发生亚硝酸盐中毒。

(2)形成致癌物亚硝胺。亚硝胺具有很强的致癌作用,尤其是二甲基亚硝胺。当饲料中有胺类或酰胺与硝酸盐、亚硝酸盐同时存在时,就有可能形成亚硝胺,亚硝胺既可在体外形成,也可在体内合成。

硝酸盐还可降低畜禽对碘的摄取,从而影响甲状腺机能,引起甲状腺肿大;饲料中硝酸盐或亚硝酸盐含量高,会破坏胡萝卜素,干扰维生素的利用,引起母畜受胎率降低和流产。

3. 预防措施

(1)合理施用氮肥,以减少植物中硝酸盐的蓄积。

(2)注意饲料调制、饲喂及保存方法。菜叶类青饲料宜新鲜生喂,如要熟食需用急火快煮,现煮现喂;青饲料要有计划采摘供应,不要大量长期堆放;如需短时间贮放,应薄层摊开,放在通风良好处经常翻动,也可青贮发酵;青饲料如果腐烂变质严禁饲喂。

(3)饲喂硝酸盐含量高的饲料时,可适量搭配含碳水化合物高的饲料,以促进瘤胃的还原能力;在饲料中添加维生素 A,可以减弱硝酸盐的毒性。

### (二)含氰苷的饲料

1. 含氰苷的饲料种类

含氰苷的植物很多,常见含氰苷的饲料主要有:生长期的玉米、高粱(尤其是幼苗及再生苗)、苏丹草(幼嫩的苏丹草及再生草含量高)、木薯、亚麻籽饼、箭舌豌豆等。

2. 氰苷对畜禽的危害

畜禽采食含氰苷的饲料,易引起氢氰酸中毒。通常氰苷对机体无害,但氰苷进入畜禽机体后,在胃液盐酸和氰苷酶的作用下,水解产生游离的氢氰酸,引起畜禽机体缺氧。表现为中枢神经系统机能障碍,出现先兴奋后抑制,呼吸中枢及血管运动中枢麻痹。一般单胃动物出现中毒症状比反刍动物慢,中毒病程很短,严重时来不及治疗。

3. 预防氢氰酸中毒的措施

(1)合理利用含氰苷的饲料。玉米幼苗、高粱幼苗及再生苗、苏丹草幼苗等做饲料时,必须刈割后稍微晾干,使形成的氢氰酸挥发后再饲用。

(2)减毒处理。木薯应去皮,用水浸泡,煮制时应将锅盖打开,然后去汤汁,再用水浸泡;亚麻籽饼应打碎，用水浸泡后，再加入食醋，敞开锅盖煮熟；用箭舌豌豆籽实做饲料，可炒熟或用水浸泡，换水一次。

(3)严格控制饲喂量，与其他饲草饲料搭配饲喂。

(4)选用氰苷含量低的品种。

### (三)菜籽饼(粕)中的有毒物质

菜籽是油菜、甘蓝、芥菜、萝卜等十字花科芸薹属作物的种子。菜籽榨油后的副产品为菜籽饼(粕)，菜籽饼(粕)中含粗蛋白为28%～32%，尤其以蛋氨酸含量较多。因此，常用作蛋白质饲料。

1.菜籽饼(粕)中有毒物质及其毒性

菜籽中含有硫葡萄糖苷(即芥子苷)，其本身对畜禽无毒。但在榨油过程中，由于菜籽细胞破坏，芥子苷可与其共存的芥子酶接触，在适宜的温度、湿度和pH等条件下，由于芥子酶的催化作用，使芥子苷水解生成有毒的异硫氰酸酯类(芥子油)和噁唑烷硫酮等有毒物质。芥子油有辛辣味，具挥发性和脂溶性，高浓度的芥子油对皮肤和黏膜有强烈的刺激作用，可引起胃肠炎、肾炎及支气管炎。噁唑烷硫酮是致甲状腺肿物质，其作用机理是阻碍甲状腺素的合成，引起垂体前叶促甲状腺素的分泌增加，导致甲状腺肿大。

芥子油长期作用也可引起甲状腺肿大，但比噁唑烷硫酮作用弱。菜籽饼中还含有1%～1.5%的芥子碱、1.5%～5%的单宁等，有苦涩味，影响畜禽的适口性。

2.菜籽饼(粕)的去毒方法

(1)加热处理法。利用蒸、煮加热方法，使芥子酶失去活性而不能水解芥子苷，并使已形成的芥子油挥发(噁唑烷硫酮仍然保留)。但经此法处理后，饼(粕)中蛋白质的利用率下降，且由于芥子苷仍存留于饼(粕)中，饲喂后可能在畜禽肠道微生物或其他饲料中的芥子酶的作用下，继续分解产生有毒成分。

(2)水浸泡法。芥子苷是水溶性的，用冷水或温水(40 ℃左右)浸泡2～4 d，每天换水一次，可除去部分芥子苷，但养分流失过多。

(3)氨或碱处理法。每100份菜籽饼(粕)用浓氨水(含氨28%)4.7～5.0份或纯碱粉3.5份，用水稀释后，均匀喷洒到饼(粕)中，覆盖堆放3～5 h，然后置蒸笼中蒸40～50 min，即可饲喂，也可在阳光下晒干或炒干后贮备使用。

(4)坑埋法。选择向阳、干燥、地势较高的地方，挖一个宽0.8 m、深0.7～1.0 m、长度按埋菜籽饼(粕)数量来决定的长方形坑，将菜籽饼粉碎后按1∶1加水浸软后装入坑内，顶部和底部都铺一层草，在顶部覆土20 cm以上，2个月后即可取出饲用。此法对芥子油去毒较好，噁唑烷硫酮也有所减少。

(5)培育低毒油菜新品种。培育低毒油菜新品种是解决去毒问题的根本办法。目前，我国在引进和选育低毒油菜品种方面做出了积极的努力，并已取得一定成效。

3.菜籽饼(粕)的合理利用

(1)去毒处理，限量饲喂。菜籽饼中的芥子油含量高达0.3%，噁唑烷硫酮高达0.6%时，应去毒后再作猪、鸡饲料。经去毒处理的菜籽饼，其用量以不超过日粮的20%为宜；若去毒效果不佳，则应不超过10%。

(2)与其他饼(粕)饲料搭配饲喂。菜籽饼(粕)中的有毒物质对单胃动物的影响比反刍动物大。饲喂时最好与其他饼(粕)饲料或动物性蛋白质饲料配合饲喂,可有效控制其毒物的含量,且有利于营养物质的互补。

我国饲料卫生标准中规定,菜籽饼(粕)中异硫氰酸酯(以丙烯基异硫氰酸酯计)≤4 000 mg/kg;鸡配合饲料和生长育肥猪配合饲料≤500 mg/kg;肉用仔鸡、生长鸡配合饲料中的噁唑烷硫酮≤1 000 mg/kg,产蛋鸡配合饲料≤500 mg/kg。

### (四)棉籽饼(粕)中的有毒物质

1. 棉籽饼(粕)中的有毒物质及其毒性

(1)棉酚。棉籽饼(粕)中有游离棉酚和结合棉酚,其中游离棉酚有毒,结合棉酚无毒,所以棉酚的毒性强弱主要取决于游离棉酚的含量。机器榨油因压力较大,温度较高,游离棉酚含量较少。传统的土榨法,由于压力小,温度低,棉籽饼(粕)中游离棉酚含量较高。游离棉酚对神经、血管及实质脏器细胞产生慢性毒害作用,进入消化道后可引起胃肠炎,棉酚积累在神经细胞中,使神经机能紊乱。游离棉酚能影响雄性畜禽的繁殖性能及禽蛋产品,使蛋黄变成黄绿色或红褐色。

(2)环丙烯类脂肪酸。棉籽饼(粕)中环丙烯类脂肪酸主要引起家禽的卵巢和输卵管萎缩,产蛋率降低,影响蛋的质量。当蛋贮存时,会使蛋黄黏稠变硬,加热后形成“海绵蛋”,蛋清变为桃红色,有人称“桃红蛋”。

2. 棉籽饼(粕)的去毒方法

(1)加热处理。加热处理就是利用较高温度加速棉籽饼(粕)中的蛋白质与游离棉酚相结合形成无毒的结合棉酚,可去毒75%～80%。一是煮沸法,将棉籽饼(粕)加水煮沸1～2 h,若能加入15%～20%的大麦粉或小麦麸一同煮,去毒效果更好;二是蒸汽法,将棉籽饼(粕)加水湿润,用蒸汽蒸1 h左右;三是干热法,将棉籽饼(粕)置于锅中,经80～85 ℃炒2 h或100 ℃炒30 min。

(2)添加铁剂。铁制剂与游离棉酚结合形成不能被畜禽吸收的复合物而随粪便排出,从而减少了对机体的危害。硫酸亚铁($FeSO_4 \cdot 7H_2O$)是常用的棉酚去毒剂,将粉碎过筛的硫酸亚铁粉末按游离棉酚含量的5倍均匀拌入棉籽饼(粕)中,再按1kg饼(粕)加水2～3 kg,浸泡4 h后直接饲喂。

3. 棉籽饼(粕)的合理利用

(1)控制喂量,间歇饲喂。对于肉用畜禽,由于机榨棉籽饼中含毒较少,无论是否经过去毒,均可按日粮的20%喂给。土榨饼必须经过去毒,而且喂量不可超过日粮的20%。连续饲喂2～3个月,停喂2～3周后再喂。

(2)对于种用畜禽,饲喂棉籽饼(粕)应慎重,喂量比例要小,去毒效果要好。最好不用棉籽饼饲喂种公猪。

(3)饲喂时应合理搭配其他蛋白质饲料,如添加少量鱼粉、血粉或赖氨酸添加剂,搭配适量的青绿饲料进行饲喂。

我国饲料卫生标准规定,棉籽饼(粕)中游离棉酚≤1 200 mg/kg;产蛋鸡配合饲料≤20 mg/kg;肉仔鸡、生长鸡配合饲料≤100 mg/kg;生长育肥猪配合饲料≤60 mg/kg。

### (五)含有感光过敏物质的饲料

有些饲料,如荞麦、苜蓿、三叶草、灰菜、野苋菜等,均含有感光物质。畜禽采食这些饲料后，感光物质经血液到达皮肤引起感光过敏症，在皮肤上出现红斑性肿块，也可引起中枢神经系统和消化机能的障碍，严重时可导致死亡。常见于绵羊和白毛猪，在白色皮肤、无毛或少毛部位症状最明显。因此，含感光过敏物质的饲料应少喂或不喂，若要饲喂应与其他饲料搭配饲喂，并在饲喂后防止晒太阳，或在阴天、冬季舍饲时饲喂。

### （六）含有毒成分的其他饲料

1. 马铃薯

马铃薯的块茎、茎叶及花中含有的有毒成分主要是龙葵素（马铃薯素或茄碱）。在成熟的薯块中含量不高，但在发芽或被阳光晒绿的马铃薯中龙葵素含量明显增加，可达0.5%～0.7%。含量达0.2%即可中毒，中毒轻者表现为胃炎，重者以神经症状为主，甚至导致死亡。因此，应保管好薯块，避免阳光直射或发芽。饲喂时发芽和变绿的部分要削除，然后用水浸泡，再充分蒸煮，即可饲喂，煮时加些食醋效果更好。须经过处理的马铃薯喂量应控制在日粮的25%以下，妊娠母畜最好不喂。

2. 蓖麻籽饼及蓖麻叶

蓖麻茎叶和种子中含有蓖麻毒素和蓖麻碱两种有毒成分。蓖麻毒素毒性最强，多存在于蓖麻籽实中。马和骡极为敏感，反刍动物抵抗力较强。蓖麻毒素对消化道、肝、肾、呼吸中枢均可造成危害，严重者可导致死亡。蓖麻籽饼作饲料时，经煮沸2 h或加压蒸汽处理30～60 min去毒后再利用；也可捣碎加适量水，封缸发酵4～5 d后饲喂。蓖麻叶不可鲜喂，经加热封缸发酵处理后再利用，饲喂时由少到多逐渐加量，用量控制在日粮的10%～20%。

## 二、霉菌毒素对饲料的污染

霉菌种类繁多，在自然界分布极广，以寄生或腐生的方式生存。在高温、高湿、阴暗、不通风的环境下可大量繁殖。大多数霉菌对畜禽无害，但大量繁殖常常引起饲料霉烂变质。少数霉菌污染饲料后，在其适宜的条件下会产生毒素，引起畜禽的急、慢性中毒，甚至造成“三致”作用，严重危害畜禽健康。霉菌毒素的中毒可分为肝毒、肾毒、神经毒、造血组织毒等。

### （一）霉菌毒素中毒的特点

（1）中毒的发生和某些饲料有关，如饲喂某批饲料后，畜禽在一段时间内相继发病，而同时同地饲喂不同饲料的畜禽不发病。

（2）检查可疑饲料可发现有某些霉菌和霉菌毒素的污染，通过动物试验可以发生相同的中毒病。

（3）发病有一定的地区性和季节性，但霉菌中毒没有传染性和免疫性。

（4）摄入霉菌毒素的量不致引起急性或亚急性中毒时，无明显的早期症状，但长期少量摄入可引起慢性中毒，甚至呈现“三致”作用，易被忽视。

### （二）黄曲霉毒素中毒

1. 黄曲霉毒素的种类及危害

黄曲霉毒素属于肝毒性毒素，是由黄曲霉和寄生曲霉中的产毒菌株所产生。自然界中黄曲霉的存在较为普遍，适于在花生、玉米上生长繁殖，也可在大麦、小麦、薯干、稻米等上面生长繁殖。最适宜繁殖的温度为30～38℃，相对湿度为80%～85%或以上。产生黄曲霉毒素最适宜的条件是基质水分在16%以上，温度在23～32℃，相对湿度在85%以上。黄曲霉毒素分为B类和G类两种，其中$B_1$的毒性最强，因此，饲料、食品检测时，均以黄曲霉毒素$B_1$为指标。

黄曲霉产生的黄曲霉毒素能引起肝脏损害，也能严重破坏血管的通透性和毒害神经中枢，引起急性中毒。如果长期少量摄入可引起慢性中毒，并能诱发肝癌，还可引起胆管细胞癌、胃腺癌、肠癌等。

我国饲料卫生标准规定，黄曲霉毒素$B_1$在畜禽配合饲料及浓缩料中的允许量为：肉用仔鸡、仔鸭前期与雏鸡、雏鸭、仔猪≤10 μg/kg；肉用仔鸡后期与生长鸡、产蛋鸡、鹌鹑、生长育肥猪、种猪≤20 μg/kg；肉用仔鸭后期、生长鸭、产蛋鸭≤15 μg/kg；奶牛精料补充料≤10 μg/kg；肉牛精料补充料≤50 μg/kg。

2. 黄曲霉毒素的预防措施

(1)防霉。防霉是预防饲料被霉菌及其毒素污染的最根本措施。引起饲料霉变的主要因素是温度和湿度。因此，防止饲料霉变的方法主要有：

①控制水分：饲料和粮食作物收获、运输、贮存的过程中都要注意通风干燥，控制水分。一般谷物的含水量在13%以下，玉米在12.5%以下，花生仁在8%以下，霉菌不易生长和繁殖。

②控制温度：饲料或粮食作物应低温贮存，可有效防霉。

③化学防霉：通常使用熏蒸剂熏蒸或在饲料中添加防霉剂等，可达到防霉的作用。常用的熏蒸剂有氯化苦、磷化氢、环氧乙烷、溴甲烷等。防霉剂有丙酸及丙酸盐、乙酸及乙酸盐和苯甲酸及其钠盐等。

④控制粮堆气体成分，进行缺氧防霉。

(2)去毒。霉菌污染玉米等饲料后，霉变较轻者，采用去毒处理后方可饲喂畜禽。若发霉严重则不可饲喂畜禽。去毒常用的方法有：

①拣除霉粒：霉变轻微者，可将霉粒拣除后再利用。

②水洗：将霉玉米等饲料先用清水淘洗，然后磨碎，加入3～4倍清水搅拌，静置，浸泡12 h，除去浸泡液，再加入等量清水，反复进行，每天换水2次，直至浸泡水变为无色为止。

③碾压加工法：霉菌污染的部位主要在种子的皮层和胚部。通过碾轧加工，除糠去胚，可减少大部分毒素。

④微生物脱毒法：利用微生物进行生物转化，可使霉菌毒素破坏或转变为低毒物质，达到脱毒的目的。研究表明，无根根霉、米根霉、橙色黄杆菌和亮菌等对除去粮食中的黄曲霉毒素有较好的效果。

⑤吸附法：铝硅酸盐、甘露低聚糖、纳米材料等吸附剂可不同程度地吸附黄曲霉毒素。因此。饲料中可酌情添加使用，可除去部分有毒成分，降低对畜禽的危害。

### (三)赤霉菌毒素

赤霉菌毒素主要侵染小麦、大麦和玉米，也可侵染稻谷、甘薯、蚕豆、甜菜等。赤霉菌繁殖的适宜温度为16～24℃，相对湿度为85%。

1. 赤霉菌毒素的种类及危害

赤霉菌毒素主要是赤霉烯酮和赤霉病麦毒素两种。赤霉烯酮可引起猪急性中毒，表现为阴户肿胀，乳腺增大，乳头潮红，妊娠母猪流产，严重的还可出现直肠和阴道脱垂，子宫增大增重甚至扭曲和卵巢萎缩。亚急性中毒时，表现为母猪不育或产仔减少；仔猪体弱或产后死亡，小公猪具有睾丸萎缩，乳房增大等雌性症状；赤霉病麦毒素能使猪食后呕吐、马呈现醉酒状神经症状。

2. 防治措施

（1）防霉。赤霉菌以田间侵染为主，故应着重田间防霉，如选育抗霉品种，开沟排渍，降低田间湿度，花期喷洒杀菌剂等；收割时应快收、及时脱粒和晒干，保存于通风干燥的场所；侵染饲料与好粮分开，单收、单打、单保存。

（2）去毒。对已收获的赤霉病麦，进行去毒和减毒处理后可用作饲料，常用的方法有水浸泡法和去皮法等。

## 三、农药对饲料的污染

### （一）饲料中农药的残留

农业生产过程中，为了促进农作物的增产，防治作物的病虫害，农药的使用越来越广泛。在农药施用时，一部分直接喷洒于植物体表面被吸附或吸收，另一部分落入土壤中被作物根部吸收，残留在作物表面和内部的农药，在阳光、雨水、气温等外界环境条件的影响下，大部分被挥发、分解、流失、吹落而离开植物体。但到收获时，植物体内仍有微量的农药及其有毒的代谢物。此外，由于农药施用不当或任意加大用量和浓度，被植物吸收后，污染或大量留存于植物中。这些植物作为饲料被畜禽采食后，在动物体内积累而形成毒害。有些农药由于保存、运输或施用不当直接进入畜体，产生毒害作用。

### （二）饲料中农药残留的危害

1. 有机氯杀虫剂

有机氯农药化学性质稳定，在自然条件下不易分解，残留期长。主要损害中枢神经系统的运动中枢、小脑、肝脏和肾脏。

2. 有机磷杀虫剂

有机磷农药是人工合成的磷酸酯类化合物，具有强大的杀虫力，对人畜的毒害也很大。但性质不稳定，残留期短、残留量低，在生物体内较易分解和解毒。常用的有对硫磷、内吸磷、甲拌磷、乐果、敌敌畏及敌百虫等，一般经呼吸道、消化道和皮肤黏膜吸收而引起中毒。其毒害主要是引起神经传导功能的紊乱，出现瞳孔缩小，流涎、抽搐，最后因呼吸衰竭而死亡。

3. 氨基甲酸酯类杀虫剂

氨基甲酸酯类杀虫剂是一类杀虫范围广、防治效果好的农药。西维因、速灭威、呋喃丹等都属于这类药剂，其性质不稳定、易分解，对人、畜毒害小，无蓄积作用，其中毒时间较短，恢复较快。目前发现有些品种的氨基甲酸酯类杀虫剂能产生抗药性，对高等动物也产生致畸、致癌等病变。

4. 拟除虫菊酯类杀虫剂

拟除虫菊酯类杀虫剂具有高效、用量少等特点。市场上品种很多，如溴氰菊酯（敌杀死）、氰戊菊酯（速灭杀丁）、氯菊酯（除虫精）等。

拟除虫菊酯类杀虫剂的毒害作用是通过对细胞膜钠泵的干扰，使神经膜动作电位的去极化期延长，周围神经出现重复动作电位，导致肌肉持续收缩，增强脊髓中间神经元和周围神经的兴奋性。

### (三)防止农药污染的措施

1. 禁用和限制使用部分剧毒和不易分解的农药

尽量选用高效、低毒和低残留的农药。

2. 制定农药残留极限

绝大多数农药都允许有残留的限度。低于这个残留值，即使长期食用，仍可保证食用者健康。在生产中，应严格执行该标准。

3. 制定农药的安全间隔期

安全间隔期是指最后一次施药到作物收割时残留量达到允许范围的最少间隔天数。大多数有机磷农药安全间隔期为 2 周，其中高效低毒、残留期短的农药，如马拉硫磷、敌敌畏，安全间隔期为 7～10 d；高效低毒、残留期长的农药，如乐果为 10～14 d；高效高毒、残留期短的农药，如对硫磷为 15～30 d；高效高毒、残留期长的农药，如内吸磷为 45～90 d。

4. 控制施药量、浓度、次数和采用合理的施药方法

农药的残留与农药的性质、剂型、施药量、浓度、施药次数和施药方法有关。残留量随施药量、浓度和施药次数的增加而增加。乳剂的黏着性和渗透性较大，残留量较多，残留期也较长；可湿性粉剂次之；粉剂最少。接近作物收获期时应停止施药。

5. 严格执行饲料中农药残留标准

我国饲料卫生标准规定：米糠、小麦粉、大豆饼(粕)、鱼粉中的六六六允许含量≤0.05 mg/kg；肉仔鸡、生长鸡、产蛋鸡配合饲料允许含量≤0.3 mg/kg，生长育肥猪配合饲料≤0.4 mg/kg。米糠、小麦粉、大豆饼(粕)、鱼粉中的滴滴涕(DDT)的允许含量≤0.02 mg/kg；鸡、猪配合饲料允许含量≤0.2 mg/kg。

## 四、重金属对饲料的污染

污染饲料的重金属元素主要是指镉(Cd)、铅(Pb)、汞(Hg)以及类金属砷(As)等生物毒性显著的元素。

### (一)饲料重金属元素的来源

某些地区(如矿区)自然地质化学条件特殊，其地层中的重金属元素显著高于一般地区，从而使饲用植物中含有较高水平的重金属元素。据报道，中国台湾地区以及其他一些地区的地下水砷含量很高。由于采矿及冶炼污染防治措施不当，长期向环境中排放含有重金属元素的污染物。农业生产过程中的农田施肥、污水灌溉以及农药施用等如果管理不当，均可造成重金属直接污染农作物，或通过土壤积累，随之被作物吸收。在进行配合饲料生产时，为了改善饲料适口性、防霉、提高饲料质量等，往往添加一些酸性物质，这些酸性物质如果添加不合理会造成机器表面镀镉溶出，从而造成饲料的镉污染，严重时可导致畜禽急性中毒。另外一些畜禽专用驱虫剂或杀菌剂中含有镉。一些矿物添加剂如麦饭石、膨润土、沸石、海泡土以及饲用磷酸盐类和饲用碳酸盐类等在没有经过合理脱毒处理的情况下，会造成饲料重金属元素含量超标。

### (二)饲料重金属污染的防制措施

1. 严控工业"三废"排放

加强工业环保治理，严格执行工业"三废"的排放标准。

2. 加强农业生产管理

禁止含重金属有毒物质的化肥、农药的施入；进行土壤质地改良时，应严格控制污泥中重金属元素含量；禁止用重金属污染的水灌溉农作物。

3. 减少重金属向植物中的迁移

对于可能受到重金属污染的土壤中施加石灰、碳酸钙、磷酸盐等改良剂，另外多施农家肥、有机物质可促进重金属元素的还原作用，以降低其活性，减少向植物中的迁移。

4. 加强饲料生产管理

禁止使用含重金属的饲料加工机械、容器和包装材料。严格控制饲料中(配合饲料、添加剂预混料和饲料原料)有毒重金属的含量，加强饲料卫生监督检测工作。

**【任务评价】**

**一、填空题**

1. 含有毒有害成分的饲料有______、______、______、______、______、______。

2. 棉籽饼(粕)中环丙烯类脂肪酸会使蛋黄黏稠变硬，加热后形成________，蛋清变为________色，有人称"桃红蛋"。

3. 含氰苷的饲料有________、________、________、________、________等。

4. 菜籽饼(粕)加工过程中产生的有毒物质是________和________。其中________可引起胃肠炎、肾炎及支气管炎等，________是致甲状腺肿大的物质。

5. 硝酸盐和亚硝酸盐含量最高的饲料是青饲料中的________。

6. 常见的霉菌是指________和________。黄曲霉毒素主要由________、________产生，其中以________毒性最强。

7. 棉籽饼中的有毒物质主要是________和________。

8. 生长期的高粱中所含氰苷在酶的作用下水解为________。

**二、简答题**

1. 预防饲料亚硝酸盐中毒的措施有哪些？

2. 菜籽饼(粕)和棉籽饼(粕)的去毒方法有哪些？

3. 农药在饲料中残留的原因是什么？如何防止？

4. 如何正确施用农药？

**三、连线题**

| 有毒成分 | 代表饲料 | 对猪的主要危害 |
|---|---|---|
| 游离棉酚 | 棉籽饼 | 致甲状腺肿 |
| 唑烷硫酮 | 焖制的青绿饲料 | 产蛋鸡输卵管萎缩 |
| 亚硝酸盐 | 幼嫩的高粱幼苗 | 血红蛋白失去运氧能力 |
| 氢氰酸 | 霉变的玉米 | 非反刍家畜神经毒素 |
| 环丙烯类脂肪酸 | 菜籽饼 | 中毒死亡 |
| 黄曲霉毒素 | | 肝脏 |

# 任务 2 饮水污染与控制

## 一、畜禽场常用水源的种类及特点

水源归纳起来可分为三大类:降水、地面水、地下水。

1. 降水

降水是天然的蒸馏水,质软、清洁。在以雨、雪等形式降落的过程中吸收了空气中的各种杂质和可溶性气体而受到污染。降水不易收集,贮积困难,水量受季节影响大,除严重缺水地区外,一般不作为畜禽场的水源。

2. 地面水

地面水包括江、河、湖、海和水库等,是由降水或地下水汇集而成。地面水一般来源广、水量足,其本身有较好的自净能力,是畜禽生产广泛使用的水源。其水质和水量易受自然条件影响,易受生活废水和工业污水的污染,但地面水取用方便,用前常需进行人工净化和消毒处理。

3. 地下水

地下水是降水和地面水经过地层的渗滤贮积而成。由于经过地层的渗滤,水中所含的悬浮物、有机物及细菌等大部分被滤除,污染机会少,较清洁,水量稳定,是最好的水源。但地下水受地质化学成分的影响,含矿物质多,硬度大,有时含有某些毒性矿物质,引起地方病,使用前应进行检测。

## 二、水体污染与自净

### (一)水体污染物的种类及危害

1. 有机物污染

主要来自生活污水、畜产污水以及造纸、食品工业废水等。由于分解有机物要消耗大量氧气,当水中的溶解氧消耗殆尽后,就会引起水生动植物大批死亡,形成大量有机物,这些有机物在缺氧环境下进行厌氧分解而产生腐败性物质,并释放出氨和硫化氢等难闻的气体,使水体变黑发臭,这种现象称为水体"富营养化"。水体富营养化不仅感官性状恶化,不适于饮用;同时有机物分解产生的废气还会污染畜禽场区和居民的空气,对人、畜机体健康产生不良影响。水体有机物还使水体中藻类等大量繁殖,水体溶解氧急剧减少,产生恶臭,威胁贝类、藻类的生存,造成鱼类大量死亡。在粪便、生活污水等废弃物中往往含有某些病原微生物及寄生虫卵,而水中大量有机物为各种微生物的生存和繁殖提供了有利条件。因此,当水体受到有机物污染时,除有机物本身所造成的污染外,还可能造成疾病的传播和流行。

2. 微生物污染

水源被病原微生物污染后,可引起某些传染病的传播与流行,如猪丹毒、猪瘟、副伤寒、马鼻疽、布氏杆菌病、炭疽病和钩端螺旋体病等。水体被微生物污染的主要原因是病畜或带菌者的排泄物、尸体和兽医院、医院的污水,以及屠宰场、制革厂和洗毛厂的废水。介水传染病的发生和流行，取决于水源污染的程度及病原菌在水中生存的时间等因素。由于天然水有自净作用，因此偶然的一次污染通常不会造成持久性的介水传染，但大量而经常性的污染则极易造成传染病的介水传染。

3. 有毒物质污染

未经处理的工业废水、大量使用的农药和化肥等可通过一定的途径使水源受到不同程度的污染。在多矿地区的底层中可能含有大量的砷、铅、氟等物质时，也可使水中此种有毒物质含量增高。污染水源的有毒物质很多，常见的有毒物质有铅、汞、砷、铬、锗、镍、铜、锌、氟、氰化物以及各种酸和碱等；有机毒物有酚类化合物、有机氟农药、有机磷农药、有机酸、石油等。

4. 致癌物质污染

某些化学物质如砷、铬、苯胺、镍及其他芳香烃等具有致癌作用。有的可在水体中悬浮，也可在基底污泥和水生生物体内蓄积，对人、畜健康造成危害。

5. 放射性物质污染

天然水体中放射性物质含量极微，对机体无害，但当人为或事故造成放射性物质进入水体时，就可使水体中的放射性物质急剧增加，危害机体健康。

### (二)水体的自净作用

水体受污染后，由于本身物理、化学和生物学等多种因素的综合作用，逐渐消除污染的过程，称为水的自净。水的自净作用，一般有以下几个方面。

1. 混合稀释作用

污染物进入水体后，逐渐与水混合稀释而降低其浓度，最后可稀释到难以检出或不足以引起毒害作用的程度。

2. 沉降和逸散

水中悬浮物因重力作用而逐渐下沉，比重越大，颗粒越大，水流越慢，沉降越快。附着于悬浮物上的细菌和寄生虫卵也随同悬浮物一起下沉。悬浮状态的污染物被水中的胶体颗粒、悬浮的固体颗粒、浮游生物等吸收，可发生吸附沉降。有些污染物，例如砷化物，易与水中的氧化铁、硫化物等结合而发生“共沉淀”。溶解性物质也可以被生物体所吸收，在生物死亡后随残体沉降。此外，污染水体的一些挥发性物质在阳光和水流动等因素的作用下可逸散而进入大气，如酚、金属汞、二甲基汞、硫化氢和氢氰酸等。

3. 阳光照射

阳光中的紫外线具有杀菌作用，但由于紫外线的穿透力较弱，其杀菌作用有限，尤其是当水体较浑浊时，其作用就更加有限。此外，阳光可提高水温，促进有机物的生化分解作用。

4. 有机物的分解

水中的有机物在微生物作用下，进行需氧或厌氧分解，最终使复杂有机物变为简单物质，称为生物性降解。此外，水中有机物也可通过水解、氧化和还原等反应进行化学性降解。当水中溶解氧充足时，有机物在需氧细菌作用下进行氧化分解，需氧分解进行得较快，使含有的氮、碳、硫和磷等化合物分解为二氧化碳、硝酸盐、硫酸盐和磷酸盐等无机物，这些最终产物无特殊臭气。当溶解氧不足时，则有机物在厌氧细菌作用下进行比较缓慢的厌氧分解，生成硫化氢、氨和甲烷等具有臭味的气体。从卫生观点来看，需氧分解比厌氧分解好，故应限制向水体中任意排污，保持水中常有足够的溶解氧，防止厌氧分解。

5. 水栖生物的颉颃作用

水栖生物种类繁多，在水中的生活能力和生长速度也不同，而且由于生存竞争彼此相互影响，进入水体的病原微生物常受非病原微生物的颉颃作用而易于死亡或发生变异。此外，水中多种原生生物能吞食很多细菌和寄生虫卵，如甲壳动物和轮虫，它们能吞食细菌、鞭毛虫以及碎屑。

6. 生物学转化及生物富集

某些污染物质进入水体后，可以通过微生物的作用使物质转化。随着物质的转化，使其毒性升高或降低，水体污染的危害性也同时加重或减弱。生物学转化中最突出的例子是无机汞的甲基化。此外，水体中的污染物被水生生物吸收后，可在体组织中浓集，又可通过食物链（浮游植物→浮游动物→贝、虾、小鱼→大鱼），逐渐提高生物组织内污染物的聚集量（提高几倍到几十万倍）。凡脂溶性、进入机体内又难以异化的物质，都有在体内浓集的倾向，如有机氯化合物、甲基汞和多环芳香烃等。

### （三）水体自净的卫生学意义

通过水的自净过程，可使有机物转变为无机物，致病微生物死亡或发生变异，寄生虫卵减少或失去其生活力而死亡，毒物的浓度降低或对机体不发生危害。因此，在进行污水净化及水源卫生防护时，可充分利用水体的自净能力这一有利因素。但该能力有一定的限度，无限制地向水体中排污也会使这种能力丧失，造成严重污染，须执行污水排放规定，防护水源。

## 三、饮用水的净化与消毒

### （一）水的净化

1. 自然沉淀

当水流减慢或静止时，密度大于水的悬浮物可借助本身重力作用逐渐下沉，称自然沉淀。一般在专门的沉淀池中进行，需要一定时间。

2. 混凝沉淀

向水中加入混凝剂，使水中极小的悬浮物及胶体微粒凝聚成絮状而加快沉降。常用的混凝剂有铝盐（明矾、硫酸铝等）和铁盐（硫酸亚铁、三氯化铁等）。它们与水中的重碳酸盐作用，形成带正电荷的氢氧化铝和氢氧化铁胶体，吸附水中带负电荷的微粒凝集而沉降。其效果与水温、pH、浑浊度及不同的混凝剂有关。普通河水用明矾时，需 40～60 mg/L。

3. 沙滤

沙滤的基本原理是利用滤料阻留大粒子悬浮物，沉淀和吸附水中细菌、胶体等微小物质，使水得到净化。常用的滤料是沙，故称为沙滤，也可用矿渣、煤渣、硅胶等。滤水的效果取决于滤料粒径的适当组合、滤料层厚度和过滤速度、原水的浑浊度以及滤池的构造与管理等。

集中式给水的过滤，一般可分为慢沙滤池和快沙滤池。目前，大部分自来水厂采用快沙滤池，而简易自来水厂多采用慢沙滤池。分散式给水的过滤，可在河、湖或塘岸边挖渗滤井（图 5-1），使水经地层的自然过滤而改善水质。如在水源和渗滤井之间挖一沙滤沟，或建造水边沙滤井，则能更好地改善水质（图 5-2）。此外也可采用沙滤缸或沙滤桶来过滤。

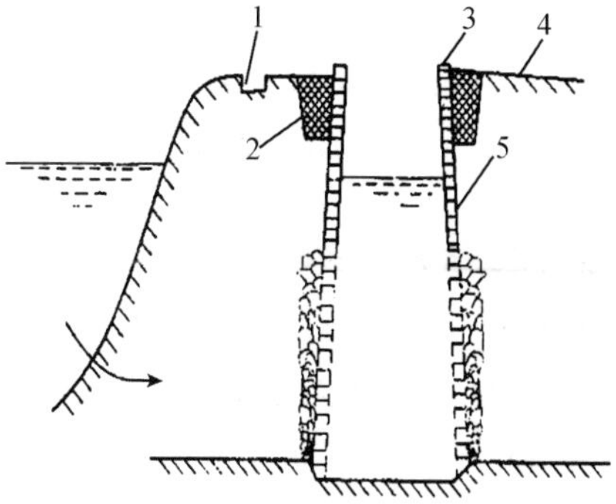


1.排水沟　2.黏土　3.井栏　4.井台　5.井筒

**图 5-1　自然渗滤井**

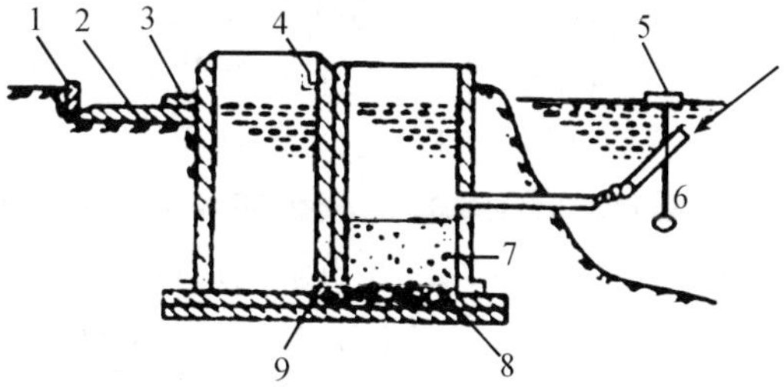


1.井台边栏　2.井台　3.踏步　4.挂筒钩　5.竹或木浮子　6.坠石　7.砂　8.石子　9.连通管

**图 5-2　塘边沙滤井**

## (二)水的消毒

水经过混凝沉淀和过滤处理后,已除去异臭、异色、异味、杂质和部分病原菌,为了确保饮水安全,必须进行消毒处理以彻底消灭病原体。常用的消毒方法有物理消毒(如煮沸、紫外线、臭氧法、超声波法等)和化学消毒(如氯化消毒、高锰酸钾法等)两大类。目前主要采用氯化消毒法,其杀菌力强,设备简单,使用方便,费用低。

1.氯化消毒原理

氯在水中水解为次氯酸,与水中细菌接触时易扩散进入其细胞膜,与细胞中的酶发生作用,使细菌糖代谢失调而死亡。

2.氯化消毒剂

常用的氯化消毒剂有液态氯、漂白粉和漂白粉精等。液态氯主要用于集中式给水的加氯消毒,小型水厂和一般分散式给水多用漂白粉和漂白粉精。漂白粉的杀菌力取决于其有效氯含量,新制的漂白粉含有效氯 25%～35%,其性质不稳定,易失效,应密封、避光,于阴暗干燥处保存。漂白粉精含有效氯 60%～70%,性质稳定,多制成片剂使用。

3.氯化消毒方法

(1)常量氯消毒法。即按常规加氯量(表 5-1)进行饮水消毒。如井水消毒时,计算井水的水量→加氯量→应加漂白粉量。称好的漂白粉置于碗中,加少量水调成糊状,再加水稀释,静置,取上清液倒入井中,30 min 后取水样测定,余氯为 0.2～0.3 mg/L 即可取用。由于井水随时被取用,应根据用水量大小而决定消毒次数,最好每天消毒两次(取水前)。

**表 5-1　不同水源消毒的常规加氯量**

| 水源种类 | 加氯量/(mg/L) | 1 $m^3$ 水中加漂白粉量/g | 水源种类 | 加氯量/(mg/L) | 1 $m^3$ 水中加漂白粉量/g |
|---|---|---|---|---|---|
| 深井水 | 0.5～1.0 | 2～4 | 湖、河水(清洁透明) | 1.5～2.0 | 6～8 |
| 浅井水 | 1.0～2.0 | 4～8 | 湖、河水(水质浑浊) | 2.0～3.0 | 8～12 |
| 土坑水 | 3.0～4.0 | 12～16 | 塘水(环境较好) | 2.0～3.0 | 8～12 |
| 泉水 | 1.0～2.0 | 4～8 | 塘水(环境不好) | 3.0～4.5 | 12～18 |

(2)持续氯消毒法。在井或容器中放置装有漂白粉(精)的容器(塑料袋、竹筒、陶瓷罐或广口瓶等),消毒剂通过容器上的小孔不断扩散到水中,使水经常保持一定的有效氯含量。加氯量可为常用量的 20～30 倍,一次放入,可持续消毒 10～20 d,但应经常检查水中余氯的含量,这样可减少每天对水源消毒的烦琐工作。

(3)过量氯消毒法。一次加入常量氯化消毒法加氯量的 10 倍进行饮水消毒。主要用于新井或旧井修理和淘洗、井被洪水淹没或落入污染物、该地区发生介水传染病等情况。一般投入消毒剂 10～12 h 后再取水。若水中氯味太大,则用汲出旧水不断涌入新水的方法,直至井水失去明显氯味为止,也可按 1 mg 余氯加 3.5 mg 的硫代硫酸钠脱氯后再用。

## 四、水的特殊处理法

在生产实践中,水处理时可根据水源水质的具体情况而采取相应的措施。浑浊的地面水需要沉淀、过滤、消毒;较清洁的水消毒处理即可;水受到特殊有害物质(如含铁、氟过高,硬度过大,有异臭味)污染,需采取特殊处理措施。

1. 除铁

水中溶解性的铁盐常以重碳酸亚铁、硫酸亚铁、氯化亚铁等形式存在,用曝气法,使其生成不溶解的氢氧化铁;硫酸亚铁、氯化亚铁可加入石灰,生成氢氧化铁,经沉淀过滤去除。

2. 除氟

可在水中加入硫酸铝或碱式氯化铝(1 L 水中加入约 0.5 mg),经搅拌、沉淀而除氟。

3. 软化

水质硬度超过 250～400 mg/L 时,可用石灰、碳酸钠、氢氧化钠等加入水中,使钙、镁等化合物沉淀而去除,也可采用电渗析法、离子交换法等。

4. 除臭

用活性炭粉末作滤料将水过滤除臭。或在水中加活性炭后混合沉淀,再经沙滤除臭,也可用大量的氯除臭。地面水中藻类繁殖发臭,可在原水中投入硫酸铜(1 mg/L 以下)灭藻。

**【任务评价】**

**一、填空题**

1. 水的卫生指标包括________、________、________、________。
2. 水源种类有________、________和________,最适合畜禽场的水源是________。
3. 水体污染物的种类有________、________、________、________ 、________。
4. 饮用水的净化方法有________、________、________。
5. 饮用水的消毒方法有________、________、________。
6. 我国生活饮用水卫生标准规定水中的细菌总数不得超过________个/mL。
7. 地下水的温度比较稳定,一般为______℃。
8. 饮用水的净化处理中常用的混凝剂有________和________。
9. 地面水的温度随季节和气候变化而变化,其变化范围为______℃。
10. 我国规定饮用水的 pH 为________。

**二、选择题**

1. 选择水源，应优先考虑选取(　　)。

A. 地下水　　B. 降水　　C. 地面水

2. 饮水过量氯消毒法，一般至少需要(　　)才能达到消毒效果。

A. 10～15 min　　B. 30～45 min　　C. 10～12 h　　D. 12～24 h

3. 不属于水质感官性状指标的是(　　)

A. 臭、味　　B. pH　　C. 浑浊度　　D. 色

4. 应以畜禽(　　)考虑水源水量是否满足猪的需要。

A. 一般用水量　　B. 最大用水量　　C. 最小用水量

# 任务3　恶臭、蚊蝇及鼠害污染与控制

## 一、畜禽场恶臭污染与控制

### (一)畜禽场恶臭的危害

畜禽场臭气的产生，主要是碳水化合物和含氮有机物的分解，在有氧条件下，这两类物质分别分解为二氧化碳、水和硝酸盐，不会有臭气产生。但这些物质在厌氧的条件下，可分解释放出带酸味、臭蛋味、鱼腥味、烂菜味等有刺激性的特殊气味。主要有氨和硫化物(硫化氢、甲基硫醇)、氮化物(氮、甲基胺)、脂肪族化合物(吲哚、丙烯醛、粪臭素)等。在畜禽场发生的恶臭污染事件中，猪舍居各种畜禽场之首。恶臭强度扩散范围与畜禽场规模、生产管理方法、气温、风力等因素均有关，一般扩散范围在100～1 000 m。

这些恶臭物质对畜禽有刺激性和毒性。高浓度的臭气可以在短时间内造成人畜中毒；在低浓度臭气的长期作用下，畜禽生产性能和对疾病抵抗力降低，发病率增高，严重者可以引起慢性中毒。

### (二)减少畜禽场恶臭污染的措施

1. 加强粪便管理，减少恶臭的产生和扩散

畜禽粪便在贮存和处理过程中，会不同程度地产生臭气。因此，应及时处理粪便，减少粪便贮存时间；在贮粪场和污水池搭建遮雨棚，保持粪便干燥；在粪便表面覆盖草泥、锯末、稻草、塑料薄膜等，可以减少粪便分解产生的臭气挥发；在粪便中搅拌吸附性强的材料，如锯末、稻草等，可有效减少臭气的产生；在干燥粪便的过程中，可将臭气用风机抽出经专门管道输送到脱臭槽或使臭气通过浸湿的吸附性强的材料层脱臭；在粪便中加入适量的除臭剂，可有效减少臭气产生。

2. 采取营养调控措施，提高饲料养分利用率

畜禽粪便的臭气主要是饲料中未被消化吸收的营养物质在肠道或体外微生物分解形成的产物。粪便的臭气浓度大小与粪便中氮、磷、硫等元素的含量成正相关。因此，提高畜禽日粮

营养物质的利用率和减少畜禽粪便中氮、磷、硫等元素的含量，是减少畜禽粪便臭气含量的重要措施。减少畜禽粪便臭气产生的营养措施有：

(1)选择营养物质含量高、易消化的饲料配制日粮，可提高畜禽日粮养分的消化吸收率，减少臭气的产生。

(2)在满足畜禽生长发育、繁殖和生产需要的前提下，尽量减少日粮中富余蛋白质含量，以减少粪便含氮化合物数量和臭气产生量。以“理想蛋白质体系”代替粗蛋白质体系配制日粮，可减少粪尿氮的含量。适当降低日粮蛋白质含量和添加必需氨基酸，既不降低畜禽的生产力，又可降低粪便臭气的产生量。

(3)适当控制畜禽日粮粗纤维的含量。日粮粗纤维含量每增加1%，有机物消化率就降低1.5%，畜禽为满足营养需要，就必须要增加采食量和粪便排泄量。

(4)科学使用添加剂。活菌制剂中的微生物参与和改变粪便的分解途径，减少臭气产生。其他添加剂可提高日粮利用率，减少氮、磷、硫等元素的排泄量。

3.采用先进生产工艺和生产技术，减少恶臭气体产生

(1)在选择生产工艺、畜禽场选址与场地规划布局、畜禽舍设计、粪便处理和利用等环节上采取有效措施，可降低畜禽场恶臭的数量和对畜禽场空气的污染程度。

(2)在畜禽场建设时，只有坚持主体工程和粪污处理工程同时设计、施工、投产，才能防止粪便随意堆积腐败产生大量恶臭气体。

(3)尽量选择使粪便与尿液、污水分离，产生恶臭少的生产工艺。如采用漏缝地板生产工艺时，采取人工清粪方式，尽量避免水冲粪或水泡粪，可减少臭气的产生。

(4)在选择场址时，避免在大中城市近郊建场，最好在粮食生产能力强的农区建设畜禽场，这样既有利于畜禽粪尿就地消纳，同时也有利于粮食就地转化，促进了农牧生产的协调发展，减少了畜产公害的发生。

(5)在规划畜禽场场地时，要按照常年主风向和地势合理布置各种类型建筑，一定要有粪便处理区和病畜隔离区。粪便处理区和病畜隔离区一定要设在全场的下风区。隔离区周围要采取密植种树绿化，以减少臭气的散发。

(6)进行场区绿化可以将臭气降低50%，有害气体减少25%。此外，绿化还可以降低风速，从而有效地控制恶臭的扩散。

### (三)控制恶臭的方法

1.物理除臭法

(1)吸收法。吸收法是利用恶臭气体的物理和化学性质，使用水或化学吸收液对恶臭气体进行物理或化学吸收而脱臭的方法。即用适当的吸收液体使恶臭气体与其接触，并使这些有害成分溶于吸收液中，使气体得到净化。

(2)吸附法。吸附法就是气体被吸附在某种材料外表面的过程，常用的吸附材料是活性炭。吸附效果取决于被吸附气体的性质，溶解性高、易于转化成液体的气体吸附效果较好，如$NH_3$、$H_2S$和$SO_2$。天然沸石是一种含水的碱金属或含碱土金属的铝硅酸盐矿物，可选择性地吸附肠胃中的细菌及$NH_3$、$H_2S$、$SO_2$和$CO_2$等有害物质；同时由于它有吸水作用，能降低畜禽舍内空气湿度和粪便的水分，可以减少氨气等有害气体的毒害作用。试验证明，将沸石按

每只鸡 5 g 的比例混于垫料中，则舍内的 $NH_3$ 下降 37.04%，$CO_2$ 下降 20.19%。还可以选择与沸石结构相似的海泡石、膨润土、凹凸棒石、硅藻石等矿物质。

2. 化学除臭法

化学除臭剂可通过化学氧化作用、中和作用把有味的化合物转化成无味或气味较少的化合物。常用的化学氧化剂有高锰酸钾、重铬酸钾、硝酸钾、双氧水、次氯酸盐和臭氧等，以高锰酸钾的除臭效果相对较好。研究表明，在 1 kg 牛粪水中添加 100～125 mg 的 $H_2O_2$，可明显减少气味；在 1 kg 的猪粪水中加入 500 mg $H_2O_2$，气味明显较少。常用的中和剂有石灰、甲酸、稀硫酸、过磷酸钙、硫酸亚铁等，市场上还常见 OX 剂和 OZ 剂。

对于大流量、低浓度的挥发性有机废气和恶臭气体，使用物理和化学处理方法除臭投资大、操作复杂、运行成本高。

3. 生物除臭法

生物除臭法是利用微生物来分解、转化臭气成分以达到除臭的效果。一是将部分臭气由气态转变为液态；二是溶于水中的臭气通过微生物的细胞壁和细胞膜被微生物吸收，不溶于水的臭气先附着在微生物体外，由微生物分泌的细胞外酶分解为可溶性物质，再渗入细胞；三是臭气进入细胞后，在体内作为营养物质为微生物所分解利用。如利用微生物发酵床垫料养猪。

生物除臭法具有处理效率高、无二次污染、所需设备简单、便于操作、费用低廉和管理维护方便等特点，已成为恶臭处理的发展方向。

## 二、畜禽场蚊蝇污染与控制

蚊蝇对畜禽场的最大危害是污染饲料、传播疾病、污染环境。防止畜禽场虫害，可以采取以下措施：

1. 环境灭虫

保持环境清洁与干燥是防止蚊蝇的关键，清除滋生场池、土坑、水沟和洼地是永久性消灭蚊蝇滋生的有力措施。保持排水系统畅通，对贮水池等容器加盖，以防蚊蝇飞入产卵；对不能清除和加盖的防火贮水器，在蚊蝇滋生季节，应定期换水；排污管道要采用暗沟，粪水池也尽可能加盖。

2. 物理防治

可以使用电灭蝇灯杀灭蚊蝇。

3. 化学防治

定期用化学药品（杀虫剂）杀灭畜禽舍和周围环境的害虫，可以有效抑制害虫繁衍滋生。应优先选用低毒高效的杀虫剂，避免或尽量减少杀虫剂对畜禽健康和生态环境的不良影响。常用的杀虫剂有马拉硫磷、菊酯类杀虫剂、敌敌畏、昆虫激素等。

4. 生物防治

利用有害昆虫的天敌灭虫。如蛙类、蝙蝠、蜻蜓均为蚊蝇的天敌。另外，可以结合畜禽场污水处理，利用池塘养鱼，鱼类能吞食水中蚊蝇的幼虫，具有防治蚊蝇滋生的作用。

## 三、畜禽场鼠害及其控制

鼠是人畜多种传染病的传播介质，给人畜健康带来极大的危害。鼠还会盗食粮食，污染饲料和饮水，咬死咬伤雏禽，咬坏物品，破坏建筑物，必须采取相应的措施严加防治。

1. 建筑防鼠

建筑防鼠就是从建筑方面考虑，防止鼠类进入建筑物。墙基用水泥制作，用碎石和砖砌的墙基，应用灰浆抹缝。墙面应光滑平直，防止鼠类沿粗糙墙面攀爬。用砖、石铺设的地面和畜床，应衔接紧密并用水泥灰浆填缝，防止鼠类打洞，通气孔、地脚窗、排水沟、粪尿沟等的出口均应安装孔径小于 1 cm 的铁丝网，以防鼠类进入舍内。

2. 器械灭鼠

器械灭鼠就是利用夹、压、关、卡、扣、翻、黏、淹、电等灭鼠器械灭鼠。这种方法简便、易行、可靠，对人、畜及环境无害。近年来，研制的电灭鼠器和超声波驱鼠器已得到广泛应用。

3. 中草药灭鼠

中草药灭鼠具有就地取材、成本低、使用方便、不污染环境及对人、畜安全等优点。但其适口性差，鼠不易采食，且有效成分低，灭鼠效果较差。可用于灭鼠的中草药有狼毒、天南星、山管兰等。

4. 化学灭鼠

化学灭鼠就是用化学药物来杀灭鼠类，具有效率高、使用方便、成本低、见效快等优点。其化学药品种类多，分为灭鼠剂、熏蒸剂、绝育剂等，但生产中不提倡使用。

5. 生物灭鼠

生物灭鼠就是利用鼠类的天敌进行灭鼠。

**【任务评价】**

**一、填空题**

1. 杀灭蚊蝇的方法有________、________、________、________。

2. 目前杀灭蚊蝇的化学药品有________、________ 、________、________。

3. 畜禽场控制鼠害的方法有________、________、________、________、________。

4. 畜禽场控制恶臭常用的方法有________、________和________。

**二、简答题**

1. 简述建筑灭鼠的方法。

2. 简述畜禽场恶臭控制的综合措施。

3. 简述畜禽场控制蚊蝇的措施。

# 任务4　畜禽场环境消毒与防疫

在畜牧业生产中，场内环境、畜体表面以及设施、器具等随时可能受到病原体的污染，从而导致传染病的发生。消毒是用物理、化学或生物的方法消除或杀灭由传染源排放到外界环境中的病原微生物，切断传播途径，防止传染病发生、传播和蔓延。

## 一、畜禽场消毒

### (一)畜禽场消毒的种类

1. 经常性消毒

经常性消毒是为了预防传染病的发生，在未发生传染病的条件下，消灭可能存在的病原体。消毒的对象是接触面广、流动性大、易受病原体污染的器物、设施和出入畜禽场的人员、车辆等，以防止疾病的传播和发生。

2. 临时性消毒

临时性消毒是指在非安全地区的非安全期内，为消灭病畜携带的病原传播所进行的消毒。消毒对象主要是病畜所停留过的不安全畜禽舍、隔离舍以及被病畜分泌物、排泄物污染和可能污染的所有场所、用具和物品等。

3. 突击性消毒

突击性消毒是在某种传染病暴发和流行过程中，为了切断传播途径、防止其进一步蔓延，对畜禽场环境、畜禽等进行的紧急性消毒。由于病畜的排泄物中含有大量的病原体，必须对病畜进行隔离，并对隔离舍进行反复的消毒，对病畜接触过的和可能受到污染的器具、设施及其排泄物进行彻底的消毒。对兽医人员在防治和试验工作中使用过的器械设备和接触过的物品也要进行消毒。

4. 定期消毒

定期消毒是指在未发生传染病时，为了预防传染病的发生，对于有可能存在病原体的场所或设施进行定期消毒。当畜禽出售、畜禽舍空出时，必须对畜禽舍及设备、设施进行全面的清洗和消毒，彻底消灭微生物，保持环境的清洁。

5. 终末消毒

终末消毒是指在发病地区消灭了某种传染病，在解除封锁前，为了彻底消灭病原体而进行的最后消毒。不仅要对病畜周围一切物品及畜禽舍进行消毒，而且要对痊愈畜禽、畜禽舍和畜禽场其他环境进行消毒。

### (二)畜禽场环境消毒的方法

1. 物理消毒

(1)机械性消毒。即用清扫、洗刷、擦拭、铲刮等机械的方法清除降尘、污物及沾染在墙壁、地面以及设备上的粪尿、残余饲料、废物、垃圾等。必要时，应将舍内外表层附着物一起清除，以减少感染疫病的机会。进行消毒时，须清扫、铲刮、洗刷并保持清洁干净。

通风可以减少空气中的微粒与细菌的数量，减少经空气传播疫病的机会。在通风前，使用空气喷雾消毒剂，沉降微粒和杀菌，然后再进行清扫，最后进行空气喷雾消毒。

(2)阳光消毒。即将物品置于阳光下曝晒，利用太阳光中的紫外线、阳光的灼热和干燥作用杀灭病原微生物的过程。适用于畜禽场、运动场地、垫料和可以移到室外的用具的消毒。畜禽舍内的散射光也能杀灭微生物。

常见的病原被阳光照射后被杀灭的时间为巴氏杆菌 6～8 min，口蹄疫病毒 1 h，结核杆菌 3～5 h。在高温、干燥、能见度高的条件下杀菌效果更好。

(3)辐射消毒。辐射消毒分紫外线辐射消毒和电离辐射消毒两种。

①紫外线辐射消毒：是使用紫外线灯照射杀灭空气中或物体表面的病原微生物的过程。适用于种蛋室、兽医室及人员进入畜禽场(舍)前的消毒。但当空气中的微粒较多时，杀菌效果较差。紫外线杀菌效果最好的环境温度为 20～40℃，温度过高过低均不利于紫外线杀菌。

②电离辐射消毒：利用 $x$ 射线、$\beta$ 射线、$\gamma$ 射线、阴极射线、质子和中子电离辐射照射物体，以杀灭物体内病原微生物的过程。其优点在于不产生热效应、穿透力强，所以适用于食品、药品、饲料、医疗器械的消毒，但产生电离辐射需要有专门的设备。

(4)高温消毒。利用高温环境包括煮沸、火焰、高压蒸汽等破坏病原体的结构，杀灭病原体的过程。

①煮沸消毒：将被污染的物品置于水中蒸煮，利用高温杀灭病原。这种方法简便、经济，消毒效果好。一般病原微生物在 100℃的沸水中 5 min 即可被杀死，经 1～2 h 煮沸可杀灭所有的病原体。常用于体积较小而且耐煮的物品，如金属、玻璃等器具的消毒。

②火焰消毒：利用火焰喷射器喷射火焰灼烧耐火的物品或直接焚烧被污染的低价值易燃物品，以杀灭黏附在物品上的病原体。常用于畜禽舍墙壁、地面、笼具、金属设备等表面的消毒。受到污染的无价值的垫草、粪便、器具及病死的畜体应焚烧，达到彻底消毒的效果。

③高压蒸汽消毒：利用水蒸气的高温杀灭病原体。常用于医疗器械的消毒，常用温度为 115 ℃、121 ℃、126 ℃，需持续 20～30 min。

2. 化学消毒

化学消毒是通过化学消毒剂的作用破坏病原体结构以直接杀死病原体或使病原体的增殖发生障碍的过程。化学消毒速度快、效率高，能在数分钟内进入病原体并杀灭，是畜禽场最常用的消毒方法。

(1)化学消毒剂的选择。在消毒时应根据病原体的特点，采用不同的消毒药物和消毒方法。消毒剂应选择对人和畜禽安全、无残留、消毒力强、性能稳定、不易挥发、对设备无破坏、不会在畜禽体内及产品中积累的消毒剂。畜禽场常用的消毒剂的种类见表 5-2。

**表 5-2 常用消毒剂的种类、性质、用法与用途**

| 类别 | 药名 | 理化性质 | 用法与用途 |
|---|---|---|---|
| 醛类 | 福尔马林 | 无色，有刺激性气味的液体，含 40% 甲醛，90℃下易生成沉淀 | 1%～2%环境消毒，与高锰酸钾配伍熏蒸消毒畜禽舍 |
| | 戊二醛 | 挥发慢，刺激性小，碱性溶液，有强大的灭菌作用 | 2%水溶液，用 0.3%碳酸氢钠调整 pH 在 7.5～8.5 范围可消毒，不能用于热灭菌的精密仪器、器材的消毒 |

续表 5-2

| 类别 | 药名 | 理化性质 | 用法与用途 |
|---|---|---|---|
| 酚类 | 苯酚（石炭酸） | 白色针状结晶，弱碱性易溶于水、有芳香味 | 杀菌力强，2%用于皮肤消毒；3%～5%用于环境与器械消毒 |
| | 煤酚皂（来苏儿） | 无色，见光和空气变为深褐色，与水混合成为乳状液体 | 2%用于皮肤消毒；3%～5%用于环境消毒；5%～10%用于器械消毒 |
| 醇类 | 乙醇（酒精） | 无色透明液体，易挥发，易燃，可与水和挥发油任意比混合 | 70%～75%用于皮肤和器械消毒 |
| 季铵盐类 | 苯扎溴铵（新洁尔灭） | 无色或淡黄色透明液体，无腐蚀性，易溶于水，稳定耐热，长期保存不失效 | 0.01%～0.05%用于洗眼、阴道冲洗消毒；0.1%用于外科器械和手消毒；1%用于手术部位消毒 |
| | 杜米芬 | 白色粉末，易溶于水和乙醇，对热稳定 | 0.01%～0.02%于用黏膜消毒；0.05%～0.1%用于器械消毒；1%用于皮肤消毒 |
| | 双氯苯双胍己烷 | 白色结晶粉末，微溶于水和乙醇 | 0.02%用于皮肤、器械消毒；0.5%用于环境消毒 |
| 过氧化物类 | 过氧乙酸 | 无色透明酸性液体，易挥发，具有浓烈刺激性，不稳定，对皮肤、黏膜有腐蚀性 | 0.2%用于器械消毒；0.5%～5%用于环境消毒 |
| | 过氧化氢 | 无色透明，无异味，微酸苦，易溶于水，在水中分解成水和氧 | 1%～2%创面消毒；0.3%～1%黏膜消毒 |
| | 臭　氧 | 在常温下为淡蓝色气体，有鱼腥臭味，极不稳定，易溶于水 | 30 mg/m³，15 min 室内空气消毒；0.5 mg/kg，10 min 用于水消毒；15～20 mg/kg 用于污染源污水消毒 |
| | 高锰酸钾 | 深紫色结晶，溶于水 | 0.1%用于创面和黏膜消毒；0.01%～0.02%用于消化道清洗 |
| 烷基化合物 | 环氧乙烷 | 常温无色气体，沸点 10.4℃，易燃、易爆、有毒 | 50 mg/kg 密闭容器内用于器械、敷料等消毒 |
| 含碘类 | 碘酊（碘酒） | 红棕色液体，微溶于水，易溶于乙醚、氯仿等有机溶剂 | 2%～2.5%用于皮肤消毒 |
| | 碘伏（络合碘） | 主要剂型为聚乙烯吡咯烷酮碘和聚乙烯醇碘等，性质稳定，对皮肤无害 | 0.5%～1%用于皮肤消毒；10 mg/kg 浓度用于饮水消毒 |
| 含氯化合物 | 漂白粉（含氯石灰） | 白色颗粒状粉末，有氯臭味，久置空气中失效，大部分溶于水和醇 | 5%～10%用于环境和饮水消毒 |
| | 漂白粉精 | 白色结晶，有氯臭味，含氯稳定 | 0.5%～1.5%用于地面、墙壁消毒；0.3%～0.4%饮水消毒 |
| | 氯铵类（含氯铵 B、C、T） | 白色结晶，有氯臭味，属氯稳定类消毒剂 | 0.1%～0.2%浸泡物品与器材消毒；0.2%～0.5%水溶液喷雾用于室内空气及表面消毒 |

续表 5-2

| 类别 | 药名 | 理化性质 | 用法与用途 |
| --- | --- | --- | --- |
| 碱类 | 氢氧化钠（火碱） | 白色棒状、块状、片状，易溶于水，碱性溶液，易吸收空气中的$CO_2$ | 0.5%溶液用于煮沸消毒、敷料消毒；2%用于病毒消毒；5%用于炭疽消毒 |
|  | 生石灰 | 白色或灰白色块状，无臭，易吸水，生成氢氧化钙 | 加水配制10%～20%石灰乳涂刷畜禽舍墙壁、畜栏等消毒 |
| 乙烷类 | 氯己定（洗必泰） | 白色结晶，微溶于水，易溶于醇，禁忌与升汞配伍 | 0.01%～0.025%用于腹腔、膀胱等冲洗；0.02%～0.05%水溶液，术前洗手浸泡5 min |

(2)化学消毒剂的使用方法

①清洗法:用一定浓度的消毒剂对消毒对象进行擦拭或清洗，来达到消毒目的。如对畜禽舍地面、墙裙和器具的消毒。

②浸泡法:是把要消毒的物品浸泡于消毒液中进行消毒。常用于对医疗器具、小型用具和衣物的消毒。

③喷洒法:是将一定浓度的消毒液用喷雾器或洒水壶喷洒于设施或物体的表面进行消毒。常用于对畜禽舍地面、墙壁、笼具及畜禽产品进行消毒。

④熏蒸法:利用化学消毒剂挥发或化学反应中产生的气体，来杀死封闭空间中的微生物。常用于孵化室、空畜禽舍空间的消毒。

⑤气雾法:利用气雾发生器将消毒剂溶液雾化为气雾粒子对空气进行消毒。是消灭病原微生物的理想方法。

(3)影响消毒剂消毒效果的因素

①消毒剂的浓度与作用时间:任何一种消毒剂都必须达到一定浓度后才有消毒作用，在一定范围内杀菌效果随浓度的增加而提高，但超出范围杀菌效果不再提高。因此，在使用时应注意其有效浓度。一般来说，消毒剂与微生物接触时间越长灭菌效果越好。但不同消毒剂的作用时间不同，使用时应选择最佳的消毒时间。

②温度与湿度:温度与消毒剂的杀菌力成正相关关系。一般温度每增加10 ℃，其杀菌效果增加1～2倍。湿度也会影响杀菌效果，湿度过低时，杀菌效果较差。

③pH与拮抗作用:大多数消毒剂的消毒效果受pH的影响，如阳离子消毒剂和碱性消毒剂在碱性溶液中杀菌力增强，阴离子和酚类消毒剂在酸性溶液中杀菌力会增强。此外，消毒剂之间往往会形成拮抗作用，同时或短时间内在同一环境中使用多种消毒剂，会减弱消毒剂的杀菌能力。

④微生物的特点:微生物的种类或所处的状态不同，对同一消毒剂的敏感性不同。所以，在消毒时应根据消毒的目的和所要杀灭的微生物的特点，选择对病原敏感的消毒剂。

⑤有机物的存在:所有的消毒剂对任何蛋白质都有亲和力。因此，环境中的有机物可与消毒剂结合使其失去与病原体结合的机会，从而减弱其消毒能力。同时环境中的有机物本身也对微生物有机械保护作用，使消毒剂难以与微生物接触。所以，在对畜禽场环境进行化学消毒时，须先彻底清扫、洗刷消除环境中的有机物，以提高消毒剂的利用率和消毒效果。

3. 生物消毒

生物消毒是利用微生物在分解有机物的过程中释放出的生物热，杀灭病原微生物和寄生虫。在有机物的分解过程中，畜禽粪便温度可以达到60～70 ℃，可使病原微生物和寄生虫在十几分钟到数日内死亡，生物消毒法主要用于粪便消毒。

### （三）畜禽场常规消毒管理

1. 带畜消毒

畜禽舍应定期进行消毒，可选用季铵盐类、含碘类、含氯化合物等刺激性小的消毒剂带畜喷雾消毒。消毒时需先清扫污物、地面，清洗器具、用品，再喷洒消毒液。有时还需喷雾、熏蒸，每隔两周或20 d进行一次。

2. 空舍消毒

畜禽出栏后，应对畜禽舍进行彻底清扫，将可移动的设备、器具等搬出畜禽舍，在指定地点清洗、暴晒、消毒。常用水或4%的碳酸钠溶液或清洗剂刷洗墙壁、地面、笼具等，干燥后进行喷雾消毒，并且闲置两周以上。当设备、器具和垫料移入舍内后，再用福尔马林熏蒸消毒（福尔马林25～40 $mL/m^3$，与高锰酸钾的比例为5∶3至2∶1，消毒12～24 h，然后打开门窗通风3～4 d）。

3. 饲养设备及用具的消毒

将可移动的设施、器具定期移到舍外，进行曝晒，再用1%～2%的漂白粉、0.1%的高锰酸钾及洗必泰等消毒液浸泡和洗刷。

4. 畜禽粪便及垫料的消毒

一般情况下，畜禽粪便和垫料均采用生物消毒法处理，可杀灭绝大多数病原体。但对炭疽、气肿疽等传染病的病畜粪便，须焚烧后经有效消毒剂处理后深埋。

5. 畜禽场及生产区出入口的消毒

畜禽场入口处，人行通道上应设消毒池，池内用草垫等做消毒垫，消毒垫以20%新鲜石灰乳、2%～4%的氢氧化钠或3%～5%的来苏水浸泡。池内的消毒液约1周更换一次，北方冬季消毒液应换用生石灰。畜禽场入口处消毒池的长度应大于车轮周长的1.5倍，宽度应与门的宽度相同，水深10～15 cm。在生产区的门口和每栋畜禽舍的门外也设消毒池，工作人员进入生产区或畜禽舍时，要淋浴和更换干净的工作服、工作靴，并踏池而过，同时接受紫外线消毒灯照射3～5 min。工作人员养成清洗双手，不串岗的良好习惯。

6. 工作服的消毒

工作服洗净后用高压蒸汽消毒或紫外线消毒。

7. 运动场的消毒

清除运动场地面污物，用10%～20%的漂白粉喷洒，或用火焰进行消毒。运动场可用15%～20%的石灰乳涂刷。

## 二、畜禽场防疫

畜禽疾病的发生与畜禽场环境卫生状况密切相关。为了确保畜禽场安全生产，减少疾病的发生，应从多方面做好畜禽场的防疫工作。

### (一)建立完善的防疫制度

按照卫生防疫的要求，根据畜禽场的实际情况，制定完善的卫生防疫制度，建立健全日常管理、环境清洁消毒、废弃物与畜禽尸体处理以及免疫计划制定等在内的各项规章制度，建立专门的管理和防疫队伍，严格执行卫生管理制度。

### (二)做好各项卫生管理工作

(1)保证良好的畜禽场环境卫生，及时清除粪便污水，加强畜禽舍的通风换气，确保人畜的饮水卫生，对环境及用具进行定期的消毒，妥善处理病畜禽尸体及废弃物，保证良好的畜禽场环境卫生。

(2)尽量减少外来人员进入生产区，若需进入须进行严格的消毒；场内人员要严格遵守卫生制度。

(3)防止饲料霉变和掺入有毒有害物质，确保饲料质量安全、可靠，符合卫生要求。

(4)做好畜禽的防寒防暑工作，过冷过热的环境，会直接或间接的引起多种疾病，影响畜禽的健康。

### (三)加强卫生防疫

1. 制订免疫计划

畜禽场要根据畜禽疾病的发生情况、疫苗的供应条件、气候条件及畜群抗体检测结果，制订免疫接种制度，并按计划及时接种疫苗，减少传染病的发生。

2. 严格消毒

按照卫生管理制度，严格执行各种消毒措施。

3. 隔离

对畜禽场出现的病畜，尤其是患传染病或不能排除患传染病可能的畜禽应及时隔离，进行治疗或妥善处理。对场外引入的畜禽，应首先隔离饲养 2～3 周后，经检疫无病时方可进入畜禽舍。

4. 检疫

对引进的畜禽，必须进行严格的检疫，确定无病、不带病原菌时，才可进入畜禽场。对将要出售的畜禽及产品，也要进行严格的检疫，防止疾病的扩散。

【任务评价】

**一、填空题**

1. 畜禽场消毒的种类有________、________、________、________、________。

2. 畜禽场消毒的方法有________、________、________。

3. 化学消毒剂的使用方法有________、________、________、________、________。

**二、简答题**

1. 熏蒸消毒应注意哪些问题？

2. 选择消毒剂的原则有哪些？

3. 影响消毒剂消毒效果的因素有哪些？

4. 怎样做好畜禽场的防疫工作？

5. 熏蒸消毒所用药品的剂量是如何计算的？

# 任务5　畜禽场废弃物的处理与利用

## 一、畜禽场废弃物的特性

畜禽场的废弃物主要包括畜禽粪尿、污水、废弃的草料和残渣等。一个400头成年母牛的奶牛场，加上相应的犊牛和育成牛，每天排粪30～40 t，全年产粪1.1万～1.5万t，如用作肥料，需要253～333 $hm^2$ 土地才能消纳；一个10 000羽的蛋鸡场，包括相应的育成鸡在内，若以每天产粪0.1万～0.5万kg计算，全年可产粪36万～55万kg。因此，不加处理很难有相应面积的土地来消纳数量如此巨大的粪尿，尤其在畜牧业相对比较集中的城市郊区。

由于畜禽类型与成长阶段、饲料成分、管理方式等的不同，畜禽的产粪量及粪便的主要营养物质的含量与性质都有很大的差异。各种畜禽每日所产粪便的数量和各种畜禽粪便的主要养分含量见表5-3至表5-5。

**表5-3　几种主要畜禽的粪尿产量(鲜量)**

| 种　类 | 体重/kg | 每头(只)每天排泄量/kg | | | 平均每头(只)每年排泄量/t | | |
|---|---|---|---|---|---|---|---|
| | | 粪量 | 尿量 | 粪尿合计 | 粪量 | 尿量 | 粪尿合计 |
| 泌乳牛 | 500～600 | 30～50 | 15～25 | 45～75 | 14.6 | 7.3 | 21.9 |
| 成年牛 | 400～600 | 20～35 | 10～17 | 30～52 | 10.6 | 4.9 | 15.5 |
| 育成牛 | 200～300 | 10～20 | 5～10 | 15～30 | 5.5 | 2.7 | 8.2 |
| 犊牛 | 100～200 | 3.0～7.0 | 2.0～50 | 5.0～12.0 | 1.8 | 1.3 | 3.1 |
| 种公猪 | 200～300 | 2.0～3.0 | 4.0～7.0 | 6.0～10.0 | 0.9 | 2.0 | 2.9 |
| 空怀、妊娠母猪 | 160～300 | 2.1～2.8 | 4.0～7.0 | 6.1～9.8 | 0.9 | 2.0 | 2.9 |
| 哺乳母猪 | | 2.5～4.2 | 4.0～7.0 | 6.5～11.2 | 1.2 | 2.0 | 3.2 |
| 培育仔猪 | 30 | 1.1～1.6 | 1.0～3.0 | 2.1～4.6 | 0.5 | 0.7 | 1.2 |
| 育成猪 | 60 | 1.9～2.7 | 2.0～5.0 | 3.9～7.7 | 0.8 | 1.3 | 2.1 |
| 育肥猪 | 90 | 2.3～3.2 | 3.0～7.0 | 5.3～10.2 | 1.0 | 1.8 | 2.8 |
| 产蛋鸡 | 1.4～1.8 | 0.14～0.16 | | | 55 kg | | |
| 肉用仔鸡 | 0.04～2.8 | 0.13 | | | 到10周龄9.0 kg | | |

**表5-4　几种畜禽粪便的主要养分含量**　　%

| 畜禽种类 | 水分 | 有机物 | 氮(N) | 磷($P_2O_5$) | 钾($K_2O$) |
|---|---|---|---|---|---|
| 猪粪 | 72.4 | 25.0 | 0.45 | 0.19 | 0.60 |
| 牛粪 | 77.5 | 20.3 | 0.34 | 0.16 | 0.40 |
| 马粪 | 71.3 | 25.4 | 0.58 | 0.28 | 0.53 |
| 羊粪 | 64.6 | 31.8 | 0.83 | 0.23 | 0.67 |
| 鸡粪 | 50.5 | 25.5 | 1.63 | 1.54 | 0.85 |
| 鸭粪 | 56.6 | 26.2 | 1.10 | 1.40 | 0.62 |
| 鹅粪 | 77.1 | 23.4 | 0.55 | 0.50 | 0.95 |
| 鸽粪 | 51.0 | 30.8 | 1.76 | 1.78 | 1.00 |

表 5-5 畜禽粪便的营养物质含量(干物质中)

| 项目 | 肉鸡粪 | 蛋鸡粪 | 肉牛粪 | 奶牛粪 | 猪粪 |
|---|---|---|---|---|---|
| 粗蛋白/% | 31.3 | 28 | 20.3 | 127 | 23.5 |
| 真蛋白/% | 16.7 | 11.3 | | 12.5 | 15.6 |
| 可消化蛋白/% | 23.3 | 14.4 | 4.7 | 3.2 | |
| 粗纤维/% | 16.8 | 12.7 | 31.4 | 37.5 | 14.8 |
| 粗脂肪/% | 3.3 | 2.0 | | 2.5 | 8.0 |
| 无氮浸出物/% | 29.5 | 28.7 | | 29.4 | 38.3 |
| 可消化能(反刍动物)/(kJ/g) | 10 212.6 | 7 885.4 | | 123.5 | 160.3 |
| 代谢能(反刍动物)/(kJ/g) | 9 128.6 | | | | |
| 总消化氮(反刍动物)/% | 59.8 | 28 | | 16.1 | 15.3 |
| Ca/% | 2.4 | 8.8 | 0.87 | | 2.72 |
| P/% | 1.8 | 2.5 | 1.60 | | 2.13 |
| Cu/(mg/kg) | 98 | 150 | 31 | | 63 |

由此可见,畜牧业生产中产生的大量废弃物,含有大量的有机物质,如不妥善处理则会引起环境污染,造成公害,危害人及畜禽的健康。粪尿和污水中含有大量的营养物质,尤其是集约化程度较高的现代化畜禽场,所采用的饲料含有较高的营养成分,粪便中常混有饲料残渣,在一定程度上是一种有用的资源。所以,如能对畜粪进行无害化处理,充分利用粪尿中的营养素,就能化害为利,变废为宝。

## 二、畜禽粪便的处理与利用

### (一)制作生物有机肥

生物有机肥是在畜禽粪便中接种微生物复合菌剂,利用生化工艺和微生物技术彻底杀灭病原菌、寄生虫卵,消除恶臭,利用微生物分解有机质,将大分子物质变为小分子物质,达到除臭、腐熟、脱水、干燥的目的。生物有机肥含有较高的有机质和改善肥料或土壤中养分释放能力的功能菌,有改土培肥效果以及提高肥料利用率和保护环境等功能。近年来,许多专家将堆肥发酵微生物作为研究对象,开发出一系列堆肥发酵特殊微生物,使堆肥效率明显提高。

畜禽废弃物含有丰富的有机物和氮、磷、钾等元素,能够提高土壤肥力,但由于畜禽粪便含有微生物细菌等,所以需要堆积和发酵。

### (二)用作能源物质的原料

畜禽粪便常用作能源物质的原料。一种是进行生物发酵生产沼气,另一种是将畜禽粪便直接投入专用炉中焚烧,供生产用热。生物发酵法是利用粪便、垃圾和其他有机物,在隔绝空气、控制水分、温度和酸碱度的条件下,促使厌氧细菌发酵分解,产生沼气。各种生物发酵法的优缺点比较见表 5-6。一般养猪场饲养规模在 5 000 头以上,奶牛场规模在 100 头以上,鸡场规模在 20 000 羽以上可采用沼气工程来处理畜禽粪便。

表 5-6　各种生物发酵法的优缺点比较

| 种　类 | 适用范围 | 优　点 | 缺　点 |
|---|---|---|---|
| 自然堆沤发酵 | 不适合规模畜禽场 | 操作简单，几乎不需投资 | 发酵不均匀，不彻底，堆放时间较长 |
| 好氧高温发酵 | 适合规模畜禽场 | 有机物分解快，降解彻底，发酵周期短，杀菌灭虫卵效果较好 | 对粪料含水量有要求，需要能耗 |
| 好氧低温发酵 | 适合规模畜禽场 | 对环境无污染，能耗比滚筒干燥少，有益菌含量较高 | 发酵物料的含水率必须控制在 55% |
| 厌氧发酵 | 适合规模畜禽场 | 无须通气，无须翻堆，能耗省，运费低 | 发酵周期长，占地面积大，脱水干燥效果差 |
| 青贮发酵 | 适合小规模畜禽场 | 投资省，能耗少，处理费用低 | 发酵前需加调理剂，含水量为 50%～60%，发酵时间较长 |
| 沼气发酵 | 大小规模均适合 | 分解速度相对较快，产气效果好 | 畜禽粪污水总固体浓度为 5%～8% |
| 湿式厌氧发酵 | 适合大规模畜禽场 | 自动化、资源利用率高，对环境污染小 | 含水量 85%，投资、运行费用、工艺控制要求较高 |

### (三)用作饲料

畜禽粪便可用作饲料，其安全性问题主要包括粪中可能含有重金属铜、铬、砷、铅等的残留，各种抗生素、抗寄生虫药物的残留以及大量病原微生物与寄生虫、虫卵等。但对畜禽粪便进行适当处理并控制其用量，一般不会对畜禽造成危害。

1. 直接饲喂

鸡粪喂猪、喂牛。20 世纪末，鸡粪作为一种再生饲料被广泛使用，但因粪便中含有大量具有特殊气味的物质(如 $H_2S$、$NH_3$)以及可能存在的病原菌、寄生虫及寄生虫卵，通常需经适当处理后才能作为饲用。否则，常常会引起畜禽采食后的消化不良、拉稀等。屠宰上市前须停止饲喂，否则会影响肉质。

2. 干燥处理

包括自然干燥、太阳光干燥、微波干燥和其他机械干燥法。经干燥可除去粪便中绝大部分特殊气味，同时也可减少病原菌及寄生虫卵的含量。我国采用微波烘干技术处理鸡粪，其工艺是将鲜粪先脱水 20%，然后置于传送带上，通过微波加热器干燥，脱水效率高且速度快。意大利是将热气通至鲜粪，初期热气温度为 500～700 ℃，可使鸡粪表面水分迅速蒸发；中期热气温度降至 250～300 ℃，使粪内水分不断分层蒸发；末期热气温度降至 150～200 ℃，使粪中水分进一步减少。这种高温干燥处理安全可靠，能有效地防止疾病的传播。经检测，烘干鸡粪中有害物质铅、砷的含量分别为 25 mg/kg、8 mg/kg，小于国际规定的不超过 30 mg/kg、10 mg/kg 的标准。用干燥鸡粪喂牛、猪和鸡，可分别代替 25%～30%、10%～30%和 10%～15%的日粮，同时也可喂鱼。

3. 发酵处理

包括有氧发酵和厌氧发酵。通过发酵将粪便中的无机氮转化为有机氮或菌体蛋白，使粪便中的有害物质减少，蛋白质含量增加，同时杀灭病原微生物。为了提高粪便的发酵效果和发酵后的营养价值，可以在粪便中加入一定比例的糠麸类能量饲料。

4. 青贮

把畜禽粪便加入青贮原料中一同青贮，是一个较好的利用方法。联合国粮农组织认为，青贮是安全、方便、成熟的鸡粪饲料喂牛的一种有效方法，不仅可以防止粪便中粗蛋白和非蛋白氮的损失，而且还可以将部分非蛋白氮转化为蛋白质。青贮过程中几乎所有的病原体将被有效地杀灭，可有效防止疾病的传播。

5. 膨化制粒

非反刍动物的粪便因其含有大量的氮、磷等营养元素，通常可以通过与常规饲料原料按一定的比例进行膨化制成饲料，供养鱼类。由于粪便的能值较低，通过配制一定比例其他原料膨化后喂鱼，可使生产出的商品鱼体型接近自然水体中生长的鱼类，含体脂相对较少。

畜禽粪便用作饲料须注意安全性，若处理不当或喂量过大，则可能对畜禽健康与生长造成危害。

### （四）水生生物的处理与利用

1. 水体中的食物链

猪粪和禽粪适度地投到水体中，将有利于水中藻类的生长和繁殖，使水体能够保持良好的生长环境，只是应控制好水体的富营养化，避免水中的溶解氧枯竭。

2. 适于放养的鱼种

在以上水体中适于放养的鱼类为滤食性鱼类（如鲢鱼、鳙鱼、罗非鱼等）和杂食性鱼类（鲤鱼、鲫鱼、泥鳅等），若水草等大型植物多时，可兼养一些草食性鱼类（如草鱼、鳊鱼等）。若畜禽粪便营养物质含量丰富，则可增加吃食性鱼类放养的数量，增加经济效益。此外当水体有机物含量适宜时，也可放养具有滤食性的虾类和苗期的蟹类以及鱼苗等水产动物。

3. 施肥方法

常用的施肥方式有灌水前施粪和生产过程中施粪，施入的粪便需经过腐熟，直接把未经腐熟的畜粪施于水体常常会使水体耗氧过度，使水产动物缺氧而死亡。

### （五）其他处理方法

1. 养殖蚯蚓与蝇蛆

蚯蚓与蝇蛆都为杂食性、食量大、繁殖快、蛋白质含量高的低等动物，由于它们处理与利用粪便的能力很强，而且是特种动物的优质蛋白源。因此，在处理与利用粪便方面具有一定的实用和经济意义。作为蚯蚓养殖的粪便必须具有适宜的水分含量，粪便中需要有合适的碳、氮、磷元素比例，为了能为蚯蚓养殖提供优质的食料，通常需要在鸡粪或猪粪中加入适量的杂草、牛粪或植物秸秆，以调节碳、氮、磷元素的比例[三者之比以(50～100)∶(5～10)∶1为宜]，同时增加了饵料的透气性。含水量高的鸡粪、猪粪都是蝇蛆养殖的良好培养基。若能将牛粪等粉碎，加入少量的糠麸类原料和一定量的水，也是蝇蛆养殖的良好培养基。

2. 种植食用菌

由于畜禽粪便中含有大量的纤维素、木质素等结构复杂的高分子碳水化合物，同时富含多种微量元素，常可用于食用菌的培育，尤其是经腐熟后的牛粪，是良好的食用菌培养基。

## 三、畜禽场污水的处理方法

### (一)污水处理的基本原则

1.采用用水量少的清粪工艺——干清粪工艺

使干粪与尿污水分流,减少污水量及污水中污染物的浓度,从而降低污水的处理难度和成本。

2.走种养结合的道路

污水经处理后当作肥料来灌溉农田、果树、蔬菜及草地等,尽量减少畜禽场的污水排放量。

3.厌氧消化

对于大中型畜禽场,特别是水冲粪畜禽场,必须采用厌氧消化为主,配合好氧处理和其他生物处理的方法。

4.采用自然生物处理法

对于畜禽场规模小且有土地的偏远地区,尽量采用自然生物处理法。即实行干清粪工艺后,其污水处理可利用当地的自然条件和地理优势,利用附近废弃的沟塘、滩涂,采用投资少,运行费用低的方式处理污水。

5.修建大中型沼气工程

对农村经济比较发达,农业生产已形成规模和专业化经营的自然村,可以实施以村为单位修建大中型沼气工程,使生态环境趋向良性循环。

### (二)污水处理的具体要求

(1)畜禽养殖过程中产生的污水应坚持农牧结合的原则,经处理后尽量充分还田,实现污水资源化利用。

(2)对没有充足土地消纳污水的畜禽场,可根据当地实际情况选取下列综合利用措施。一是经过生物发酵后,可浓缩制成商品液体有机肥料。二是进行沼气发酵并对沼渣、沼液尽可能实现综合利用。三是进行其他生物能源或其他类型的资源回收利用时要避免二次污染,排放部分要符合 GB 18596—2001《畜禽养殖业污染物排放标准》的规定。当地方已制定排放标准时应执行地方排放标准。

### (三)畜禽场污水处理方法

1.物理处理

一般畜禽场排放出来的污水悬浮物(SS)含量很高, 如猪场污水 SS 高达 160 000 mg/L,其有机物含量也高,通过固液分离后,可使液体部分污染物符合鉴定;固液分离可防止大的固体物进入后续处理环境,避免设备的堵塞损坏等。固液分离技术有筛滤、离心、浮出、沉淀和絮凝等。

(1)筛滤

①机理:以机械处理为主的筛滤是最常用的固液分离法,它通常是根据固体颗粒大小的分级,将固液分离。大于筛孔尺寸的固相物留在网筛表面,而液体和小于筛孔尺寸的固体则通过筛孔流出。

②设施:筛网是筛滤所用的设施,最简单的筛网形状是固体倾斜的或呈曲线形的。污水从

网中的缝隙慢慢流过，液体流出，而固体部分则凭借机械或其本身的重量，截留下来或推移到筛网的排出边缘。常用于畜禽粪便固液分离的筛网有固定筛、振动筛和转动筛三种类型。

（2）沉淀分离

①机理：沉淀分离法是利用污水中各种物质密度不同而进行固液分离的方法。比水密度大的物质沉淀下来，比水密度小的则上浮。沉淀方法除用于固体分离外，还可用于处理液体和活性泥的分离。据报道，将鸡粪或牛粪以 3∶1 或 10∶1 的比例用水稀释，放置 24 h 后，其中 80%～90%的固形物沉淀下来。污水中的固形物一般只占 1/6～1/5，将这些固形物分出后，一般能成堆，便于储存，可做堆肥处理，即使施于农田，也无难闻气味。剩下的是稀薄的液体，水泵易于抽送，并可延长水泵的使用年限。

分离出的液体中有机物含量下降，可用于灌溉农田或排入鱼塘。如粪水中有机物含量仍高，有条件时，再进行生物处理，经沉淀后澄清的水便于下一步处理，减轻了生物降解的负担。沉淀一段时间后，在沉淀池的底部，会有一些直径小于 10 $\mu$m 较细小的固性颗粒沉降而成淤泥，这些淤泥无法过筛，可以用沥水柜再沥去一部分水。沥水柜底部的孔径为 50 mm 的焊接金属网，上面铺以草捆，淤泥在此柜沥干需 1～2 周，剩下的固形物也可以堆起，便于储存和运输。

②设施：粪水沉淀池可采用平流式和竖流式两种。平流式沉淀池是长方形，粪水在池一端的进水管流入池中，经挡板后，水流以水平方向流过池子，粪便颗粒沉于池底，澄清的水经挡板（便于挡住浮渣）再从位于池另一端的出水口流出。池底呈 1%～2%的坡度，前部设一个粪斗，沉淀与池底的固形物可用刮板刮到粪斗内，然后将其提升到地面堆积。竖流式沉淀池为圆或方形，粪水从池内中心管下部流入池内，经挡板后，水流向上，粪便颗粒沉淀的速度大于上升水流的速度，则沉落于池底的粪斗中，清水由池周的出口流出。这种沉淀池处理粪水的方法，目前在我国各类畜禽场都可采用。

国外许多畜禽场多使用分离机，将粪便固形物与液体分离。对分离机的要求是：粪水可直接流入进料口，筛孔不易堵塞，省电，管理简便，易于维修，能长期正常运转。

（3）浮除技术。浮除原理利用微小气泡的产生，且气泡能与所遇到混合悬浮物完全混合在一起。由于这些细小的微气泡具有很强的表面张力，会倾向附着于固体或油和脂的球滴上，结果使凝集物的浮力增加，并使这些颗粒被带到浮除槽的表面上。当这些上浮凝集物彼此推挤到槽面时，即被压挤缩成上浮团（污泥），就可以用除沫器将它去除。如果能有足够的微小气泡存在，并捕捉了大部分的悬浮固体颗粒，那么由浮除槽流出的排出液，就会是清澈的。

2. 化学处理法

向污水中加入某些化学物质，利用化学反应来分离、回收污水中的污染物质，或将其转化为无害的物质。主要用于污水中的溶解性或胶体性污染物的去除。常用的方法有混凝法和中和法。

（1）混凝法。混凝法是向废水中投加混凝剂，在混凝剂作用下使细小悬浮颗粒或胶粒聚集成较大的颗粒而沉淀，从而使细小颗粒或胶粒与水体分离，使水体得到净化。目前常用的混凝剂有无机混凝剂和有机混凝剂。无机混凝剂应用最广泛的主要有铝盐，如硫酸铝、明矾等；其次是铁盐，如硫酸亚铁、硫酸铁、三氯化铁等。有机混凝剂主要是人工合成的聚丙烯酸钠（阴离子型）、聚乙烯吡稀盐（阳离子型）、聚丙烯酰胺（非离子型）、十二烷基苯磺酸钠和水溶性脲醛树脂等高分子絮凝剂，只需要投入少量，便可获得最佳絮凝效果。

混凝法去除水中悬浮物的原理是向水中加入混凝剂后，混凝剂在水中发生水解反应，产生带正电荷的胶体，它可吸附水中带负电荷的悬浮物颗粒，形成絮状沉淀物。絮状沉淀物可进一步吸附水体中微小颗粒并产生沉淀，使悬浮物从水体中分离。

(2)中和法。中和法是利用酸碱中和反应的原理，向水中加入酸性(碱性)物质以中和水体碱性(酸性)物质的过程。养殖场废水含有大量有机物，一般经微生物发酵产生酸性物质。因此，向废水中一般加入碱性物质即可。

3. 生物学处理法

主要靠微生物将污水中的溶解性、悬浮状、胶体状的有机物逐渐降解为稳定性好的无机物。

(1)活性污泥法。又称生物曝气法，是指在污水中加入活性污泥，经均匀混合并曝气，使污水中的有机物被活性污泥所吸附和氧化的一种废水处理方法。含有机物的污水经连续通入空气后，其中好氧微生物大量繁殖形成充满微生物的絮状物，因这种絮状物形似污泥，具有吸附和氧化分解污水中有机物的能力，故称为活性污泥。许多细菌及其所分泌的胶体物质和悬浮物质黏附在一起，形成菌胶团，菌胶团是活性污泥的核心，它们能大量分解有机物而不被其他生物所吞噬，且易于沉淀。活性污泥法的关键在于有良好的活性污泥和充足的溶解氧，所以曝气是活性污泥法中一个不可缺少的重要步骤，曝气池是利用活性污泥法处理污水的主要建筑物。活性污泥法的主要流程见图 5-3。

(2)生物膜法。又称生物过滤法，是使污水通过一层表面充满生物膜的滤料，依靠生物膜上的大量微生物，在氧气充足的条件下，氧化污水中的有机物。生物膜是污水中各种微生物在过滤材料表面大量繁殖所形成的一种胶状膜。利用生物膜来处理污水的设备主要有生物滤池和生物转盘等。生物转盘构造与处理废水的流程见图 5-4a 和图 5-4b。

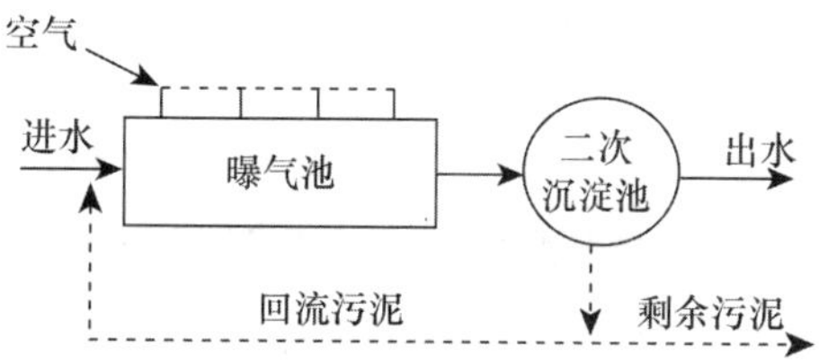


图 5-3　活性污泥法处理废水工艺流程

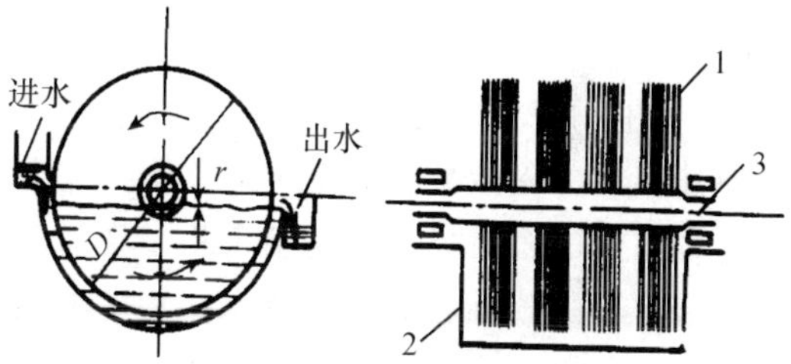


1. 盘片　2. 氧化槽　3. 转轴

图 5-4a　生物转盘构造示意图

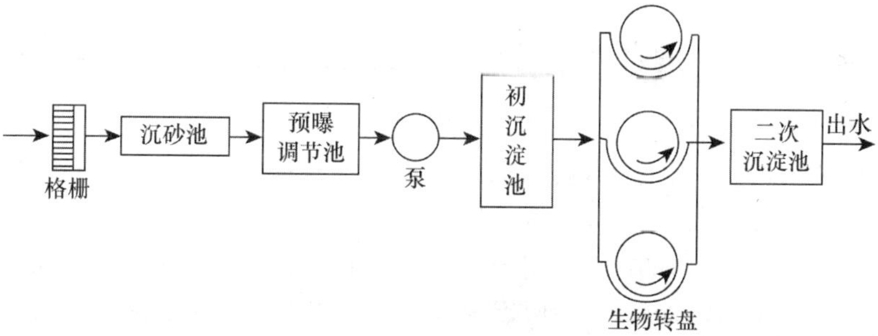


图 5-4b　生物转盘法处理废水流程

在生物滤池中，由微生物黏附转盘表面的生物膜转动，一半浸于污水，一半在液面以上曝气，故称生物转盘。生物膜交替通过空气及污水，保持好氧微生物的正常生长与繁殖，实现了微生物对有机物的好氧分解，使污水得到净化。生物转盘的速度不宜过快，其线速度≤20 m/s，否则生物膜易脱落。生物处理后的污水，再经过台阶式水帘在阳光下曝气处理，恢复水中的溶解氧，则可实现进一步净化，可直接排放或用于畜禽场冲洗或辅助用水。

(3)人工湿地处理法。人工湿地法是一种利用生长在低洼地或沼泽地的植物的代谢活动来吸收转化水体有机物，净化水质的方法。当污水流经人工湿地时，生长在低洼地或沼泽地的植物截留、吸附和吸收水体中的悬浮物、有机质和矿物质元素，并将它们转化为植物产品。在处理污水时，可将若干个人工湿地串联，组成人工湿地处理废水系统，这个系统可大幅度提高人工湿地处理废水的能力。人工湿地主要由碎石床、基质和水生植物组成(图 5-5)。人工湿地种植的植物主要为耐湿植物如芦苇、水莲等沼泽植物。

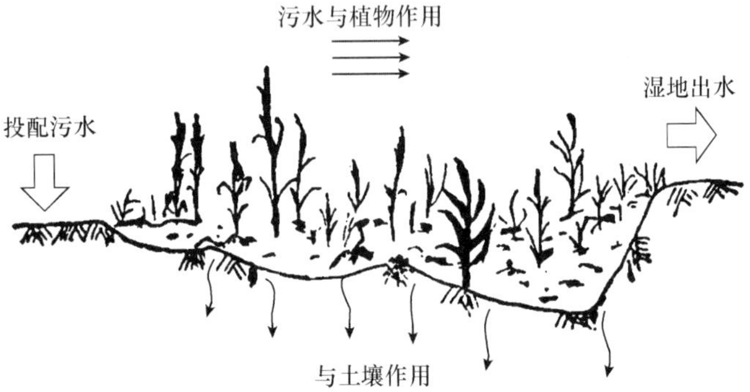


**图 5-5 人工湿地处理废水示意图**

(安立龙.家畜环境卫生学.高等教育出版社,2004)

(4)生物稳定塘处理法。生物稳定塘又称为氧化塘，是指污水中污染物在池塘处理过程中反应速率和去除效果达到稳定的水平。稳定塘是粪液的一种简单易行的生物处理方法，可用于各种规模的畜禽场。稳定塘工程是在科学理论基础上建立的技术系统，是人工强化措施和自然进化功能相结合的新型技术。稳定塘对污水的净化过程和天然水体的净化过程很接近，它是一个菌藻共生的生态系统。

根据稳定塘内溶解氧的来源和有机污染物的降解形式可分为好氧塘、兼性塘、厌氧塘和曝气塘、水生植物塘等组合。实际上，大多数稳定塘严格地讲都是兼性塘，进行着好氧反应和厌氧反应。

## 四、畜禽场废弃物处理及综合利用技术的推荐工艺

集约化畜禽场废弃物经过干清粪工艺处理后，如果含水率高则进行厌氧发酵，含水率低则直接生产有机肥或饲料。含水率高的部分先进行鸟粪石(MAP)沉淀，排出水分，即下层渣液和上层清液。下层渣液进入厌氧发酵池进行厌氧发酵，产生的沼渣用于饲料或栽培食用菌；沼液用于肥田、养鱼、作添加剂喂猪；沼气用于照明等日常生活、贮粮、防虫、贮藏水果。上层清液回流至养殖场作为冲洗用水，可以最大限度地利用畜禽废弃物且使得排出的污染物最小，还可以回收资源实现一定的经济收益。推荐工艺流程见图 5-6。

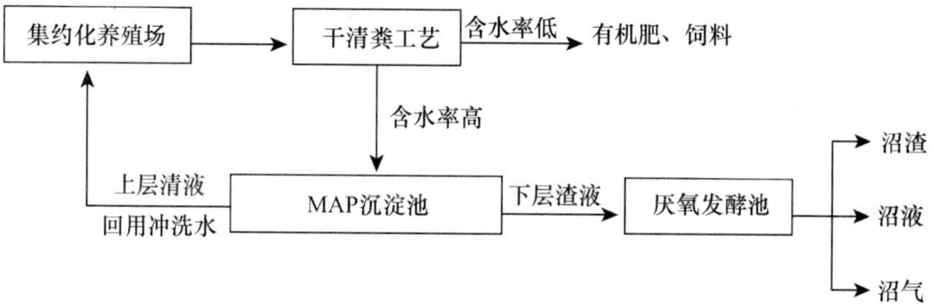


**图 5-6　集约化畜禽场废弃物综合利用技术工艺流程**

## 五、畜禽尸体处理和利用

病死畜禽尸体要及时处理，严禁随意丢弃，严禁出售或作为饲料再利用。我国《畜禽养殖业污染防治技术规范》(HJ/T 81—2001)规定病死畜禽尸体应焚烧或填埋。养殖规模比较大的畜禽场要设置焚烧设施，同时对焚烧产生的烟气应采取有效的净化，不具备焚烧条件的畜禽场可采用填埋法。对于非病死畜禽，堆肥则是处置死畜尸体的经济有效的方法。常见畜禽尸体处理方法见表 5-7。

**表 5-7　畜禽尸体处理方法**

| 方法 | 采取措施 | 特点 |
|---|---|---|
| 焚烧 | 采用焚烧炉，将死亡畜禽焚烧。 | 彻底消灭病菌、病毒，处理迅速、卫生，但不能利用产品，成本高。 |
| 填埋 | 设置混凝土结构的填埋井，深大于 2 m，直径 1 m，井口加盖密封。投入畜禽尸体后，覆盖厚度大于 10 cm 的熟石灰，填满后要用黏土填埋压实并封口。 | 利用生物热的方法进行发酵，起到消毒灭菌的作用。可以避免二次污染。 |
| 蒸煮 | 将尸体切成不超过 2 kg、厚不超过 8 cm 的肉块，放于特制的高压锅内，在 112 kPa 压力下蒸煮 1.5～2 h。 | 能够彻底消毒，并可保留部分产品(晒干粉碎后可作为饲料)。 |

### 【任务评价】

**一、填空题**

1. 畜禽粪便用作有机肥料时的堆肥方法有________、________、________。
2. 沼气的主要成分有________、________，还含有________、________、________。
3. 畜禽尸体处理常用方法有________、________、________。
4. 畜禽粪便作为饲料的利用方法有________、________、________。

**二、简答题**

1. 简述粪便处理利用的途径。
2. 简述活性污泥净化污水的原理。
3. 生物膜法为什么能使污水净化?

**三、论述题**

1. 试述污水处理后再利用对节约水资源和防止环境污染的双重作用。
2. 试述畜禽粪便用作饲料的利与弊。

# 任务6　畜禽场污染防治主要对策与生态养猪

## 一、畜禽场污染防治主要对策

养殖业污染是畜禽生产过程中不可避免的污染。随着人们环保意识的提高，养殖业污染已引起人们和相关部门的重视，并采取了一系列的措施，在防治方面取得了一定的成效。但是，畜禽场粪便污染并未完全得到有效控制。随着科技的发展，我们可以利用先进的科学技术来处理畜禽生产过程中的粪便污染。

### (一)合理选择畜禽场场址

为了有效降低畜禽场粪便对环境的污染，畜禽场的选址非常重要。因此，对于新建养殖场，在选址时应当多方面考虑以下几个因素：第一，在河流、湖泊等地表水的一定辐射范围内禁止建场；第二，选址时应远离下渗率较高的地区；第三，尽量远离水土流失严重的地区；第四，选择在周围有足够的农田、果园等地区，方便进行粪便消纳；第五，对现有选址不合理的养殖场要进行搬迁。

### (二)研究开发新型饲料

饲料中过量的氮和磷等物质，随着粪尿排出体外，不仅造成资源浪费，而且对环境也造成污染。例如，在猪的粪便中，铜和锌的直接排泄量占铜饲喂总量的90%以上。有学者研究发现，动物饲料中90%的铜随粪便排出体外，当猪饲料中铜浓度为7～10 mg/kg和250～370 mg/kg时，粪便中铜浓度从59～88 mg/kg增加到1 130～2 367 mg/kg。因此，应加强饲料的研究，开发新型饲料，寻找饲料各原料间的最佳配比，提高饲料中氮和磷等的利用率，尽可能地减少未被猪所利用的氮、磷等排出体外，从而有效降低氮、磷等对环境造成的污染。

### (三)应用氨基酸平衡日粮技术

利用氨基酸平衡低蛋白日粮技术可显著减少氮的排放。氮是畜禽粪尿中造成环境污染的主要物质之一。畜禽饲料中氮含量很高，但只有一小部分氮沉积在畜禽体内或产品中，大部分饲料中的氮排到环境中。例如，一头猪从断奶到体重100 kg屠宰时，消耗8～9 kg氮，其中，被吸收沉积为瘦肉的氮不超过3 kg，而5～6 kg氮则被排泄掉。在被排泄的氮，33%在粪便中，67%在尿中。一般猪场排到环境中的氮在70%以上。由此可看见，氮是猪场排泄物对环境污染最为严重的成分之一。如何控制氮的排泄成为解决养殖场排泄环境污染的关键因素。

减少氮排出量最有效的方法是在保持日粮氨基酸平衡和满足畜禽生长发育需要的前提下，降低日粮中蛋白质含量。据有关学者研究，每减少1%的蛋白质，就可以使氮排出降低10%，低蛋白日粮至少可以使氮排放减少25%；如果饲养阶段设置越多，那么排放最多能够减少50%。例如，对于一个10 000头猪场来说，一年粪尿的排泄量就是3 t(1.7万t尿、1.3万t粪)，而采用氨基酸平衡低蛋白日粮技术后，粪尿的排泄量减少7 000 t以上。

### (四)充分利用饲料添加剂

1.添加植酸酶可减少磷的排放

植酸酶是一种绿色饲用酶制剂，既具有安全、环保、高效、经济的特点，又具有很好的社会效益。植酸酶由于其能够提高猪禽的生产性能及蛋白质和氨基酸的表观消化率而在日粮中被广泛添加。在猪禽生产过程中，由于磷的添加及吸收率低等问题，最终在猪禽粪便中被大量排出，直接对环境造成较为严重的污染，这已引起了人们的关注。由于猪禽是单胃动物，在利用以玉米、豆粕为主要饲料时，因猪体内植酸酶缺乏，对饲料中植物性磷的利用率只有15%，85%的磷将随粪便排出体外，这样就造成磷源的大量浪费；而猪又是家养动物中排泄物最多的动物之一，因而也带来了严重的磷污染。为此，很多国家通过立法控制养殖业中磷的排放，欧洲大部分国家已通过使用植酸酶解决这一问题，韩国、日本也在推进植酸酶的使用。近年来，国内不少专家学者也对植酸酶的应用开展了多方位研究，表明在饲粮中添加适量植酸酶能提高饲料中植酸磷的利用率，使仔猪的采食量增加和饲料利用率提高，还可提高蛋白质、氨基酸的表观消化率。另外，植酸酶有潜在的营养价值，能促进常量及微量元素、蛋白质、氨基酸甚至能量的利用率，对降低饲料成本有着较重要意义。由于植酸酶可以替代无机磷源，减少猪粪便中的含磷量和对环境的污染，在饲料中的应用愈来愈受到广泛重视。所有植物性饲料资源都含有1%～5%的植酸盐，这些植酸盐又含有占饲料总含磷量60%～80%的磷。由于植酸盐基本不被单胃动物所利用，而植酸酶促进了对植酸磷的水解，使其中的磷以磷酸根的形式游离出来，有利于植酸磷中磷被单胃动物所吸收利用；在饲料中添加植酸酶可以代替部分磷酸氢钙，让饲料中天然磷一部分被吸收，使动物粪便中磷的排泄量减少40%～60%，从而减少磷对环境的污染。同时，可使磷的利用率提高50%～70%，粪磷含量降低30%～50%，蛋白质和氨基酸的消化率提高2%～5%，排泄量减少5%～10%。因此，随着我国全面实施《畜禽规模养殖污染防治条例》后，将会促进植酸酶在饲料行业的更广泛应用。

2.有机微量元素的合理使用可减少矿物质的排放

高铜、高锌的大量使用所导致严重的环境污染问题，已成为制约养猪业健康发展的一大障碍。我国每年使用的微量元素添加剂为15万～18万t，但由于生物效价低，有10万t左右未被动物利用的矿物质随粪尿排出，成为污染环境的一大公害。具有环保优势的有机微量元素物质出现，被认为是代替无机微量元素最合适的产品。同时，随着国家对养殖业金属的排放逐步进行严格限制，有机微量元素物质迅速成为养殖业的首要选择。如在仔猪、小猪阶段添加有机铁（如富马酸亚铁）84 mg/kg＋有机锌（如蛋氨酸锌）80 mg/kg＋有机铜（如赖氨酸铜棒）100～125 mg/kg；生长猪添加有机铁70 mg/kg＋有机锌80 mg/kg＋有机铜100 mg/kg；肥育猪添加有机铁56 mg/kg＋有机锌60 mg/kg＋有机铜50 mg/kg。而且全期不加砷制剂。这可比传统使用普通高铜、锌、铁饲料，提高了猪生产性能、饲养经济效益，改善肉猪外观经济性状，明显降低猪肝脏中铜、锌、铁的含量，并降低铜、锌、铁的排放30%～40%。

### （五）定期监测氮磷含量

定期监测养殖场排放的粪尿中氮、磷含量，不达到排放标准的禁止向河流排放。与生产管理相结合，调控饲料中氮、磷等营养物质的比例，提高利用效率，最大限度减少氮、磷等营养物质的浪费和排放。

### （六）推进畜禽粪便资源利用

与工业污染的不同之处在于畜禽粪便是一种有价值的资源。可以利用畜禽粪便做原料，将其开发为有机肥料。经过减量化、无害化处理后，将猪粪便制成优质有机肥料，变废为宝。在国外，畜禽粪便还田是其处理利用的主要方法。例如，日本在短短几年内解决了畜禽粪便的污染问题，畜禽粪便还田运动起到了很大作用。应该学习国外先进技术，对粪便进行综合利用，推进猪粪还田，积极开发以猪粪便为原料的有机肥生产技术，减少粪便直接排放产生的污染。

### （七）选择适宜处理的方式

畜禽粪便中含有大量的病原体，在其资源化利用前，必须进行无害化处理。我国养殖场的规模大小不一，各地自然条件、经济条件千差万别，粪污处置与排放方式也不尽相同。因此对猪粪处理不可能只采取一种技术、一个模式。大中型养殖场粪污处理首先应考虑综合利用，并选择相应的粪便处理技术和模式，使粪污达标排放。

1. 使用先进的粪便处理技术

通过干清粪或固液分离出来的粪便中含有大量的有机质和氮、磷、钾等植物必需的营养元素，但也含有大量的微生物和寄生虫，只有经过无害化处理才能加以应用。常见的处理方法有生物发酵法、干燥法及焚烧法等。但焚烧法在燃烧处理时不仅使一些有利用价值的营养元素被烧掉，造成资源浪费，而且易产生二次污染，不宜提倡。污水经厌氧、好氧、土壤、生物、植物处理后达标排放或厌氧处理后用于蔬菜、林果地的渗灌施肥兼污水处理的方法，其运行方式投资少、费用低，亦还肥于田，并为有机农业、高效农业的发展奠定基础，是目前最有实用价值、值得推广的处理方法之一。养殖污水处理常用方法主要有厌氧处理法和厌氧-好氧联合处理法。

2. 选择合适的粪便处理模式

目前，规模畜禽场处理粪污常见的模式有：能源模式、能源-环保模式、环保模式、生态工程模式。能源模式是以厌氧处理取得沼气为核心的大中型养殖场的能源工程；能源-环保模式是农业部门倡导的、以厌氧发酵制取沼气为核心并结合环保要求的处置与利用方式；环保模式是环保部门倡导的，以预处理、厌氧、好氧、后处理等手段使污水处理后达标排放的方式，是较为全面地处理畜禽粪便的一种模式；生态工程模式是利用生态工程技术将粪水处理与污水资源化利用结合起来的模式，既解决环境污染问题，又充分利用资源，变废为宝。规模养殖场可根据本场的污染物处理要求及粪污处理方式，从中选择相应的模式。

### （八）推进粪污处理产业化

随着大型规模化养殖业的迅猛发展，吸引社会各界投资，使畜禽的粪便处理处置逐步形成产业化和专业化，这种运作模式不仅可解决养殖业环境污染问题，而且可为绿色食品生产提供可靠的物质保障，并通过出售有机肥提高经济效益，也可为农民创造就业机会。通过产业化吸引多方投资，开展专业运营，可以实现环境、农业和投资多方共赢的局面，这种社会化服务是社会发展的必然趋势。目前，国内养殖场粪污处理大量采用厌氧工艺和堆肥处理工艺，产生沼气和堆肥、肥料产品。随着沼气发电的利用及堆肥、沼渣、沼液的商品化利用，畜禽粪便处理技术也将成为一种新型产业。

### （九）实施农牧结合种养配套

目前，集约化畜禽场多建在大、中城市近郊，这样，因环境承载过重给养殖业污染防治带来一定的难度。另外，大量养殖专业户和专业村的形成，导致养殖粪便量大且集中，而城郊又无充足的土地进行消纳，形成农牧分离、种养脱节的不利局面，导致环境的严重污染。化肥的大量使用又导致有机肥施用量大幅减少，使畜禽的粪便未能得到有效利用。

粪肥在保持和提高土壤肥力的效果上远远超过化肥，将粪便作为肥料还田是一种促进农牧良性循环、维持生态平衡的有效措施，特别是要考虑是否有足够的农田消纳粪污和提供优质饲料，提高粪便的利用效率，减少粪便的排放，走农牧结合的道路，发展循环经济。

## 二、生态循环的养猪模式

根据各地不同区域的地形地貌、生态类型以及不同猪场（小区）的特点，遵循污染物处理减量化、无害化、资源化的总体原则，在生产过程中贯彻清洁生产的理念，结合近年来的生产实践，因地制宜地推广猪-沼-果（草、林、菜、茶等）生态型和达标排放、漏缝地面-免冲洗-减排放等环保型养猪模式，试点应用生物发酵垫料床零排放模式，建设生态循环型种养结合的养猪模式，促进生猪养殖与环境保护的和谐发展。

### （一）猪-沼-果（草、林、菜、茶等）生态型养猪模式

1. 模式特点

该模式为农牧结合型养猪模式，主要在种植面积大或山地多的地区推广。这种模式的生产工艺特点是：猪场粪污排泄物经干清粪和固液分离后，粪渣固体经过堆积发酵制成有机肥，集中运输至水稻、果（茶）园、菜园、草地或林（竹）地等用作基肥、追肥；污水则进入沼气池厌氧发酵，产生的沼气作为猪场加热能源或用于沼气发电，沼液则通过专门管道或车辆运输至水稻、果（茶）园、菜园、草地或林（竹）地等用作基肥、追肥。这种模式将猪场粪污作为有机肥料被农作物完全吸收利用，不会对环境及水源造成污染，而且建造成本和运行费用低，适用于周边有足够吸纳沼液的农林地的猪场。各地可发挥本地资源丰富及优越地理环境条件，促使养猪业发展向山区转移，向山上转移，在山地、林地、果园或农田面积较大的地区，广泛推广“猪-沼-果”“猪-沼-草”“猪-沼-林”“猪-沼-菜”“猪-沼-茶”等物质循环利用型生态养殖模式，建立以生猪养殖为中心，以沼气工程为纽带，实行种养相结合有效消纳养猪场排泄物的处理方式，提高资源利用率，形成经济效益和生态效益同步增长的良好效果。

2. 适用范围

这种模式猪场粪污作为有机肥料被种植作物完全吸收利用，不会对环境及水源造成污染。其强调的是种养结合，要求猪场周边有与生猪养殖规模相匹配的农（菜、林果、茶、草）地，所以养殖规模不宜太大，适用于年存栏 5 000 头以下的中、小型养猪场。

3. 设施要求

（1）采用干清粪工艺，日产日清，尽量减少冲水量。收集的粪便贮于贮粪池。按每 20 头生猪的粪便贮存 1 个月建 1 $m^3$ 贮粪池，即存栏 2 000 头左右生猪的自繁自养猪场的粪便贮存 1 个月约需建 100 $m^3$ 以上面积的贮粪池（各猪场可根据粪便贮存的时间和生猪养殖规模确定建造容积）。贮粪池建筑要分间设计，有顶棚层顶，防止雨水进入池内，池底要防水、防漏。自然发酵熟化的猪粪和沼渣可加工成有机肥，或定期将肥料运到水稻、蔬菜、果林（草、茶）园作为基肥或追肥。

（2）猪场要配套固液分离设备。分离的固体进入贮粪池，分离的液体进入沼气池。以生猪存栏数 3～6 头建 1 $m^3$ 沼气池，一般是存栏数越多，所建沼气池的比值越低，如存栏 5 000 头左右生猪的自繁自养猪场要建 800 $m^3$ 以上的沼气池。

（3）贮液池建设。贮液池的容量大小可根据各个猪场的配套条件不同而有所差异，即贮液

池(有顶棚)的总容量不得低于农林作物生产用肥的最大间隔时间内养猪场排放沼液的总量。一般按照生猪存栏数 1.35 $m^3$/头的容积进行配套建设。

(4)配套管网输送系统。猪场要在田间、蔬菜、果林(草、茶)园等铺设管网灌溉系统,把贮液池的液肥输送到田间、果林园地等直接用于农作物浇灌。

(5)配套种植业基地。配套的农作物、蔬菜、果林(草、茶)园地面积,应当考虑不同的沼液浓度、植物品种、土壤性质、季节气候等因素,按照种养平衡的原则,一般情况下,可按每亩农地承载生猪量为:菜地 3~6 头/亩,柑橘园 4~5 头/亩,黑麦草地 2~2.5 头/亩,林地 1~2 头/亩,茶园 2~2.5 头/亩,水稻田 2~3 头/亩,新垦地 6 头/亩的比例配套。

### (二)达标排放环保型养猪模式

1.模式特点

该模式属于传统的环保养殖模式,主要在农林地面积较小的地区进行推广。这种模式的主要生产工艺特点是:养猪场粪污排泄物经干清粪和固液分离后,集中的粪渣固体经过堆积发酵制成有机肥,集中运输至果(茶)园、菜地、草地或林(竹)地等用作基肥、追肥;污水则进入沼气池厌氧发酵,产生的沼气作为猪场加热能源或用于沼气发电,沼液强调不能直接排放,一定还要经过专门的沉淀池沉淀、给氧曝气池处理和水生植物生物氧化塘或人工湿地等吸纳降解,达到《畜禽养殖业污染物排放标准》(GB 18596—2001)的水质后排放。

2.适用范围

这种模式适用于周边没有足够吸纳沼液的农林地的中小型养猪场,同时,除了要求建筑相适应的沼气池外,还强调一定要建筑配套相适应的沉淀池、曝气池和生物氧化塘等,使水质达标排放,所以养殖规模不宜太大,适用于年存栏 3 000 头以下的中小型养猪场。对农林地面积较小的地区,已运行又无法进行猪舍改造的中小型养猪场,要大力推广达标排放环保型养猪模式,确保猪场废液达标排放。

3.设施要求

(1)采用干清粪工艺,日产日清,尽量减少冲水量。收集的粪便贮于贮粪池。贮粪池的建设按每 20 头生猪的粪便贮存 1 个月建 1 $m^3$ 贮池,存栏 2 000 头左右生猪的自繁自养猪场的粪便贮存 1 个月约需建 100 $m^3$ 以上面积的贮粪池(各猪场可根据粪便贮存的时间和生猪养殖规模确定建造容积)。贮粪池建筑要分间设计,有顶棚屋顶,防止雨水进入池内,池底要防水、防漏。自然发酵熟化的猪粪可定期运到水稻、蔬、果林(草、茶)园,作为基肥或追肥。

(2)猪场要配套固液分离设备。分离的固体进入贮粪池,分离的液体进入沼气池。沼气池的建设以生猪存栏数 3~6 头建 1 $m^3$,一般是存栏数越多,所建沼气的比值越低,如存 2009 头左右生猪的自繁自养猪场大约要建 40 $m^3$ 的沼气池。

(3)沼液要经过多重处理。从沼气池流出的沼液不能直接排放,一定还要经过沉淀池沉淀、曝气池处理和水生植物生物氧化塘吸纳降解。沉淀池建造可根据猪场自然地形建多级沉淀池,容积大小一般按照沼气池 40∶60 的比例建造。曝气池容积大小一般按照沼气池 40∶60 的比例建造,但要配套安装空气压缩机和充气管道系统,保证曝气正常运行。生物氧化塘容积大小按照池深 0.8~1 m、水体深度为 0.7 m 以下、水保留期不应小于 30 d 计算。因此,达标排放的生物氧化塘的容积一般按照 1 000 头配套 10 亩来建设,并在生物氧化塘种植水生植物，有利于污水的消纳与降解。

(4)检测污水。定期和不定期在猪场总排污口检测污水含量达到《畜禽养殖业污染物排放标准》(GB 18596—2001)，也就是水质日均排放浓度控制在：化学需氧量(COD)380 mg/L 以下、氨氮($NH_3$-N)75 mg/L 以下，这才是环保达标排放猪场的指标要求。

## (三)漏缝地面-免冲洗-减排型养猪模式

1.模式特点

该模式是近几年来发展很快的环保型养殖模式，主要在新建或改建的大中型猪场中示范推广。其主要生产工艺特点是：在建造猪栏时铺设铸铁或水泥漏缝地面，配套专门沟渠管道，猪只排出粪尿后，采用尽量多的人工干清粪，剩余的粪便由猪脚踩踏经漏缝地面掉入漏缝板地下沟内，不用水冲洗猪栏。集中的尿或经自然发酵，或经固液分离进入沼气发酵系统，发酵后的粪尿或沼液、沼渣还是要通过种养结合，加以转化利用。

2.适用范围

这种模式猪场强调不用水冲洗猪舍，可以减少猪场 70%以上的污水排量，从而大大缓解了环保压力，适用于在饲养区新建或改建的大中型养猪场。各地要把漏缝地面-免冲洗-减排型养猪模式作为新建或改建的大中型猪场(小区)的主要养猪模式，积极示范推广、切实减少养猪污水排量，有效地解决粪尿污染的问题。

3.设施要求

(1)采用干清粪工艺，日产日清。收集的粪便贮于贮粪池。贮粪池的建设按每 20 头生猪的便贮存 1 个月建 1 $m^3$，存栏 500 头左右生猪的自繁自养猪场的粪便贮存 1 个月约需建 300 $m^3$ 的贮粪池(各猪场可根据粪便贮存的时间和生猪养殖规模确定容积)。贮粪池建筑要分间设计，有顶棚屋顶，防止雨水进入池内，池底要防水、防漏。

(2)猪场要有大型的固液分离设备。分离的固体进入贮粪池，分离的液体进入沼气池。沼气池的建设按生存栏数每 3～6 头建 1 $m^3$。存栏 500 头生猪的自繁自养猪场大约要建 800 $m^3$ 的沼气池。

(3)贮液池的建设。贮液池的容量大小可根据各个猪场的配套条件不同而不同，即贮液池(有顶棚)的总容量不得低于农林作物生产用肥的最大间隔时间内养猪场排放沼液的总量。一般按照生猪存栏数每头 1.35 $m^3$ 的容积进行配套建设。

(4)猪场要配套建设有机肥加工生产车间。将自然发酵熟化的猪粪和沼渣通过加工制成有机肥。同时要配套液肥运输车辆，定期将液肥和有机肥运到水稻、蔬菜、果林(草、茶)园。也可以在田间、果林(草、茶)园等铺设管网灌溉系统，把贮液池的液肥输送到田间、果林(草、茶)园等。

## (四)生物发酵垫料床零排放环保养猪模式

生物发酵垫料床零排放养猪是新兴的环保型养殖模式，目前还处于小范围试点推广阶段。在寒冷地区较为流行，但南方天气炎热，湿度较高，一般只适用于保育猪养殖，肉猪并不太适合。

## 三、发酵床环保养猪模式

### (一)发酵床养猪技术的原理

发酵床养猪是利用微生物作为物质能量循环、转换的"中枢"性作用,采用高科技手段采集特定有益微生物,通过筛选、培养、检验、提纯、复壮与扩繁等工艺流程,形成具备强大活力的功能微生物菌种(百益宝 EM 菌种),再按一定的比例将其与锯末或木屑、辅助材料、活性剂、食盐等混合发酵制成有机复合垫料,自动满足舍内生猪对保温、通气以及对微量元素生理性需求的一种环保生态型养猪模式。发酵床式猪舍内,生猪从出生开始就生活在这种有机垫料上,其排泄物被微生物迅速降解、消化或转化,而猪只粪便所提供的营养使有益功能菌不断繁殖,形成高蛋白的菌丝,再被猪食入后,不但利于消化和提高免疫力,还能使饲料转化率提高,投入产出比与料肉比降低,出栏相同体重的育肥猪可节省饲料 20%～30%,省去 60%～80%及以上人工劳动。

发酵床的基本原理是利用大自然环境中的丰富生物资源,即采集土壤中的多种有益微生物,通过对这些微生物进行筛选、培养、扩繁,建立有益微生物种群,然后根据它们生长所需的营养要求,配置出人工培养基(即按一定比例将微生物母种群、木屑、有机质及营养液进行混合、发酵形成有机垫料),让有益微生物在这种人工创造的有机垫料中大量繁育,然后充分发挥这些功能微生物的作用,将畜禽粪便、尿水等有机废物充分消化、降解掉。而发酵床养猪技术就是在经过特殊设计的猪舍里,填入上述有机垫料,再将仔猪放入猪舍。猪从小到大都生活在这种有机垫料上面,猪的排泄物被有机垫料里的微生物迅速降解、消化,短期内不需对猪的排泄物进行人工清理,减少了粪便尿水向外界排放,另一方面细菌大量繁殖所产生的部分菌丝蛋白被猪食用,补充了饲料中的蛋白来源,最终实现零排放、无污染,生产优质猪肉,达到提高养猪生态效益、社会效益的目的。

### (二)发酵床猪舍建造设计要求

猪舍的建造原则符合以下几方面要求。

(1)合理设置发酵床面积与采食台。发酵床猪舍每栏面积以 40 $m^2$ 左右为宜,便于垫料的日常养护;炎热地区,发酵床面积为栏舍面积的 70%～80%,余下面积应做硬化处理,硬化地面宽度为 1.5～2.5 m,供生猪取食或盛夏高温的休息场所;北方寒冷地区,采食台可采用条形,其宽度为 15～25 cm。

(2)垫料厚度设计。垫料厚度根据猪的日龄不同而不同,一般为 50～90 cm,垫料池的挡墙高度比垫料的表面高度高 20～30 cm。以保育猪 40～50 cm、育成猪 60～80 cm 为宜,一般南方地区可适当垫低,北方地区适当垫高,夏季适当垫低,冬季适当垫高。

(3)垫料进出口的设计。在靠发酵床的外墙设置垫料进出口、通气与渗滤液排出口,在猪舍外设置渗滤液收集池。垫料进出口的设计要满足进料和清槽时操作便利,要便于机械设备进入垫料池的通道。垫料要经常翻动和定期更换,垫料进出口宽度为 1.2～1.5 m,数量依据猪舍大小设置,一般 10 m 宽猪舍设置 5～6 个即可。同时,为防止猪舍外雨水和地下水渗透到垫料中,在猪舍外墙修集水池,并高出地面 15 cm。

(4)食槽和饮水器的设置。发酵床的北侧建自动给食槽,南侧建自动饮水器,这样做的目的是让猪多活动,在来回采食与饮水中搅拌垫料。饮水器的下面要设置一个接水槽,将猪饮水时漏掉的水引出发酵床之外，防止漏水进入发酵床中。

(5)通风设施完整。要设计好机械通风、降温设备。南方夏季升温时要考虑加湿帘，冬季应定时开启排风扇，避免猪舍湿度过大。

(6)养殖密度确定。育成猪养殖密度较常规养殖方式降低 10%左右，便于发酵床能及时充分地分解粪尿排泄物，能保持健康养殖环境。

## (三)发酵床猪舍的建造模式

1. 地上槽模式

就是将垫料槽建在地面上，垫料槽底部与猪舍外地面持平或略高，硬地坪台及操作通道须高出地面 50～100 cm，保育舍 50 cm 左右，育成舍、母猪舍 100 cm 左右，利用硬地坪台的一侧及猪舍外墙构成一个与猪舍等长的长槽，并视养殖需要中间由铁栅栏分隔成若干圈栏，以防止串栏(图 5-7 和图 5-8)。

图 5-7　地上槽发酵床

其优点是保持猪舍干燥，特别是能防止高地下水位地区雨季返潮，缺点是造价稍高。适合于南方大部分地区，江、河、湖、海等地下水位较高的地区，有漏粪设施的猪场改造。

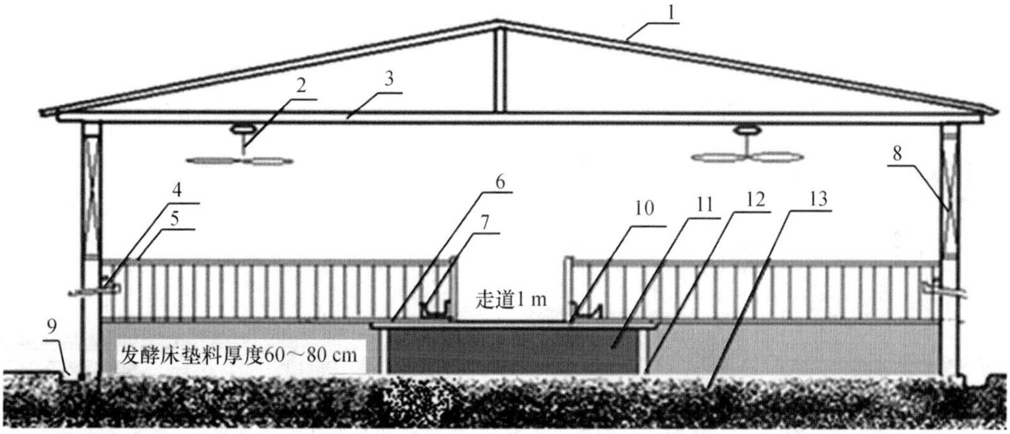


1. 采用透气瓦片，如不透气需设排气孔　2. 吊扇或壁扇　3. 横梁　4. 饮水器下面托盘
5. 猪栏：4 m×3 m×1 m　6. 猪栏内水泥地面，宽 1 m　7. 食槽　8. 窗户　9. 排水沟
10. 3 m 的水泥预制板或现浇板　11. 泥土或垫料　12. 水泥立柱　13. 泥土

图 5-8　全地上式双列发酵床猪舍剖面图

2. 地下槽模式

就是将垫料槽构建在地表面以下，槽深 40～80 cm，保育舍 40 cm 左右，育成舍、母猪舍 80 cm 左右，新猪场建设时可仿地上槽模式，一次性开挖一地下长槽，再由铁栅栏分隔成若干单元，原猪舍改造时，适宜在原圈栏开挖坑槽(图 5-9)。

其优点是冬季发酵床保温性能好，造价较地上槽低；缺点是透气性稍差，无法留通气孔，发酵床日常养护用工多，适应于北方干燥或地下水位较低的地区。

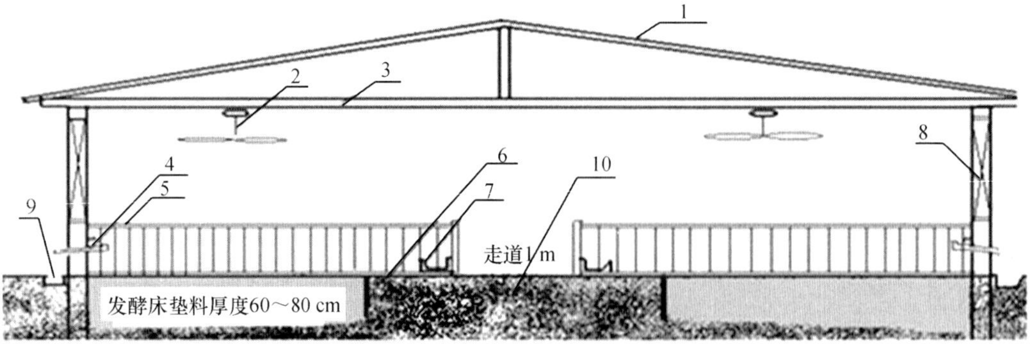


1. 采用透气瓦片，如不透气需设排气孔 2. 吊扇或壁扇 3. 横梁 4. 饮水器下面托盘 5. 猪栏：4 m×3 m×1 m 6. 猪栏内宽1 m的水泥地面 7. 食槽 8. 窗户 9. 排水沟 10. 泥土

**图 5-9 全地下式双列发酵床猪舍剖面图**

3. 半地下槽模式

也称半地上槽模式，就是将垫料槽一半建在地下，一半建在地上，硬地坪台及操作通道取用开挖的地下部分的土回填，槽深 50～90 cm，保育猪 40～50 cm，育成猪 80～90 cm，长槽的建设与分隔模式同地上槽（图 5-10）。

其优点是造价较上两种模式都低，发酵床养护便利。缺点是透气性较地上槽差，不适应高地下水位的地区，适应于北方大部分地区、南方坡地或高台地区。

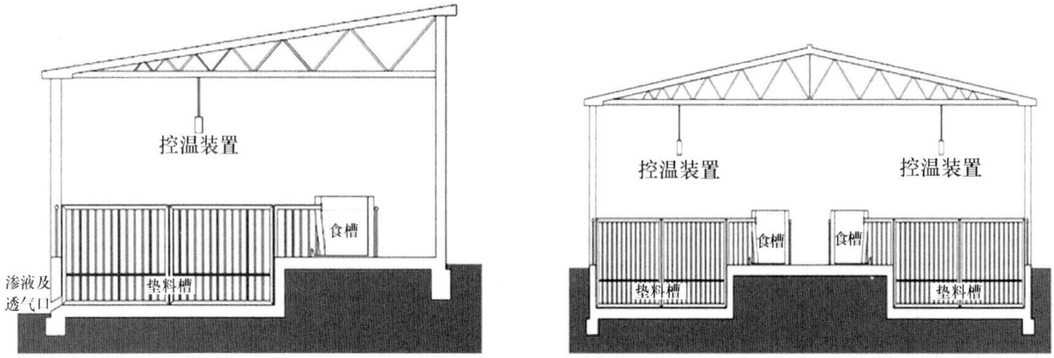


**图 5-10 半地下槽模式（单列式和双列式）**

## （四）发酵床垫料的组成

1. 垫料组成

猪舍发酵床主要由有机垫料制成，有机垫料主要有锯末、稻糠或切短铡碎的秸秆、豆腐渣、酒糟、谷壳、土和少量粗盐。锯末和稻糠约占垫料总重的 90%，其质地松软，吸收水分多。泥土要求新鲜干净无杂菌，没有施过化肥或农药，用量占垫料总重的 5%～10%。垫料中加适量的盐有利于木屑的分解，用量为垫料总重的 0.1%～0.3%。

2. 垫料的基本类型

选择碳供应强度大、供碳能力均衡持久以及通透性、吸附性好的材料作主要原料，如木屑、米糠、草炭、秸秆粉等，同时为确保垫料制作过程生物发酵的进程及效果，常选择其他一些原料作为辅助原料。

(1)按使用量划分。可以分为主料和辅料。主料是制作垫料的主要原料,通常这类原料占到物料比例的60%以上,由一种或几种原料构成,常用的主料有木屑、草炭、秸秆粉、花生壳、蘑菇渣等。辅料主要是用来调节物料水分、pH、通透性的一些原料,由一种或几种原料组成,通常这类原料占整个物料的比例不超过40%。常用的辅料有稻壳粉、麦麸、饼粕、玉米面。

(2)按原料性质划分。可以分为碳素原料、氮素原料和调理剂类原料。碳素原料是指那些有机碳含量高的原料,这类原料多用作垫料的主料,如木屑、谷壳、秸秆粉、草炭、蘑菇渣、糠渣等。氮素原料通常是指那些有机氮含量高的原料,并多作为垫料的辅料,如养猪场的新鲜猪粪、南方糖厂的甘蔗滤泥、啤酒厂的滤泥等,这类原料通常用来调节碳氮比。

(3)调理剂类原料。主要指用来调节pH的原料,如生石灰、石膏以及稀酸等,有时也将调节碳磷比的原料如过磷酸钙、磷矿粉等归为调理剂。此外,还包括一些能量调理剂,如红糖或糖蜜等,这类有机物加入后可提高垫料混合物的能量,使有益微生物在较短的时间内激增到一个庞大的种群数量,所以又俗称"起爆剂"。

### (五)发酵床制作

1. 确定垫料厚度

育肥猪舍垫料层高度夏天为40～60 cm,冬季为60～80 cm;保育猪舍垫料层高度为60 cm,夏天为40 cm。

2. 计算材料用量

根据不同季节(夏季和冬季)、猪舍面积大小,以及所需垫料厚度计算出所需要的谷壳、锯末、米糠以及益生菌液的使用数量。在发酵床中,一般木屑占90%,黄土和少量的粗盐等占10%。一间面积为25 $m^2$ 的猪舍,约需木屑3 750 kg、黄土415 kg、盐12 kg、微生物原种50 kg、水1 000 kg和活性剂8 kg。

3. 发酵菌种的准备

生态发酵床养猪的核心技术表现在菌种功能方面,猪排出的粪便由发酵床中的EM有效微生物菌来分解,EM菌种的好坏直接影响猪舍粪尿的降解效率。通常应选用专门厂商生产的发酵菌种,如百益宝EM菌种,其发酵功能强、速度快、性价比优,深受用户欢迎。百益宝EM菌种的培育过程为:

(1)材料比例。百益宝EM菌种1瓶(10 g),红糖(黄糖或白糖)1 kg,水(井水或放置24 h以上的自来水)10 kg。

(2)培育方法。先将红糖加部分水加热溶化,再倒入一定比例的水,30～40 ℃水温时加入百益宝EM菌种,容器加盖密封,温度控制在30～35 ℃,发酵5～7 d,闻到酸香味即可(pH 3～4之间)。

(3)菌种用量。一般微生物发酵菌的用量是2～3 kg/$m^3$;百益宝EM菌种因有效活菌含量高,一瓶即可培育出10 kg发酵原液,每瓶菌种可做5～8 $m^2$ 发酵床。

(4)菌种保存。菌种放在室内阴凉、干燥处或冰箱保鲜室2～8 ℃之间保存。

4. 混料

将百益宝EM菌种发酵原液、木屑、稻糠、泥土、盐按一定比例混合均匀,有条件的还可加入少量的米糠、酒糟等,使水分含量达到40%～60%(手紧抓一把物料,指缝见水不滴水为宜），以保证功能微生物菌能够大量繁殖，经一周左右发酵即可上猪使用。垫料可常年不换。饲养几天后，因微生物菌发酵作用，猪舍内臭味消失，蝇蛆停止繁殖。20 d 到 1 个月后，猪舍床底层也进入自然繁殖状态，中部形成白色的菌丝，温度可达 50～60 ℃（表层温度一般在 20 ℃左右），猪粪发酵后成为饲料或肥料。

5. 活性剂的使用

合理使用活性剂可使发酵床的利用形成良性循环。但其使用与否，视不同的发酵菌种而定，如百益宝 EM 菌，因其活性强，一般不需使用活性剂。发酵床经一段时间的使用以后，当微生物活性降低时，可用百益宝 EM 菌种发酵原液稀释至适当的比例，泼洒到发酵床床面，以便提高微生物菌对排泄物的降解、消化速度。平时若发现猪大便堆积较多，可将堆积粪便深埋于发酵床内并喷洒百益宝 EM 菌种发酵原液稀释液，促使其加快对排泄物的分化降解。

### （六）发酵床后期维护

发酵床养护的目的主要有两方面，一是保持发酵床正常微生态平衡，使有益微生物菌群始终处于优势地位，抑制病原微生物的繁殖和病害的发生，为猪的生长发育提供健康的生态环境；二是确保发酵床对猪粪尿的消化分解能力始终维持在较高水平，同时为生猪的生长提供一个舒适的环境。发酵床养护主要涉及垫料的通透性管理、水分调节、垫料补充、疏粪管理、补菌、垫料更新等多个环节。

1. 垫料通透性管理

长期保持垫料适当的通透性，即垫料中的含氧量始终维持在正常水平，是发酵床保持较高粪尿分解能力的关键因素之一，同时也是抑制病原微生物繁殖、减少疾病发生的重要手段。通常比较简便的方式就是将垫料经常翻动，翻动深度保育猪为 15～20 cm、育成猪 25～35 cm，通常可以结合疏粪或补水将垫料翻匀，另外每隔一段时间（50～60 d）要彻底地将垫料翻动一次，并且要将垫料层上下混合均匀。

2. 水分调节

由于发酵床中垫料水分的自然挥发，垫料水分含量会逐渐降低，当垫料水分降到一定水平后，微生物的繁殖就会受阻或者停止，因此定期或视垫料水分状况适时地补充水分，是保持垫料微生物正常繁殖，维持垫料粪尿分解能力的另一关键因素，垫料合适的水分含量通常为 38%～45%，因季节或空气湿度的不同而略有差异，常规补水方式可以采用加湿喷雾补水，也可结合补菌时补水。

3. 疏粪管理

由于生猪具有集中定点排泄粪尿的特性，所以发酵床上会出现粪尿分布不匀，粪尿集中的地方湿度大，消化分解速度慢，只有将粪尿分散布洒在垫料上（即疏粪管理），并与垫料混合均匀，才能保持发酵床水分的均匀一致，并能在较短的时间内将粪尿消化分解干净。通常保育猪可 2～3 d 进行一次疏粪管理，中大猪应每 1～2d 进行一次疏粪管理。夏季每天都要进行粪便的掩埋，把新鲜的粪便掩埋到 20 cm 以下，避免生蝇蛆。

4. 补菌

定期补充 EM 益生菌液是维护发酵床正常微生态平衡，保持其粪尿持续分解能力的重要手段。补充 EM 益生菌最好做到每周一次，按 1∶(50～100)倍稀释喷洒，一边翻猪床 20 cm

一边喷洒。补菌可结合水分调节和疏粪管理进行。

5. 垫料补充与更新

发酵床在消化分解粪尿的同时，垫料也会逐步损耗，及时补充垫料是保持发酵床性能稳定的重要措施。通常垫料减少量达到10%后就要及时补充，补充的新料要与发酵床上的垫料混合均匀，并调节好水分。

发酵床垫料的使用寿命是有一定期限的，日常养护措施到位，使用寿命相对较长，反之则会缩短。当垫料达到使用期限后，必须将其从垫料槽中彻底清出，并重新放入新的垫料，清出的垫料送堆肥场，按照生物有机肥的要求，做好陈化处理，并进行养分、有机质调节后，作为生物有机肥出售。垫料是否需要更新，可按以下方法进行判断：

(1)高温段上移。通常发酵床垫料的最高温度段应该位于床体的中部偏下段，保育猪发酵床为向下20～30 cm处、育成猪发酵床为向下40～60 cm处，如果日常按操作规程养护，高温段还是向发酵床表面位移，就说明需更新发酵床垫料。

(2)发酵床持水能力减弱，垫料从上往下水分含量逐步增加。当垫料达到使用寿命，供碳能力减弱，粪尿分解速度减慢，水分不能通过发酵产生的高热挥发，会向下渗透，并且速度逐渐加快，该批猪出栏后应及时更新垫料。

(3)猪舍出现臭味，并逐渐加重。

6. 其他

猪舍内禁止使用化学药品和抗生素类，防止伤害微生物，影响微生物活性。发酵床可以连续使用3年以上，不用清理。生猪入圈前要先驱虫，防止将寄生虫带入发酵床，使猪重复感染发病。

【任务评价】

**简答题**

1. 畜禽场污染防治主要对策有哪些？
2. 生态养猪的模式主要有哪几种？

# 任务7　畜禽场环境卫生调查与评价

## 一、调查与评价内容

1. 畜禽场的位置

观察和了解畜禽场周围交通运输情况、居民点及其他工农业企业等的距离与位置。

2. 全场地形、地势与土壤

场地形状及面积大小，地势高低、坡度和坡向，土质和植被等。

3. 水源

水源种类及卫生防护条件，给水方式，水质情况，水量是否满足需要等。

4. 全场平面布局情况

(1)全场不同功能区的划分及其在场内位置的相互关系。

(2)畜禽舍的排列形式、方位及其间距。

(3)饲料库、饲料加工间、产品加工间、兽医室、贮粪池以及其他附属建筑的位置与畜禽舍的距离。

(4)运动场的位置、面积、土质及排水情况。

5. 畜禽舍卫生状况

包括畜禽舍类型、样式、材料结构,通风换气方式与设备,采光情况,排水系统及防潮措施,畜禽舍防寒、防暑设施与效果,畜禽舍温度、湿度、气流观测结果。

6. 畜禽场环境污染与环境保护情况

粪尿处理情况,场内排水设施及污水排放、处理情况,绿化情况,场界与场内各区域的污水防护设施,蚊蝇滋生情况及其他污染状况。

7. 其他

畜禽传染病、地方病、慢性病等发病情况。

## 二、调查与评价的方法

学生分成若干小组,按上述内容进行观察、测量和访问,并参考表 5-8 进行记录,最后综合分析,作出卫生评价结论。结论的内容应从畜禽场场址选择、建筑物规划布局、畜禽舍建筑、畜禽场环境卫生四个方面,分别指出其优点、缺点,并提出今后改进的意见。结论文字力求简明扼要。

## 三、调查表

调查某畜禽场环境卫生状况,作出正确评价,并提出切合实际的改进措施。畜禽场环境卫生调查表见表 5-8。

**表 5-8 畜禽场环境卫生调查表**

| | |
|---|---|
| 畜禽场名称: | 畜禽种类与头(只)数: |
| 位置: | 全场面积/$m^2$: |
| 地形: | 地势: |
| 土质: | 植被: |
| 水源: | 当地主风向: |
| 畜禽舍区位置: | 畜禽舍栋数: |
| 畜禽舍方位: | 畜禽舍间距: |
| 畜禽舍距调料间: | 畜禽舍距饲料库: |
| 畜禽舍距产品加工间: | 畜禽舍距兽医室: |
| 畜禽舍距公路: | 畜禽舍距住宅区: |

续表 5-8

| | | |
|---|---|---|
| 畜禽舍类型： | | |
| 畜禽舍面积　长/m： | 宽/m： | 面积/$m^2$： |
| 畜栏有效面积 长/m： | 宽/m： | 面积/$m^2$： |
| 值班室面积　长/m： | 宽/m： | 面积/$m^2$： |
| 饲料室面积　长/m： | 宽/m： | 面积/$m^2$： |
| 舍顶　形式： | 材料： | 高度/cm： |
| 天棚　形式： | 厚度/cm： | 高度/cm： |
| 外墙　材料： | 厚度/cm： | |
| 窗　南窗数量： | | |
| 每个窗户尺寸/cm： | | |
| 北窗数量： | 每个窗户尺寸/cm： | |
| 窗台高度/cm： | 采光系数： | |
| 入射角： | 透光角： | |
| 大门　形式： | 数量： | 高度/cm：　宽度/cm： |
| 通道　数量： | 位置： | 宽度/cm： |
| 畜床　材料： | 卫生条件： | |
| 粪尿沟形式： | 宽/cm： | 深/cm： |
| 通风设备　进气管数量： | 单个面积/$cm^2$： | |
| 排气管数量： | 单个面积/$cm^2$： | |
| 其他通风设备： | | |
| 运动场　位置： | 面积/$m^2$： | 土质： |
| 卫生状况： | | |
| 畜禽舍小气候观测结果： | 温度： | 湿度： |
| | 气流： | 照度： |
| 畜禽场一般环境状况 | | |
| 其他 | | |
| 综合评价 | | |
| 改进意见 | | |

调查人：________　　　　　　　　调查日期：________

# 项目六
## 畜禽场污染指标检测

【价值目标】

通过检测畜禽场排放的废弃物、粪便、污水、尿液中的污染指标，使学生认识到废弃物随意排放造成的后果与危害，培养学生开展环境监测与检测的能力，增强学生的担当意识，培养学生具有共同建设绿色环保、自然友好的美好生活家园的责任与义务，实现人与动物和谐共生的可持续发展。

【学习目标】

了解畜禽场各项污染指标测定的原理、使用的仪器与设备；学会各种试剂的配制方法；掌握空气、水质、有机肥、尿样及污水污染指标测定的基本内容与方法。

【教学案例】

《中华人民共和国环境保护法》于 2015 年 1 月 1 日开始实行后，环保部门对于养殖企业和养殖户排污无可奈何的局面全面扭转。2015 年 1 月 21 日，湖南长沙某养猪场排污被移送至公安机关，企业法人被处以行政拘留 7 日的处罚；湖南某养殖场每天向浏阳河支流直接排放 160 t 化学需氧量严重超标的废水，2015 年 1 月 22 日，湖南浏阳警方对场长唐某进行 9 日的行政拘留。26 日，警方又对该养殖场治污负责人邓某进行 10 日的行政拘留。大气污染和水源污染被指与养殖业息息相关，为了还绿水青山，许多养殖退出了传统的生猪养殖业。

## 任务 1　畜禽舍空气中有害气体测定

### 一、二氧化碳测定

#### （一）适用范围

本方法用容量滴定法测定畜禽舍空气中二氧化碳的含量。

#### （二）测定原理

氢氧化钡溶液与空气中二氧化碳作用可生成白色碳酸钡沉淀。利用过量的氢氧化钡溶液吸收二氧化碳后，剩余的氢氧化钡用标准草酸溶液滴至酚酞试剂红色刚退。根据容量法滴定结果和所采集的空气体积，即可求得空气中二氧化碳的浓度。

$$Ba(OH)_2 + CO_2 \rightarrow BaCO_3 \downarrow + H_2O$$
$$Ba(OH)_2 + H_2C_2O_4 \rightarrow BaC_2O_4 + 2H_2O$$

## (三)仪器与设备

1. 恒流采样器

流量范围 0～1 L/min，流量稳定、可调恒流误差小于 2%；采样前和采样后用皂膜流量计校准采样系统的流量，误差不大于 5%。

2. 吸收管

吸收液为 50 mL，当流量为 0.3 L/min 时，吸收管多孔板阻力为 392.27～490.33 Pa。

3. 酸式滴定管

50 mL。

4. 碘量瓶

125 mL。

## (四)试剂及配制

1. 吸收液

稀吸收液(用于空气二氧化碳浓度低于 0.15%时采样)：称取 1.4 g 氢氧化钡[$Ba(OH)_2 \cdot 8H_2O$]和 0.08 g 氯化钡($BaCl_2 \cdot 2H_2O$)溶于 800 mL 水中。

浓吸收液(用于空气二氧化碳浓度在 0.15%～0.5%时采样)：称取 2.8 g 氢氧化钡[$Ba(OH)_2 \cdot 8H_2O$]和 0.16 g 氯化钡($BaCl_2 \cdot 2H_2O$)溶于 800 mL 水中，加入 3 mL 正丁醇，摇匀，用水稀释至 1 000 mL。

2. 草酸标准溶液

称取 0.563 7 g 草酸($H_2C_2O_4 \cdot 2H_2O$)，用水溶解并稀释至 1 000 mL，此溶液 1ml 与标准状况(0 ℃，101.325 kPa)下 0.1 mL 二氧化碳相当。

3. 酚酞酒精指示剂(1%)

4. 正丁醇

5. 纯氮气(纯度 99.99%)或经碱石灰管除去二氧化碳后的空气

## (五)测定步骤

1. 采样

取一个吸收管(事先应充氮或充入经碱石灰处理的空气)，加入 50 mL 氢氧化钡吸收液，以 0.3 L/min 流量，采样 5～10 min。采样前后，吸收管的进、出气口均用乳胶管连接以免空气进入。

2. 滴定

吸收管送实验室，取出中间砂芯管，加塞静置 3 h，使碳酸钡沉淀完全，吸取上清液 25 mL 于碘量瓶中(碘量瓶事先应充氮或充入经碱石灰处理的空气)，加入 2 滴酚酞指示剂，用草酸标准液滴定至红色变为无色，记录所消耗的草酸标准溶液的体积(mL)。

3. 空白滴定

同时吸取 25 mL 未采样的氢氧化钡吸收液作空白滴定，记录消耗的草酸标准溶液的体积(mL)。

### (六)结果计算

(1)将采样体积换算成标准状态下体积：

$$V_0 = V_t \times \frac{273}{273 \pm t} \times \frac{P}{101.3}$$

式中，$V_0$ 为标准状态下的体积(mL)；$V_t$ 为采样体积(mL)；$t$ 为采样时气温(℃)；$P$ 为采样时的气压(kPa)。

(2)空气中二氧化碳体积分数按下式计算：

$$c = 20 \times (b - a) / V_0$$

式中，$c$ 为空气中二氧化碳体积分数(%)；$a$ 为样品滴定所用草酸标准溶液体积(mL)；$b$ 为空白滴定所用草酸标准溶液体积(mL)；20 为用草酸标准溶液滴定氢氧化钡吸收液的体积(mL)；$V_0$ 为换算成标准状况下的采样体积(mL)。

该方法的精密度和准确度对含二氧化碳 0.04%～0.27%的标准气体的回收率为 97%～98%，重复测定的变异数为 2%～4%。

## 二、氨气的测定

### (一)适用范围

本方法用纳氏试剂比色法测量畜禽舍空气中氨气的含量。

### (二)测定原理

空气中氨吸收在稀硫酸中，与纳氏试剂作用生成黄色化合物，根据着色深浅，比色定量。

### (三)仪器与设备

1. 大型气泡吸收管

有 10 mL 刻度线。

2. 空气采样器

流量范围 0～2 L/min，流量稳定。使用前后，用皂膜流量计校准采样系统的流量，误差范围为±5%。

3. 具塞比色管

10 mL。

4. 分光光度计

可测波长为 45 nm，狭缝小于 20 nm。

### (四)试剂及配制

本法所用的试剂均为分析纯，水为无氨蒸馏水(无氨蒸馏水的制备：于普通蒸馏水中，加少量的高锰酸钾至浅紫红色，再加少量氢氧化钠至呈碱性。蒸馏，取其中间蒸馏部分的水，加少量硫酸溶液呈微酸性，再蒸馏一次）。

1. 硫酸吸收液（$H_2SO_4$＝0.005 mol/L）

量取 2.8 mL 浓硫酸加入水中，稀释至 1L。用前再稀释 10 倍。

2. 酒石酸钾钠溶液（500 g/L）

称取 50 g 酒石酸钾钠（$KNaC_4H_4O_6 \cdot 4H_2O$）溶于 100 mL 水中，煮沸，使约减少 20 mL 为止，冷却后，再用水稀释至 100 mL。

3. 纳氏试剂

称取 17 g 氯化汞（$HgCl_2$）溶于 300 mL 水中，另称取 17 g 碘化钾（KI）溶于 100 mL 水中，然后将氯化汞溶液缓慢加入碘化钾溶液中，直至形成红色沉淀不溶为止。再加入 600 mL 氢氧化钠溶液（200 g/L）及剩余的氯化汞溶液。将此溶液静置 1～2 d，使红色浑浊物下沉，将上清液移入棕色瓶中（或用 5# 玻璃砂芯漏斗过滤），用橡皮塞塞紧保存备用。此试剂几乎无色。

4. 氨标准溶液

（1）标准储备液。称取 0.314 2 g 经 105 ℃干燥 1 h 的氯化铵（$NH_4Cl$），用少量水溶解，移入 100 mL 容量瓶中，用吸收液稀释至刻度。此溶液 1.00 mL 含 1.00 mg 氨。

（2）标准工作液。临用时，将标准储备液用吸收液稀释成每毫升含 2.00 μg 氨。

### （五）测定步骤

1. 采样

用一个内装 10 mL 吸收液的大型气泡吸收管，以 0.5 L/min 流量，采气 5 L，及时记录采样点的温度及大气压力。采样后，样品在室温下保存，于 24 h 内分析。测定范围为 10 mL 样品溶液中含 2～20 μg 氨。按本法规定的条件采样 10 min，样品可测质量浓度范围为 0.4～4 mg/m$^3$。

2. 标准曲线的绘制

取 10 mL 具塞比色管 7 支，按表 6-1 制备标准系列管。

**表 6-1　氨标准系列管**

| 管号 | 0 | 1 | 2 | 3 | 4 | 5 | 6 |
|---|---|---|---|---|---|---|---|
| 标准工作液/mL | 0.00 | 1.00 | 2.00 | 4.00 | 6.00 | 8.00 | 10.00 |
| 吸收液/mL | 10.00 | 9.00 | 8.00 | 6.00 | 4.00 | 2.00 | 0.00 |
| 氨含量/μg | 0.00 | 2.00 | 4.00 | 8.00 | 12.00 | 16.00 | 20.00 |

在各管中加入 0.1 mL 酒石酸钾钠溶液，再加入 0.5 mL 纳氏试剂，混匀，室温下放置 10 min。用 1 cm 比色皿，于波长 425 nm 处，以水作参比，测定吸光度。以氨含量（μg）作横坐标，吸光度为纵坐标，绘制标准曲线，并用最小二乘法计算标准曲线的斜率、截距及回归方程。回归方程如下：

$$y=bx+a$$

式中，$y$ 为标准溶液的吸光度；$x$ 为氨含量（μg）；$a$ 为回归方程式的截距；$b$ 为回归方程式的斜率(吸光度/$\mu$g)。

标准曲线斜率 $b$ 应为 0.014±0.002(吸光度/$\mu$g 氨)。以斜率的倒数作为样品测定时的计算因子($BS$)。

3. 样品测定

将样品溶液转入具塞比色管中,用少量的水冲洗吸收管、合并,使总体积为 10 mL。再按制备标准曲线的操作步骤测定样品的吸光度。在每批样品测定的同时,用 10 mL 未采样的吸收液作试剂空白测定。如果样品溶液吸光度超过标准曲线范围,则可用试剂空白稀释样品显色液后再分析。计算样品浓度时,要考虑样品溶液的稀释倍数。

### (六)结果计算

(1)将采样体积换算成标准状态下的体积。(同二氧化碳测定)

(2)空气中氨浓度按下式计算:

$$c=(A-A_0)\frac{BS}{V_0}$$

式中,$c$ 为空气中氨的质量浓度(mg/m$^3$);$A$ 为样品溶液的吸光度;$A_0$ 为空白溶液的吸光度;$BS$ 为计算因子($\mu$g/吸光度);$V_0$ 为标准状态下的采样体积(L)。

### (七)注意事项

(1)纳氏试剂毒性较大,取用时必须十分小心,接触到皮肤时,应立即用水冲洗。

(2)含纳氏试剂的废液,应集中处理(处理方法:为了避免含汞废液造成对环境的污染,应将废液中的汞进行处理,将废液收集在塑料桶中,当废水容量达到 20L 左右时,以曝气方式混匀废液,同时加入 400 g/L 氢氧化钠溶液 50 mL,再加入 50 g 硫化钠($Na_2S\cdot 9H_2O$),10 min 后,慢慢加入 200 mL 市售过氧化氢,静置 24 h 后,抽取上清液弃去。

(3)无氨蒸馏水的制备。于普通蒸馏水中,加少量的高锰酸钾至浅紫红色,再加少量氢氧化钠至呈碱性。蒸馏,取其中间蒸馏部分的水,加少量硫酸溶液呈微酸性,再蒸馏一次。

## 三、硫化氢的测定

### (一)适用范围

本方法适用于畜禽舍空气中硫化氢含量的测定。

### (二)测定原理

由于空气中的硫化氢通过碘溶液形成碘氢酸,应用硫代硫酸钠测定碘溶液吸收硫化氢前后之差,求得空气中硫化氢的含量。反应式如下:

$$I_2+H_2S=2HI+S$$

$$I_2+2Na_2S_2O_3=2NaI+Na_2S_4O_6$$

### (三)仪器与设备

1. 大型气泡吸收管

有 10 mL 刻度线。

2. 空气采样器

流量范围 0～2 L/min，流量稳定。使用前后，用皂膜流量计校准采样系统的流量，误差范围为±5%。

3. 干燥管

4. 三角瓶

50 mL。

5. 移液管

10 mL。

6. 其他

洗耳球、滴定台、胶管、弹簧夹、气压表、温度计、碱式滴定管、量筒、试剂瓶。

### (四)试剂及配制

1. 碘液(0.1 mol/L)

用普通天平称取碘化钾 2.5 g，溶于 15～20 mL 蒸馏水中，再用分析天平精确称取碘 1.269 2 g，倒入 1 000 mL 容量瓶中，将碘化钾溶液也倒入同一容量瓶中振摇，使碘全部溶解后，加蒸馏水至刻度，保存于褐色玻璃瓶中备用。

2. 硫代硫酸钠标准溶液(0.05 mol/L)

称取硫代硫酸钠(化学纯)2.481 g，装入 1 000 mL 容量瓶中，加部分蒸馏水使其全部溶解后，再加蒸馏水至刻度。硫代硫酸钠能吸收空气中的二氧化碳，应定期用 0.01 mol/L 碘液进行标定。

3. 淀粉液(0.5%)

将 0.5 g 可溶性淀粉用少量蒸馏水调制成糊状，再加入刚煮沸的蒸馏水至 100 mL，冷却后即可使用。此液最好是现用现配。如需要保存时，可加入 0.5 mL 氯仿防腐。

### (五)测定方法

(1)采样同氨气。

(2)在两吸收管中各盛碘液 20 mL。

(3)空气采样器以流速 1 L/min 左右，采气 40～60 L。采样点的高度以畜禽呼吸带离地高度为准，牛、马一般为 1～1.5 m；猪、羊为 0.5 m。采样时应在同一地点同时采两个平行样品，两个平行样品结果之差，不应超过 20%。

(4)采气完毕，将两支吸收管中吸取了硫化氢的碘液，全部倒入 200 mL 容量瓶中，用少量蒸馏水分别洗涤吸收管后，一起倒入容量瓶中充分混合，最后加蒸馏水至刻度。吸取 10 mL 吸收液于 50 mL 锥形瓶中，加入淀粉液 0.5 mL，振荡后用硫代硫酸钠标准溶液滴定至红褐色消退为淡黄色时，振荡后继续滴定至完全无色为止，记录硫代硫酸钠标准溶液的用量(mL)。

(5)空白测定　在锥形瓶中加入未吸收硫化氢的碘液 50 mL，按上述方法滴定，记录硫代硫酸钠标准溶液的用量(mL)。

### (六)结果计算

空气中硫化氢的质量浓度($mg/m^3$)按下列公式计算：

$$X=(a-b)\times n\times 0.34\times \frac{1\ 000}{V_0}$$

式中，$X$ 为空气中硫化氢的质量浓度（$mg/m^3$）；$a$ 为空白滴定时硫代硫酸钠标准溶液的消耗量（mL）；$b$ 为滴定吸收硫化氢后的硫代硫酸钠标准溶液的消耗量（mL）；$n$ 为滴定时所吸收的碘液改算为总量时的倍数（如取 10 mL，即为总量的 1/20，则乘以 20）；0.34 指 1 mL 碘液相当于 0.34g 硫化氢；$V_0$ 为换算成标准状况下的采样体积（L）。

【任务评价】

**一、名词解释**

标准溶液　纳氏比色法　二氧化碳容量滴定法

**二、简答题**

1. 容量滴定法测定二氧化碳的原理、方法及结果如何计算？
2. 简述氨标准溶液配制方法与步骤。
3. 猪舍空气中氨气、硫化氢含量的卫生标准是多少？

# 任务 2　水质卫生指标测定

## 一、水样的采集和保存

### （一）适用范围

（1）本方法用于生活饮用水及水源水样的采集和样品保存。

（2）采样前应根据水质检验目的和任务制订采样计划，内容包括：采样目的、检验指标、采样时间、采样地点、采样方法、采样频率、采样数量、采样容器与清洗、采样体积、样品保存方法、样品标签、现场测定项目、采样质量控制、运输工具和条件等。

### （二）水样的采集

供物理、化学检验用的水样应均匀、有代表性以及不改变其理化特性。水样量根据欲测项目多少而不同，采集 2～3 L 即可满足通常水质理化分析的需要。

采集水样的容器，可用硬质玻璃瓶或聚乙烯瓶。一般情况下，两种均可应用。当容器对水样中某种组分有影响时，则应选用合适的容器。采样前先将容器洗净，采样时用水样冲洗 3 次，再将水样采集于瓶中。

采集自来水及具有抽水设备的井水时，应先放水数分钟，使积留于水管中的杂质流去，然后将水样收集于瓶中。采集无抽水设备的井水或江、河、水库等地面水的水样时，可将采样器浸入水中，使采样瓶口位于水面下 20～30 cm，然后拉开瓶塞使水进入瓶中。供细菌学卫生检验用的水样，所用容器必须按照规定的办法进行灭菌，并需保证水样在运送、保存过程中不受污染。

### （三）水样的保存

采样和分析的间隔时间尽可能缩短。某些项目的测定，应现场进行。有的项目则需加入适当的保存剂。需要加保存剂的水样，一般应先将保存剂加入瓶中，或在低温下保存。加酸保存可防止金属形成沉淀和抑制细菌对一些项目的影响。加碱可防止氰化物等组分挥发。低温保存可抑制细菌的作用和减慢化学反应的速率。表 6-2 为部分分析项目对存放水样容器的要求和水样保存方法。

**表 6-2　水样保存方法**

| 项目 | 保存方法 |
|---|---|
| pH | 最好现场测定，必要时 4 ℃保存 6h 内测定 |
| 总硬度 | 必要时加硝酸至 pH<2 |
| 氯化物 | 7 d 内测定 |
| 氨氮、硝酸盐氮 | 每升水样加 0.8 mL 硫酸，4 ℃保存 24 h 内测定 |
| 亚硝酸盐氮 | 4 ℃保存，尽快分析 |
| 耗氧量 | 每升水样加 0.8 mL 硫酸，4 ℃保存 24 h 内测定 |
| 生化需氧量 | 立即测定，或 4 ℃保存，6 h 内测定 |
| 余氯 | 现场测定，4 ℃保存 |
| 氰化物 | 加氢氧化钠至 pH≥12，4 ℃保存 24 h 内测定 |
| 砷 | 4 ℃保存，尽快分析 |
| 铬（六价） | 加氢氧化钠至 pH 为 7～9，尽快分析 |

### （四）注意事项

（1）采样时不可搅动水底的沉积物。

（2）水样采集后应尽快测定。水温、pH、游离余氯等指标应在现场测定，其余项目的测定也应在规定时间内完成。

（3）采集测定溶解氧、生化需氧量和有机污染物的水样时应注满容器，上部不留空间，并采用水封。

（4）含有可沉降性固体（如泥沙等）的水样，应分离除去沉积物。分离方法为：将所采水样摇匀后倒入筒形玻璃容器（如量筒），静置 30 min，将已不含沉降性固体但含有悬浮性固体的水样移入采样容器保存。

（5）采集测定油类的水样时，应在水面至水面下 30 cm 处采集柱状水样，全部用于测定。

（6）完成现场测定的水样，不能带回实验室供其他指标测定使用。

（7）测定油类、$BOD_5$、硫化物、微生物学、放射性等项目要单独采样。

## 二、pH 的测定

pH 是水中氢离子活度倒数的对数值。水的 pH 可用玻璃电极法和标准缓冲溶液比色法测定。玻璃电极法比较准确，比色法简易方便，但准确度较差。

### （一）适用范围

（1）本方法适用于玻璃电极法测定生活饮用水及水源水样的 pH。

（2）用本法测定 pH 可准确到 0.01。

### (二)测定原理

以玻璃电极为指示电极,饱和甘汞电极为参比电极,插入溶液中组成原电池。当氢离子浓度发生变化时,玻璃电极和甘汞电极之间的电动势也随着变化,在 25 ℃时,每单位标度相当于 59.1 mV 电动势变化值,在仪器上直接以 pH 的读数表示。在仪器上有温度差异补偿装置。

### (三)仪器与设备

1. 精密酸度计

测量范围 0～14 pH 单位;读数精度为小于或等于 0.02 pH 单位。

2. pH 玻璃电极

3. 饱和甘汞电极

4. 温度计

0～50 ℃。

5. 塑料烧杯

50 mL。

### (四)试剂及配制

1. 苯二甲酸氢钾标准缓冲溶液甲

称取 10.21 g 在 105 ℃烘干 2 h 的苯二甲酸氢钾,溶于纯水中,并稀释至 1 000 mL,此溶液的 pH 在 20 ℃时为 4.00。

2. 混合磷酸盐标准缓冲溶液乙

称取 3.40 g 在 105 ℃烘干 2 h 的磷酸二氢钾($KH_2PO_4$)和 3.55 g 磷酸氢二钠($Na_2HPO_4$),溶于纯水中,并稀释至 1 000 mL。此溶液的 pH 在 20 ℃时为 6.88。

3. 四硼酸钠标准缓冲溶液丙

称取 3.81 g 四硼酸钠[$(Na_2B_4O_7)\cdot 10H_2O$],溶于纯水中,并稀释至 1 000 mL。此溶液 pH 在 20 ℃时为 9.22。

三种标准缓冲溶液的 pH 随温度而稍有差异(表 6-3)。

**表 6-3　三种标准缓冲溶液的标准 pH**

| 温度/℃ | pH 标准缓冲溶液的标准值 | | |
|---|---|---|---|
| | 甲 | 乙 | 丙 |
| 0 | 4.00 | 6.98 | 9.46 |
| 5 | 4.00 | 6.95 | 9.40 |
| 10 | 4.00 | 6.92 | 9.33 |
| 15 | 4.00 | 6.90 | 9.28 |
| 20 | 4.00 | 6.88 | 9.22 |
| 25 | 4.01 | 6.86 | 9.18 |
| 30 | 4.02 | 6.85 | 9.14 |
| 35 | 4.02 | 6.84 | 9.10 |
| 40 | 4.04 | 6.84 | 9.07 |

**(五)测定步骤**

(1)玻璃电极在使用前应放入纯水中浸泡 24 h 以上。

(2)仪器校正。仪器开启 30 min 后,按仪器使用说明书操作。

(3)pH 定位。选用一种与被测水样 pH 接近的标准缓冲溶液,重复定位 1～2 次,当水样 pH<7.0 时,使用苯二甲酸氢钾标准缓冲溶液定位,以四硼酸钠或混合磷酸盐标准缓冲溶液复定位;如果水样 pH>7.0 时,则用四硼酸钠标准缓冲溶液定位,以苯二甲酸氢钾或混合磷酸盐标准缓冲溶液复定位。

(4)用洗瓶以纯水缓缓淋洗两个电极数次,再以水样淋洗 6～8 次,然后插入水样中,1 min 后直接从仪器上读出 pH。

**(六)注意事项**

(1)甘汞电极内为氯化钾的饱和溶液,当室温升高后,溶液可能由饱和状态变为不饱和状态,故应保持一定量氯化钾晶体。

(2)pH>9 的溶液,应使用高碱玻璃电极测定 pH。

## 三、水质总硬度的测定

水的硬度是指沉淀肥皂的程度。使肥皂沉淀的原因主要是由于水中的钙、镁离子,此外,铁、铝、锰、锶及锌也有同样的作用。在一般情况下,除钙、镁离子以外,其他沉淀肥皂的金属离子(铁、铝、锰、锶及锌等)浓度都很低,所以多采用乙二胺四乙酸二钠($Na_2EDTA$,简称 EDTA-2Na)容量法测定钙、镁离子的总量,并经过换算,以每升水中碳酸钙的毫克数表示。

**(一)适用范围**

(1)本方法用乙二胺四乙酸二钠($Na_2EDTA$)滴定法测定生活饮用水及水源水样的总硬度。

(2)本法最低检测质量为 0.05 mg/L,若取 50 mL 水样测定,则最低检测质量浓度为 1.0 mg/L。

**(二)测定原理**

水样中的钙、镁离子与铬黑 T 指示剂形成紫红色螯合物,这些螯合物的不稳定常数大于乙二胺四乙酸钙和镁螯合物的不稳定常数。当 pH=10 时,乙二胺四乙酸二钠先与钙离子,再与镁离子形成螯合物,滴定至终点时,溶液呈现出铬黑 T 指示剂的纯蓝色。

**(三)仪器与设备**

1. 锥形瓶

150 mL。

2. 滴定管

10 mL 或 25 mL。

**(四)试剂及配制**

1. 缓冲溶液(pH=10)

(1)称取 16.9 g 氯化铵,溶于 143 mL 氨水($\rho_{20}$=0.88 g/mL)中。

(2)称取 0.780 g 硫酸镁及 1.178 g 乙二胺四乙酸二钠,溶于 50 mL 纯水中,加入 2 mL 氯化铵一氢氧化铵溶液和 5 滴铬黑 T 指示剂(此时溶液应呈紫红色。若为纯蓝色,应再加极少量硫酸镁使呈紫红色),用乙二胺四乙酸二钠标准溶液滴定至溶液由紫红色变为纯蓝色。合并以上两溶液,并用纯水稀释至 250 mL。合并后如溶液又变为紫红色,在计算结果时应扣除试剂空白。

2. 硫化钠溶液(50 g/L)

称取 5.0 g 硫化钠溶于纯水中,并稀释至 100 mL。

3. 盐酸羟胺溶液(10 g/L)

称取 1.0 g 盐酸羟胺,溶于纯水中,并稀释至 100 mL。

4. 氰化钾溶液(100 g/L)

称取 10.0 g 氰化钾溶于纯水中,并稀释至 100 mL。

5. $Na_2EDTA$ 标准溶液[$c(Na_2EDTA)=0.01$ mol/L]

称取 3.72 g $Na_2EDTA$ 溶解于 1 000 mL 纯水中,按以下方法标定其准确浓度。

(1)锌标准溶液。称取 0.6~0.7 g 纯锌粒,溶于盐酸溶液中,置于水浴上温热至完全溶解,移入容量瓶中,定容至 1 000 mL,并按下式计算锌标准溶液的浓度:

$$c(\text{Zn})=\frac{m}{65.39}$$

式中,$c(\text{Zn})$为锌标准溶液的浓度(mol/L);$m$ 为锌的质量(g);65.39 为锌的摩尔质量(g)。

(2)吸取 25.00 mL 锌标准溶液于 150 mL 锥形瓶中,加入 25 mL 纯水,加入几滴氨水调节溶液至近中性,再加 5 mL 缓冲溶液和 5 滴铬黑 T 指示剂,在不断振荡下,用 $Na_2EDTA$ 溶液滴定至不变的纯蓝色,按下式计算 $Na_2EDTA$ 标准溶液的浓度:

$$c'=\frac{c(\text{Zn})\times V_2}{V_1}$$

式中,$c'$为 $Na_2EDTA$ 标准溶液的浓度(mol/L);$c(\text{Zn})$为锌标准溶液的浓度(mol/L);$V_1$ 为滴定消耗的 $Na_2EDTA$ 溶液的体积(mL);$V_2$ 为所取锌标准溶液的体积(mL)。

6. 铬黑 T 指示剂

称取 0.5 g 铬黑 T 用 95%的乙醇溶解,并稀释至 100 mL。放置于冰箱中保存,可稳定一个月。

## (五)测定步骤

(1)吸取 50.0 mL 水样(硬度过高的水样,可取适量水样,用纯水稀释至 50 mL,硬度过低的水样,可取 100 mL),置于 150 mL 锥形瓶中。

(2)加入 1~2 mL 缓冲溶液,5 滴铬黑 T 指示剂,立即用 $Na_2EDTA$ 标准溶液滴定至溶液由紫红色转变成纯蓝色为止,同时做空白试验,记下用量。

(3)若水样中含有金属干扰离子,使滴定终点延迟或颜色变暗,可另取水样,加入 0.5 mL 盐酸羟胺溶液及 1 mL 硫化钠溶液或 0.5 mL 氰化钾溶液再进行滴定。

(4)水样中钙、镁的重碳酸盐含量较大时,要预先酸化水样,并加热除去二氧化碳,以防碱化后生成碳酸盐沉淀,影响滴定时反应的进行。

(5)水样中含悬浮性或胶体有机物会影响终点的观察。可预先将水样蒸干并于 550 ℃灰化，用纯水溶解残渣后再行滴定。

### (六)结果计算

$$\rho(CaCO_3)=\frac{(V_1-V_0)\times c\times 100.09\times 1\ 000}{V}$$

式中，$\rho(CaCO_3)$为水质总硬度(mg/L)；$V_0$ 为空白滴定所消耗的 $Na_2EDTA$ 标准溶液的体积(mL)；$V_1$ 为水样滴定消耗的 $Na_2EDTA$ 标准溶液的体积(mL)；$c$ 为 $Na_2EDTA$ 标准溶液的浓度(mol/L)；$V$ 为水样体积(mL)；100.09 为 1.00 mL $Na_2EDTA$ 标准溶液相当的以毫克表示的总硬度(以 $CaCO_3$ 计)。

### (七)注意事项

(1)此方法准确，但比较烦琐，而且在一般情况下钙、镁离子以外的其他金属离子的浓度都很低，所以多采用乙二胺四乙酸二钠滴定法测定钙、镁离子的总量，并经过换算，以每升水中碳酸钙的质量表示。

(2)本方法主要干扰元素为铁、锰、铝、铜、镍、钴等金属离子，能使指示剂褪色或终点不明显。硫化钠及氰化钾可隐蔽重金属的干扰，盐酸羟胺可使高铁离子及高价锰离子还原为低价离子而消除其干扰。

(3)由于钙离子与铬黑 T 指示剂在滴定到达终点时的反应不能呈现出明显的颜色转变，所以当水样中镁含量很少时，需要加入已知量的镁盐，使滴定终点颜色转变清晰，在计算结果时，再减去加入的镁盐量，或者在缓冲溶液中加入少量 MgEDTA，以保证明显的终点。

(4)氰化钾溶液有剧毒。

## 四、氯化物的测定

### (一)适用范围

(1)本方法用硝酸银滴定法测定生活饮用水及水源水样中氯化物的浓度。

(2)本方法适用于天然水中氯化物的测定，也适用于经过适当稀释的高矿化度水如咸水、海水等，以及经过预处理除去干扰物的生活污水或工业废水。

(3)本方法适用的浓度范围为 10～500 mg/L 的氯化物，高于此范围的水样经稀释后可以扩大其测定范围。

(4)溴化物、碘化物和氰化物能与氯化物一起被滴定。正磷酸盐及聚磷酸盐分别超过 250 mg/L 及 25 mg/L 时有干扰，铁含量超过 10 mg/L 时使终点不明显。

### (二)测定原理

在中性至弱碱性范围内(pH 6.5～10.5)以铬酸钾为指示剂，用硝酸银滴定氯化物时，由于氯化银的溶解度小于铬酸银的溶解度，氯离子首先被完全沉淀出来后，铬酸盐以铬酸银的形式被沉淀产生砖红色，指示滴定终点到达。该沉淀滴定的反应如下：

$$Ag^+ + Cl^- \longrightarrow AgCl\downarrow$$

$$2Ag^+ + CrO_4^{2-} \longrightarrow Ag_2CrO_4\downarrow\text{(砖红色)}$$

## (三)仪器与设备

1. 锥形瓶

250 mL。

2. 棕色滴定管

25 mL。

3. 吸管

50 mL、25 mL。

## (四)试剂及配制

1. 高锰酸钾

$c\left(\frac{1}{5}KMnO_4\right)=0.01\ mol/L$。

2. 过氧化氢(30%)

3. 乙醇(95%)

4. 硫酸溶液

$c\left(\frac{1}{2}H_2SO_4\right)=0.05\ mol/L$。

5. 氢氧化钠溶液

$c(NaOH)=0.05\ mol/L$。

6. 氢氧化铝悬浮液

溶解 125 g 硫酸铝钾于 1 L 蒸馏水中加热至 60 ℃,然后边搅拌边缓缓加入 55 mL 浓氨水放置约 1 h 后,移至大瓶中,用倾泻法反复洗涤沉淀物,直到洗出液不含氯离子为止。用水稀释至约为 300 mL。

7. 氯化钠标准溶液[$c(NaCl)=0.0141\ mol/L$,相当于 500 mg/L 氯化物含量]

将氯化钠置于瓷坩埚内,在 500~600 ℃下灼烧 40~50 min。在干燥器中冷却后称取 8.240 0 g,溶于蒸馏水中,在容量瓶中稀释至 1 000 mL。用吸管吸取 10.0 mL,在容量瓶中准确稀释至 100 mL。1.00 mL 此标准溶液含 0.50 mg 氯化物($Cl^-$)。

8. 铬酸钾溶液(50 g/L)

称取 5 g 铬酸钾溶于少量蒸馏水中,滴加硝酸银溶液至有红色沉淀生成。摇匀,静置 12 h,然后过滤并用蒸馏水将滤液稀释至 100 mL。

9. 硝酸银标准溶液[$c(AgNO_3)=0.0141\ mol/L$]

称取 2.395 0 g 于 105 ℃烘 30 min 的硝酸银,溶于蒸馏水中,在容量瓶中稀释至 1 000 mL,贮于棕色瓶中。

用氯化钠标准溶液标定其浓度:

用吸管准确吸取 25.00 mL 氯化钠标准溶液于 250 mL 锥形瓶中,加蒸馏水 25 mL。另取一锥形瓶,量取蒸馏水 50 mL 作空白,各加入 1 mL 铬酸钾溶液,在不断地摇动下用硝酸银标准溶液滴定至砖红色沉淀刚刚出现为终点。计算每毫升硝酸银溶液所相当的氯化物量,然后校正其浓度，再作最后标定。

10. 酚酞指示剂溶液

称取 0.5 g 酚酞溶于 50 mL 95%的乙醇中，加入 50 mL 蒸馏水，再滴加 0.05 mol/L 氢氧化钠溶液使呈微红色。

## (五)测定步骤

1. 消除干扰

(1)如水样浑浊及带有颜色，则取 150 mL 或取适量水样稀释至 150 mL，置于 250 mL 锥形瓶中，加入 2 mL 氢氧化铝悬浮液，振荡过滤，弃去最初滤下的 20 mL，用清洁锥形瓶接取滤液备用。

(2)如果有机物含量高或色度高，可用茂福炉灰化法预先处理水样。取适量水样于瓷蒸发皿中，调节 pH 至 8～9，置水浴上蒸干，然后放入茂福炉中在 600 ℃下灼烧 1 h，取出冷却后，加 10 mL 蒸馏水，移入 250 mL 锥形瓶中，并用蒸馏水清洗三次，一并转入锥形瓶中，调节 pH 到 7 左右，稀释至 50 mL。

(3)由于有机质而产生的较轻色度，可以加入 0.01 mol/L 高锰酸钾 2 mL，煮沸，再滴加乙醇以除去多余的高锰酸钾至水样退色，过滤后滤液贮于锥形瓶中备用。

(4)如果水样中含有硫化物、亚硫酸盐或硫代硫酸盐，则加氢氧化钠溶液将水样调至中性或弱碱性，加入 30%的过氧化氢 1 mL，摇匀。1 min 后加热至 70～80 ℃，以除去过量的过氧化氢。

2. 测定

(1)用吸管吸取 50 mL 水样或经过预处理的水样(若氯化物含量高，可取适量水样用蒸馏水稀释至 50 mL)，置于锥形瓶中。另取一锥形瓶加入 50 mL 蒸馏水作空白试验。

(2)如水样 pH 在 6.5～10.5 范围时，可直接滴定，超出此范围的水样应以酚酞作指示剂，用稀硫酸或氢氧化钠溶液调节至红色刚刚褪去。

(3)加入 1 mL 铬酸钾溶液，用硝酸银标准溶液滴定至砖红色沉淀刚刚出现即为滴定终点。

3. 空白测定

与样本同法作空白滴定。

## (六)结果计算

水样中氯化物含量按下式计算：

$$c=\frac{(V_2-V_1)\times M\times 35.45\times 1\ 000}{V}$$

式中，$c$ 为试样中氯化物的含量(mg/L)；$V_1$ 为空白滴定时消耗硝酸银标准溶液量(mL)；$V_2$ 为试样时滴定消耗硝酸银标准溶液量(mL)；$M$ 为硝酸银标准溶液浓度(mol/L)；$V$ 为试样体积(mL)。

## (七)精密度和准确度

1. 重复性

实验室内相对标准偏差为 0.27%。

2. 再现性

实验室间相对标准偏差为 1.2%。

3. 准确度

相对误差为 0.57%；加标回收率（指在没有被测物质的空白样品基质中加入定量的标准物质，按样品的处理步骤分析，得到的结果与理论值的比值）为 100.21%±0.32%。

### （八）注意事项

（1）本法滴定时不能在酸性中进行。酸性中铬酸根离子浓度大大降低，很难形成铬酸银沉淀。本法也不能在碱性中进行，因银离子会形成氢氧化银沉淀。因此若水样 pH 低于 6.3 或者大于 10 时应先用酸或碱调节至中性或弱碱性，再进行滴定。

（2）铬酸钾在水样中的浓度影响终点到达的迟早，在 50～100 mL 滴定液中加入 5%的铬酸钾溶液 1 mL，使浓度为（2.6～5.2）$\times 10^{-3}$ mol/L。在滴定终点时，硝酸银加入量超过终点，可用空白测定值消除。

【任务评价】

**简答题**

1. 简述水样采集与保存的方法。
2. 如何用玻璃电极法测定水样的 pH?
3. 简述硝酸银测定水中氯化物的方法、原理。

# 任务 3　有机肥指标测定

## 一、含水率的测定

### （一）适用范围

（1）本方法用真空烘箱法测有机肥料中游离水的含量。

（2）本方法不适用于在干燥过程中能产生非水分挥发性物质的有机肥料。

### （二）仪器与设备

1. 研磨器或研钵

2. 标准筛

孔径为 0.5 mm、1.0 mm，带底盘和筛盖。

3. 搪瓷盘或铲子

4. 电热恒温真空干燥箱（真空烘箱）

温度可控制在（50±2）℃，真空度可控制在（6.4～7.1）$\times 10^{4}$ Pa。

5. 带磨口塞称量瓶

直径 50 mm，高 30 mm。

### (三)测定步骤

1.制备实验室样品

(1)缩分。用铲子或油灰刀将肥料在清洁、干燥、光滑的搪瓷盘表面上堆成一个圆锥形,压平锥顶,沿互成直角的二直径方向将肥料样品分成四等份,移去并弃去对角部分,将留下部分混匀。重复操作直至获得所需的样品量(约 1 000 g)。

将缩分后混合均匀的样品装入两个密封容器中密封,贴上标签并标明样品名称、取样日期、取样人姓名、单位名称或编号。一瓶作产品质量分析,一瓶保存两个月,以备查用。

(2)样品研磨。将一瓶样品经多次缩分后取出约 100 g 用研磨器或研钵研磨至全部通过 0.5 mm 孔径筛(对于潮湿肥料可通过 1.00 mm 孔径筛),混合均匀,置于洁净、干燥瓶中,作成分分析。研磨操作要迅速,以免在研磨过程中失水或吸湿,并要防止样品过热。

2.测定

在预先干燥并恒重的称量瓶中,称取实验室样品 2 g,称准至 0.000 1 g,置于(50±2) ℃干燥空气、真空度为$(6.4\sim7.1)\times10^4$ Pa 的电热恒温真空干燥箱中干燥 2 h±10 min,取出,在干燥器中冷却至室温,称量。

### (四)结果计算

有机肥中游离水的百分含量(W)按下式计算:

$$\text{游离水的含量 } W=[(m-m_1)/m]\times100\%$$

式中,$W$ 为以质量分数表示的有机肥中游离水含量(%);$m$ 为干燥前试样的质量(g);$m_1$ 为干燥后试样的质量(g)。

取平行测定结果的算术平均值作为测定结果。

### (五)准确度

(1)游离水的质量分数 $W$(游离水)≤2.0%,平行测定结果的绝对差值应≤0.20%;

(2)游离水的质量分数 $W$(游离水)≥2.0%,平行测定结果的绝对差值应≤0.30%。

## 二、有机质的测定

### (一)适用范围

本方法适用于重铬酸钾容量法测定有机肥料中有机质的含量。

### (二)测定原理

用定量的重铬酸钾—硫酸溶液,在加热条件下,使有机肥料中的有机碳氧化,多余的重铬酸钾用硫酸亚铁标准溶液滴定,同时以二氧化硅为添加物作空白试验。根据氧化前后氧化剂消耗量,计算有机碳含量,乘以系数 1.724,为有机质含量。

### (三)仪器与设备

通常实验室用仪器与设备。

### (四)试剂及配制

1.重铬酸钾标准溶液 (0.1 mol/L)

称取经过 130 ℃烘 3~4 h 的重铬酸钾 4.903 1 g,先用少量水溶解,然后转移入 1 L 容量瓶中，用水稀释至刻度，摇匀备用。

2. 重铬酸钾标准溶液（0.8 mol/L）

称取经过 130 ℃烘 3～4 h 的重铬酸钾 39.23 g，先用少量水溶解，然后转入 1 L 的容量瓶中，稀释至刻度，摇匀备用。

3. 硫酸亚铁标准溶液（0.2 mol/L）

称取硫酸亚铁（$FeSO_4 \cdot 7H_2O$）55.6 g，溶于 900 mL 水中，加硫酸 20 mL 溶解，稀释定容至 1 L，摇匀备用，此溶液的准确浓度用 0.1 mol/L 重铬酸钾标准溶液标定，现用现标定。

4. 硫酸亚铁标准溶液的标定

吸取 0.1 mol/L 重铬酸钾标准溶液 20 mL 加入 150 mL 三角瓶中，加硫酸 3～5 mL 和 2～3 滴邻菲啰啉指示剂，用硫酸亚铁标准溶液滴定，根据硫酸亚铁标准溶液滴定时的消耗量按下式计算其准确浓度。

$$c=c_1\times V_1/V_2$$

式中，$c$ 为硫酸亚铁标准溶液的浓度（mol/L）；$c_1$ 为重铬酸钾标准溶液的浓度（mol/L）；$V_1$ 为吸取重铬酸钾标准溶液的体积（mL）；$V_2$ 为滴定时消耗硫酸亚铁标准溶液的体积（mL）。

5. 邻菲啰啉指示剂

称取硫酸亚铁 0.695 g 和邻菲啰啉 1.485 g 溶于 100 mL 水中，摇匀备用，指示剂易变质，应该密闭保存于棕色瓶中。

### （五）测定步骤

称取过 $\phi$0.5 mm 筛的风干试样 0.2～0.5 g（精确至 0.000 1 g），置于 500 mL 的三角瓶中，准确加入 0.8 mol/L 重铬酸钾溶液 50 mL，再加入 50 mL 浓硫酸，加一弯颈小漏斗，置于沸水中，待水浴沸腾后保持 30 min。取出冷却至室温，用水冲洗小漏斗，洗液承接于三角瓶中。取下三角瓶，将反应物无损转入 250 mL 容量瓶中，冷却至室温，定容，吸取 50 mL 溶液于 250 mL 三角瓶内，加水至约 100 mL，加 2～3 滴邻菲啰啉指示剂，用 0.2 mol/L 硫酸亚铁标准溶液滴定近终点时，溶液由绿色变成暗绿色，再逐滴加入硫酸亚铁标准溶液直至生成砖红色为止。同时称取 0.2 g 二氧化硅代替试样，按照相同分析步骤，使用同样的试剂，进行空白试验。

如果滴定试样所用硫酸亚铁标准溶液用量不到空白试样所用硫酸亚铁标准溶液用量的 1/3 时，则应减少称取量，重新测定。

### （六）结果计算

有机质的含量以肥料的质量分数表示：

$$W(\%)=c\times(V_0-V)\times0.003\times100\times1.5\times1.724\times D/[m\times(1-X_0)]$$

式中，$c$ 为硫酸亚铁标准溶液的摩尔浓度（mol/L）；$V_0$ 为空白测定时消耗硫酸亚铁标准溶液的体积（mL）；$V$ 为样品测定时消耗硫酸亚铁标准溶液的体积（mL）；0.003 为 1/4 碳原子的摩尔质量（g/mol）；1.724 为有机碳换算成有机质的系数；1.5 为氧化校正系数；$m$ 为风干试样质量（g）；$X_0$ 为风干试样含水量；$D$ 为稀释倍数，定容体积/分取体积，250/50。

### （七）精确度与准确度

（1）取平行分析结果的算术平均值为最终分析结果。

（2）平行测定的绝对差值应符合表 6-4 要求。

表 6-4　平行测定的绝对差值　%

| 有机质 | 绝对差值 |
|---|---|
| <30 | 0.6 |
| 30～45 | 0.8 |
| >45 | 1.0 |

## 三、全氮含量的测定

### （一）适用范围

本方法适用于有机肥料中全氮含量的测定。

### （二）测定原理

有机肥中的有机氮经过硫酸—过氧化氢消煮，转化为铵态氮。碱化后蒸馏出来的氨用硼酸溶液吸收，以标准酸溶液滴定，计算样品中总氮含量。

### （三）仪器与设备

通常实验室用仪器与设备和定氮蒸馏装置（图 6-1）。

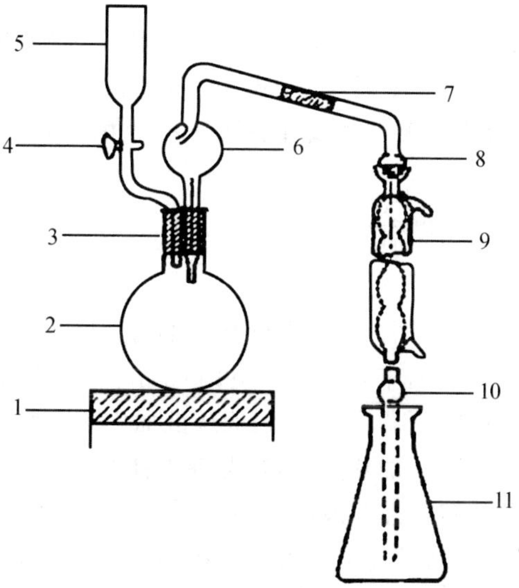


1. 电炉（1 kW）　2. 蒸馏瓶（圆底烧瓶 1 000 mL）　3. 橡皮塞　4. 活塞　5. 筒型漏斗（50 mL）　6. 定氮球　7. 橡皮管　8. 球形磨砂接口或橡皮塞　9. 冷凝管　10. 球泡　11. 接收器（三角瓶 250 mL）

图 6-1　定氮蒸馏装置

### （四）试剂及配制

1. 浓硫酸

$\rho$=1.84 g/mL。

2. 过氧化氢(30%)

3. 氢氧化钠溶液(40%)

称取 40 g 氢氧化钠(化学纯)溶于 100 mL 水中。

4. 硼酸溶液(2%)

称取 2 g 硼酸溶于 100 mL 约 60 ℃热水中,冷却,用稀碱在酸度计上调节溶液 pH 为 4.5。

5. 定氮混合指示剂

0.5 g 溴甲酚绿和 0.1 g 甲基红溶于 100 mL95%的乙醇中。

6. 硼酸-指示剂混合液

每升 2%硼酸溶液加入 20 mL 定氮混合指示剂,并用稀碱或稀酸调至红紫色(pH 约 4.5)。此溶液放置时间不宜过长,如在使用过程中 pH 有变化,需随时用稀碱或稀酸调节。

7. 硫酸标准溶液(0.025 mol/L)或盐酸标准溶液(0.05 mol/L)

### (五)测定步骤

1. 试样溶液制备

称取过 $\phi$0.5 mm 筛的风干试样 0.5～1 g(精确至 0.000 1 g),置于凯氏烧瓶底部,用少量水冲洗黏附在瓶壁上的试样,加 5 mL 硫酸和 1.5 mL 过氧化氢,小心摇匀,瓶口放一弯颈小漏斗,放置过夜。在可调电炉上缓慢升温至硫酸冒烟,取下,稍冷加 15 滴过氧化氢,轻轻摇动凯氏烧瓶继续加热 10 min,除尽剩余的过氧化氢。取下稍冷,小心加水至 20～30 mL,加热至沸。取下冷却,用少量水冲洗弯颈小漏斗,洗液收入原凯氏烧瓶中。将消煮液移入 100 mL 容量瓶中,加水定容,静置澄清或用无磷滤纸过滤到具塞三角瓶中,备用。

2. 空白试样

除不加试样外,试剂用量和操作同试样测定步骤。

3. 测定

(1)蒸馏前检查蒸馏装置是否漏气,并进行空蒸馏清洗管道。

(2)吸取消煮液 50 mL 于蒸馏瓶内,加入 200 mL 水。于 250 mL 三角瓶中加入 10 mL 硼酸-指示剂混合液承接于冷凝管下端,管口插入硼酸液面中。由筒型漏斗向蒸馏瓶内缓慢加入 15 mL 氢氧化钠溶液,关好活塞。加热蒸馏,待蒸馏液体积约 100 mL,即可停止蒸馏。

(3)用硫酸标准溶液或盐酸标准溶液滴定溜出液,由蓝色刚变至紫红色为终点,记录酸标准溶液消耗的体积。空白测定所消耗标准液的体积不得超过 0.1 mL,否则应重新测定。

### (六)结果计算

肥料中全氮含量以肥料的质量分数表示($N$):

$$N=c\times(V-V_0)\times0.014\times D\times100\%/[m\times(1-X_0)]$$

式中,$c$ 为酸标准溶液的浓度(mol/L);$V_0$ 为空白测定时消耗酸标准溶液的体积(mL);$V$ 为样品测定时消耗酸标准溶液的体积(mL);0.014 为 1 mL 酸标准溶液相当于氮的摩尔质量(g/mol);$m$ 为风干样品质量(g);$X_0$ 为风干试样的含水量(%);$D$ 为分取倍数,定容体积/分取体积,100/50。

所得结果应表示至两位小数。

### (七)精确度与准确度

(1)取两个平行测定结果的算术平均值作为测定结果。

(2)两个平行测定结果允许绝对差应符合表 6-5 要求。

**表 6-5　两个平行测定结果允许绝对差**　　%

| 全氮 | 绝对差值 |
|---|---|
| <0.50 | <0.02 |
| 0.50～1.00 | <0.04 |
| >1.00 | <0.06 |

## 四、全磷(TP)的测定

### (一)适用范围

本方法适用于有机肥料中全磷含量的测定。

### (二)测定原理

有机肥试样采用硫酸—过氧化氢消煮,在一定酸度下,待测液中的硫酸根离子与偏钒酸和钼酸反应生成黄色三元杂多酸。在一定浓度范围内[磷(P):1～20 mg/L],黄色溶液的吸光度与磷含量成正比例关系,用分光光度法测定磷含量。

### (三)仪器与设备

通常实验室用仪器与紫外分光光度计(图 6-2)。

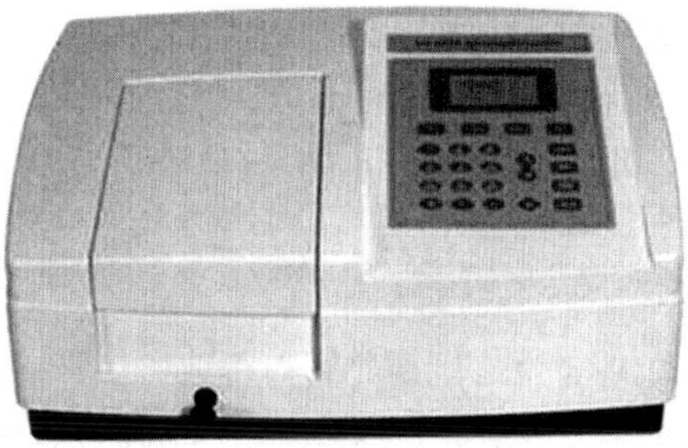

图 6-2　紫外分光光度计

### (四)试剂及配制

1. 硫酸($\rho$=1.84 g/mL)

2. 硝酸(化学纯)

3. 过氧化氢(30%)

4. 钒钼酸铵试剂

A 液:称取 25.0 g 钼酸铵溶于 400 mL 水中。

B 液:称取 1.25 g 偏钒酸铵溶于 300 mL 沸水中,冷却后加 250 mL 硝酸,冷却。在搅拌下将 A 液缓缓注入 B 液中,用水稀释至 1 L,混匀,贮于棕色瓶中。

5. 氢氧化钠溶液(10%)

6. 硫酸溶液

体积分数为 5%的溶液。

7. 磷标准溶液

称取 0.219 5 g 经 105 ℃烘干 2 h 的磷酸二氢钾(优级纯),用水溶解后,转入 1 L 容量瓶中,加入 5 mL 硫酸,冷却后用水定容至刻度。该溶液 1 mL 含磷(P)50 μg。

8. 2,4-(或 2,6-)二硝基酚指示剂(0.2%)

称取 0.2 g 2,4-(或 2,6-)二硝基酚溶于 100 mL 水中(饱和)。

9. 无磷滤纸

### (五)测定步骤

1. 试样溶液制备

称取过 ϕ0.5 mm 筛的风干试样 0.3～0.5 g,制备方法与测全氮含量试样溶液制备方法相同。

2. 空白溶液制备

除不加试样外,应用的试剂和操作同试样溶液制备。

3. 测定

吸取 5～10 mL 试样溶液,于 50 mL 容量瓶中,加水至 30 mL 左右,与标准溶液系列同条件显色,比色,读取吸光度。

4. 标准曲线绘制

吸取磷标准溶液 0,1.0,2.5,5.0,7.5,10,15 mL 分别置于 7 个 50 mL 容量瓶中,加入与吸取试样溶液等体积的空白溶液,加水至 30 mL 左右,加 2 滴 2,4-二硝基酚指示剂溶液和硫酸溶液调节溶液刚呈微黄色,加 10 mL 钒钼酸铵试剂,摇匀,用水定容。此溶液为 1 mL 含磷 0,1,2.5,5,7.5,10,15 μg 的标准溶液系列。在室温下放置 20 min 后,在分光光度计波长 440 nm 处用 1 cm 比色皿,以空白溶液调节仪器零点,进行比色,读取吸光度。根据浓度和吸光度绘制标准曲线或求出直线回归方程。

### (六)结果计算

肥料中的磷含量的质量分数,按下式计算:

$$P_2O_5 = c \times V \times D \times 2.29 \times 0.0001/[m \times (1 - X_0)]$$

式中,$c$ 为由标准曲线查得或由回归方程求得显色液磷浓度(μg/mL);$V$ 为显色体积,50 mL;$D$ 为分取倍数,定容体积/分取体积,100/5 或 100/10;$m$ 为风干试样的质量(g);$X_0$ 为风干样含水量(%);2.29 为将磷换算成五氧化二磷的因数;0.000 1 为将 μg/g 换算成质量分数的因数。

所得结果保留两位小数。

### (七)精确度与准确度

(1)取两个平行测定结果的算术平均值作为测定结果。

(2)两个平行测定结果允许绝对差应符合表 6-6 要求。

**表 6-6　两个平行测定结果允许绝对差**　%

| 磷($P_2O_5$) | 允许差 |
|---|---|
| <0.50 | <0.02 |
| 0.50～1.00 | <0.03 |
| >1.00 | <0.04 |

## 五、粪中铜、锌的测定

### (一)适用范围

(1)本方法用火焰原子吸收分光光度法测定有机肥料中铜、锌的含量。

(2)本方法的检出限(按称取 0.5 g 试样消解定容至 50 mL 计算)为:铜 1 mg/kg,锌 0.5 mg/kg。

### (二)测定原理

采用盐酸—硝酸—氢氟酸—高氯酸全分解的方法,彻底破坏有机肥料的矿物晶格,使试样中的待测元素全部进入试液中。然后,将有机肥消解液吸入空气-乙炔火焰中。在火焰的高温下,铜、锌化合物离解为基态原子,该基态原子蒸汽对相应的空心阴极灯发射的特征谱线产生选择性吸收。在选择的最佳测定条件下,测定铜、锌的吸光度。

### (三)仪器与设备

(1)通常实验室用仪器与设备

(2)原子吸收分光光度计(带有背景校正器)

(3)铜空心阴极灯

(4)锌空心阴极灯

(5)乙炔钢瓶

(6)空气压缩机,应备有除水、除油和除尘装置。

### (四)试剂及配制

1. 盐酸(HCl)

$\rho$=1.19 g/mL,优级纯。

2. 硝酸($HNO_3$)

$\rho$=1.42 g/mL,优级纯。

3. 硝酸溶液(1+1)

用 $\rho$=1.42 g/mL 的硝酸配制。

4. 硝酸溶液(1+499)

用 1+1 硝酸配制。

5. 氢氟酸(HF)

$\rho$=1.49 g/mL。

6. 高氯酸($HClO_4$)

$\rho$=1.68 g/mL 优级纯。

7. 硝酸镧

[$La(NO_3)_3 \cdot 6H_2O$]水溶液,质量分数为 5%。

8. 铜标准储备液(1 000 mg/mL)

称取 1.000 0 g(精确至 0.000 2 g)光谱纯金属铜于 50 mL 烧杯中,加入硝酸溶液(1+1)20 mL,温热,待完全溶解后,转至 1 000 mL 容量瓶中,用水定容至标线,摇匀。

9. 锌标准储备液(1.000 mg/mL)

称取 1.000 0 g(精确至 0.000 2 g)光谱纯金属锌粒于 50 mL 烧杯中,用 20 mL 硝酸溶液(1+1)溶解后,转移至 1000 mL 容量瓶中,用水定容至标线,摇匀。

10. 铜、锌混合标准使用液

铜 20.0 mg/L,锌 10.0 mg/L,用硝酸溶液(1+499)逐级稀释铜、锌标准储备液配制。

## (五)测定步骤

1. 试液的制备

准确称取 0.2～0.5 g(精确至 0.000 2 g)试样于 50 mL 聚四氟乙烯坩埚中,用水润湿后加入 10 mL 盐酸,于通风橱内的电热板上低温加热,使样品初步分解,待蒸发至约剩 3 mL 时,取下稍冷,然后加入 5 mL 硝酸、5 mL 氢氟酸和 3 mL 高氯酸,加盖后于电热板上中温加热。1 h 后,开盖,继续加热除硅,为了达到良好的飞硅效果,应经常摇动坩埚。当加热至冒浓厚白烟时,加盖,使黑色有机碳化物分解。待坩埚壁上的黑色有机物消失后,开盖驱赶高氯酸白烟并蒸至内容物呈黏稠状。视消解情况可再加入 3 mL 硝酸、3 mL 氢氟酸和 1 mL 高氯酸,重复上述消解过程。当白烟再次基本冒尽且坩埚内容物呈黏稠状时,取下稍冷,用水冲洗坩埚盖和内壁,并加入 1 mL 硝酸溶液(1+1)温热溶解残渣。然后将溶液转移至 50 mL 容量瓶中,加入 5 mL 硝酸镧溶液,冷却后定容至标线摇匀,备测。

2. 测定

按照仪器使用说明书调节仪器至最佳工作条件,测定试液的吸光度。

3. 空白试验

用去离子水代替试样,采用和试样相同的步骤和试剂,制备全程序空白溶液,并按试样方法进行吸光度测定。每批样品至少制备两个以上的空白溶液。

4. 标准曲线绘制

参考表 6-7,在 50 mL 容量瓶中,各加入 5 mL 硝酸镧溶液,用硝酸溶液(1+499)稀释混合标准使用液,配制至少 5 个标准工作溶液,其浓度范围应包括试液中铜、锌的浓度。按步骤 2 中的条件由低到高浓度测定其吸光度。用减去空白的吸光度与相对应的元素含量(mg/L)绘制标准曲线。

**表 6-7 标准曲线溶液浓度**

| 标准色列管 | 1 | 2 | 3 | 4 | 5 | 6 |
|---|---|---|---|---|---|---|
| 混合标准使用液加入体积/mL | 0.00 | 0.50 | 1.00 | 2.00 | 3.00 | 5.00 |
| Cu 标准曲线溶液浓度/(mg/L) | 0.00 | 0.20 | 0.40 | 0.80 | 1.20 | 2.00 |
| Zn 标准曲线溶液浓度/(mg/L) | 0.00 | 0.10 | 0.20 | 0.40 | 0.60 | 1.00 |

## (六)结果计算

有机肥试样品中铜、锌的含量 $W$[Cu(Zn),mg/kg]按下式计算:

$$W = c \times V / [m \times (1 - f)]$$

式中,$c$ 为试样的吸光度减去空白试验的吸光度,然后在标准曲线上查得铜、锌的含量(mg/L);

$V$ 为试液定容的体积(mL);$m$ 为称取试样的质量(g);$f$ 为试样的水分含量(%)。

**【任务评价】**

**简答题**

1. 什么是样品缩分?
2. 简述有机质测定的方法、原理。
3. 粪便中全氮测定的定氮装置包括哪几部分? 使用注意事项是什么?

# 任务4　尿样(污水)检测指标

## 一、尿样(污水)氨氮($NH_4^+$-N)的测定

尿样(污水)中氨氮可用纳氏比色法或酚盐法测定,酚盐法比纳氏法有较高的灵敏度。试样中的氨氮极不稳定,除加入适合的保存剂并且在冷藏条件下运输,还必须在最短时间内完成分析。

### (一)适用范围

(1)本方法用纳氏试剂比色法测量尿样(污水)中氨氮的含量。

(2)本法最低检出浓度为0.05 mg/L(光度法),测定上限为2 mg/L。采用目视比色法,最低检出浓度为0.02 mg/L。

(3)水样做适当的预处理后,本法可适用于地表水、地下水、工业废水和生活污水。

### (二)测定原理

碘化汞和碘化钾的碱性溶液与氨反应生成淡红棕色胶态化合物,其色度与氨氮含量成正比。通常测量用波长在410～425 nm范围。

### (三)仪器与设备

(1)全玻璃蒸馏器,500 mL。

(2)具塞比色管,50 mL。

(3)紫外分光光度计。

### (四)试剂及配制

1. 氨氮标准溶液

储备液:将氯化铵置于烘箱内,在105 ℃烘烤1 h,冷却后称取3.819 0 g,溶于纯水中,定容至1 000 mL。此溶液1.00 mL含1.00 mg氨氮。

标准溶液(临用时配制):吸取10.00 mL氨氮储备溶液,用纯水定容至1 000 mL,此溶液1.00 mL含10.0 μg氨氮。

2. 硫代硫酸钠溶液(0.35%)

称取0.35 g硫代硫酸钠溶于纯水中,并稀释至100 mL。

3. 磷酸盐缓冲溶液

称取 7.15 g 无水磷酸二氢钾及 34.4 g 磷酸氢二钾($K_2HPO_4$)或 45.075 g 三水磷酸氢二钾($K_2HPO_4 \cdot 3H_2O$),溶于纯水中,并稀释至 500 mL。

4. 硼酸溶液(2%)

称取 20 g 硼酸,溶于纯水中,并稀释至 1 000 mL。

5. 硫酸锌溶液(10%)

称取 10 g 硫酸锌,溶于少量纯水中,并稀释至 100 mL。

6. 氢氧化钠溶液(24%)

称取 24 g 氢氧化钠,溶于纯水中,并稀释至 100 mL。

7. 酒石酸钾钠溶液(50%)

称取 50 g 酒石酸钾钠溶于 100 mL 纯水中,加热煮沸至不含氨为止,冷却后再用纯水补充至 100 mL。

8. 纳氏试剂

称取 100 g 碘化汞、70 g 碘化钾溶于少量纯水中,将此溶液缓缓倾入已冷却的 24%氢氧化钠溶液 500 mL 中,并不停搅拌,然后再以纯水稀释至 1 000 mL,贮于棕色瓶中,用橡皮塞塞紧,避光保存。本试剂有毒,应谨慎使用。

### (五)测定步骤

1. 水样预处理

无色澄清的水样可直接测定,色度、浑浊度较高和含干扰物质较多的水样,需经过蒸馏或混凝沉淀等预处理步骤。

(1)蒸馏。取 200 mL 纯水于全玻璃蒸馏器中,加入 5 mL 磷酸盐缓冲溶液及数粒玻璃珠,加热蒸馏直至馏出液用纳氏试剂检不出氨为止。稍冷后倾出并弃去蒸馏瓶中残液,量取 200 mL 水样(或取适量,加纯水稀释至 200 mL)于蒸馏瓶中。根据水中余氯含量,计算并加入 0.35% 硫代硫酸钠溶液脱氯。用稀氢氧化钠溶液调节水样至呈中性。

加入 5 mL 磷酸盐缓冲液,加热蒸馏。用 200 mL 三角瓶为接收瓶,内装 20 mL 硼酸溶液作为吸收液。蒸馏器的冷凝管末端要插入吸收液中。待馏出液蒸出 150 mL 左右,使冷凝管末端离开液面,继续蒸馏以清洗冷凝管。最后用纯水稀释到刻度,摇匀。供比色用。

水中含钙量超过 250 mg/L,将与磷酸盐缓冲溶液反应,生成磷酸钙沉淀,并释放出氢离子,使溶液 pH 低于 7.4,影响氨的蒸馏。因此硬度高的水样应增加磷酸盐缓冲溶液用量,并用酸或碱调节 pH 为 7.4 后,再进行蒸馏。

(2)混凝沉淀。取 200 mL 水样,加入 2 mL 硫酸锌溶液,混匀。加入 0.8～1 mL 氢氧化钠溶液,使 pH 为 10.5,静置数分钟,倾出上清液供比色用。

经硫酸锌和氢氧化钠沉淀的水样,静置后一般均能澄清。如必须过滤时,应注意滤纸中的铵盐对水样的污染,必须预先将滤纸处理后再使用。

2. 测定

(1)取 50.0 mL 澄清水样或经预处理的水样(如氨氮含量大于 0.1 mg,则取适量水样加纯水至 50 mL)于 50 mL 比色管中。

(2)另取 50 mL 比色管 10 支，分别加入氨氮标准溶液 0.00，0.10，0.30，0.50，0.70，1.00，3.00，5.00，7.00 及 10.00 mL，用纯水稀释至 50 mL。

(3)向水样及标准溶液管内分别加入 1 mL 酒石酸钾钠溶液(经蒸馏预处理过的水样及标准管中均不加此试剂)，混匀，加 1.0 mL 纳氏试剂，混匀后放置 10 min，于 420 nm 波长下，用 1 cm 比色皿，以纯水作参比，测定吸光度；如氨氮含量低于 30 μg，改用 3 cm 比色皿。低于 10 μg 的氨氮可用目视比色。

(4)绘制标准曲线，从曲线上查出样品管中氨氮含量，或目视比色记录水样中相当于氨氮标准的含量。

### (六)结果计算

$$c=M/V$$

式中，$c$ 为水样中氨氮的质量浓度(mg/L)；$M$ 为从标准曲线上查得的样品管中氨氮的含量(或相当于氨氮标准的含量)(μg)；$V$ 为水样体积(mL)。

### (七)注意事项

(1)脂肪胺、芳香胺、醛类、丙酮、醇类和有机氯胺类等有机化合物，以及铁、锰、镁、硫等无机离子，因产生异色或浑浊而引起干扰，水中颜色和浑浊亦影响比色。为此，须经混凝沉淀过滤或蒸馏预处理，易挥发的还原性干扰物质，还可在酸性条件下加热除去。对金属离子的干扰，可加入适量的掩蔽剂加以消除。

(2)本法所有试剂均需用不含氨的纯水配制。无氨水可用一般纯水通过强酸性阳离子交换树脂或加硫酸和高锰酸钾后重蒸馏制得。

(3)配制试剂时应注意勿使碘化钾过剩。过量的碘离子将影响有色络合物生成，使发色变浅。贮存已久的纳氏试剂，使用前应先用已知量的氨氮标准溶液显色，并核对应有的吸光度；加入试剂后 2 h 内不得出现浑浊，否则应重新配制。

## 二、尿样(污水)凯氏氮(TKN)的测定

### (一)适用范围

(1)本方法适用于测定尿样、工业废水、湖泊、水库和其他受污染水体中的凯氏氮。

(2)凯氏氮含量较低时，分取较多试样，经消解和蒸馏，最后以光度法测定氨。含量较高时，分取较少试样，最后以酸滴定法测定氨。

(3)试样体积为 50 mL 时，使用光程长度为 1 cm 比色皿，最低检出浓度为 0.2 mg/L。

### (二)测定原理

试样中加入硫酸并加热消解，使有机物中的氨基氮转变为硫酸氢铵，游离氨和铵盐也转为硫酸氢铵。消解时加入适量硫酸钾提高沸腾温度，以增加消解速率，并以汞盐为催化剂，以缩短消解时间。消解后液体成碱性并蒸馏出氨，吸收于硼酸溶液中，然后以滴定法或光度法测定氨含量。汞盐在消解时形成汞铵络合物，因此，在碱性蒸馏时，应同时加入适量硫代硫酸钠，使络合物分解。

### (三)仪器与设备

(1)凯氏定氮蒸馏装置。

(2)酸式微量滴定管,10 mL。

**(四)试剂及配制**

1. 无氨水制备

(1)离子交换法。将蒸馏水通过一个强酸性阳离子交换树脂(氢型)柱,流出液收集在带有磨口玻塞的玻璃瓶中,密塞保存。

(2)蒸馏法。于1 L蒸馏水中,加入0.1 mL浓硫酸,并在全玻璃蒸馏器中重蒸馏,弃去50 mL初馏液,然后集取约800 mL馏出液于具磨口玻塞的玻璃瓶中,密塞保存。

2. 硫酸

$\rho_{20}=1.84$ g/mL。

3. 硫酸钾

分析纯。

4. 硫酸汞溶液

称取2 g红色氧化汞(HgO)或2.74 g硫酸汞($HgSO_4$),溶于40 mL (1+5)硫酸溶液中。

5. 硫代硫酸钠-氢氧化钠溶液

称取500 g氢氧化钠溶于水,另称取25 g硫代硫酸钠($Na_2S_2O_3 \cdot 5H_2O$)溶于上述溶液中,稀释至1 L,贮于聚乙烯瓶中。

6. 硼酸溶液

称取20 g硼酸($H_3BO_3$)溶于水,稀释至1 L。

7. 硫酸标准溶液$\left[c\left(\frac{1}{2}H_2SO_4\right)=0.02\ \text{mol/L}\right]$

取11 mL(1+19)硫酸,用水稀释至1 L。按下述操作进行标定。

称取经180 ℃干燥2 h的基准级试剂碳酸钠($Na_2CO_3$)约0.5 g(精确至0.000 1 g),溶于新煮沸放冷的水中,移入500 mL容量瓶内,稀释至标线。

移取上述25.00 mL碳酸钠溶液于150 mL锥形瓶中,加25 mL新煮沸放冷的水,加1滴甲基橙指示液(0.5 g/L),用硫酸标准溶液滴定至淡橙红色止,记录用量。

硫酸标准溶液浓度用以下公式计算:

$$c=\frac{m\times 1\ 000}{V\times 53}\times\frac{25}{250}$$

式中,$c$为硫酸标准溶液浓度(mol/L);$m$为称取碳酸钠质量(g);$V$为硫酸标准溶液滴定消耗体积(mL);53为碳酸钠($\frac{1}{2}Na_2CO_3$)摩尔质量(g/mol)。

8. 甲基红-亚甲蓝混合指示液

称取200 mg甲基红溶于95%乙醇至100 mL,称取100 mg亚甲蓝溶于95%乙醇至50 mL。以两份甲基红溶液与一份亚甲蓝溶液混合后供用。每月配制。

### (五)测定步骤

1. 试样

分取 250 mL 试样，经消解、蒸馏后所得馏出液，取试样最大体积为 50.0 mL，可测定凯氏氮最低浓度为 0.2 mg/L(光度法)。分取 25.0 mL 试样，经消解、蒸馏后所得馏出液全部作为试样，可测定凯氏氮浓度高至 100 mg/L(酸滴定法)。

2. 测定

(1)试样体积的确定。按表 6-8 分取适量，移入凯氏瓶中。

**表 6-8　试样体积的分取**

| 水样中凯氏氮含量/(mg/L) | 试样体积/mL |
|---|---|
| 0～10 | 250 |
| 10～20 | 100 |
| 20～50 | 50.0 |
| 50～100 | 25.0 |

(2)消解。加 10.0 mL 硫酸、2.0 mL 硫酸汞溶液、6.0 g 硫酸钾和数粒玻璃珠于凯氏瓶中混匀，置通风橱内加热煮沸，至冒三氧化硫白色烟雾并使液体变清(无色或淡黄色)，调节热源使继续保持沸腾 30 min，放冷，加 250 mL 水，混匀。

(3)蒸馏。将凯氏瓶斜置使成约 45°角，缓缓沿瓶颈加入 40 mL 硫代硫酸钠-氢氧化钠溶液，使在瓶底形成碱液层，迅速连接氮球和冷凝管，以 50 mL 硼酸溶液为吸收液，导管管尖伸入吸收液液面下约 1.5 cm，摇动凯氏瓶使溶液充分混合，加热蒸馏，至收集馏出液达 200 mL 时，停止蒸馏。

(4)氨的测定。加 2～3 滴甲基红-亚甲蓝指示液于馏出液中，用硫酸标准溶液滴定至溶液颜色由绿色至淡紫色为终点，记录用量。

(5)空白试验。按上述步骤进行空白试验，以与试样相同体积的水代替试样。

### (六)计算和表述

凯氏氮含量按下式计算：

$$C_N=\frac{(V_1-V_0)\times c\times 14.01\times 1\,000}{V}$$

式中，$C_N$ 为凯氏氮含量(mg/L)；$V_1$ 为试样滴定所消耗的硫酸标准溶液体积(mL)；$V_0$ 为空白试验滴定所消耗的硫酸标准溶液体积(mL)；$V$ 为试样体积(mL)；$c$ 为滴定用硫酸标准溶液浓度(moL/L)；14.01 为氮(N)的摩尔质量(g/mol)。

## 三、尿样(污水)总磷(TP)的测定

### (一)适用范围

(1)本方法用过硫酸钾(或硝酸-高氯酸)为氧化剂，将未经过滤的水样消解，用钼酸铵分光光度测定尿样及污水中总磷的含量。

(2)本方法适用于地面水、污水和工业废水。

(3)取 25 mL 试样,本标准的最低检出浓度为 0.01 mg/L,测定上限为 0.6 mg/L。

(4)在酸性条件下,砷、铬、硫等离子会干扰测定。

**(二)测定原理**

在中性条件下用过硫酸钾使试样消解,将所含磷全部氧化为正磷酸盐。在酸性介质中,正磷酸盐与钼酸铵反应,在锑盐存在下生成磷钼杂多酸后,立即被抗坏血酸还原,生成蓝色的螯合物。

**(三)仪器与设备**

(1)实验室常用仪器与设备(所有玻璃器皿均应用稀盐酸或稀硝酸浸泡)。

(2)医用手提式蒸气消毒器或一般压力锅(1.1~1.4 $kg/cm^2$)。

(3)50 mL 具塞(磨口)刻度管。

(4)分光光度计。

**(四)试剂及配制**

1. 硫酸

$\rho=1.84$ g/mL。

2. 硝酸

$\rho=1.4$ g/mL。

3. 高氯酸

优级纯,$\rho=1.68$ g/mL。

4. 硫酸溶液

1+1。

5. 硫酸

约 $c\left(\frac{1}{2}H_2SO_4\right)=1$ mol/L:将 27 mL 硫酸加入 973 mL 水中。

6. 氢氧化钠溶液(1 mol/L)

将 40 g 氢氧化钠溶于水并稀释至 1 000 mL。

7. 氢氧化钠溶液(6 mol/L)

将 240 g 氢氧化钠溶于水并稀释至 1 000 mL。

8. 过硫酸钾溶液(50 g/L)

将 5 g 过硫酸钾溶解于水,并稀释至 100 mL。

9. 抗坏血酸溶液(100 g/L)

溶解 10 g 抗坏血酸于水中,并稀释至 100 mL。此溶液贮存于棕色试剂瓶中,在冷处可保存 2 个月。

10. 钼酸盐溶液

溶解 13 g 钼酸铵于 100 mL 水中。溶解 0.35 g 酒石酸锑钾于 100 mL 水中,在不断搅拌下把钼酸铵溶液徐徐加到 300 mL 硫酸溶液中,加酒石酸锑钾溶液并且混合均匀。

11. 浊度-色度补偿液

混合两个体积硫酸和一个体积抗坏血酸溶液。使用当天配制。

12. 磷标准贮备溶液

称取(0.219 7±0.001) g 于 110 ℃干燥 2 h，在干燥器中放冷的磷酸二氢钾，用水溶解后转移至 1 000 mL 容量瓶中，加入大约 800 mL 水，加 5 mL 硫酸用水稀释至标线并混匀。1.00 mL 此标准溶液含 50.0 μg 磷。本溶液在玻璃瓶中可贮存至少六个月。

13. 磷标准使用溶液

将 10.0 mL 的磷标准溶液转移至 250 mL 容量瓶中，用水稀释至标线并混匀。1.00 mL 此标准溶液含 2.0 μg 磷。使用当天配制。

14. 酚酞溶液(10 g/L)

称取 0.5 g 酚酞溶于 50 mL 95%的乙醇中。

**(五)测定步骤**

1. 采样和样品

(1)采取 500 mL 水样后加入 1 mL 浓硫酸调节样品的 pH，使之低于或等于 1，或不加任何试剂于冷处保存(注：含磷量较少的水样，不要用塑料瓶采样，因磷酸盐易吸附在塑料瓶瓶壁上)。

(2)试样的制备。取 25 mL 上述样品于具塞刻度管中。取时应仔细摇匀，以得到溶解部分和悬浮部分均具有代表性的试样。如样品中含磷浓度较高，试样体积可以减少。

2. 空白试样

用水代替试样，并加入与试样测定时相同体积的试剂。

3. 测定

(1)消解

①过硫酸钾消解：向试样中加 4 mL 过硫酸钾，将具塞刻度管的盖塞紧后，用一小块布和线将玻璃塞扎紧(或用其他方法固定)，放在大烧杯中置于高压蒸气消毒器中加热，待压力达 1.1 $kg/cm^2$，相应温度为 120 ℃时，保持 30 min 后停止加热。待压力表读数降至零后，取出放冷。然后用水稀释至标线(注：如用硫酸保存水样。当用过硫酸钾消解时，需先将试样调至中性)。

②硝酸-高氯酸消解：取 25 mL 试样于锥形瓶中，加数粒玻璃珠，加 2 mL 硝酸在电热板上加热浓缩至 10 mL。冷后加 5 mL 硝酸，再加热浓缩至 10 mL，放冷。加 3 mL 高氯酸，加热至高氯酸冒白烟，此时可在锥形瓶上加小漏斗或调节电热板温度，使消解液在锥形瓶内壁保持回流状态，直至剩下 3～4 mL，放冷。

加水 10 mL，加 1 滴酚酞指示剂。滴加氢氧化钠溶液至刚呈微红色再滴加 1 mol/L 硫酸溶液使微红刚好退去，充分混匀，移至具塞刻度管中，用水稀释至标线。

(2)发色。分别向各份消解液中加入 1 mL 抗坏血酸溶液混匀，30 s 后加 2 mL 钼酸盐溶液充分混匀。

注：①如试样中含有浊度或色度时，需配制一个空白试样(消解后用水稀释至标线)，然后向试样中加入 3 mL 浊度-色度补偿液，但不加抗坏血酸溶液和钼酸盐溶液。然后从试样的吸

光度中扣除空白试样的吸光度。②砷大于 2 mg/L 干扰测定，用硫代硫酸钠去除；硫化物大于 2 mg/L 干扰测定，通氮气去除；铬大于 50 mg/L 干扰测定，用亚硫酸钠去除。

(3)分光光度测量。室温下放置 15 min 后，使用光径为 3 cm 比色皿，在 700 nm 波长下，以水作参比，测定吸光度后从标准曲线上查得磷的含量。

注：如显色时室温低于 13 ℃，在 20～30 ℃水浴上显色 15 min 即可。

(4)标准曲线的绘制。取 7 支具塞刻度管分别加入 0，0.5，1.0，3.0，5.0，10.0，15.0 mL 磷酸盐标准溶液，加水至 25 mL，然后按上述测定步骤进行处理。以水作参比，测定吸光度。扣除空白试验的吸光度后，根据对应的磷的含量绘制标准曲线(图 6-3)。

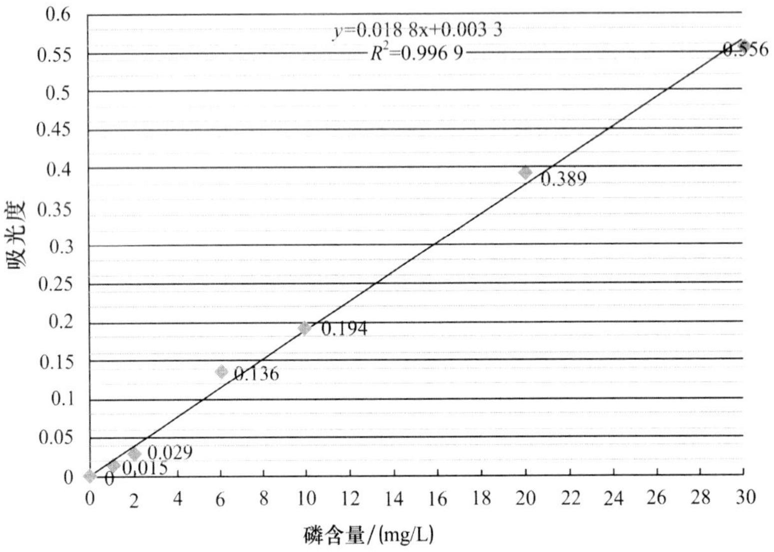


**图 6-3 磷标准曲线**

## (六)结果计算

总磷含量以 $c$(mg/L)表示，按下式计算：

$$c=\frac{m}{V}$$

式中，$m$ 为试样测得含磷量($\mu$g)；$V$ 为测定用试样体积(mL)。

## (七)注意事项

(1)用硝酸-高氯酸消解需要在通风橱中进行，高氯酸和有机物的混合物经加热易发生危险，需将试样先用硝酸消解，然后再加入硝酸-高氯酸进行消解。

(2)消解时绝不可把试样蒸干。

(3)如消解后有残渣时，用滤纸过滤于具塞刻度管中，并用水充分清洗锥形瓶及滤纸，一并移到具塞刻度管中。

(4)水样中的有机物用过硫酸钾氧化不能完全破坏时，可用硝酸-高氯酸法消解。

## 四、尿样(污水)化学需氧量(COD)的测定

### (一)适用范围

(1)本方法采用重铬酸钾法测定水中的化学需氧量。

(2)本方法适用于各种类型的含 COD 值大于 30 mg/L 的水样,对未经稀释的水样的测定上限为 700 mg/L。

(3)本方法不适用于含氯化物浓度大于 1 000 mg/L(稀释后)的含盐水。

### (二)测定原理

在一定条件下,经重铬酸钾氧化处理时,水样中的溶解性物质和悬浮物所消耗的重铬酸盐与氧的质量浓度相对应。

在水样中加入已知量的重铬酸钾溶液,并在强酸介质下以银盐作催化剂,经沸腾回流后,以试亚铁灵为指示剂,用硫酸亚铁铵滴定水样中未被还原的重铬酸钾,由消耗的硫酸亚铁铵的量换算成消耗氧的质量浓度。

在酸性重铬酸钾条件下,芳烃及吡啶难以被氧化,其氧化率较低。在硫酸银催化作用下,直链脂肪族化合物可有效地被氧化。

### (三)仪器与设备

(1)实验室常用仪器。

(2)回流装置。带有 24 号标准磨口的 250 mL 锥形瓶的全玻璃回流装置。回流冷凝管长度为 300～500 mm。若取样量在 30 mL 以上,可采用带 500 mL 锥形瓶的全玻璃回流装置。

(3)加热装置。

(4)酸式滴定管,25 mL 或 50 mL。

### (四)试剂及配制

1. 硫酸银

化学纯。

2. 硫酸汞

化学纯。

3. 硫酸

$\rho$=1.84 g/mL。

4. 硫酸银-硫酸试剂

向 1 L 硫酸中加入 10 g 硫酸银,放置 1～2 d 使之溶解,并混匀,使用前小心摇动。

5. 重铬酸钾标准溶液

(1)0.250 mol/L 的重铬酸钾标准溶液。将 12.258 g 在 105 ℃干燥 2 h 后的重铬酸钾溶于水中,稀释至 1 000 mL。

(2)0.025 0 mol/L 的重铬酸钾标准溶液。将 0.250 mol/L 的重铬酸钾标准溶液稀释 10 倍而成。

6. 硫酸亚铁铵标准滴定溶液

(1)0.10 mol/L 的硫酸亚铁铵标准滴定溶液。溶解 39g 硫酸亚铁铵于水中,加入 20 mL

硫酸，待其溶液冷却后稀释至 1 000 mL。

(2)每日临用前，必须用重铬酸钾标准溶液准确标定硫酸亚铁铵标准溶液的浓度。

取 10.00 mL 重铬酸钾标准溶液置于锥形瓶中，用水稀释至约 100 mL，加入 30 mL 硫酸，混匀，冷却后，加 3 滴(约 0.15 mL)试亚铁灵指示剂，用硫酸亚铁铵滴定溶液的颜色由黄色经蓝绿色变为红褐色，即为终点。记录下硫酸亚铁铵的消耗量(mL)。

(3)硫酸亚铁铵标准溶液浓度的计算：

$$c[(NH_4)_2Fe(SO_4)_2]=\frac{0.2500\times 10}{V}$$

式中，$c$ 为硫酸亚铁铵标准溶液浓度(mol/L)；$V$ 为硫酸亚铁铵标准溶液的用量(mL)。

(4)0.010 mol/L 的硫酸亚铁铵标准溶液。将 0.10 mol/L 的硫酸亚铁铵标准滴定溶液稀释 10 倍，用重铬酸钾标准溶液标定，其滴定步骤及浓度计算与(2)(3)类同。

7. 邻苯二甲酸氢钾标准溶液(2.082 4 mol/L)

称取 105 ℃干燥 2 h 的邻苯二甲酸氢钾 0.425 1 g 溶于水，并稀释至 1 000 mL，混匀。以重铬酸钾为氧化剂，将邻苯二甲酸氢钾完全氧化的 COD 值为 1.176 g 氧/g(指 1 g 邻苯二甲酸氢钾耗氧 1.76 g)，故该标准溶液的理论 COD 值为 500 mg/L。

8. 1,10-菲啰啉指示剂溶液

溶解 0.7 g 七水硫酸亚铁于 50 mL 的水中，加入 1.5 g 1,10-菲啰啉，搅动至溶解，加水稀释至 100 mL。

9. 防爆沸玻璃珠

### (五)测定步骤

1. 采样和样品

(1)采样。水样要采集于玻璃瓶中，应尽快分析。如不能立即分析时，应加入硫酸至 pH $<2$，置 4 ℃下保存，但保存时间不多于 5 d。采集水样的体积不得少于 100 mL。

(2)试样的准备。将水样充分摇匀，取出 20.0 mL 作为试样。

2. 测定

(1)对于 COD 值小于 50 mg/L 的水样，应采用低浓度的重铬酸钾标准溶液氧化，加热回流以后，采用低浓度的硫酸亚铁铵标准溶液回滴。

(2)该方法对未经稀释的水样其测定上限为 700 mg/L，超过此限时必须经稀释后测定。

(3)对于污染严重的水样，可选取所需体积 1/10 的试样和 1/10 的试剂，放入 10 mm×150 mm 硬质玻璃管中，摇匀后，用酒精灯加热至沸数分钟，观察溶液是否变成蓝绿色。如呈蓝绿色，应再适当少取试样，重复以上试验，直至溶液不变蓝绿色为止。从而确定待测水样适当的稀释倍数。

(4)取试样于锥形瓶中，或取适量试样加水至 20.0 mL。

(5)空白试验。按相同步骤以 20.0 mL 水代替试样进行空白试验，其余试剂和试样测定相同，记录下空白滴定时消耗硫酸亚铁铵标准溶液的毫升数。

(6)校核试验。按测定试样提供的方法分析 20.0 mL 邻苯二甲酸氢钾标准溶液的 COD 值，用以检验操作技术及试剂纯度。该溶液的理论 COD 值为 500 mg/L，如果校核试验的结果大于该值的 96%，即可认为实验步骤基本上是适宜的，否则，必须寻找失败的原因，重复实验，使之达到要求。

(7)去干扰试验。无机还原性物质如亚硝酸盐、硫化物及二价铁盐将使结果增加，将其需氧量作为水样 COD 值的一部分是可以接受的。

该实验的主要干扰物为氯化物，可加入硫酸汞部分地除去，经回流后，氯离子可与硫酸汞结合成可溶性的氯汞螯合物。

当氯离子含量超过 1 000 mg/L 时，COD 的最低允许值为 250 mg/L，低于此值结果的准确度就不可靠。

(8)水样的测定。于试样中加入 0.250 mol/L 的重铬酸钾标准溶液 10.0 mL 和几颗防爆沸玻璃珠，摇匀。将锥形瓶接到回流装置冷凝管下端，接通冷凝水。从冷凝管上端缓慢加入 30 mL 硫酸银—硫酸试剂，以防止低沸点有机物的逸出，不断旋动锥形瓶使之混合均匀。自溶液开始沸腾起回流 2 h，冷却后，用 20～30 mL 水自冷凝管上端冲洗冷凝管后，取下锥形瓶，再用水稀释至 140 mL 左右。溶液冷却至室温后，加入 3 滴 1,10-菲啰啉指示剂溶液，用硫酸亚铁铵标准溶液滴定，溶液的颜色由黄色经蓝绿色变为红褐色即为终点。记下硫酸亚铁铵标准滴定溶液的消耗量。

(9)特殊情况下，需要测定的试样在 10.0～50.0 mL 之间，试剂的体积或重量要按表 6-9 作相应的调整。

**表 6-9　不同取样量采用的试剂用量**

| 样品量 /mL | 0.250 mol/L $K_2Cr_2O_7$ /mL | $Ag_2SO_4$-$H_2SO_4$ /mL | $HgSO_4$ /g | $(NH_4)_2Fe(SO_4)_2\cdot 6H_2O$ /(mol/L) | 滴定前体积 /mL |
|---|---|---|---|---|---|
| 10.0 | 5.0 | 15 | 0.2 | 0.05 | 70 |
| 20.0 | 10.0 | 30 | 0.4 | 0.10 | 140 |
| 30.0 | 15.0 | 45 | 0.6 | 0.15 | 210 |
| 40.0 | 20.0 | 60 | 0.8 | 0.20 | 200 |
| 50.0 | 25.0 | 75 | 1.0 | 0.25 | 350 |

## (六)结果计算

以 mg/L 计的水样化学需氧量，计算公式如下：

$$COD_{Cr}(O_2,mg/L)=\frac{(V_0-V_1)\times c\times 8\ 000}{V}$$

式中，$c$ 为硫酸亚铁铵标准溶液的浓度(mol/L)；$V_0$ 为空白试验所消耗的硫酸亚铁铵标准溶液的体积(mL)；$V_1$ 为测定水样时所消耗的硫酸亚铁铵标准溶液的体积(mL)；$V$ 为水样的体积(mL)；8 000 为 $O_2$ 的摩尔质量以 mg/L 为单位的换算值。

测定结果一般保留三位有效数字，对 COD 值小的水样，当计算出 COD 值小于 10 mg/L 时，应表示为“COD＜10 mg/L”。

## (七)精密度与准确度

40 个不同的实验室测定 COD 值为 500 mg/L 的邻苯二甲酸氢钾标准溶液，其标准偏差为 20 mg/L，相对标准偏差为 4.0%。

## 五、尿样(污水)铜、锌(Cu、Zn)的测定

### (一)适用范围

(1)本方法用原子吸收光谱法测定尿样及污水中铜、锌，铅、镉的含量。

(2)本法适用于测定地下水、地面水和废水中的铜，锌、铅、镉的含量。

(3)测定浓度范围与仪器的特性有关，表 6-10 列出一般仪器的测定范围。

**表 6-10　一般仪器的测定范围**

| 元素 | 浓度范围/(mg/L) |
|---|---|
| 铜 | 0.05～5 |
| 锌 | 0.05～1 |
| 铅 | 0.2～10 |
| 镉 | 0.05～1 |

### (二)测定原理

将样品或消解处理过的样品直接吸入火焰，在火焰中形成的原子对特征电磁辐射产生吸收，将测得的样品吸光度和标准溶液的吸光度进行比较，确定样品中被测元素的浓度。

### (三)仪器与设备

(1)一般实验室仪器

(2)原子吸收分光光度计

(3)乙炔-空气燃烧器

(4)空心阴极灯或无极放电灯

### (四)试剂及配制

1. 硝酸

$\rho$=1.42 g/mL，优级纯。

2. 硝酸

$\rho$=1.42 g/mL，分析纯。

3. 高氯酸

$\rho$=1.67 g/mL。

4. 燃料

乙炔，用钢瓶气或由乙炔发生器供给，纯度不低于 99.6%。

5. 氧化剂

空气，一般由气体压缩机供给，进入燃烧器以前应经过适当过滤，以除去其中的水、油和其他杂质。

6. 硝酸溶液(1+1)

用分析纯硝酸配制。

7. 硝酸溶液(1+499)

用优级纯硝酸配制。

8. 金属贮备液(1.000 g/L)

称取 1.000 g 光谱纯金属，准确到 0.001 g，用硝酸溶解，必要时加热，直至溶解完全，然后用水稀释定容至 1 000 mL。

9. 中间标准溶液

用硝酸溶液(1+499)稀释金属贮备液配制，此溶液中铜、锌、铅、镉的浓度分别为 50.00、10.00、100.0 和 10.00 mg/L。

### (五)测定步骤

1. 标准曲线的绘制

(1)参照表 6-11 在 100 mL 容量瓶中，用硝酸溶液(1+499)稀释中间标准溶液，配制至少 4 个工作标准溶液，其浓度范围应包括样品中被测元素的浓度。

表 6-11　工作标准溶液浓度范围

| 中间标准溶液加入体积/mL | | 0.05 | 1.00 | 3.00 | 5.00 | 10.0 |
|---|---|---|---|---|---|---|
| 工作标准溶液浓度/(mg/L) | 铜 | 0.25 | 0.50 | 1.50 | 2.50 | 5.00 |
| | 锌 | 0.05 | 0.10 | 0.30 | 0.50 | 1.00 |
| | 铅 | 0.50 | 1.00 | 3.00 | 5.00 | 10.0 |
| | 镉 | 0.05 | 0.10 | 0.30 | 0.50 | 1.00 |

注：定容体积为 100 mL。

(2)测定金属总量时，如果样品需要消解，则工作标准溶液也要进行消解。

(3)选择波长和调节火焰，测定标准溶液的吸光度。

(4)用测得的吸光度与相对应的浓度绘制标准曲线。

注：①装有内部存储器的仪器，输入 1～3 个工作标准液，存入一条标准曲线，测定样品时可直接读出浓度。②在测定过程中，要定期地复测空白和工作标准溶液，以检查基线的稳定性和仪器的灵敏度是否发生了变化。

2. 试样

测定金属总量时，如果样品需要消解，混匀后取 100.0 mL 实验室样品置于 200 mL 烧杯中，然后继续分析。

3. 空白试验

在测定样品的同时，测定空白。取硝酸溶液(1+499)100.0 mL 代替样品，置于 200 mL 烧杯中，然后继续分析。

4. 验证试验

验证试验是为了检验是否存在基体干扰或背景吸收。一般通过测定加标回收率判断基体干扰的程度，通过测定特征谱线附近 1 nm 内的一条非特征吸收谱线处的吸收可判断背景吸收的大小。根据表 6-12 选择与特征谱线对应的非特征吸收谱线。

表 6-12　特征谱线对应的非特征吸收谱线　nm

| 元素 | 特征谱线 | 非特征吸收谱线 |
|---|---|---|
| 铜 | 324.7 | 324(钴) |
| 锌 | 213.8 | 214(氘) |
| 铅 | 283.8 | 283.7(锆) |
| 镉 | 228.8 | 229(氘) |

5.去干扰试验

根据验证试验的结果,如果存在基体干扰,用标准加入法测定并计算结果。如果存在背景吸收,用自动背景校正装置或邻近非特征吸收谱线法进行校正,后一种方法是从特征谱线处测得的吸收值中扣除邻近非特征吸收谱线处的吸收值,得到被测元素原子的真正吸收。此外,也可使用螯合萃取法或样品稀释法降低或排除产生基体干扰或背景吸收的组分。

6.测定

(1)测定溶解的金属时,样品采集后立即通过 0.45 μm 滤膜过滤,得到的滤液要进行酸化。

注:用聚乙烯塑料瓶采集样品,采样瓶先用洗涤剂洗净,再在 1+1 硝酸溶液中浸泡,使用前用水冲洗干净。分析金属总量的样品,采集后立即加硝酸酸化至 pH 为 1～2,每 1 000 mL 样品加 2 mL 硝酸。

(2)测定金属总量时,如果样品不需要消解,用实验室样品。如果需要消解,用试样步骤进行分析。

(3)加入 5 mL 硝酸(优级纯),在电热板上加热消解,确保样品不沸腾,蒸至 10 mL 左右,加入 5 mL 硝酸(优级纯)和 2 mL 高氯酸,继续消解,蒸至 1 mL 左右。如果消解不完全,再加入 5 mL 硝酸(优级纯)和 2 mL 高氯酸,再蒸至 1 mL 左右。取下冷却,加水溶解残渣,通过中速滤纸(预先用酸洗)滤入 100 mL 容量瓶中,用水稀释至标线。

注:消解中使用高氯酸有爆炸危险,整个消解要在通风橱中进行。

(4)根据表 6-13 选择波长和调节火焰,吸入 1+499 硝酸溶液,将仪器调零。吸入空白、工作标准溶液或样品,记录吸光度。

表 6-13　不同元素特征谱线波长选择

| 元素 | 特征谱线波长/nm | 火焰类型 |
|---|---|---|
| 铜 | 324.7 | 乙炔空气,氧化性 |
| 锌 | 213.8 | 乙炔空气,氧化性 |
| 铅 | 283.8 | 乙炔空气,氧化性 |
| 镉 | 228.8 | 乙炔空气,氧化性 |

(5)根据扣除空白吸光度后的样品吸光度,在标准曲线上查出样品中的金属浓度。

## (六)结果计算

实验室样品中的金属浓度按下式计算:

$$c=\frac{W\times 1\ 000}{V}$$

式中，$c$ 为实验室样品中的金属浓度（μg/L）；$W$ 为试样中的金属含量（μg）；$V$ 为试样的体积（mL）。

### （七）精密度与准确度

本方法的重复性和再现性列于表 6-14。

**表 6-14　重复性和再现性**

μg/L

| 元素 | 参加实验室数目 | 质控样品配制浓度 | 平均测定值 | 重复测定标准偏差 | 重复性 | 再现测定标准偏差 | 再现性 |
|---|---|---|---|---|---|---|---|
| 铜 | 7 | 100 | 96 | 5.9 | 17 | 6.6 | 19 |
| 铜 | 5 | 500 | 480 | 15 | 42 | 34 | 96 |
| 锌 | 8 | 100 | 99.9 | 2.4 | 6.8 | 3.1 | 8.8 |
| 锌 | 4 | 500 | 507 | 8.1 | 23 | 11 | 31 |

## 【任务评价】

### 简答题

1. 简述实验试剂的配制注意事项。
2. 简述尿样（污水）各污染指标测定的原理、方法步骤及结果计算。
3. 简述尿样（污水）各污染指标测定实验室常用分析仪器设备与基本操作方法。

# 附　录

# 附录 1　全国部分地区建筑朝向表

| 地区 | 最佳朝向 | 适宜朝向 | 不宜朝向 |
|---|---|---|---|
| 北京 | 南偏东或西各 30°以内 | 南偏东或西各 45°以内 | 北偏西 30°～60° |
| 上海 | 南至南偏东 15° | 南偏东 30°南偏东 15° | 北、西北 |
| 石家庄 | 南偏东 15° | 南至南偏东 30° | 西 |
| 太原 | 南偏东 15° | 南偏东至东 | 西北 |
| 呼和浩特 | 南至南偏东、南至南偏西 | 东南、西南 | 北、西北 |
| 哈尔滨 | 南偏东 15°～20° | 南偏南至南偏东或西各 15° | 西、北、西北 |
| 长春 | 南偏东 30°，南偏西 15° | 南偏东或西各 45 | 北、东北、西北 |
| 沈阳 | 南，南偏东 20° | 南偏东至东，南偏西至西 | 东北东至西北西 |
| 济南 | 南，南偏东 10°～15° | 南偏东 30° | 西偏北 5°～10° |
| 南京 | 南偏东 15° | 南偏东 20°、南偏东 10° | 西、北 |
| 合肥 | 南偏东 5°～15° | 南偏东 15°、南偏西 5° | 西 |
| 杭州 | 南偏东 10°～15°，北偏东 6° | 南、南偏东 30° | 西、北 |
| 福州 | 南，南偏东 5°～15° | 南偏东 20°以内 | 西 |
| 郑州 | 南偏东 15° | 南偏东 25° | 西北 |
| 武汉 | 南偏西 15° | 南偏东 15° | 西、西北 |
| 长沙 | 南偏东 9° | 南 | 西、西北 |
| 广州 | 南偏西 15°，南偏西 5° | 南偏东 20°、南偏西 5°至西 | |
| 南宁 | 南，南偏东 15° | 南、南偏东 15°～25°、南偏西 5° | 东、西 |
| 西安 | 南偏东 10° | 南、南偏西 | 西、西北 |
| 银川 | 南至南偏东 23° | 南偏东 34°、南偏西 20° | 西、北 |
| 西宁 | 南至南偏西 30° | 南偏东 30°至南偏西 30° | 北、西北 |

续表

| 地 区 | 最佳朝向 | 适宜朝向 | 不宜朝向 |
|---|---|---|---|
| 乌鲁木齐 | 南偏东 40°,南偏西 30° | 东南、东、西 | 北、西北 |
| 成都 | 南偏东 45°至南偏西 15° | 南偏东 45°至东偏北 30° | 西、北 |
| 昆明 | 南偏东 25°～56° | 东至南至西 | 北偏东或西各 35° |
| 拉萨 | 南偏东 10°,南偏西 5° | 南偏东 15°、南偏西 10° | 西、北 |
| 厦门 | 南偏东 5°～10° | 南偏东 22°、南偏西 10° | 南偏西 25°、西偏北 30° |
| 重庆 | 南、南偏东 10° | 南偏东 15°、南偏西 5°、北 | 东、西 |
| 青岛 | 南、南偏东 5°～10° | 南偏东 15°至南西 15° | 西、北 |

# 附录 2　中华人民共和国环境保护法

（1989 年 12 月 26 日第七届全国人民代表大会常务委员会第十一次会议通过 2014 年 4 月 24 日第十二届全国人民代表大会常务委员会第八次会议修订）

## 第一章　总　则

**第一条**　为保护和改善环境，防治污染和其他公害，保障公众健康，推进生态文明建设，促进经济社会可持续发展，制定本法。

**第二条**　本法所称环境，是指影响人类生存和发展的各种天然的和经过人工改造的自然因素的总体，包括大气、水、海洋、土地、矿藏、森林、草原、湿地、野生生物、自然遗迹、人文遗迹、自然保护区、风景名胜区、城市和乡村等。

**第三条**　本法适用于中华人民共和国领域和中华人民共和国管辖的其他海域。

**第四条**　保护环境是国家的基本国策。国家采取有利于节约和循环利用资源、保护和改善环境、促进人与自然和谐的经济、技术政策和措施，使经济社会发展与环境保护相协调。

**第五条**　环境保护坚持保护优先、预防为主、综合治理、公众参与、损害担责的原则。

**第六条**　一切单位和个人都有保护环境的义务。地方各级人民政府应当对本行政区域的环境质量负责。企业事业单位和其他生产经营者应当防止、减少环境污染和生态破坏，对所造成的损害依法承担责任。公民应当增强环境保护意识，采取低碳、节俭的生活方式，自觉履行环境保护义务。

**第七条**　国家支持环境保护科学技术研究、开发和应用，鼓励环境保护产业发展，促进环境保护信息化建设，提高环境保护科学技术水平。

**第八条**　各级人民政府应当加大保护和改善环境、防治污染和其他公害的财政投入，提高财政资金的使用效益。

**第九条**　各级人民政府应当加强环境保护宣传和普及工作，鼓励基层群众性自治组织、社会组织、环境保护志愿者开展环境保护法律法规和环境保护知识的宣传，营造保护环境的良好风气。

教育行政部门、学校应当将环境保护知识纳入学校教育内容，培养学生的环境保护意识。

新闻媒体应当开展环境保护法律法规和环境保护知识的宣传，对环境违法行为进行舆论监督。

**第十条** 国务院环境保护主管部门，对全国环境保护工作实施统一监督管理；县级以上地方人民政府环境保护主管部门，对本行政区域环境保护工作实施统一监督管理。

县级以上人民政府有关部门和军队环境保护部门，依照有关法律的规定对资源保护和污染防治等环境保护工作实施监督管理。

**第十一条** 对保护和改善环境有显著成绩的单位和个人，由人民政府给予奖励。

**第十二条** 每年6月5日为环境日。

## 第二章 监督管理

**第十三条** 县级以上人民政府应当将环境保护工作纳入国民经济和社会发展规划。

国务院环境保护主管部门会同有关部门，根据国民经济和社会发展规划编制国家环境保护规划，报国务院批准并公布实施。

县级以上地方人民政府环境保护主管部门会同有关部门，根据国家环境保护规划的要求，编制本行政区域的环境保护规划，报同级人民政府批准并公布实施。

环境保护规划的内容应当包括生态保护和污染防治的目标、任务、保障措施等，并与主体功能区规划、土地利用总体规划和城乡规划等相衔接。

**第十四条** 国务院有关部门和省、自治区、直辖市人民政府组织制定经济、技术政策，应当充分考虑对环境的影响，听取有关方面和专家的意见。

**第十五条** 国务院环境保护主管部门制定国家环境质量标准。

省、自治区、直辖市人民政府对国家环境质量标准中未作规定的项目，可以制定地方环境质量标准；对国家环境质量标准中已作规定的项目，可以制定严于国家环境质量标准的地方环境质量标准。地方环境质量标准应当报国务院环境保护主管部门备案。

国家鼓励开展环境基准研究。

**第十六条** 国务院环境保护主管部门根据国家环境质量标准和国家经济、技术条件，制定国家污染物排放标准。

省、自治区、直辖市人民政府对国家污染物排放标准中未作规定的项目，可以制定地方污染物排放标准；对国家污染物排放标准中已作规定的项目，可以制定严于国家污染物排放标准的地方污染物排放标准。地方污染物排放标准应当报国务院环境保护主管部门备案。

**第十七条** 国家建立、健全环境监测制度。国务院环境保护主管部门制定监测规范，会同有关部门组织监测网络，统一规划国家环境质量监测站（点）的设置，建立监测数据共享机制，加强对环境监测的管理。

有关行业、专业等各类环境质量监测站（点）的设置应当符合法律法规规定和监测规范的要求。

监测机构应当使用符合国家标准的监测设备，遵守监测规范。监测机构及其负责人对监测数据的真实性和准确性负责。

**第十八条** 省级以上人民政府应当组织有关部门或者委托专业机构，对环境状况进行调查、评价，建立环境资源承载能力监测预警机制。

**第十九条** 编制有关开发利用规划,建设对环境有影响的项目,应当依法进行环境影响评价。

未依法进行环境影响评价的开发利用规划,不得组织实施;未依法进行环境影响评价的建设项目,不得开工建设。

**第二十条** 国家建立跨行政区域的重点区域、流域环境污染和生态破坏联合防治协调机制,实行统一规划、统一标准、统一监测、统一的防治措施。

前款规定以外的跨行政区域的环境污染和生态破坏的防治,由上级人民政府协调解决,或者由有关地方人民政府协商解决。

**第二十一条** 国家采取财政、税收、价格、政府采购等方面的政策和措施,鼓励和支持环境保护技术装备、资源综合利用和环境服务等环境保护产业的发展。

**第二十二条** 企业事业单位和其他生产经营者,在污染物排放符合法定要求的基础上,进一步减少污染物排放的,人民政府应当依法采取财政、税收、价格、政府采购等方面的政策和措施予以鼓励和支持。

**第二十三条** 企业事业单位和其他生产经营者,为改善环境,依照有关规定转产、搬迁、关闭的,人民政府应当予以支持。

**第二十四条** 县级以上人民政府环境保护主管部门及其委托的环境监察机构和其他负有环境保护监督管理职责的部门,有权对排放污染物的企业事业单位和其他生产经营者进行现场检查。被检查者应当如实反映情况,提供必要的资料。实施现场检查的部门、机构及其工作人员应当为被检查者保守商业秘密。

**第二十五条** 企业事业单位和其他生产经营者违反法律法规规定排放污染物,造成或者可能造成严重污染的,县级以上人民政府环境保护主管部门和其他负有环境保护监督管理职责的部门,可以查封、扣押造成污染物排放的设施、设备。

**第二十六条** 国家实行环境保护目标责任制和考核评价制度。县级以上人民政府应当将环境保护目标完成情况纳入对本级人民政府负有环境保护监督管理职责的部门及其负责人和下级人民政府及其负责人的考核内容,作为对其考核评价的重要依据。考核结果应当向社会公开。

**第二十七条** 县级以上人民政府应当每年向本级人民代表大会或者人民代表大会常务委员会报告环境状况和环境保护目标完成情况,对发生的重大环境事件应当及时向本级人民代表大会常务委员会报告,依法接受监督。

## 第三章 保护和改善环境

**第二十八条** 地方各级人民政府应当根据环境保护目标和治理任务,采取有效措施,改善环境质量。

未达到国家环境质量标准的重点区域、流域的有关地方人民政府,应当制定限期达标规划,并采取措施按期达标。

**第二十九条** 国家在重点生态功能区、生态环境敏感区和脆弱区等区域划定生态保护红线,实行严格保护。

各级人民政府对具有代表性的各种类型的自然生态系统区域,珍稀、濒危的野生动植物自然分布区域,重要的水源涵养区域,具有重大科学文化价值的地质构造、著名溶洞和化石分布区、冰川、火山、温泉等自然遗迹，以及人文遗迹、古树名木，应当采取措施予以保护，严禁破坏。

**第三十条** 开发利用自然资源，应当合理开发，保护生物多样性，保障生态安全，依法制定有关生态保护和恢复治理方案并予以实施。

引进外来物种以及研究、开发和利用生物技术，应当采取措施，防止对生物多样性的破坏。

**第三十一条** 国家建立、健全生态保护补偿制度。

国家加大对生态保护地区的财政转移支付力度。有关地方人民政府应当落实生态保护补偿资金，确保其用于生态保护补偿。

国家指导受益地区和生态保护地区人民政府通过协商或者按照市场规则进行生态保护补偿。

**第三十二条** 国家加强对大气、水、土壤等的保护，建立和完善相应的调查、监测、评估和修复制度。

**第三十三条** 各级人民政府应当加强对农业环境的保护，促进农业环境保护新技术的使用，加强对农业污染源的监测预警，统筹有关部门采取措施，防治土壤污染和土地沙化、盐渍化、贫瘠化、石漠化、地面沉降以及防治植被破坏、水土流失、水体富营养化、水源枯竭、种源灭绝等生态失调现象，推广植物病虫害的综合防治。

县级、乡级人民政府应当提高农村环境保护公共服务水平，推动农村环境综合整治。

**第三十四条** 国务院和沿海地方各级人民政府应当加强对海洋环境的保护。向海洋排放污染物、倾倒废弃物，进行海岸工程和海洋工程建设，应当符合法律法规规定和有关标准，防止和减少对海洋环境的污染损害。

**第三十五条** 城乡建设应当结合当地自然环境的特点，保护植被、水域和自然景观，加强城市园林、绿地和风景名胜区的建设与管理。

**第三十六条** 国家鼓励和引导公民、法人和其他组织使用有利于保护环境的产品和再生产品，减少废弃物的产生。

国家机关和使用财政资金的其他组织应当优先采购和使用节能、节水、节材等有利于保护环境的产品、设备和设施。

**第三十七条** 地方各级人民政府应当采取措施，组织对生活废弃物的分类处置、回收利用。

**第三十八条** 公民应当遵守环境保护法律法规，配合实施环境保护措施，按照规定对生活废弃物进行分类放置，减少日常生活对环境造成的损害。

**第三十九条** 国家建立、健全环境与健康监测、调查和风险评估制度；鼓励和组织开展环境质量对公众健康影响的研究，采取措施预防和控制与环境污染有关的疾病。

## 第四章　防治污染和其他公害

**第四十条** 国家促进清洁生产和资源循环利用。

国务院有关部门和地方各级人民政府应当采取措施，推广清洁能源的生产和使用。

企业应当优先使用清洁能源，采用资源利用率高、污染物排放量少的工艺、设备以及废弃物综合利用技术和污染物无害化处理技术，减少污染物的产生。

**第四十一条** 建设项目中防治污染的设施，应当与主体工程同时设计、同时施工、同时投产使用。防治污染的设施应当符合经批准的环境影响评价文件的要求，不得擅自拆除或者闲置。

**第四十二条** 排放污染物的企业事业单位和其他生产经营者，应当采取措施，防治在生产建设或者其他活动中产生的废气、废水、废渣、医疗废物、粉尘、恶臭气体、放射性物质以及噪声、振动、光辐射、电磁辐射等对环境的污染和危害。

排放污染物的企业事业单位，应当建立环境保护责任制度，明确单位负责人和相关人员的责任。

重点排污单位应当按照国家有关规定和监测规范安装使用监测设备，保证监测设备正常运行，保存原始监测记录。

严禁通过暗管、渗井、渗坑、灌注或者篡改、伪造监测数据，或者不正常运行防治污染设施等逃避监管的方式违法排放污染物。

**第四十三条** 排放污染物的企业事业单位和其他生产经营者，应当按照国家有关规定缴纳排污费。排污费应当全部专项用于环境污染防治，任何单位和个人不得截留、挤占或者挪作他用。

依照法律规定征收环境保护税的，不再征收排污费。

**第四十四条** 国家实行重点污染物排放总量控制制度。重点污染物排放总量控制指标由国务院下达，省、自治区、直辖市人民政府分解落实。企业事业单位在执行国家和地方污染物排放标准的同时，应当遵守分解落实到本单位的重点污染物排放总量控制指标。

对超过国家重点污染物排放总量控制指标或者未完成国家确定的环境质量目标的地区，省级以上人民政府环境保护主管部门应当暂停审批其新增重点污染物排放总量的建设项目环境影响评价文件。

**第四十五条** 国家依照法律规定实行排污许可管理制度。

实行排污许可管理的企业事业单位和其他生产经营者应当按照排污许可证的要求排放污染物；未取得排污许可证的，不得排放污染物。

**第四十六条** 国家对严重污染环境的工艺、设备和产品实行淘汰制度。任何单位和个人不得生产、销售或者转移、使用严重污染环境的工艺、设备和产品。

禁止引进不符合我国环境保护规定的技术、设备、材料和产品。

**第四十七条** 各级人民政府及其有关部门和企业事业单位，应当依照《中华人民共和国突发事件应对法》的规定，做好突发环境事件的风险控制、应急准备、应急处置和事后恢复等工作。

县级以上人民政府应当建立环境污染公共监测预警机制，组织制定预警方案；环境受到污染，可能影响公众健康和环境安全时，依法及时公布预警信息，启动应急措施。

企业事业单位应当按照国家有关规定制定突发环境事件应急预案，报环境保护主管部门和有关部门备案。在发生或者可能发生突发环境事件时，企业事业单位应当立即采取措施处理，及时通报可能受到危害的单位和居民，并向环境保护主管部门和有关部门报告。

突发环境事件应急处置工作结束后，有关人民政府应当立即组织评估事件造成的环境影响和损失，并及时将评估结果向社会公布。

**第四十八条** 生产、储存、运输、销售、使用、处置化学物品和含有放射性物质的物品，应当遵守国家有关规定，防止污染环境。

**第四十九条** 各级人民政府及其农业等有关部门和机构应当指导农业生产经营者科学种

植和养殖，科学合理施用农药、化肥等农业投入品，科学处置农用薄膜、农作物秸秆等农业废弃物，防止农业面源污染。

禁止将不符合农用标准和环境保护标准的固体废物、废水施入农田。施用农药、化肥等农业投入品及进行灌溉，应当采取措施，防止重金属和其他有毒有害物质污染环境。

畜禽养殖场、养殖小区、定点屠宰企业等的选址、建设和管理应当符合有关法律法规规定。从事畜禽养殖和屠宰的单位和个人应当采取措施，对畜禽粪便、尸体和污水等废弃物进行科学处置，防止污染环境。

县级人民政府负责组织农村生活废弃物的处置工作。

**第五十条** 各级人民政府应当在财政预算中安排资金，支持农村饮用水水源地保护、生活污水和其他废弃物处理、畜禽养殖和屠宰污染防治、土壤污染防治和农村工矿污染治理等环境保护工作。

**第五十一条** 各级人民政府应当统筹城乡建设污水处理设施及配套管网，固体废物的收集、运输和处置等环境卫生设施，危险废物集中处置设施、场所以及其他环境保护公共设施，并保障其正常运行。

**第五十二条** 国家鼓励投保环境污染责任保险。

第五章 信息公开和公众参与

**第五十三条** 公民、法人和其他组织依法享有获取环境信息、参与和监督环境保护的权利。

各级人民政府环境保护主管部门和其他负有环境保护监督管理职责的部门，应当依法公开环境信息、完善公众参与程序，为公民、法人和其他组织参与和监督环境保护提供便利。

**第五十四条** 国务院环境保护主管部门统一发布国家环境质量、重点污染源监测信息及其他重大环境信息。省级以上人民政府环境保护主管部门定期发布环境状况公报。

县级以上人民政府环境保护主管部门和其他负有环境保护监督管理职责的部门，应当依法公开环境质量、环境监测、突发环境事件以及环境行政许可、行政处罚、排污费的征收和使用情况等信息。

县级以上地方人民政府环境保护主管部门和其他负有环境保护监督管理职责的部门，应当将企业事业单位和其他生产经营者的环境违法信息记入社会诚信档案，及时向社会公布违法者名单。

**第五十五条** 重点排污单位应当如实向社会公开其主要污染物的名称、排放方式、排放浓度和总量、超标排放情况，以及防治污染设施的建设和运行情况，接受社会监督。

**第五十六条** 对依法应当编制环境影响报告书的建设项目，建设单位应当在编制时向可能受影响的公众说明情况，充分征求意见。

负责审批建设项目环境影响评价文件的部门在收到建设项目环境影响报告书后，除涉及国家秘密和商业秘密的事项外，应当全文公开；发现建设项目未充分征求公众意见的，应当责成建设单位征求公众意见。

**第五十七条** 公民、法人和其他组织发现任何单位和个人有污染环境和破坏生态行为的，有权向环境保护主管部门或者其他负有环境保护监督管理职责的部门举报。

公民、法人和其他组织发现地方各级人民政府、县级以上人民政府环境保护主管部门和其他负有环境保护监督管理职责的部门不依法履行职责的，有权向其上级机关或者监察机关举报。

接受举报的机关应当对举报人的相关信息予以保密，保护举报人的合法权益。

**第五十八条** 对污染环境、破坏生态，损害社会公共利益的行为，符合下列条件的社会组织可以向人民法院提起诉讼：

（一）依法在设区的市级以上人民政府民政部门登记；

（二）专门从事环境保护公益活动连续五年以上且无违法记录。

符合前款规定的社会组织向人民法院提起诉讼，人民法院应当依法受理。

提起诉讼的社会组织不得通过诉讼牟取经济利益。

## 第六章 法律责任

**第五十九条** 企业事业单位和其他生产经营者违法排放污染物，受到罚款处罚，被责令改正，拒不改正的，依法做出处罚决定的行政机关可以自责令改正之日的次日起，按照原处罚数额按日连续处罚。

前款规定的罚款处罚，依照有关法律法规按照防治污染设施的运行成本、违法行为造成的直接损失或者违法所得等因素确定的规定执行。

地方性法规可以根据环境保护的实际需要，增加第一款规定的按日连续处罚的违法行为的种类。

**第六十条** 企业事业单位和其他生产经营者超过污染物排放标准或者超过重点污染物排放总量控制指标排放污染物的，县级以上人民政府环境保护主管部门可以责令其采取限制生产、停产整治等措施；情节严重的，报经有批准权的人民政府批准，责令停业、关闭。

**第六十一条** 建设单位未依法提交建设项目环境影响评价文件或者环境影响评价文件未经批准，擅自开工建设的，由负有环境保护监督管理职责的部门责令停止建设，处以罚款，并可以责令恢复原状。

**第六十二条** 违反本法规定，重点排污单位不公开或者不如实公开环境信息的，由县级以上地方人民政府环境保护主管部门责令公开，处以罚款，并予以公告。

**第六十三条** 企业事业单位和其他生产经营者有下列行为之一，尚不构成犯罪的，除依照有关法律法规规定予以处罚外，由县级以上人民政府环境保护主管部门或者其他有关部门将案件移送公安机关，对其直接负责的主管人员和其他直接责任人员，处十日以上十五日以下拘留；情节较轻的，处五日以上十日以下拘留：

（一）建设项目未依法进行环境影响评价，被责令停止建设，拒不执行的；

（二）违反法律规定，未取得排污许可证排放污染物，被责令停止排污，拒不执行的；

（三）通过暗管、渗井、渗坑、灌注或者篡改、伪造监测数据，或者不正常运行防治污染设施等逃避监管的方式违法排放污染物的；

（四）生产、使用国家明令禁止生产、使用的农药，被责令改正，拒不改正的。

**第六十四条** 因污染环境和破坏生态造成损害的，应当依照《中华人民共和国侵权责任法》的有关规定承担侵权责任。

**第六十五条** 环境影响评价机构、环境监测机构以及从事环境监测设备和防治污染设施维护、运营的机构，在有关环境服务活动中弄虚作假，对造成的环境污染和生态破坏负有责任的，除依照有关法律法规规定予以处罚外，还应当与造成环境污染和生态破坏的其他责任者承担连带责任。

**第六十六条** 提起环境损害赔偿诉讼的时效期间为三年，从当事人知道或者应当知道其受到损害时起计算。

**第六十七条** 上级人民政府及其环境保护主管部门应当加强对下级人民政府及其有关部门环境保护工作的监督。发现有关工作人员有违法行为，依法应当给予处分的，应当向其任免机关或者监察机关提出处分建议。

依法应当给予行政处罚，而有关环境保护主管部门不给予行政处罚的，上级人民政府环境保护主管部门可以直接做出行政处罚的决定。

**第六十八条** 地方各级人民政府、县级以上人民政府环境保护主管部门和其他负有环境保护监督管理职责的部门有下列行为之一的，对直接负责的主管人员和其他直接责任人员给予记过、记大过或者降级处分；造成严重后果的，给予撤职或者开除处分，其主要负责人应当引咎辞职：

（一）不符合行政许可条件准予行政许可的；

（二）对环境违法行为进行包庇的；

（三）依法应当做出责令停业、关闭的决定而未做出的；

（四）对超标排放污染物、采用逃避监管的方式排放污染物、造成环境事故；

（五）违反本法规定，查封、扣押企业事业单位和其他生产经营者的设施、设备的；

（六）篡改、伪造或者指使篡改、伪造监测数据的；

（七）应当依法公开环境信息而未公开的；

（八）将征收的排污费截留、挤占或者挪作他用的；

（九）法律法规规定的其他违法行为。

**第六十九条** 违反本法规定，构成犯罪的，依法追究刑事责任。

## 第七章 附 则

**第七十条** 本法自 2015 年 1 月 1 日起施行。

# 参考文献


赵云焕,刘卫东.畜禽环境卫生与牧场设计[M].郑州:河南科学技术出版社,2007.

赵希彦,郑翠芝.畜禽环境卫生[M].北京:化学工业出版社,2009.

杨世昆,苏正范.畜牧机械与设备[M].北京:中国农业出版社,2009.

常明雪.畜禽环境卫生[M].北京:中国农业大学出版社,2011.

俞美子,赵希彦.畜牧场规划与设计[M].北京:化学工业出版社,2011.

郑翠之.畜禽场设计与畜禽舍环境控制[M].北京.中国农业出版社,2012.

王葵,吴奇.环境检测.[M]上海:华东理工大学出版社,2013.

王家廉.畜禽养殖污染防治技术政策与实用技术[J].广西.中国会议,2014.

金大春.低碳高效生态养猪[M].北京.中国农业科学技术出版社,2015.

李义.养殖场环境控制与污染治理技术[M].北京:中国农业出版社,2019.

江晓明,张衍林,张兴广.湿帘风机降温系统在蛋鸡舍中的配置[J].中国家禽,2014,36(8):54-56.

李瑞婷,宋国华.畜禽粪污资源化利用的现状及问题探讨[J].家畜生态学报,2022,43(7):83-86.

黄峰,史金才,等.猪场清粪工艺模式的综合比较分析[J].农业环境科学学报,2022,40(11):2330-2333.

郝立明,韩露.畜禽规模养殖场场址的选择及总体布局研究[J].吉林畜牧兽医,2023,(6):137-138.

徐雷捷,陈绪春.病死畜禽无害化处理存在的问题、解决对策及技术探讨[J].中国动物保健,2023,25(01):96-97.